LA

CLEF DE LA SCIENCE

ÉVREUX, IMPRIMERIE DE CHARLES HÉRISSEY

HENRI DE PARVILLE

LA
CLEF DE LA SCIENCE

EXPLICATION
DES PHÉNOMÈNES DE TOUS LES JOURS

PAR

BREWER et MOIGNO

Édition refondue et ornée de 250 gravures

PARIS

LIBRAIRIE RENOUARD
HENRI LAURENS, ÉDITEUR
6, RUE DE TOURNON, 6

1892

PRÉFACE

Ce livre a acquis une véritable popularité. Il est permis de le dire, puisqu'il a été répandu un peu de tous côtés, surtout en Angletere et en France, à plus de 200 000 exemplaires. L'idée qui l'a inspiré était bonne. Il était utile, en effet, de chercher à répandre des notions que l'on ne trouve ordinairement qu'éparses dans un grand nombre d'ouvrages de science abstraite, et d'essayer de les présenter sous une forme neuve et originale. Le docteur Brewer s'est appliqué à leur donner en quelque sorte une tournure usuelle, à faire sortir sans effort une explication claire de cè qu'il a appelé assez justement « les phénomènes de tous les jours ». Ce sont précisément ceux-là qui frappent le public, ceux qu'il voit à chaque instant, au milieu desquels il vit, ceux qui l'entourent et dont il n'a pas la clef. Pourquoi ceci? Pourquoi cela? Pourquoi? Comment? Voilà des questions qui se renouvellent sans cesse et se pressent sur les lèvres, qui réclament des détails que l'on ne rencontre pas dans les livres, et qui, bien souvent, déroutent même les esprits les mieux préparés. Il y avait certainement une lacune à combler dans cette direction. Il fallait, en termes simples, révéler le secret des phénomènes naturels, mettre tout le monde au courant de ces petits riens qui éveillent l'attention ou la curiosité, faire connaître les grandes découvertes, les inventions, indiquer leurs principales applications, les procédés industriels, etc. La tâche n'était pas facile à accomplir, et cependant le docteur Brewer y a certainement réussi.

La *Clef de la Science* fut traduite en français par l'auteur lui-même. Elle fut, par la suite, considérablement augmentée par M. l'abbé Moigno, encyclopédiste éminent et de grande valeur.

Cependant le mouvement scientifique a pris, à notre époque, une telle activité qu'il devenait indispensable de remanier la *Clef de la Science* et de la mettre au niveau de nos connaissances les plus nouvelles. L'ouvrage embrasse, en définitive, des branches très variées : la mécanique, l'art de l'ingénieur, l'astronomie, l'acoustique, la chaleur, l'optique, le magnétisme, l'électricité, l'électro-magnétisme, la chimie, la physiologie, l'hygiène générale, etc. Les progrès ont été incessants, surtout en mécanique, en électricité, en chimie, en physiologie. Les applications de l'électricité à l'industrie sont aujourd'hui considérables. Les immortelles découvertes de M. Pasteur ont changé du tout au tout les idées régnantes sur la cause des fermentations, sur l'origine des maladies contagieuses. Enfin, d'une manière générale, si le fond reste le même à très peu près, la forme adoptée aujourd'hui dans l'exposé des hauts problèmes de la philosophie naturelle s'est beaucoup modifiée ; la notion de l'équivalent mécanique de la chaleur, les théories de la thermo-dynamique, ont considérablement élargi l'horizon. Nous avons dû, à notre tour, nous plier aux exigences de la science moderne et transformer en conséquence l'œuvre primitive.

Cette nouvelle édition a été, en fait, complètement refondue. Nous avons dû retrancher, mais aussi nous avons pu ajouter. Nous avons également accordé une place plus large à l'histoire des découvertes en nous efforçant d'indiquer la date des inventions et de mentionner des noms souvent modestes, quelquefois glorieux, qu'il est juste, en tout cas, que nous n'oubliions jamais. Enfin, l'Éditeur a pensé, comme nous, que l'on augmenterait l'attrait du volume en introduisant dans le texte de nombreuses gravures explicatives.

M. E. Jacquez, bibliothécaire au Ministère des Postes et des Télégraphes, auteur lui-même d'ouvrages très estimés, a bien voulu, de son côté, prendre la peine de revoir avec soin, dans son ensemble et dans ses détails, cette nouvelle édition illustrée. Nous lui adressons ici nos remerciements.

Si, malgré tout, dans ces nombreuses pages qui ont trait à tant de sujets divers et multiples, il nous avait encore échappé quelques inexactitudes, nous serions heureux qu'on voulût bien nous les signaler.

HENRI DE PARVILLE.

Janvier 1889.

PRÉFACE DU DOCTEUR BREWER

(ÉDITIONS ANTÉRIEURES)

« Il n'y a pas de science plus intéressante que celle qui explique les
« phénomènes journaliers de la nature.

« Nous voyons que le sel et la neige sont tous deux de couleur
« blanche, qu'une rose est d'un rouge vif et tendre, que les feuilles
« des plantes sont vertes et qu'une primevère est jaune ; mais combien
« peu de personnes se sont jamais demandé quelle en est la cause !
« Nous savons qu'une flûte produit un son musical et une cloche fêlée
« un son discordant, que le feu est chaud, la glace froide et une bougie
« lumineuse, que l'eau bout lorsqu'elle est soumise à la chaleur et
« que le froid la fait geler. Mais, quand un enfant nous regarde fixement
« et nous demande la raison de ces phénomènes, combien de fois, ne
« pouvant la trouver, lui imposons-nous silence, traitant de ridicules
« les questions que nous adresse sa naïve curiosité !

« Le but de ce livre est de résoudre plus de deux mille questions de
« ce genre (pour lesquelles la demande est plus facile à faire que la
« réponse) dans un langage qui soit également à la portée d'un enfant
« et à la hauteur d'une intelligence cultivée.

« Pour s'assurer la plus grande exactitude dans les réponses, l'au-
« teur de ce livre a consulté les écrivains modernes les plus estimés,
« et chaque édition a été revue par des hommes du plus grand savoir.

« BREWER. »

ERRATA

—

Pages 8, *lisez :* au moyen,   *au lieu de :* au moyeu.

— — — Kœnigsberg,   —   Kœnisberg.

— 14, — lequel sont,   —   lequels ont.

— 15, — En quoi consistent les roues dentées ? *au lieu de :* En quoi consistent? les
         roues dentées?

— 17, — 8.000 kilogrammètres, *au lieu de :* kilogrammes.

— 44, — 16 m. 20 s.   —   17 m. 20 s.

— 51, — fusant,   —   iusant.

— 69, — plus longue et moins tendue, —   plus longue et plus tendue.

— 84, — 3º l'oxyde de carbone,   —   oxyde de carbonate.

— 102, — volume de l'air?   —   volume en l'air.

— 113, — Pourquoi l'évaporation,   —   Pourquoi l'évaporisation.

— 114, — évaporation.

LA

CLEF DE LA SCIENCE

MÉCANIQUE

I

1. — *Qu'est-ce qu'une force ?* — On entend par force toute cause de mouvement ou de modification de mouvement. Ainsi, quand un homme soulève un fardeau, il développe une force ; quand un cheval traîne une voiture, il développe une force. Lorsque le bouchon d'une bouteille de Champagne saute, c'est le gaz comprimé qui, par son expansion, engendre une force ; il en est de même pour un ressort, pour la poudre à canon, pour la pression de la vapeur qui agit sur le piston d'une machine, pour les gaz que dilate la chaleur. L'électricité produit de la force par ses attractions, ses répulsions, par ses propriétés d'aimantation, de désaimantation, etc. Le vent est une force puisqu'il chasse les nuages et soulève la poussière des routes. Les cours d'eau sont des réservoirs de force comme le vent, comme les marées, etc. Tout le monde se fait bien l'idée de ce-que l'on conçoit par force.

2. — *Qu'entend-t-on par inertie de la matière ?* — Une propriété particulière en vertu de laquelle aucun corps ne peut de lui-même passer de l'état de repos à l'état de mouvement, ou d'un état de mouvement à un autre.

3. — *Qu'est-ce que la pesanteur et la gravitation universelle ?* — La pesanteur est une force qui oblige les corps que l'on abandonne à eux-mêmes à tomber comme s'ils étaient attirés par la terre. Il n'est pas un corps

de la nature qui échappe à cette influence. Newton, le premier, expliqua
ce phénomène en le généralisant. Il a formulé ainsi la loi qui le régit :
*Tous les corps de l'univers s'attirent mutuellement en raison directe de leurs
masses et en raison inverse du carré de leurs distances.*
On rapporte que c'est en voyant tomber une pomme
que Newton, momentanément retiré à la campagne,
en 1666, fut conduit à énoncer cette loi qui porte son
nom. Voici comment on raconte par quel enchaîne-
ment d'idées le grand géomètre anglais fut conduit à
la découverte de la gravitation universelle.
Newton voyant tomber la pomme se serait
demandé pourquoi le fruit tom-
bait. La réponse fut celle-ci : il
tombe, parce qu'il est attiré par
la terre. — Mais si l'arbre avait
été plus haut ? — La pomme
serait tombée de même. — Et
s'il eût eu pour hauteur la distance qui nous sépare de la
lune ? — La pomme serait tombée. — Pourquoi alors la lune
ne tombe-t-elle pas ? Après un

Fig. 1. — Cavalier penché vers le centre du cirque
et soutenu par la force centrifuge.

instant de réflexion, Newton fut bien obligé de convenir qu'il devait exister
une force particulière qui empêchait l'attraction terrestre
de faire tomber la lune. Quelle force ? Avant Newton, bien
avant, Anaxagore avait répondu déjà : la force centrifuge !
En effet, c'est la force centrifuge qui équilibre la force
attractive et empêche la lune de tomber. Cette force se
développe toujours chaque fois qu'un corps est astreint à
prendre un mouvement curviligne. Lorsqu'un corps tourne
autour d'un axe, il tend sans cesse à s'échapper en ligne
droite, en vertu de son inertie, mais il est contraint à suivre
une direction courbe ; il en résulte qu'à chaque instant il
exerce une traction sur l'axe et d'autant plus forte que la
rotation est plus rapide. Cette force qui tend à l'éloigner de
l'axe de rotation, c'est la force centrifuge. C'est elle qui
tend la corde d'une fronde au point de la rompre, si la
rotation devient trop rapide ; c'est elle qui brise quelquefois les lourds volants de fonte des usines ; c'est elle encore
qui, dans un manège, empêche le cavalier très penché vers

Fig. 2. — P, vase
rempli d'eau et
animé d'un
mouvement de
rotation à l'ex-
trémité d'une
corde tendue.

le centre de la piste de tomber de cheval ; c'est elle toujours qui, lorsqu'on
fait tourner au bout d'une corde, un vase plein d'eau, empêche le liquide

de s'échapper. Les astres sont animés, comme nous le verrons, d'un mouvement rapide de translation autour d'un centre. L'attraction du centre joue le rôle de la corde dans la fronde et tend à les faire tomber ; mais la force centrifuge tend à les éloigner du centre, si bien qu'en fin de compte l'astre reste en équilibre sous l'action de ces forces égales et opposées.

Newton calcula la quantité dont la lune doit tomber sur la terre en une seconde ; comparant cette quantité au chemin que parcourt une pierre en tombant à la surface du globe dans le même temps, l'illustre astronome reconnut ainsi que les forces attractives varient inversement au carré des distances.

Ainsi tous les corps s'attirent. C'est un fait. Newton, pas plus que ses successeurs, n'a découvert la cause de l'attraction ; il en a seulement nettement précisé la loi. La pesanteur n'est donc qu'un cas particulier de la gravitation universelle. Un corps tombe parce qu'il est attiré par la terre et l'attraction a lieu comme si toute la masse de notre globe était condensée à son centre. La direction d'un corps qui tombe suit le rayon terrestre ; la ligne de chute prolongée passerait par le centre du globe, si la terre était rigoureusement sphérique.

4. — *Quelles sont les lois qui régissent la chute des corps ?* — Tous les corps sont attirés de la même façon et tombent avec la même vitesse. Il est vrai que, si on laisse tomber, d'un cinquième étage, une balle de plomb, un bouchon, du papier, etc., c'est la balle de plomb qui arrivera la première sur le sol ; mais c'est uniquement à cause de la résistance de l'air qui s'oppose au mouvement, en raison de la forme et des dimensions des objets. En réalité, dans le vide, tous les corps tombent également vite. Il faut entendre par vitesse l'espace parcouru dans l'unité de temps. L'expérience et le calcul montrent que la chute des corps obéit à des lois qu'il est utile de connaître.

1° La vitesse acquise, à un instant quelconque, par un corps qui tombe librement, est proportionnelle au temps qui s'est écoulé depuis le commencement du mouvement. Ce qui veut dire qu'au bout d'une seconde, deux secondes, etc., la vitesse passera du simple au double, au triple, etc.

2° La vitesse acquise par un corps, après une seconde de chute, est double de l'espace qu'il a parcouru pendant cette seconde.

3° Les espaces parcourus par un corps qui tombe et mesurés depuis son point de départ sont entre eux comme les carrés des temps employés pour les parcourir, c'est-à-dire que les espaces parcourus deviennent, au bout de deux secondes, trois secondes, etc., quatre fois plus grands, neuf fois plus grands, etc.

On a trouvé qu'à Paris la pesanteur communique en une seconde, à tous les corps, une vitesse de $9^m,8088$. La vitesse étant le double de l'espace parcouru, il en résulte qu'un corps qui tombe parcourt pendant la première seconde $4^m,9044$.

5. — *Quelle est la vitesse de chute des corps qui tombent de diverses hauteurs ?* — Les vitesses étant proportionnelles au temps de chute, on prévoit quel choc doit ressentir, en arrivant sur le sol, tout corps qui tombe de haut. Voici des chiffres qui indiquent la vitesse acquise en raison des hauteurs de chute.

HAUTEUR DE CHUTE	VITESSE ACQUISE	HAUTEUR DE CHUTE	VITESSE ACQUISE
$0^m,25$	$2^m,214$	14^m	$16^m,572$
$0^m,50$	$3^m,132$	15^m	$17^m,154$
1^m	$4^m,429$	16^m	$17^m,717$
2^m	$6^m,624$	17^m	$18^m,262$
3^m	$7^m,672$	18^m	$18^m,791$
4^m	$8^m,858$	19^m	$19^m,306$
5^m	$9^m,904$	20^m	$19^m,308$
6^m	$10^m,849$	30^m	$24^m,260$
7^m	$11^m,718$	40^m	$28^m,013$
8^m	$12^m,528$	50^m	$31^m,319$
9^m	$13^m,288$	60^m	$34^m,308$
10^m	$14^m,006$	70^m	$37^m,057$
11^m	$14^m,690$	80^m	$39^m,616$
12^m	$15^m,343$	90^m	$42^m,119$
13^m	$15^m,970$	100^m	$44^m,292$

Un train express fait, en général et en moyenne, 70 kilomètres à l'heure, soit près de 20 mètres à la seconde ; il a la vitesse que possède un corps tombant de 20 mètres de hauteur. Le choc que ressentirait un voyageur, si le train s'arrêtait brusquement, serait précisément celui qu'il éprouverait en tombant du haut d'une maison de cinq étages.

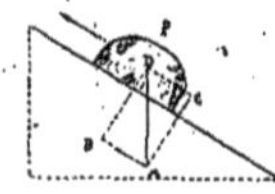

Fig. 3. — Plan incliné.

DA, pesanteur ; — DC, composante parallèle au plan produisant le mouvement de descente du corps P ; — BD, composante normale au plan.

6. — *Quelle est la vitesse que prend un corps qui descend sur un plan incliné ?* — Galilée a montré que la vitesse acquise est celle de la hauteur de chute, depuis le point le plus haut jusqu'au point le plus bas du plan incliné. Une pierre qui descendrait une route inclinée, en s'abaissant verticalement de 20 mètres, aurait la même vitesse que si elle était tombée de 20 mètres de hauteur.

7. — *Quelle est la vitesse que prend, en tombant sur le sol, un corps que l'on a lancé de bas en haut ?* — La vitesse que possède un corps qu'on lance va en s'épuisant jusqu'à ce que, devenue nulle, la pesanteur lui imprime une nouvelle vitesse en sens inverse. Quand le corps touche le sol, il a alors exactement la vitesse qu'il possédait au moment où il a été lancé en l'air.

8. — *Qu'arrive-t-il quand un corps est lancé dans une direction oblique à l'horizon ?* — Dans ce cas, qui est celui d'un projectile lancé par une arme à feu, le corps décrit une courbe appelée parabole ; sa vitesse de lancement est contrariée par la vitesse que lui imprime la pesanteur ; aussi il monte d'abord à une certaine hauteur, puis redescend ensuite en suivant un arc parabolique égal et symétrique à celui qu'il avait parcouru en montant.

9. — *Qu'entend-on par le poids d'un corps?* — Il peut arriver qu'une force appliquée à un corps ne détermine pas le mouvement de ce corps. Une pierre posée sur une table reste immobile et cependant elle est soumise à l'action de la pesanteur. Toutes les fois qu'il en est ainsi, la force donne lieu à une *pression* sur le point d'appui. Le *poids* d'un corps est la pression que le corps exerce en vertu de l'attraction terrestre ou de la pesanteur. Le poids d'un corps dépend de sa masse, c'est-à-dire de la quantité de matière qu'il renferme. C'est qu'en effet la pesanteur agit sur chacune de ses molécules constituantes et le poids peut se définir la résultante ou la somme de toutes les forces égales de la pesanteur agissant sur chacune de ses molécules.

10. — *Le poids d'un corps est-il le même partout sur la terre?* — Le poids d'un corps n'est pas le même sur tous les points du globe. La pesanteur n'est pas la même en effet partout ; elle varie du pôle à l'équateur, puisque le globe n'est pas une sphère, mais un ellipsoïde. Le pôle est aplati, on se trouve plus près du centre, donc l'attraction est plus forte. L'équateur est renflé, on se trouve plus loin du centre, donc l'attraction est diminuée. Le poids est modifié en raison des variations de la pesanteur ; mais il est encore modifié par une autre cause indépendante de celle-là ; il l'est par les changements de la force centrifuge terrestre. Un point situé à l'équateur tourne évidemment beaucoup plus vite qu'ailleurs ; la vitesse linéaire de rotation des différentes parallèles terrestres va en diminuant jusqu'au pôle qui est immobile, comme cela a lieu pour une roue quand on va de la circonférence jusqu'au moyeu. Le poids est la résultante des actions inverses de la pesanteur et de la force centrifuge ; il est forcément moindre à l'équateur qu'au pôle. Un corps qui pèserait 1 kilogramme à l'équateur pèserait 5 grammes de plus au pôle.

11. — *Que deviendrait le poids d'un corps si la terre tournait plus vite?* — Si la terre tournait 17 fois plus vite, la force centrifuge compenserait à l'équateur l'attraction terrestre. Les corps ne tomberaient plus ; ils resteraient en équilibre dans l'espace comme les astres ; ils n'auraient plus de poids. Si la rotation terrestre augmentait encore, les corps seraient projetés loin de la surface terrestre. Le poids à la surface d'un astre dépend donc de la masse attractive de cet astre, de ses dimensions et de son mouvement de rotation.

Il va de soi aussi que, puisque la pesanteur ou l'attraction terrestre varie en raison de la distance de la surface au centre du globe, le poids des corps diminue aussi quand on s'élève. La diminution est très petite aux hauteurs auxquelles l'homme parvient, mais il faut en tenir compte dans les expériences de précision.

12. — *Qu'entend-on par pendule?* — Un pendule consiste simplement en un corps solide suspendu par un fil ou une tige rigide et pouvant osciller autour de son axe de suspension. Si l'on écarte le corps suspendu de sa position d'équilibre, la pesanteur le fait descendre, puis remonter au delà du point le plus bas, par la vitesse acquise ; il redescend, remonte du côté opposé et ainsi de suite, accomplissant une série d'oscillations. Le pendule doit osciller évidemment d'autant plus vite qu'est grande l'intensité de la pesanteur. La durée de chaque oscillation pour une même longueur du fil de suspension dépend de l'énergie de cette force. Aussi peut-on des oscillations du pendule déduire l'intensité de la pesanteur en un point quelconque du globe, à l'aide d'une formule mathématique qui a été établie à cet effet.

13. — *Quelles sont les propriétés du pendule ?* — En considérant un pendule simple, c'est-à-dire un pendule fictif consistant en un point matériel pesant suspendu à un fil sans poids, on a trouvé qu'il obéissait aux lois suivantes :

1° Quand l'amplitude des oscillations est très petite, la durée de chaque oscillation ne dépend pas de l'amplitude ; 2° cette durée est proportionnelle à la racine carrée de la longueur ; 3° elle est en raison inverse de la racine carrée de l'intensité de la pesanteur.

Ce qui est vrai pour le pendule simple l'est aussi pour le pendule composé. Le pendule composé est formé d'un fil métallique ou d'une barre supportant une masse sphérique. Ce pendule matérialisé possède une durée d'oscillation qui correspond toujours à celle d'un certain pendule simple. On peut donc lui appliquer les mêmes lois à la condition de remplacer sa longueur réelle par la longueur du pendule simple qui lui est synchrone. En général la longueur du pendule simple correspondant diffère de celle du pendule composé d'une quantité insignifiante.

14. — *Que signifie cette expression : les oscillations du pendule sont synchrones ?* — Cela signifie que pour de petites amplitudes qui ne doivent pas dépasser 3 degrés, la durée des oscillations est la même. Si l'on écarte davantage le poids, il va un peu plus vite et regagne, par la vitesse, le temps perdu pour franchir la distance.

15. — *Quelle est la longueur du pendule qui bat la seconde à Paris ?* — A l'aide des lois précédentes et de la formule mathématique qui les exprime, on trouve que la longueur du pendule qui oscille précisément en une seconde est à Paris de $0^m,994$, bien près d'un mètre. A mesure qu'on réduit la longueur, on augmente la rapidité des oscillations.

16. — *Le pendule a-t-il reçu des applications ?* — C'est Galilée qui trouva les propriétés du pendule, à l'âge de dix-huit ans, en observant la régularité des oscillations d'une lampe suspendue à la voûte de la cathédrale de Pise. Il songea le premier à l'utiliser pour la mesure du temps. Mais c'est Huyghens qui, vers la fin de 1656, présenta aux États de Hollande un instrument de mesure du temps, une horloge réglée avec le pendule. L'invention fut si appréciée que les horloges portatives finirent par s'appeler toutes *pendules* du nom de l'appareil régulateur qui venait de leur être appliqué.

En principe, une horloge consiste en une roue verticale à dents obliques ou rochet entraîné dans un mouvement de rotation par un poids. Au-dessus de la roue existe une pièce analogue à une fourche appelée ancre et dont les extrémités à droite et à gauche peuvent retenir les roues du rochet. Cette pièce, en oscillant, laisse échapper une dent et le rochet tourne ; pour qu'il tourne régulièrement, il faut que l'ancre produise un échappement régulier. Son oscillation est rendue constante par sa liaison avec un pendule. Le pendule oscille synchroniquement, entraîne l'ancre et rend le mouvement régulier.

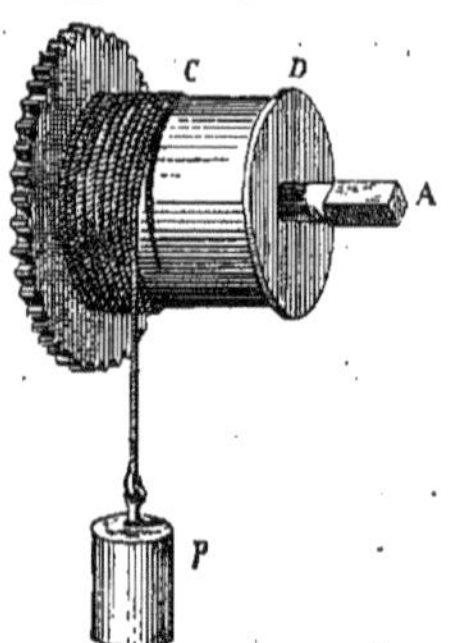

Fig. 4.

P, poids moteur entraînant le mouvement du tambour CD autour de l'axe A.

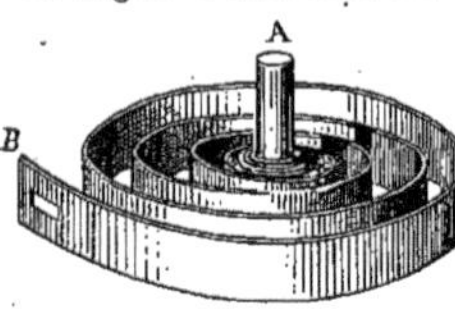

Fig. 5.

B, ressort de montre ; — A, axe.

Il est vrai que l'air oppose une résistance à l'oscillation, la suspension de l'ancre aussi ; pour remédier à cet inconvénient les deux crochets d'arrêt de l'ancre sont terminés par deux petits plans inclinés en sens contraire. L'extrémité de la dent qui s'échappe vient glisser, en le pressant, sur le plan incliné de façon à le pousser jusqu'au moment où il se dégage. Cette petite impulsion, qui provient du poids qui fait tourner la roue, est répétée à chaque demi-oscillation du pendule et perpétue son mouvement. C'est sur un principe analogue qu'est fondé l'appareil régulateur des montres ; au lieu d'un pendule, on utilise les oscillations synchrones d'un ressort.

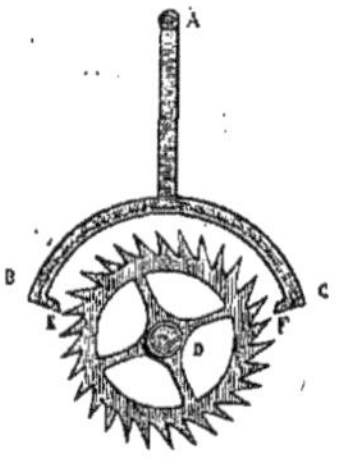

Fig. 6. — Balancier d'une pendule avec son ancre.

D, axe de la roue à rochet sur les dents de laquelle agissent, en E et en F, les fourches B et C de l'ancre solidaire du pendule ; — A, point de suspension du pendule.

C'est le pendule qui sert aussi sous le nom de métronome à régler la mesure d'un morceau de musique. On comprend facilement pourquoi, lorsqu'il s'agit de faire avancer une pendule, il suffit de diminuer la longueur du balancier ou de l'allonger quand on veut la faire retarder.

17. — *Une horloge bien réglée à Paris le serait-elle encore à l'équateur ?* — Non, puisque la pesanteur changeant, la longueur du pendule qui bat la seconde se trouve modifiée.

18. — *Ne peut-on pas au moyen du pendule déterminer l'intensité de la pesanteur ?* — Oui, puisque nous avons vu qu'à l'aide d'une formule on peut déduire du nombre des oscillations dans l'unité de temps la valeur de l'accélération produite par la pesanteur. On a l'habitude de désigner par la lettre g l'intensité de la pesanteur ou la vitesse que cette force imprime à un corps qui tombe librement au bout d'une seconde. Il a été dit qu'à Paris g avait pour valeur $9^m,8088$, d'après les observations de Borda et Cassini, répétées et contrôlées par Biot, Arago, Mathieu et Bouvard.

Cette valeur varie avec la latitude. Comme elle est proportionnelle à la longueur du pendule qui bat la seconde, le tableau suivant montrera à la fois comment change l'intensité avec la latitude et de combien il faudrait réduire ou augmenter la longueur du pendule pour qu'il oscillât partout en une seconde.

STATIONS	LATITUDE	PENDULE A SECONDES
Spitzberg,	79°,49',58" nord,	$0^m,99613$
Stockholm,	59°,20',34"	$0^m,99402$
Kœnisberg,	54°,42',12"	$0^m,99441$
Paris,	48°,50',14"	$0^m,99394$
Ile Rawak,	0°,01',34" sud,	$0^m,99113$
Ile de France,	29°,09',23"	$0^m,99185$
Cap de Bonne-Espérance,	33°,55',15"	$0^m,99264$
Cap Horn,	55°,51',20"	$0^m,99462$
N. Shetland,	62°,56',11"	$0^m,99523$

19. — *Le pendule peut-il servir à déterminer la forme de la terre ?* — Puisque la pesanteur dépend du rapprochement de la surface du centre du globe et que le pendule met en évidence les changements de la pesanteur, il va de soi que cet instrument peut servir à apprécier la forme du globe. Le pendule est devenu de nos jours, tel qu'il a été modifié en France par le service géographique militaire, un des plus puissants et des plus précieux instruments de la géodésie.

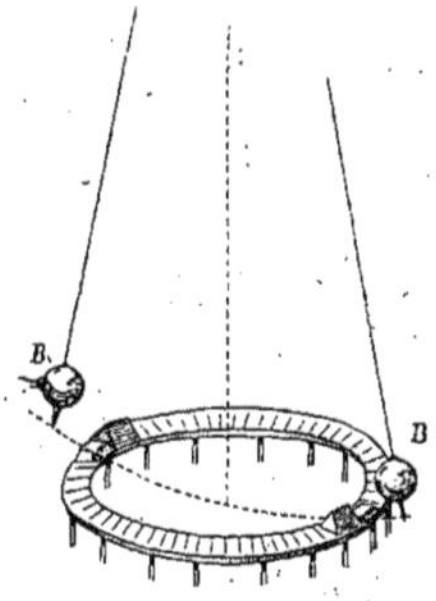

Fig. 7. — Expérience de Foucault.

B, B, positions de la boule de cuivre aux deux points extrèmes de sa course.

20. — *Est-ce que le pendule ne peut mettre aussi en évidence le mouvement de rotation de la terre ?* — Tout pendule qui oscille continue à osciller dans le même plan, alors même que l'on fait tourner le point de suspension. Donc si l'on suspend un long pendule au sommet d'un édifice et qu'on le fasse osciller dans le plan du méridien, de façon qu'il laisse une trace de ses oscillations extrèmes, il est clair que, la terre tournant et le plan d'oscillation conservant la même direction, les traces devront se déplacer. L'expérience a été faite sur une grande échelle, en

1851, par Léon Foucault, au moyen d'un pendule gigantesque formé d'un fil d'acier de plus de 50 mètres de longueur, suspendu sous le dôme du Panthéon de Paris et soutenant une boule de cuivre pesant 28 kilogrammes. La durée de l'oscillation était de 8 secondes.

L'expérience de Foucault a été répétée récemment à la tour Saint-Jacques. Il est juste d'ajouter que les académiciens de Florence avaient observé, dès 1660, le déplacement du plan d'oscillation du pendule, mais sans en indiquer et en pressentir la cause.

21. — *Comment mesure-t-on les forces?* — La pesanteur se mesure par le poids. Les autres forces, quelles qu'elles soient, peuvent aussi s'exprimer en poids. Si la force est horizontale, s'il s'agit de mesurer l'effort de traction d'un cheval, par exemple, on se sert du *dynamomètre*. Le dynamomètre est analogue à un peson, instrument bien connu de tout le monde. C'est une lame d'acier recourbée en son milieu et qui présente un certain degré de flexibilité. A l'extrémité d'une branche est fixé un arc de fer qui passe librement

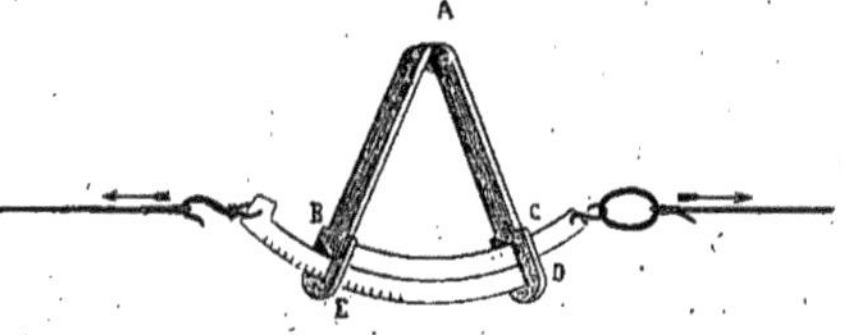

Fig. 8. — Dynamomètre.

AED, lame d'acier recourbée ; — BC, lame fixée en B ; ED, lame fixée en D.

dans une ouverture pratiquée dans l'autre branche et se termine par un anneau. Vers l'extrémité de cette dernière branche est fixé un autre arc de fer qui passe à son tour dans une ouverture de la branche opposée et se termine par un crochet. Si l'on suspend un poids au crochet, le poids fera fléchir le ressort; les extrémités se rapprocheront. Comme sur l'arc en fer se trouvent des divisions, on conclura de ces divisions le poids ou la traction, ou la pression, etc. On dira : telle force de traction est de 30 kilogrammes; ce qui signifie qu'elle correspond à l'effet que produirait un poids de 30 kilogrammes.

22. — *Existe-t-il une relation entre les forces, les masses et les vitesses des corps?* — On mesure, comme nous l'avons vu, les forces par leurs effets. Deux forces qui impriment des vitesses différentes à un même corps sont entre elles comme ces vitesses. Il est clair que la vitesse étant l'effet et la force la cause, si la vitesse devient double, triple, c'est que la force devient elle-même double, triple, etc. Si les forces constantes sont appliquées à des corps différents, il est évident qu'elles imprimeront des vitesses qui seront en raison inverse du nombre de molécules de chaque corps ou de leur masse. Les forces sont proportionnelles aux masses multipliées par la vitesse qu'elles leur communiquent dans l'unité de temps. Ce qui se traduit d'habitude par ce théorème : Deux forces sont entre elles comme les produits des masses par les accélérations qu'elles leur impriment.

23. — *Que doit-on entendre par masse d'un corps ?* — Puisqu'une force peut s'exprimer par la masse multipliée par l'accélération, c'est-à-dire la vitesse communiquée au bout d'une seconde, on en déduit que la masse peut s'obtenir en divisant une force par l'accélération qu'elle communique. La pesanteur notamment peut s'exprimer par la masse multipliée par l'accélération g. Donc la masse d'un corps est égale au poids du corps divisé par g. Il résulte de là que plus la masse d'un corps est grande et plus la force qui doit lui communiquer une vitesse donnée est grande, et aussi plus la masse d'un corps est grande, plus la vitesse que lui communiquera une force donnée sera petite. On voit donc que la signification du mot *masse* en mécanique est bien la même que celle qu'on lui attribue ordinairement. On dit bien en effet qu'un corps est plus ou moins massif, que la masse est plus ou moins grande, suivant qu'on éprouve plus ou moins de difficulté à le soulever, à le déplacer. La masse est bien proportionnelle au nombre de molécules que renferme le corps; mais à la définition de la masse par le nombre de molécules, il est plus clair de substituer la définition de la masse par le poids divisé par g. Car alors la masse peut s'évaluer par un chiffre.

24. — *Est-ce qu'on peut confondre la masse et le poids d'un corps ?* — Nullement. Nous venons de voir que la masse, c'est le poids divisé par g. La masse est une quantité constante, invariable; le poids est une quantité variable dépendant de la pesanteur. En un point quelconque du globe, la masse reste identique à elle-même, tandis que g et, par suite, le poids varient selon la latitude.

25. — *Qu'entend-on par quantité de mouvement ?* — C'est une expression très usitée en mécanique. C'est le produit de la masse par la vitesse. Une force peut s'exprimer par la quantité de mouvement qu'elle communique à un corps en agissant sur lui, dans une même direction pendant une seconde.

26. — *Qu'est-ce que la résultante de plusieurs forces ?* — Quand plusieurs forces agissent sur un corps, il ne peut être, au bout du compte, que tiré ou entraîné dans une certaine direction. Cette force unique qui équivaut à la somme ou à la différence de toutes les autres est dite leur résultante.

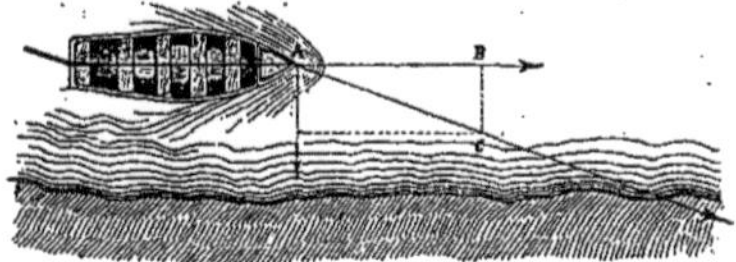

Fig. 9.— Exemple de la composition et de la décomposition des forces. Action du gouvernail sur un bateau.

AB et BC, composantes ; — AC, résultante.

27. — *Quelle est la résultante de deux ou plusieurs forces parallèles ?* — On peut toujours ramener la considération de plusieurs forces parallèles en les groupant, à la considération de deux forces. Or, on démontre en mécanique que deux forces parallèles appliquées à un corps solide ont une résultante égale à leur somme, parallèle à chacune d'elles, et dont le point d'application divise la distance des points d'application des composantes en deux parties qui sont inversement proportionnelles aux grandeurs de ces compo santes.

28. — *Comment trouve-t-on la résultante des forces appliquées au même point dans diverses directions?* — En ramenant le problème à la considération de deux forces, et en appliquant le théorème suivant : « Pour trouver la résultante des deux forces, on construit un parallélogramme ayant pour côtés les forces exprimées en grandeur et en direction et la résultante est la diagonale du parallélogramme ainsi construit. »

29. — *Qu'entend-on par le centre de gravité d'un corps?* — Le point d'application par lequel passe constamment la résultante des poids des diverses molécules d'un corps, quelle que soit la position qu'on lui aura donnée, s'appelle le *centre de gravité* d'un corps. Le centre de gravité est un point tel que le corps reste en équilibre, dans quelque position qu'on le place, en le faisant tourner autour de ce point considéré comme fixe.

30. — *Quel rapport existe-t-il entre le centre de gravité et l'équilibre d'un corps?* — Pour qu'un corps conserve son équilibre, il faut et il

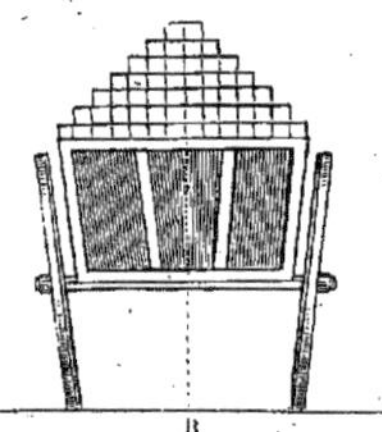

Fig. 10. — Équilibre stable.

AB, verticale passant par le centre de gravité du corps et tombant dans l'intérieur du polygone formant la base de sustentation.

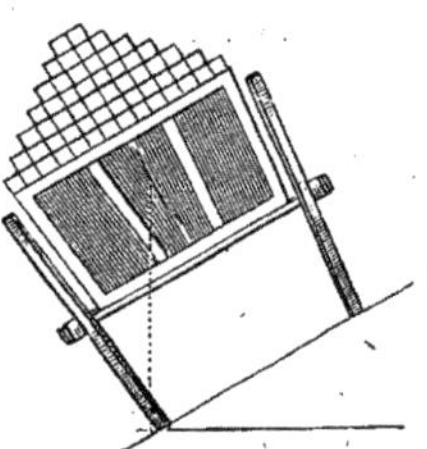

Fig. 11. — Équilibre instable.

Verticale passant par le centre de gravité et tombant à l'extérieur du polygone formant la base de sustentation.

suffit que la verticale, qui passe par le centre de gravité, rencontre le plan sur lequel il repose en plusieurs points dans l'intérieur de la base de sustentation. La base de sustentation est la surface enfermée par les lignes qui joignent les différents points d'appui. Ainsi, pour qu'une voiture qui penche sur un terrain incliné ne verse pas, il faut que la verticale qui passe par le centre de gravité rencontre le sol entre les roues.

H

31. — *Qu'entend-on par machines?* — Tout système de corps destiné à transmettre les forces est une machine.

32. — *En quoi consiste le levier?* — Le levier est la plus simple des machines. C'est une barre rigide qui peut tourner en tous sens autour d'un point fixe appelé *point d'appui.* A ses deux extrémités s'appliquent les forces. L'une, celle que l'on met en jeu, s'appelle *puissance;* l'autre qu'il s'agit de vaincre se nomme *résistance.* Il y a plusieurs sortes de levier, selon la position du point d'appui.

Fig. 12. — Levier du premier genre.

AB, bras de levier de la puissance; — B, point d'appui; — BC, bras de levier de la résistance.

Le levier du premier genre a son point d'appui placé entre la puissance et la résistance et le point d'appui très près de la résistance. Or, il a été dit précédemment (27) que les forces sont inversement proportionnelles aux distances qui les séparent du point d'appui. Si la puissance est trois fois plus éloignée du point d'appui que la résistance, son intensité pour obtenir l'équilibre sera trois fois plus faible que celle de la résistance. On comprend qu'on puisse ainsi avec un effort faible soulever un poids considérable.

Le levier du second genre est celui dans lequel le point d'application de la puissance est placé entre le point d'appui et le point d'application de la résistance.

Fig. 13. — Levier du troisième genre.

BD, bras de levier de la puissance; — AD, bras de levier de la résistance; — D, point d'appui; — C, manœuvre poussant la brouette.

Le levier du troisième genre est celui dans lequel le point d'appui est encore à l'une des extrémités, mais le point d'application de la résistance en est moins éloigné que le point d'application de la puissance, de sorte que cette dernière force a toujours l'avantage.

L'invention du levier se perd dans la nuit des temps. Pline dit qu'il a été imaginé, en 1240, par Cynire, dans l'île de Chypre.

33. — *Que signifie ce principe : ce que l'on gagne en force, on le perd en vitesse ?* — Si l'on considère, par exemple, un levier droit du premier genre (fig. 12), pour que la résistance et la puissance se fassent équilibre, il faudra que leurs intensités soient entre elles en raison inverse des bras du levier.

Mais quand le levier sera mis en mouvement, le grand bras en s'abaissant décrira autour du point d'appui un arc de cercle proportionnel à sa propre longueur ; le petit bras en se relevant de son côté un arc de cercle aussi proportionnel à sa longueur. Ainsi, les points d'application de la puissance et de la résistance parcourront respectivement des chemins proportionnels aux longueurs des bras. Si, par exemple, le grand bras est quatre fois le petit, la puissance aura diminué dans la proportion de 4 à 1 ; mais pendant que son point d'application parcourra un chemin quadruple, le point d'application de la résistance n'aura fait qu'un chemin 1. Pour obtenir le même déplacement de l'extrémité du petit bras, il faudrait quatre fois plus de temps. Donc ce que l'on gagne en force, on le perd en vitesse.

On a calculé que si un homme avait à soulever avec un levier un globe gros comme la terre de l'épaisseur d'un cheveu, il lui faudrait 40 millions de siècles. Le bras du levier fictif nécessaire serait si long que le déplacement serait insensible pendant des millions d'années.

34. — *Le levier ne sert-il pas de base à des appareils très usuels ?* — La pince, la barre de fer courbée vers une de ses extrémités, et servant à soulever de grosses pierres ou d'autres objets très lourds, est un levier dans toute sa simplicité. La *balance ordinaire* et la balance *romaine*, qui servent à peser ou à mesurer les poids des corps, sont aussi des leviers ; dans la première, les deux bras sont égaux, dans la seconde ils sont inégaux.

35. — *Y a-t-il un moyen aisé de reconnaître si les deux bras d'une balance sont bien exactement de même longueur ?* — Il suffit, après avoir chargé les deux plateaux de manière que la balance soit parfaitement en équilibre, de permuter les charges : si les deux bras ne sont pas parfaitement égaux l'équilibre ne subsistera plus.

36. — *Lorsqu'on a reconnu qu'une balance est défectueuse, peut-on néanmoins s'en servir utilement ?* — On le peut, en employant la méthode de la *double pesée*. Pour cela, on met dans

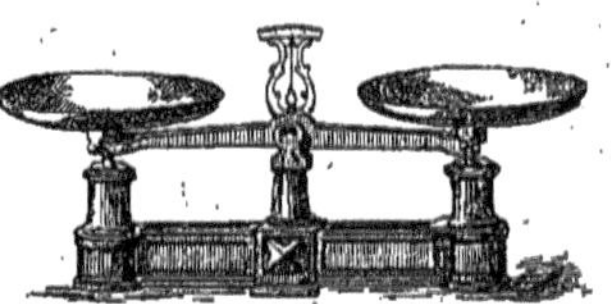

Fig. 14. — Balance système Roberval.

un des plateaux l'objet qu'il s'agit de peser, et on lui fait équilibre au moyen de plomb en grenailles, de sable ou autre matière quelconque. Cela fait, on remplace l'objet par des poids gradués, et quand l'équilibre est ainsi établi de nouveau, on est certain que les poids gradués, placés dans les mêmes conditions que l'objet qu'ils ont remplacé, indiquent ou mesurent exactement le poids.

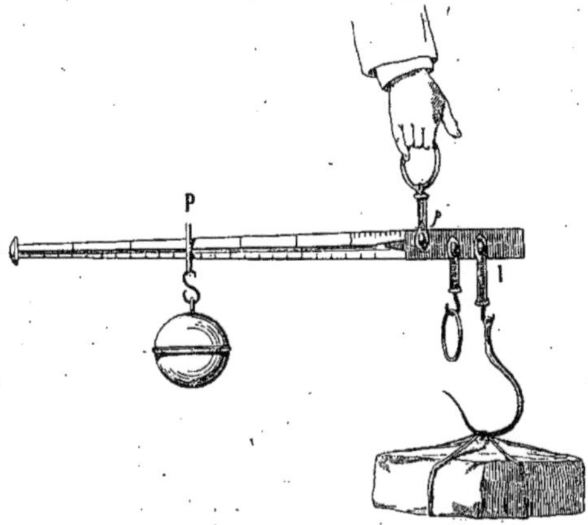

Fig. 15. — Balance romaine.

p, point de suspension ; — P, poids fixe se déplaçant jusqu'à ce que l'on obtienne l'horizontalité ; — 1, point d'application du poids à peser.

37. — *Sur quel principe repose la balance romaine ?* — Sur ce principe du levier qu'un poids mobile, à mesure qu'on l'éloigne du point d'appui, fait équilibre à des poids de plus en plus considérables.

38. — *Qu'est-ce qu'une poulie ?* — C'est un anneau circulaire avec une gorge sur laquelle passe un cordon, aux extrémités duquel sont appliquées la puissance et la résistance. Si l'axe de la poulie est *fixe*, la puissance et la résistance, pour se faire équilibre, doivent être égales. Une poulie de cette espèce ne laisse pas que d'être utile, d'abord en diminuant le frottement, puis, en permettant à la personne qui veut soulever un poids, d'agir de haut en bas, sans agir directement sur la résistance de bas en haut, ce qui est le mode d'action le plus favorable. Quand la poulie est *mobile*, c'est-à-dire quand elle monte avec le poids, la puissance peut n'être que la moitié de la résistance.

39. — *Qu'appelle-t-on moufles ?* — On appelle moufles des assemblages de poulies mobiles juxtaposées ou superposées. Avec ces appareils, on peut enlever des poids considérables, relativement énormes, mais aux dépens de la vitesse.

Fig. 16. — Treuil.

AC, manivelle ou bras de levier agissant sur l'axe B pour soulever le poids P enlevé par la corde D.

40. — *Qu'est-ce que le treuil ?* — Le treuil est un cylindre horizontal qui tourne autour d'un axe fixe, et sur lequels ont disposés, perpendiculairement à l'axe, des bras de levier plus grands que le rayon du cylindre. La puissance est appliquée à l'extrémité des bras et la résistance à la circonférence du cylindre. Il résulte de la théorie du

levier que la puissance pourra être deux fois, trois fois, etc., moindre que
la résistance, si les bras du levier sont deux fois, trois fois, etc., plus grands
que le rayon du cylindre.

41. — *Le treuil ne prend-il pas diverses formes, regardées comme autant
de machines différentes?* — Le cabes-
tan n'est qu'un treuil à axe vertical.
La roue *à chevilles* et la roue *à tambour* sont aussi des treuils à rayons
constants. On ramène encore au
treuil la *courroie sans fin*, qui permet
de vaincre avec une puissance donnée

Fig. 17. — Cabestan.

O, point d'appui; — OA, bras du levier.

Fig. 18. — Roue à chevilles.

O, axe de la roue; — OA, rayon constituant le bras
du levier.

une résistance beaucoup plus grande, si le tambour auquel est appliquée la
puissance est de plus grand diamètre que la poulie à laquelle est appliquée
la résistance.

42. — *En quoi consistent les roues dentées?* — Les roues dentées, qui
jouent un si grand rôle dans toutes sortes de mécanismes,
sont des espèces de treuils dans chacun desquels la grande
roue ou cercle, et le cylindre ou pignon sont armés de
dents permettant de former des engrenages, au moyen desquels on transmet le mouvement en augmentant à volonté,
soit la force aux dépens de la vitesse, soit la vitesse aux
dépens de la force.

43. — *Qu'est-ce que le cric?* — Dans le *cric*, appareil
destiné à soulever des objets d'un grand poids, la résistance
est appliquée au sommet d'une barre armée de dents, avec
lesquelles engrènent les dents d'un premier pignon fixé à
l'axe d'une roue dentée; l'axe de la manivelle porte un second pignon, dont les dents engrènent avec celles de la roue
dentée. Dans le cric *simple*, le pignon de la manivelle engrène
immédiatement avec les dents de la barre.

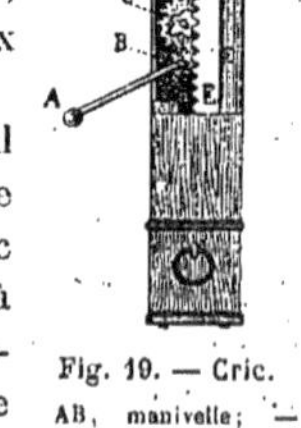

Fig. 19. — Cric.

AB, manivelle; —
C, pignon; — DE, cré-
maillère.

44. — *Qu'est-que la machine appelée chèvre?* — La *chèvre*, dont on se sert pour élever des matériaux ou des fardeaux, est une combinaison du treuil, de la poulie et souvent des roues dentées, quand on veut accroître la puissance.

45. — *Qu'est-ce que la grue?* — La *grue* est une chèvre dont les montants peuvent tourner autour d'un axe vertical, de telle sorte que le fardeau, une fois soulevé, puisse se mouvoir horizontalement et être ainsi amené au-dessus du point où il doit être déposé.

46. — *A quoi sert le plan incliné?* — A faire monter ou descendre un poids plus facilement ou plus sûrement, en neutralisant en partie l'action de la pesanteur. Le *haquet*, qui sert au chargement, au transport et au déchargement des pièces de vin, est une combinaison du plan incliné et du treuil.

47. — *Quel rapport y a-t-il entre la vis, le coin et le plan incliné?* — La *vis* est une combinaison du plan incliné et du treuil : le filet de l'hélice fait fonction de plan incliné ; la résistance, appliquée perpendiculairement à l'écrou, remonte le long de ce plan ; la puissance s'exerce à l'extrémité d'un bras de levier perpendiculaire à l'axe de l'hélice, et qui remplace la roue du treuil. Le coin est une sorte de plan incliné double qui se glisse entre deux surfaces qu'il s'agit d'écarter l'une de l'autre.

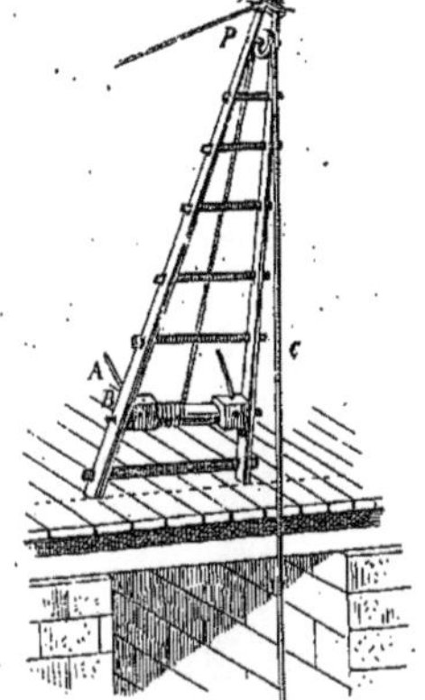

Fig. 20. — Chèvre.

AB, bras auquel s'applique la puissance ; — P, poulie, sur laquelle passe la corde C qui soulève un fardeau.

III

48. — *Qu'appelle-t-on travail des forces?* — Les machines qui mettent en œuvre les forces ont pour résultat d'effectuer du travail. Il est clair que pour apprécier l'effet d'une force, il convient non seulement de considérer l'intensité avec laquelle elle agit, mais encore la quantité dont elle déplace son point d'application. On nomme travail d'une force constante, au bout d'un temps donné, le produit de son intensité par le chemin parcouru par son point d'application. Nous avons dit que ce que l'on gagne en vitesse, on le perd en force et réciproquement. C'est que lorsqu'une puissance et une résistance se font équilibre sur une machine, le travail développé par la puissance, pendant un temps déterminé, est égal au travail développé par la résistance, pendant le même espace de temps.

L'expression de travail mécanique correspond bien aux idées que l'on se fait habituellement du travail. S'il s'agit d'élever des corps pesants, des pierres, etc., avec la force musculaire, avec des machines, il est clair que le travail effectué dépendra bien non seulement du poids soulevé, mais de la hauteur à laquelle on l'aura élevé.

49. — *Comment exprime-t-on le travail d'une force ?* — Puisque toute force peut s'exprimer en poids, on peut ramener l'expression du travail à un poids élevé à une certaine hauteur ou porté à une certaine distance. L'unité adoptée en mécanique est le *kilogrammètre*, c'est le travail nécessaire pour élever 1 kilogramme à 1 mètre de hauteur. C'est ainsi que l'on dira que le travail développé par l'élévation d'un corps de 8 kilogrammes à 3 mètres de hauteur est égal à 24 kilogrammètres. Un homme du poids de 70 kilogrammes qui monte à 20 mètres de hauteur, le long d'un escalier, aura accompli un travail de 1 400 kilogrammètres. Un cheval qui traîne un fardeau en développant un effort de 80 kilogrammes mesuré avec un dynamomètre et qui parcourt 100 mètres produit un travail de 8 000 kilogrammes.

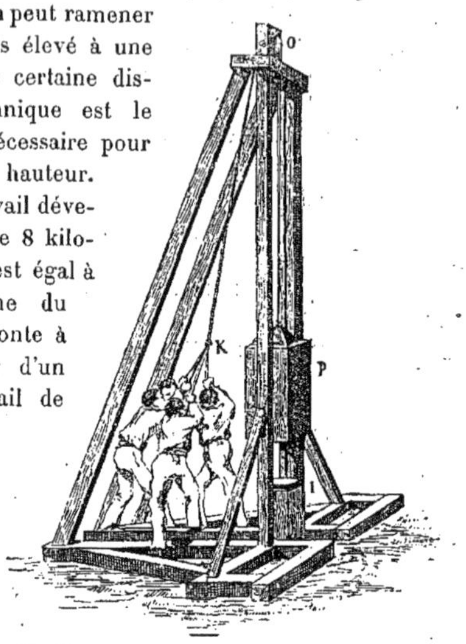

50. — *Qu'entend-on par cheval-vapeur ?* — Dans l'industrie, on se sert souvent d'une unité plus forte que le kilogrammètre.

Fig. 21. — Exemple du travail d'une force dans la machine appelée sonnette à déclic.

K, point d'application de la puissance ; — O, poulie de renvoi ; — P, poids à soulever pour enfoncer le pieu, I.

On lui donne le nom de *cheval-vapeur*, parce qu'on l'utilise précisément pour exprimer la force des machines à vapeur. Le cheval-vapeur correspond au travail de 75 kilogrammètres en une seconde, soit le travail nécessaire pour élever 75 kilogrammes à 1 mètre en une seconde ou 1 kilogramme à 75 mètres en une seconde. Ce travail est supérieur à celui d'un cheval, parce que les expériences faites en Angleterre, à l'origine, pour déterminer la force des machines à vapeur avaient été réalisées avec des chevaux très robustes, exerçant des efforts exceptionnels pendant un temps assez court. On évalue à 45 kilogrammètres seulement le travail normal d'un cheval ordinaire, et comme les chevaux ne travaillent guère que 8 heures environ, par 24 heures, on admet qu'il faut environ 5 chevaux pour fournir, en 24 heures, le travail d'un cheval-vapeur ou d'un moteur qui travaille sans trêve ni repos. Un homme peut évidemment fournir le travail d'un cheval-vapeur, mais pendant un temps extrêmement court, pendant quelques secondes.

51. — *Comment peut-on mesurer le travail d'une machine ?* — Au moyen d'un frein dynamométrique imaginé par **Prony.** La machine fait tourner généralement un axe, un arbre horizontal. On entoure cet arbre d'une sorte d'étrier muni à sa base d'une pièce de bois, que l'on peut serrer plus ou moins avec des boulons. La surface supérieure de l'étrier est constituée par une autre pièce de bois à laquelle est réunie une barre solide à l'extrémité de laquelle est disposé un plateau pouvant contenir des poids. On charge le plateau de poids et l'on serre l'étrier jusqu'à ce que la barre devienne horizontale et que l'arbre tourne à

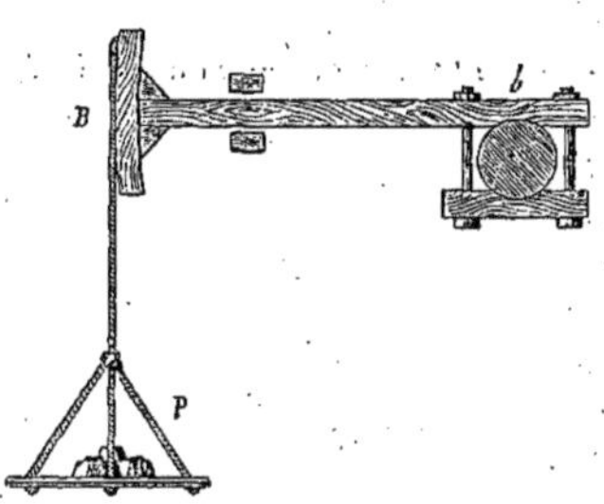

Fig. 22. — Frein de Prony.

b, barre mobile enserrée par l'étrier ; — B, cordage supportant le poids P.

la vitesse qu'il possède quand il accomplit son travail ordinaire. Quand l'équilibre est ainsi établi, le travail transmis par l'arbre est exactement égal au travail dû au frottement de l'étrier. Ce dernier travail est facile à évaluer. Il est le même que si, l'arbre étant fixe, le frein tournait dans le même temps, sous l'influence d'une force égale au poids que l'on a mis dans le plateau. Or le travail de ce poids est égal à ce poids multiplié par le bras du levier et par le chemin parcouru par son point d'application. Si l'arbre n'était pas horizontal, on aurait recours à une poulie de renvoi.

52. — *Qu'entend-on par frottement ?* — Les organes des machines, si polis qu'ils soient, laissent pénétrer plus ou moins leurs molécules les unes dans les autres ; cette pénétration crée une adhérence que tout le monde connaît ; on ne fait pas glisser deux corps l'un sur l'autre sans avoir à vaincre une résistance. C'est le *frottement.* On mesure cette force par l'effort de traction qu'il faut faire pour déplacer l'objet. Le frottement au départ n'est pas le même que pendant le mouvement. Coulomb a donné le premier les lois du frottement qui ont été contrôlées par le général Morin.

Le frottement pendant le mouvement est : 1° proportionnel à la pression qui s'exerce entre les corps qui frottent l'un sur l'autre ; 2° indépendant de l'étendue des surfaces en contact ; 3° indépendant de la vitesse du mouvement.

Le frottement au départ est de même proportionnel à la pression, indépendant de l'étendue des surfaces ; il est beaucoup plus grand que l'autre.

53. — *Que veut-on exprimer par résistance passive des machines ?* — Une machine est destinée à vaincre des résistances pour effectuer du travail. Mais, outre ces résistances utiles, il se rencontre toujours d'autres résistances nuisibles qui neutralisent une portion plus ou moins grande de la force motrice. Ces résistances sont désignées sous le nom de résistances passives. Elles sont de plusieurs natures : résistance au glissement, c'est le frottement ; résistance au roulement, c'est aussi le frottement ; raideur des cordes, des courroies ; résistance de l'air, de l'eau, chocs, etc.

54. — *Qu'entend-on par effet utile, rendement d'une machine ?* — Dans le travail réel produit par une machine, il faut bien défalquer le travail absorbé par les résistances passives. On entend par effet utile ou rendement le rapport entre le travail total produit par le moteur et le travail réel recueilli sur l'arbre de la machine. Ainsi on dit : cette machine a un rendement de 60 p. 100, quand les résistances passives absorbent 40 p. 100. Le moteur développe 100, on ne recueille que 60.

55. — *Qu'est-ce que le principe des forces vives ?* — La force vive ou la puissance vive est l'expression du travail accompli par une force dans l'unité de temps. Il a été dit précédemment (25) que l'intensité d'une force constante peut se mesurer par sa quantité de mouvement, c'est-à-dire par le produit de sa masse par sa vitesse. D'autre part, on sait que l'espace parcouru pendant la première seconde par un mobile partant de l'état de repos est la moitié de sa vitesse. Donc le travail qui est égal à l'intensité de la force multipliée par le chemin parcouru est, au bout d'une seconde, exprimé aussi par la moitié de la masse multipliée par le carré de la vitesse. Cette expression est la puissance vive du mobile. Le travail qu'il faudrait, par exemple, pour arrêter un train en une seconde est exprimé par la moitié de la masse de ce train multipliée par le carré de sa vitesse.

56. — *Que signifie ce mot : équivalent mécanique de la chaleur ?* — Il n'est personne qui n'ait remarqué qu'il n'y a pas de frottement sans développement de chaleur. C'est en frottant des morceaux de bois que les sauvages se procurent du feu. Quand une balle frappe une cible, la balle tombe chaude. Joule a montré que tout travail mécanique développe de la chaleur. Joule et d'autres physiciens ont trouvé qu'à chaque calorie engendrée correspond toujours la même somme de travail anéanti. Le travail se transforme en chaleur, et réciproquement. La calorie est l'unité de chaleur : c'est celle qu'il faut dépenser pour élever, de 0° à 1°, un kilogramme d'eau. Or la production d'une calorie correspond à un travail anéanti de 425 kilogrammètres, ou bien, en produisant une calorie, la chaleur engendrée disparaîtra en fournissant 425 kilogrammètres. Ce nombre 425 est donc l'expression numérique de l'équivalent mécanique de la chaleur.

57. — *Pourquoi dit-on souvent que la réaction est égale et opposée à l'action ?* — Ce principe a été énoncé par Newton. Il signifie que lorsqu'un corps soumis à l'influence d'une force agit sur un autre, ce dernier réagit dans un sens tout opposé. Quelqu'un donne un coup de poing sur une table, l'effort qu'il fait lui sera rendu intégralement par la table, il sera frappé comme il a frappé. Un homme tire sur une corde et s'appuie sur le sol pour effectuer cette traction ; la corde tire l'homme comme elle est tirée ; elle casse ; l'homme tombe, n'étant plus soutenu par la force égale et contraire à celle qu'il développait.

58. — *Pourquoi perd-on son temps en cherchant le mouvement perpétuel?* — On entend par réaliser le mouvement perpétuel, construire une machine qui restera en mouvement indéfiniment. Cette machine mise une première fois en marche fonctionnera d'elle-même, sans le secours de nouvelles impulsions, sans qu'elle soit animée par d'autres forces que celles qui auront servi à la mettre en mouvement. Cette conception est absurde; car tout travail moteur est égal au travail utile augmenté du travail des résistances passives. Or les résistances passives sont inhérentes à la matière, on ne peut les supprimer ; par conséquent, au bout d'un certain temps, elles auront absorbé toute la force motrice et il ne restera rien pour le travail utile ; la force ne se renouvelant pas, la machine s'arrêtera. Un pendule qui oscille est une machine bien simple ; cependant elle ne peut osciller indéfiniment, parce que le frottement sur l'axe de suspension et la résistance de l'air épuisent peu à peu son mouvement.

IV

59. — *Qu'entend-on par moteurs ?* — Une machine quelconque ne peut se mettre en mouvement que sous l'action d'une force. Tout ce qui est susceptible d'utiliser de la force est considéré comme moteur. Il y a différentes espèces de moteurs. L'homme et les animaux sont employés pour faire mouvoir des machines. Ce sont des moteurs animés. Les ressorts sont utilisés pour faire marcher les pendules et les montres. Ce sont des moteurs. Le vent, les roues hydrauliques servent de moteurs. Les machines qui utilisent la force élastique de la vapeur d'eau, des gaz, sont des moteurs. Dans l'industrie, les moteurs dont on fait le plus usage sont les moteurs animés; les cours d'eau, les moulins à vent, les machines à vapeur, les machines électriques, etc.

60. — *Quel parti tire-t-on des moteurs animés ?* — Il serait superflu de citer tous les cas où la force musculaire de l'homme est employée. Seulement il est important de savoir comment cette force doit être utilisée pour produire la plus grande quantité possible de travail. C'est en montant et en descendant successivement que l'homme développe le plus de travail ; il produit, en travaillant 8 heures, 280 000 kilogrammètres. S'il agissait sur une manivelle, il ne donnerait dans le même temps que 172 000 kilogram-

mètres. C'est pour cela qu'on fait travailler l'homme surtout sur une roue
à cheville ; il n'a qu'à élever son corps qui redescend aussitôt en faisant
tourner la roue.

Le cheval peut exercer en tirant un effort maximum moyen de 400 kilo-
grammmètres ; mais en travail continu il exerce une traction beaucoup
moindre. Un bon cheval de roulier, qui travaille 6 jours par semaine et qui
fait environ 28 kilomètres par jour, avec une vitesse de 3 kilomètres à

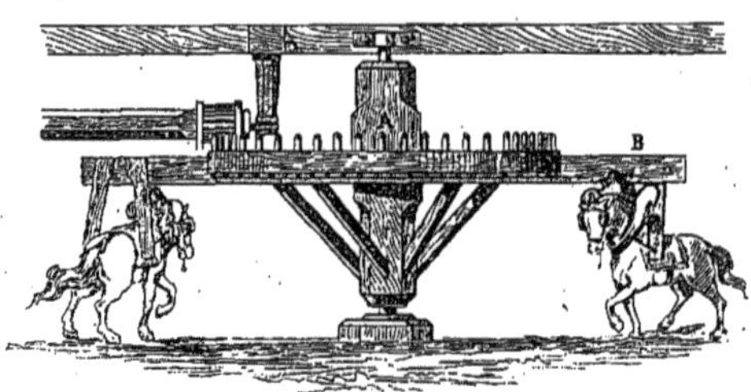

Fig. 23. — Manège mû par deux chevaux.

A, axe ; — AB, bras de levier sur lequel agit la puissance des chevaux.

l'heure, exerce une force de traction d'environ 50 kilogrammes. Le travail
qu'il développe ainsi par jour s'élève à 1 400 000 kilogrammètres. Le cheval
est utilisé à agir dans un manège pour faire marcher des machines d'agriculture, des appareils de blanchissage, etc. Il rend moins ainsi qu'en
effectuant une traction ; attelé à un manège, le travail du cheval ne
dépasse guère 43 kilogrammètres par seconde.

Un bœuf attelé à une voiture peut exercer un effort de traction presque
égal à celui du cheval, mais il produit moitié moins de travail, à cause de
sa lenteur naturelle. Attelé à un manège, il effectue presque autant de
travail qu'un cheval. Un âne, agissant sur un manège, ne produit guère
plus du quart du travail du cheval.

61. — *Comment utilise-t-on la force motrice de l'eau ?* — On barre un cours
d'eau ; on produit une chute, et l'on fait agir le poids de cette eau sur des
roues hydrauliques. Le travail d'une chute d'eau s'évalue en multipliant le
poids de l'eau tombée en une seconde par la hauteur de la chute. C'est le
travail brut. La machine utilise ce travail plus ou moins bien, selon sa
nature. Les récepteurs hydrauliques ont un rendement compris entre 30
et 75 p. 100. On utilise quelquefois directement le courant d'une rivière,
au moyen de roues plongeantes. On tend maintenant, dans beaucoup de
circonstances, à se servir de l'eau pour actionner des turbines qui fonctionnent aussi bien aux basses eaux qu'aux crues, et qui offrent cet

avantage qu'on peut faire varier la vitesse du moteur sans changer l'effet utile.

62. — *Comment estime-t-on le travail d'un moulin à vent?* — Ce travail exprimé en kilogrammètres est égal au cube de la vitesse du vent,

Fig. 24. — Moulin avec roue hydraulique ; moulin à vent.

multipliée par les 13 centièmes de la surface des ailes. Le travail annuel est le tiers environ de ce qu'il serait si le moulin marchait constamment, sous l'action d'un vent de 6 à 7 mètres par seconde.

63. — *Comment estime-t-on la force d'un navire à voile ?* — On admet dans la marine marchande que chaque tonneau de fret exige environ 1 mètre carré de voilure. Le tonneau métrique correspond à un poids de 1 000 kilogrammes.

64. — *Qu'est-ce qu'une machine à vapeur ?* — Réduite à ses termes les plus simples, la machine à vapeur consiste en un piston se mouvant dans un cylindre. La vapeur est distribuée par un organe que l'on appelle tiroir, successivement d'un côté et de l'autre du piston, de façon à le faire avancer dans un sens et revenir dans l'autre pour produire un mouvement de va-et-vient, qui à l'aide d'une bielle et d'une manivelle se transforme en mouvement de rotation. La vapeur est engendrée dans une chaudière et conduite par des tuyaux jusqu'au tiroir de distribution.

Une machine à vapeur est dite à condensation, lorsque la vapeur, après avoir servi, se rend dans un condenseur qui la condense sous un jet d'eau froide, lancé par une pompe. La machine à condensation est économique, car dans le cas ordinaire le piston doit pour se déplacer et chasser la vapeur du cylindre vaincre la pression de cette vapeur qui est à la pression atmosphérique ; quand il y a condensation, le cylindre est en relation avec le vide du condenseur et la contre-pression au-dessus du piston est annulée. Il y a gain d'une atmosphère et c'est comme si la vapeur qui agit était d'une atmosphère supérieure à celle qu'elle possède.

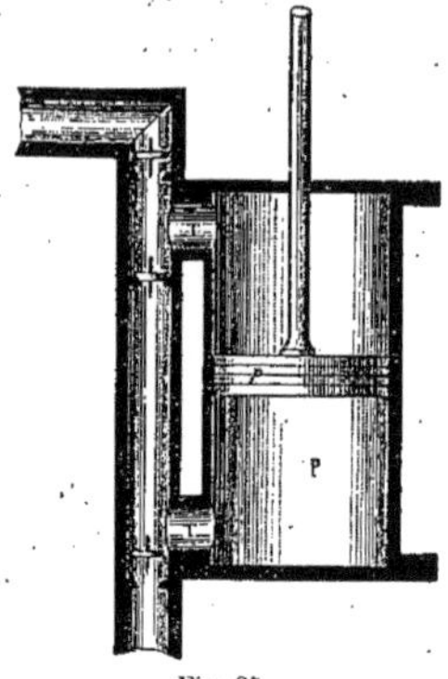

Fig. 25.

Cylindre P dans lequel se meut le piston p, la vapeur arrive par les deux tuyaux TT au-dessus et au-dessous du piston par le jeu des soupapes du tuyau latéral.

Une machine est dite à détente, quand, au lieu de laisser pénétrer la vapeur en plein sur le piston, on coupe l'introduction au tiers, au quart de la course ; alors la vapeur se détend et agit par son ressort ; c'est économique puisqu'on use moins de vapeur. On établit aujourd'hui des machines compound à double, triple détente, c'est-à-dire que la vapeur qui s'est détendue dans un premier cylindre passe dans un second, et même dans un troisième, où elle continue à se détendre, jusqu'à ce qu'elle ait perdu toute sa force élastique ; on utilise ainsi au maximum ses propriétés. Aussi ces nouvelles machines consomment-elles très peu de vapeur et par suite très peu de combustible. On parvient à ne dépenser qu'à peine 1 kilogramme par heure et par force de cheval, tandis que les petites machines, sans détente et sans condensation, dépensent jusqu'à 5 kilogrammes.

On distingue encore les machines à *simple effet* et à *double effet*. Dans les premières, la vapeur n'agit que sur une face du piston, qui retombe sous son propre poids et est entraîné par le mouvement du volant ; dans les secondes, elle agit sur les deux faces.

On construit aujourd'hui des machines à vapeur pour la marine qui atteignent jusqu'à 12 000 chevaux de force. Les machines industrielles ont, selon les applications, de 100 à 500 chevaux. On préfère en mettre en action plusieurs de 200 chevaux que d'avoir recours à une seule machine de 1 000 chevaux. Un seul moteur en cas d'avarie arrêterait tout le travail d'une usine.

65. — *A quelle époque remonte l'emploi industriel des machines à vapeur?* — L'emploi de la vapeur remonte très haut, mais c'est Papin qui, le premier, eut l'idée de la faire agir sur un piston. La première machine qui ait rendu de véritables services à l'industrie est celle de Newcomen, qui date de 1705, et qui n'est, au fond, que la réalisation de l'idée conçue par Papin dès 1690. Mais la machine à vapeur resta dans l'enfance jusqu'à 1769. Watt construisit une machine destinée à remplacer celle de Newcomen; c'est la machine actuelle à simple effet; un peu plus tard, il réalisa la machine à double effet.

66. — *Qu'entend-on par machine à air chaud?* — Au lieu de faire agir de la vapeur d'eau sur un piston, on peut utiliser la force de l'air dilaté par la chaleur. C'est ce qu'a fait Ericson le premier. On a construit depuis lui beaucoup de types. L'inconvénient du moteur à air chaud, c'est d'être très volumineux et très pesant. L'air surchauffé brûle les pistons. L'avantage, c'est d'éviter la chaudière à vapeur et l'emploi de l'eau.

67. — *Qu'est-ce qu'un moteur à gaz ?* — Le moteur à gaz, imaginé par M. Lenoir, en 1862, n'est qu'un moteur explosif à air chaud. On fait arriver du gaz d'éclairage et de l'air sur le piston; une étincelle électrique met le feu à ce mélange détonant. La dilatation de l'air surchauffé par la combustion du gaz pousse le piston. On a créé sur des principes analogues plusieurs types de moteurs à gaz. Ces moteurs dépensent en général un mètre cube de gaz par heure et par force de cheval. Il est des circonstances où ils deviennent très économiques parce qu'il suffit d'ouvrir ou de fermer un robinet pour les mettre en marche ou les arrêter. On fait aujourd'hui des moteurs à gaz à deux cylindres de 50 chevaux et même 100 chevaux de force.

68. — *Qu'est-ce qu'une locomobile?* — C'est une machine à vapeur montée sur roues et par conséquent mobile. L'industrie utilise des locomobiles de 15 à 40 chevaux. La locomobile porte sa chaudière.

69. — *Qu'entend-on par locomotive ?* — La locomotive est une machine à vapeur montée sur roues avec chaudière destinée à remorquer les trains de chemin de fer. La locomotive a été précédée, dans l'ordre chronologique, par la voiture à vapeur imaginée par Cugnot, ingénieur français, en 1709. Les locomotives qu'on construit maintenant ont jusqu'à 200 chevaux de force. Une chaudière ne peut fournir une quantité de vapeur considérable que si la surface de chauffe est suffisamment grande; cette difficulté arrêta longtemps le développement de la traction sur les voies ferrées. Mais, en 1828, Séguin inventa la chaudière tubulaire et l'on put donner de la puissance aux locomotives.

70. — *Qu'est-ce qu'une chaudière tubulaire ?* — Pour multiplier la surface de chauffe, Séguin eut l'idée de faire circuler la flamme et la fumée du foyer à travers un très grand nombre de petits tubes, baignés dans l'eau de la chaudière. Il disposa longitudinalement 200 petits tubes de 4 à 5 centimètres de diamètre, de sorte que l'eau fut en contact partout avec la chaleur. On est parvenu à obtenir ainsi 10 kilogrammes de vapeur par mètre carré de surface de chauffe.

71. — *Qui a eu l'idée d'appliquer la vapeur aux bateaux ?* — C'est Papin qui a développé cette idée dans un ouvrage imprimé en 1696. En 1755, Perrier construisit à Paris le premier bateau auquel on ait

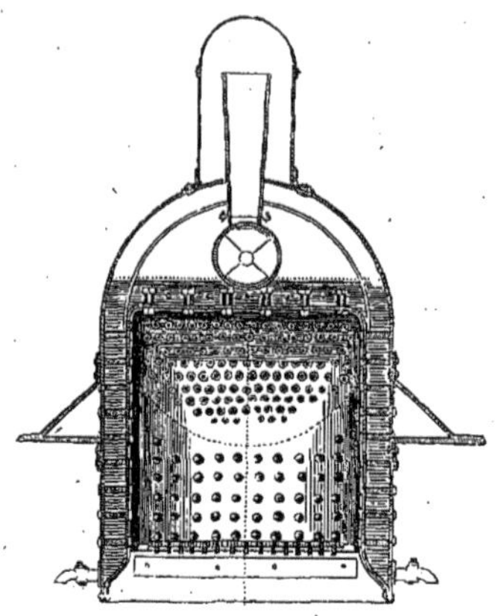

Fig. 26. — Chaudière tubulaire (section transversale).

tenté d'appliquer la vapeur ; ce bateau ne servit qu'à faire des expériences. En 1781, Jouffroy construisit sur la Saône le premier bateau à vapeur. Mais ce n'est qu'en 1807, à New-York, que Fulton réalisa un bateau à vapeur qui servit à transporter des voyageurs et des marchandises. En 1812, un bateau analogue navigua pour la première fois en Europe, sur la Clyde, entre Glascow et Greenok.

72. — *Qu'est-ce qu'un moteur électrique ?* — Le passage d'un courant électrique dans un fil métallique garni de soie, entourant une barre de fer doux, transforme ce fer en aimant et l'aimantation disparaît aussitôt que le courant cesse de passer On peut donc aimanter, désaimanter, produire des attractions et les faire cesser avec une grande facilité, soit produire de la force. Les électro-aimants servent de base à tout moteur électrique, et l'on conçoit qu'après la découverte, faite par Arago, en 1820, de l'aimantation du fer doux par un courant électrique, devait venir l'idée du moteur électrique. Mais les premiers essais authentiques d'un moteur électro-magnétique remontent seulement à 1839. Ils furent faits par le physicien russe Jacobi. Le moteur avait été installé sur une chaloupe et fit tourner des roues à aubes. La chaloupe contenant 12 personnes put remonter la Néva, malgré un vent violent. Le courant électrique était fourni par une pile de 128 grands couples de Grove. Le travail produit atteignit les trois quarts d'un cheval-vapeur. Depuis une douzaine d'années, les moteurs électriques, qui jusque-là n'avaient guère reçu d'application, ont, au contraire, pénétré dans le domaine pratique. Nous verrons que, sous une forme un peu différente, ils sont déjà employés pour commander des machines-outils, pour effectuer la traction de voitures sur rails, ou sur routes, pour faire progresser des canots, des torpilleurs, des ballons, etc.

V

73. — *Comment se transmet une pression exercée sur un liquide ?* — Toute pression exercée sur un point quelconque de sa masse se transmet égale-

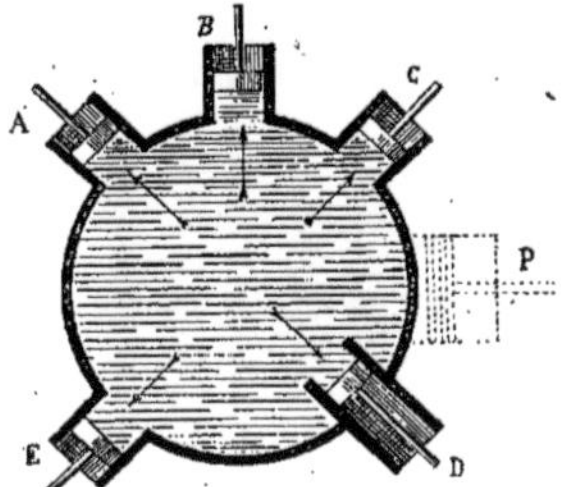

Fig. 27. — Principe de Pascal.

La pression communiquée par le piston, P, est transmise intégralement par unité de surface aux pistons A, B, C, D, E.

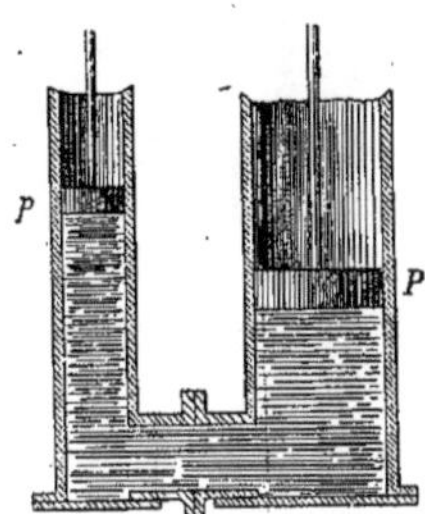

Fig. 28. — Vérification des principes de la proportionnalité des pressions aux surfaces dans deux vases communiquants.

Si le piston p est trois fois plus petit que le piston P, la pression transmise en P sera trois fois la pression communiquée en p. C'est le principe de la presse hydraulique.

ment dans tous les sens et la pression transmise est proportionnelle à la surface qui la reçoit. Ce principe connu sous le nom de *principe de Pascal* a reçu diverses applications, notamment à la presse hydraulique,

74. — *Qu'est-ce qu'une presse hydraulique ?* — C'est une machine avec laquelle on peut produire des pressions énormes. Elle consiste en deux corps de pompe réunis par un tuyau ; l'un a un grand diamètre ; l'autre un petit diamètre ; ces deux cylindres renferment de l'eau. On exerce avec un piston une pression sur l'eau du petit cylindre ; cette pression se transmet sur l'autre piston, et si le rapport du petit cylindre au grand est par exemple de 1 à 100, une pression de 1 kilogramme sur le petit piston se traduira par une pression de 100 kilogrammes sur le grand. On peut ainsi multiplier dans de grandes proportions les effets de pression. Ici encore ce que l'on gagne en force on le perd en vitesse (fig. 29).

75. — *Quelle est la pression qu'exerce un liquide sur le fond d'un vase ?* — Quelle que soit la forme du vase, elle est toujours mesurée par le poids d'une colonne du liquide ayant pour base la surface pressée et pour hauteur la profondeur du liquide.

76. — *Qu'appelle-t-on tonneau de Pascal ?* — Pascal, pour mettre en évidence le principe précédent, prit un tonneau plein d'eau, ajouta dessus un tube étroit, mais très long, de 10 à 12 mètres de haut. Il est clair que le

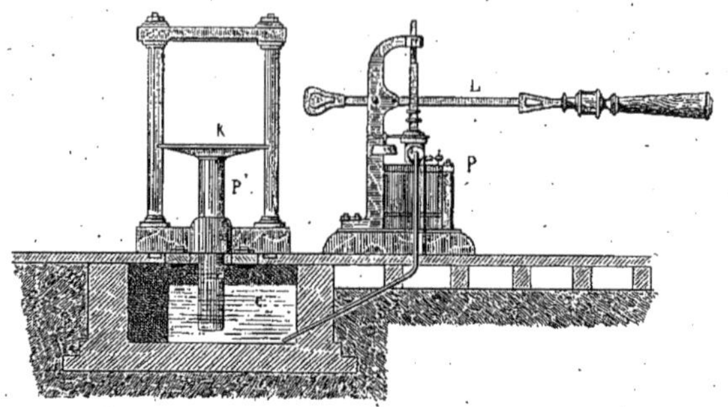

Fig. 29. — Presse hydraulique.

K, plate-forme sur laquelle on dispose les objets à comprimer ; — P', piston soulevé par la pression de l'eau C ; — L, balancier de la pompe P au moyen duquel on agit sur l'eau C.

poids de l'eau contenue dans ce tube ne ferait pas éclater le tonneau ; mais comme la pression sur les parois du tonneau n'est pas égale à ce poids, mais bien au poids d'une colonne d'eau ayant pour base la section même du tonneau et pour hauteur celle du tube, elle devient très considérable et le tonneau vole en éclats.

77. — *Qu'entend-on par principe d'Archimède ?* — Tout corps plongé dans un liquide perd une partie de son poids égale au poids du liquide déplacé. Tel est le principe d'Archimède.

78. — *Qu'arrive-t-il quand un corps solide est plongé dans un liquide qui à égalité de volume pèse exactement autant que lui ?* — Son poids se trouve neutralisé ; il ne tend ni à descendre, ni à monter.

79. — *Qu'arrive-t-il quand un corps solide est plongé dans un liquide qui à égalité de volume pèse plus que lui ?* — Il est poussé de bas en haut par une force virtuelle équivalente à la différence entre le poids du liquide déplacé et celui du solide. Aussi, à la surface du liquide, il émerge jusqu'à ce que la quantité du liquide qu'il déplace ait juste un poids égal à son propre poids. Il se trouve alors en équilibre ; mais pour que cet équilibre soit stable, il faut en outre que le centre de gravité du solide se trouve dans la partie immergée.

80. — *Quelles sont les principales applications du principe d'Archimède ?* — La plus importante évidemment est la navigation. Un bateau ne se maintient sur l'eau que lorsque le poids du volume d'eau qu'il déplace est supérieur à son propre poids. Si on le charge au delà de cette limite, le bateau sombre. Les navires pèsent, avec leur chargement, autant que l'eau qu'ils déplacent. On peut calculer leur poids en évaluant le volume de cette eau et en le multipliant par leur densité (83). L'eau de mer étant plus dense que l'eau douce, un navire s'enfonce moins dans la mer que dans une rivière. On a fait une application heureuse de la théorie des corps flottants au sauvetage des corps tombés au fond de la mer. On attache à ces corps des flotteurs qui s'emplissent d'eau ; on pompe ensuite l'eau des flotteurs qui remontent à la surface, soulevant avec eux le corps du fond de la mer.

81. — *Qu'est-ce qu'un ludion ?* — C'est une petite ampoule en verre ayant plus ou moins la forme d'une poupée et munie d'un petit trou. On plonge l'ampoule dans un cylindre plein d'eau fermé par une membrane. L'ampoule est lestée de façon à rester en équilibre au sommet du cylindre ; mais si l'on presse sur la membrane, on exerce une pression sur l'eau qui pénètre par le petit trou de l'ampoule. Celle-ci est alourdie et tombe. Quand la pression cesse, l'air de l'ampoule réagit par sa force élastique, refoule le liquide hors de l'ampoule et le ludion remonte à la surface.

82. — *En vertu de quel principe un ballon s'élève-t-il dans l'atmosphère ?* — Principe d'Archimède. En effet, on emplit un ballon d'air chaud bien plus léger que l'air froid ou de gaz hydrogène qui pèse 14 fois moins que l'air à 10 degrés. Le poids du système est plus petit que le poids du volume d'air déplacé et le ballon monte comme monte dans l'eau le corps flottant. Mais l'air, à cause de sa grande compressibilité, est plus dense près de la terre que dans les régions supérieures. Il vient donc un moment où le poids de l'air, à égal volume, devient égal à celui du ballon. Alors il y a équilibre et le ballon s'arrête. Pour le faire encore monter, il faut jeter du lest. Pour le faire descendre, il suffit de moins chauffer l'air, dans le cas d'une montgolfière, ou de laisser échapper du gaz, dans le cas d'un aérostat. Le volume diminue, le poids restant sensiblement constant et la densité du système l'emportant sur celle de l'air, le ballon descend.

Fig. 30. — Bulles de savon.

83. — *Qu'entend-on par densité et poids spécifique d'un corps ?* — C'est le poids compris sous l'unité de volume ; par exemple le nombre de grammes que pèse un centimètre cube de ce corps. Or le gramme est le poids d'un centimètre cube d'eau distillée, au maximum de densité, c'est-à-dire à la température de 4°. On peut donc dire que le poids spécifique d'un corps est le rapport entre le poids d'un centimètre cube de ce corps et le poids d'un centimètre cube d'eau à 4°. D'une façon générale, le poids spécifique est le rapport entre le poids d'un corps et le poids d'un égal volume d'eau à 4°.

84. — *Quelle est la densité de l'homme ?* — La densité moyenne de l'homme est peu supérieure à celle de l'eau, puisqu'il suffit de faibles efforts, pour maintenir le corps à la surface de l'eau. Dans la mer, le corps flotte presque sans mouvement ; dans la mer Morte, dont la salure très forte (350 grammes par litre) rend l'eau dense, le corps humain flotte naturellement ; on ne pourrait s'y noyer. A Salies de Béarn les eaux mères des salines dans lesquelles on se plonge ont une salure de 360 grammes par litre ; on est obligé de se faire attacher dans les baignoires pour ne pas remonter à la surface. L'eau de l'Océan ne renferme que 30 grammes par litre. La densité du corps varie beaucoup suivant l'état de santé. On a l'habitude de se peser, il serait tout aussi utile de déterminer sa densité en divisant le poids par le volume d'eau que le corps déplacerait en le plongeant par exemple dans une baignoire.

85. — *Comment se disposent dans un vase des liquides de diverses densités ?* — Par ordre de densité : les plus lourds en bas, les plus légers en haut.

86. — *Comment se disposent dans des vases communiquants des liquides de densité différente ?* — Les hauteurs des liquides sont en raison inverse de leur densité.

87. — *Que veut-on dire en avançant que les liquides ont une tendance à reprendre leur niveau ?* — Dans tout vase communiquant rempli d'un même liquide, le niveau se trouve dans les deux branches à la même hauteur quand l'équilibre est bien établi ; les liquides, comme l'a prouvé Galilée, tendent toujours à prendre le même niveau. C'est pour cette raison que les jets d'eau tendent à remonter à la

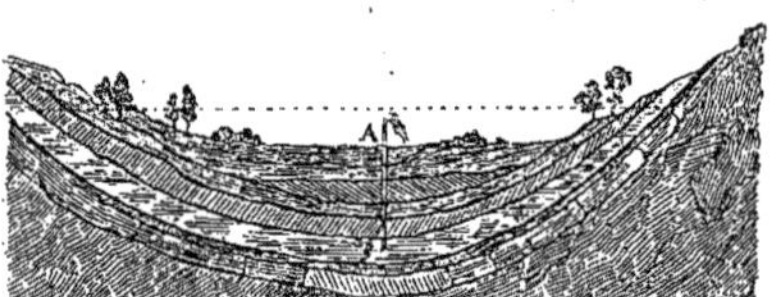

Fig. 31. — Puits artésien.

L'eau de la nappe souterraine B tend à remonter à son niveau primitif A.

hauteur du réservoir d'où l'eau descend ; c'est par la même cause que les puits artésiens jaillissent. La nappe d'eau provenant de points élevés et trouvant une ouverture aux points bas s'élève à la façon d'un jet d'eau.

88. — *Qu'est-ce qu'un niveau d'eau ?* — Deux vases communiquants réunis par un long tube. L'eau y prend son niveau. La ligne qui joint les niveaux dans les deux vases est bien horizontale. En visant une mire située dans le prolongement de la ligne de niveau, recommençant sur un autre point, on sera bien certain par différence de déterminer la distance comprise entre les deux horizontales, c'est-à-dire l'excès de hauteur d'un point sur l'autre. Le niveau d'eau est très employé pour faire des nivellements. Pline en attribue l'invention à Théodore de Samos.

89. — *Qu'est-ce qu'un aréomètre ?* — C'est un instrument destiné à mesurer la densité des liquides. Puisque, d'après le principe d'Archimède, un corps flottant s'enfoncera d'autant plus dans un liquide que celui-ci sera plus léger, on conçoit qu'il suffira de plonger un cylindre de verre lesté et terminé par une longue tige graduée dans un liquide pour

Fig. 32. — Eau tendant à reprendre son niveau dans une écluse.

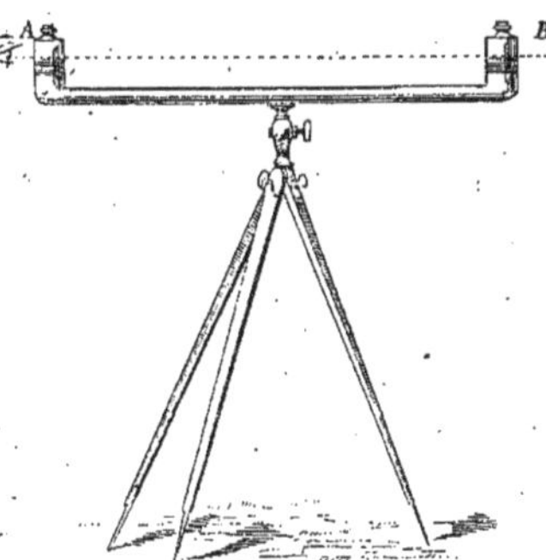

Fig. 33. — Niveau d'eau.

AB, ligne de visée.

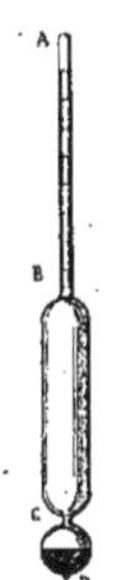

Fig. 34. — Aréomètre.

AB, échelle de graduation ; — BC, partie renflée, contenant de l'air ; — D, lest.

que, du degré d'enfoncement, on en déduise la densité. C'est sur ce principe que l'on construit les lactomètres pour déterminer la densité du lait, les pèse-liqueurs, les pèse-acides, etc.

ASTRONOMIE

I

90. — *Qu'appelle-t-on étoiles ?* — Ce sont des astres qui se montrent dans le ciel comme des points lumineux et dont les positions relatives ne changent pas, pendant un très grand nombre d'années, d'une manière appréciable. Les étoiles sont des corps lumineux par eux-mêmes, comme le soleil, qui n'est qu'une étoile beaucoup moins éloignée de nous que les autres.

91. — *Que sait-on sur les distances qui nous séparent des étoiles ?* — L'étoile la plus voisine de la terre est l'étoile appelée *Alpha* de la constellation du *Centaure*. Sa distance à la terre exprimée en millions de lieues est de 8 613 263, distance que la lumière, avec la vitesse de 70 000 lieues par seconde, mettrait environ *trois ans et demi* à franchir. Voici quelques distances exprimées en millions de lieues et en temps mis par la lumière de l'astre pour arriver à la terre.

61° du Cygne	23 751 727 millions de lieues.	9 ans ½
Wéga	30 146 423 —	12 — ¼
Sirius	52 253 800 —	22 —
Arcturus	61 717 086 —	26 —
La Polaire	73 944 056 —	31 —
La Chèvre	170 392 826 —	72 —

Une étoile s'éteindrait, disparaîtrait du ciel que sa trace lumineuse frapperait nos yeux des années encore après qu'elle aurait cessé d'exister. C'est ce qu'Arago exprimait en disant que les rayons qui nous arrivent des étoiles nous racontent l'histoire ancienne de ces astres.

92. — *Quelles sont les dimensions des étoiles ?* — L'énorme distance à laquelle on se trouve des étoiles ne permet pas d'apprécier leurs dimensions. De leur contour apparent, on a essayé de déduire leur diamètre par le calcul ; mais la méthode est sujette à caution. En supposant avec Arago que le contour apparent de Sirius ne dépasse pas 0″,02, on trouve, d'après sa distance, environ 5 millions de lieues pour son diamètre réel.

93. — *Qu'est-ce que la scintillation ?* — Ce sont les brusques changements de couleur et d'éclat que présentent souvent les étoiles. Ce phénomène tient à la propriété que possèdent les différents rayons de lumière de se mouvoir avec des vitesses inégales à travers les couches de notre atmosphère. C'est le rayon rouge qui avance le plus vite et le rayon violet le moins vite. Les variations de densité de l'air plus ou moins chargé de vapeur d'eau modifient la marche des rayons de façon à faire prédominer telle ou telle coloration ou à changer l'éclat. Dans les pays secs, les étoiles ne scintillent pas, c'est le contraire dans les humides. On regarde la scintillation des étoiles comme un pronostic de pluie.

94. — *Qu'appelle-t-on étoiles de première grandeur, de seconde grandeur, etc. ?* — Ce classement des étoiles par grandeur n'a aucun rapport avec les dimensions de ces astres, il repose seulement sur leur éclat, ou l'intensité de leur lumière, intensité qui dépend de leur distance et d'autres causes, tout autant que de leurs dimensions.

95. — *Le nombre des étoiles est-il considérable ?* — Le nombre des étoiles visibles à l'œil nu varie de 4 000 à 6 000, suivant que l'observateur est doué d'une vue plus ou moins perçante. Avec une simple jumelle, on peut en voir 20 000 ; avec les instruments dont dispose la science moderne, on en découvre des quantités innombrables ; avec de la patience, on pourrait en compter cent millions. Les appareils photographiques, employés depuis 1888 pour dresser la *carte du ciel*, pourraient en relever encore davantage, mais on ne marquera sur la carte que les 15 à 20 millions d'étoiles que les grands télescopes permettent de bien voir. Un calcul ingénieux, dû à M. G. Hermite, permet d'évaluer au nombre stupéfiant de 66 milliards les étoiles de l'univers visible.

96. — *Qu'appelle-t-on étoiles variables ?* — On appelle ainsi des étoiles dont l'éclat augmente ou diminue ; en sorte qu'après avoir appartenu à l'une des classes que nous venons de mentionner, elles montent ou descendent à une autre classe. On a même vu des étoiles disparaître complètement, et d'autres qu'on n'avait jamais aperçues apparaître tout à coup. Il y a enfin des étoiles dont les variations d'éclat sont périodiques.

97. — *Les étoiles ont-elles toutes la même couleur ?* — La lumière des étoiles est généralement blanche ; quelques-unes pourtant émettent une lumière rouge, jaune, bleue, etc. Parmi les étoiles variables, il en est dont la couleur ou la nuance varie en même temps que l'intensité de leur lumière.

98. — *Qu'entend-on par étoiles doubles ?* — Des étoiles qui, vues à l'œil nu ou avec des lunettes d'un grossissement insuffisant, paraissent simples, mais se montrent doubles, quand on les observe avec des instruments plus puissants, et qui sont telles que la plus petite décrit une orbite autour de la principale.

Quelques étoiles, au lieu d'être formées seulement de deux composantes, sont le résultat de trois, de quatre ou même d'un plus grand nombre, et alors la révolution s'opère autour du centre de gravité du système. Assez souvent les composantes d'une étoile double. ou multiple ont des couleurs différentes, dont la combinaison forme la nuance de l'astre total.

99. — *Qu'appelle-t-on constellations ?* — Les anciens avaient remarqué que les étoiles formaient des groupes qui avaient quelque ressemblance avec des figures de personnages de la fable, d'animaux ou autres objets. Ces groupes ont reçu le nom de *constellations*. Ainsi on a les constellations d'*Hercule* de la *Vierge*, de la *Grande-Ourse*, du *Lion*, de la *Lyre*, etc.

A la constellation de la *Petite-Ourse* appartient l'étoile *polaire*, laquelle, très voisine du pôle, c'est-à-dire, du point fictif autour duquel s'opère, en vingt-quatre heures, la révolution de la sphère céleste, ne décrit qu'un cercle extrêmement petit, et semble parfaitement immobile. Toutes les

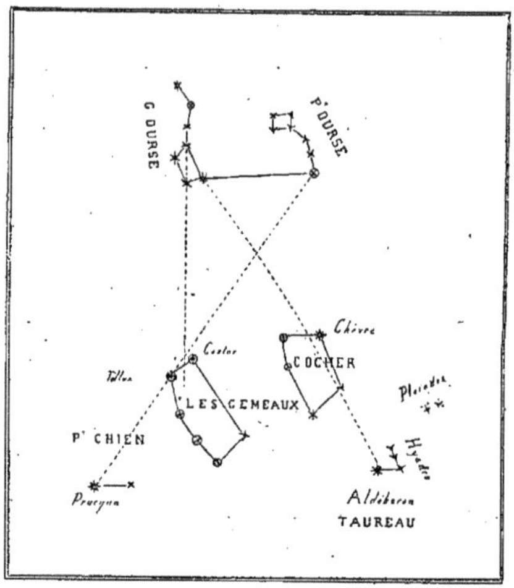

Fig. 35. — Constellations.

étoiles paraissent tourner autour de la polaire, et celles qui en sont peu distantes ne descendent jamais au-dessous de l'horizon de Paris ; telles sont les constellations de la *Grande-Ourse*, de *Cassiopée*, du *Cygne*, du *Dragon*, de la *Chèvre*, etc. Mentionnons en outre les constellations zodiacales, dont nous parlerons un peu plus loin.

100. — *Pourquoi les étoiles ne sont-elles pas vues de jour ?* — Sans aucun doute, parce que la lumière du soleil impressionne trop vivement notre œil, pour qu'il puisse être affecté d'une manière sensible par celle des étoiles, même de première grandeur.

Mais on voit les étoiles lorsque le soleil vient à s'éclipser. Les astronomes les observent aussi à toute heure du jour au moyen d'instruments qui, appliqués à l'œil, empêchent la lumière solaire d'y arriver. On n'a même pas besoin, pour apercevoir les étoiles en plein jour, d'instruments astronomiques ; il suffit d'appliquer à l'œil un tube assez long et noirci à l'intérieur, afin que les rayons qui y pénétreraient soient amortis. On voit d'ailleurs quelquefois certaines planètes en plein jour, par exemple Vénus.

101. — *Qu'appelle-t-on nébuleuses ?* — Des astres ayant l'aspect de taches lumineuses, répandues dans toutes les régions du ciel. Plusieurs de ces taches sont des amas d'étoiles qu'on parvient à séparer les unes des autres au moyen du télescope.

Quelques astronomes ont pensé que, si un grand nombre de nébuleuses sont encore irrésolubles en étoiles, c'est faute d'instruments assez puissants ; mais l'analyse spectrale semble prouver que quelques nébuleuses au moins ne sont que des amas de matière diffuse, gazeuse, cosmique. Diverses observations ont même rendu assez probable l'existence, dans plusieurs nébuleuses, d'un mouvement continu de concentration, d'où résulterait à la longue leur transformation en étoiles.

102. — *Connaît-on beaucoup de nébuleuses ?* — On en connaît plus de 5000 ; mais, en réalité, un petit nombre seulement sont visibles à l'œil nu.

103. — *Existe-t-il, au sujet des nébuleuses, quelques particularités à signaler ?* — On a remarqué des nébuleuses arrondies et ayant à leur centre une étoile ; on les a en conséquence appelées nébuleuses *stellaires*. Parmi les nébuleuses de cette espèce observées par les astronomes, il en est dont la nébulosité a disparu, peut-être en se condensant autour de l'étoile centrale.

Il est des nébuleuses stellaires qui, au lieu d'être rondes et d'avoir une étoile au centre, sont elliptiques, et ont deux étoiles situées vers les extrémités du grand axe. Parmi les nébuleuses circulaires ou elliptiques, il en est qui présentent en outre cette particularité d'être perforées ou annulaires. On a encore observé parmi les nébuleuses quelques autres formes à peu près régulières, par exemple celle d'un triangle équilatéral, avec une étoile vers chaque sommet, mais le plus grand nombre sont d'une irrégularité qui ne permet pas de les rapporter à une forme déterminée.

104. — *Qu'est-ce que la voie lactée ?* — C'est une nébuleuse extrêmement remarquable par son éclat et surtout par son étendue. Elle forme une bande qui correspond à peu près à un grand cercle de la sphère, mais dont la largeur présente de nombreuses inégalités. La plus grande partie de cette immense nébuleuse est réductible en étoiles, et W. Herschell estime que celles qu'il est parvenu à séparer s'élèvent jusqu'au chiffre de 18 millions.

105. — *Quelle idée les astronomes se font-ils de la voie lactée ?* — Ils la considèrent généralement comme ayant la forme d'une sorte de disque d'un diamètre si prodigieux, que le temps nécessaire à la lumière pour le parcourir serait d'environ dix mille années. Son épaisseur, quoique beaucoup moins considérable, dépasse pourtant les limites de la vue simple. Or, notre soleil, avec son système planétaire, se trouvant situé vers le centre de la nébuleuse en question, il en résulte que toutes les étoiles que nous apercevons à l'œil nu en font aussi partie.

II

106. — *Qu'est-ce que le soleil ?* — Le soleil est l'astre autour duquel gravitent les planètes de notre système. C'est la clef de voûte de notre édifice. D'après la théorie cosmogonique de Laplace, à l'origine, tout le système solaire constituait une immense nébuleuse, un ballon de vapeurs surchauffées. Le refroidissement jouant son rôle, la nébuleuse s'est condensée, formant les planètes et leurs satelites et laissant au centre une masse énorme de vapeurs qui est devenue le soleil. Les astres traverseraient plusieurs phases dans leur évolution ; d'abord sous formé de globes de vapeurs, ils se liquéfieraient ensuite sous l'influence du refroidissement; puis enfin se solidifieraient. Le refroidissement étant d'autant plus rapide que l'astre a moins de masse, ce sont les plus petites planètes qui se seront liquéfiées les premières et solidifiées ensuite. Le soleil est encore à l'état gazeux. Jupiter, le plus gros astre après le soleil, ne semble pas être parvenu encore à l'état solide.

107. — *Quelle est la constitution intime du soleil?* — Le soleil est une masse gazeuse, très riche en hydrogène, contenant, à l'état de vapeurs incandescentes, la plupart des substances qui font partie de notre globe, le fer, le magnésium, l'aluminium, etc., et animée de mouvements tourbillonnaires incessants qui amènent à la surface les gaz de l'intérieur. Ces gaz, en se refroidissant et se condensant, s'alourdissent et retombent dans les profondeurs. Aussi la surface solaire est sans cesse troublée par des mouvements gigantesques avec apparition pour l'œil de l'observateur de taches sombres, de flammes gigantesques, etc.

108. — *Comment se montre à nous le soleil?* — Vu à l'œil nu, le soleil est un disque lumineux, sous-tendant un angle de 32'. Son volume est 1 278 645 fois celui de la terre, le rayon étant 108 fois 1/2 celui de la terre. Sa surface, observée dans une lunette grossissante, loin d'être calme et uniforme, présente une apparence irrégulière ou ondulée, réticulée, comme une mer agitée pas la tempête, couverte de *rides* et d'anfractuosités, parsemée souvent de *taches* plus ou moins noires et de *facules* plus ou moins brillantes; percée d'une multitude de petits points lumineux ou *pores*, appelés *grains de riz* ou *feuilles de saule*, suivant leurs dimensions, de formes très différentes, et dont l'ensemble forme la *photosphère* du soleil.

109. — *Que sont les taches ?* — Les taches sont simplement des solutions de continuité dans la photosphère solaire, des cavités ou creux occupés par des nuages de vapeurs métalliques plus ou moins condensées, encore à une température très élevée, lumineuses par elles-mêmes, mais moins brillantes que la photosphère. Il existe dans l'apparition des taches une périodicité très évidente. La période est d'environ 11 ans, 6. Six ans séparent les *minima* et cinq ans les *maxima*.

110. — *Quelle est la température du soleil?* — Elle s'élève, suivant les uns, à plusieurs millions de degrés, suivant les autres à 5 ou 6 000 degrés seulement. Cette haute température résulte de la condensation de la matière de la nébuleuse primitive. Quoique le soleil perde continuellement des quantités énormes de chaleur, l'abaissement de sa température est extrêmement faible : on estime qu'il ne dépasse pas 1 degré en quatre mille ans. Sa provision de chaleur depuis l'origine lui permettrait, selon Newcomb, de rayonner au total pendant environ 40 millions d'années.

111. — *Quelle est la puissance de la radiation calorifique du soleil?* — Elle est capable de faire fondre, en une année, à la surface de la terre, une couche de glace de 40 mètres d'épaisseur. Évaluée en puissance dynamique, elle pourrait engendrer 470 quintillions de chevaux-vapeur.

112. — *Quel est le rôle du soleil dans l'Univers?* — Son activité extérieure se manifeste de deux manières. Par la gravitation ou l'attraction qu'il exerce, il est le premier moteur d'où dépendent tous les mouvements du système planétaire. Par ses radiations, il produit tous les phénomènes physiques ou physiologiques qui s'accomplissent à la surface des planètes ou dans leur intérieur. Sur la terre, en particulier, les mouvements atmosphériques, l'élévation à l'état de vapeur et l'écoulement à l'état de pluie des eaux, le développement de la végétation, la production de force qui résulte des combustions et de la nutrition des animaux et des plantes, etc., sont dus à l'influence des radiations solaires.

113. — *En quoi consistent les radiations solaires?* — Elles sont de trois sortes : les premières, optiques, exercent une action éclairante limitée à l'organe de la vue : le pouvoir éclairant du soleil est énorme. Les secondes, thermiques, échauffent et dilatent indistinctement tous les corps ; les troisièmes, chimiques, déterminent des phénomènes de combinaison et de désagrégation moléculaires. Le soleil exerce aussi une influence appréciable sur les phénomènes électriques et magnétiques qui se manifestent dans le globe terrestre.

114. — *Le soleil est-il une étoile ?* — Le soleil n'est en réalité que l'une des nombreuses étoiles qui peuplent les espaces célestes. S'il se trouvait transporté à la distance des étoiles les plus voisines de nous, c'est à peine si nous pourrions l'apercevoir, à l'œil nu, comme une étoile de cinquième ou sixième grandeur.

115. — *Le soleil a-t-il une atmosphère ?* — Le soleil a une atmosphère très vaste ; elle s'étend à une distance au moins égale au quart du rayon solaire. Elle a une forme elliptique.

116. — *Quelle est la distance du soleil à la terre?* — Cette distance, qui, suivant les époques de l'année, peut varier de près d'un million de lieues, est en moyenne d'un peu plus de trente-huit millions de lieues. La lumière, dont la vitesse est de 77 000 lieues par seconde, met huit minutes, seize secondes à franchir cette distance, qui pourtant n'est pas la deux-cent-millième partie de celle qui nous sépare de l'étoile la plus voisine de la terre.

117. — *Le soleil tourne-t-il sur lui-même ?* — Les taches dont nous avons parlé tout à l'heure ont donné le moyen de constater que le soleil est animé d'un mouvement de rotation qu'il accomplit d'occident en orient, en vingt-cinq jours et demi. On a en outre reconnu que le soleil se déplace peu à peu, de manière à décrire une immense orbite dans un espace de temps qu'on n'a pas encore pu déterminer avec précision, mais qui paraît devoir approcher de quatre cent mille ans. Le soleil paraît se diriger avec son escorte de planètes vers la constellation d'Hercule.

III

118. — *Quelle est la forme et quelles sont les dimensions de la terre ?*
— La terre n'est pas ronde, elle est aplatie aux pôles et renflée à l'équateur. On la considère comme ayant la forme d'un ellipsoïde de révolution.

Fig. 36. — Preuve de la sphéricité de la terre.

Le diamètre moyen de la terre est de 13 733 kilomètres. En chiffre rond, on peut dire que le rayon de la terre est de 1 500 lieues.

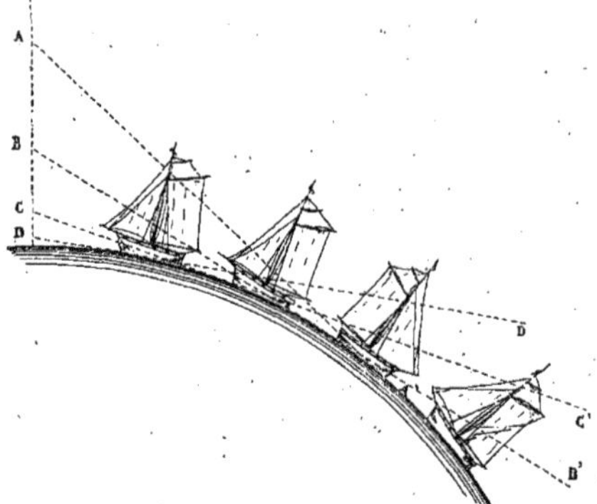

Fig. 37. — Aspects successifs d'un navire arrivant du large.
AA', BB', DD', etc., rayons visuels à des altitudes diverses. — Le navire est aperçu d'autant plus tôt que l'œil est placé plus haut.

119. — *La terre est-elle immobile dans l'espace ?* — Non, elle est animée d'un mouvement de rotation sur elle-même, à la façon d'une toupie et elle se déplace en outre en effectuant un mouvement de translation autour du soleil.

120. — *Qu'y a-t-il à remarquer touchant le mouvement de rotation de la terre ?* — Ce mouvement a lieu d'occident en orient et sa durée est de vingt-quatre heures. ou plus exactement, ainsi que nous l'expliquerons bientôt, de vingt-

trois heures, cinquante-six minutes et quatre secondes. L'axe autour
duquel s'effectue ce mouvement n'est, on le conçoit, qu'une ligne idéale ;
les deux points de la surface de la terre où elle aboutit sont les *pôles*
terrestres, et, si on la suppose coupée à angle droit par un plan passant
par le centre de la terre, l'intersection de ce plan avec la surface du globe
forme l'*équateur* terrestre.

La vitesse avec laquelle se meut un point quelconque de l'équateur terrestre, en vertu
de la rotation de la terre, est, par seconde, d'un peu moins d'un demi-kilomètre ; plus
exactement, de 469 mètres, ce qui fait, par heure, 1 688 kilomètres 400 mètres. Les autres
points de la surface du globe se meuvent plus lentement, à mesure qu'ils sont plus dis-
tants de l'équateur jusqu'à devenir absolument immobiles au pôle même.

121. — *Comment se fait-il que nous ne nous apercevions pas de la rotation de la terre ?* — La terre tourne avec une régularité parfaite, sans
choc, sans secousse, emportant avec elle toute l'atmosphère qui se trouve
liée au globe par la pesanteur. Nous ne pouvons être avertis de ce mouvement que par l'observation des objets extérieurs, c'est-à-dire par le déplacement des astres. Nous voyons la voûte céleste se déplacer, et si le rai-
sonnement ne combattait l'illusion qui en résulte, on pourrait croire que
la terre est immobile et que c'est la voûte céleste qui tourne.

122. — *Peut-on donner une preuve tangible de la rotation de la terre ?*
— Si on laisse tomber de haut un corps pesant, ce corps ne tombera pas
au pied de la verticale, mais un peu au delà vers l'est. Sa chute sera déviée.
C'est qu'à mesure que l'on s'élève au-dessus du sol, le corps se trouvant sur
un point de la verticale de plus en plus éloigné de l'axe terrestre possède une vitesse autour de cet axe de plus en plus grande. Il en est ici
comme pour une roue qui tourne. Les points des rayons qui s'éloignent
du centre possèdent des vitesses linéaires de plus en plus marquées. Donc,
si le corps pesant tombe, il aura conservé une vitesse dans le sens de
la rotation du globe plus grande que celle des points de la surface où
il arrive ; il sera donc en avance sur le mouvement du sol ; le sol allant
de l'ouest à l'est, il sera en avance vers l'est. L'expérience confirme le
fait annoncé pour la première fois par Newton. Le calcul indique que,
pour une hauteur de chute de 158^m,5, la déviation vers l'est doit être de
27 millim.,6. Or M. Reich a trouvé, en laissant tomber une masse de plomb
dans un puits des mines du Freyberg, 28 millim.,3. La différence est com-
patible avec l'erreur d'observation. Donc la terre tourne.

En laissant tomber une pierre du sommet de la tour de 300 mètres du
Champ-de-Mars, elle devra dévier de la verticale d'un écart vers l'est qui
sera d'environ 110 millimètres mesuré sur le sol.

Le mouvement de rotation est encore rendu tangible par l'expérience du
pendule de Foucault que nous avons décrit précédemment.

123. — *Mais si la terre tourne sur son axe, nous devons avoir, à cer-*

tains moments, les pieds en haut et la tête en bas ? — Le *haut* et le *bas*
n'ont rien d'absolu. Le bas, pour un habitant de la terre, c'est la direction
qui, du point qu'il occupe, va vers le centre de la terre, et le haut, c'est la
direction opposée. Par conséquent, quel que soit le point de la terre que
nous occupons, lorsque nous avons les pieds vers le centre du globe et la
tête dans la direction opposée, nous avons les pieds en bas et la tête en
haut ; et deux hommes placés aux antipodes l'un de l'autre, en sorte que
l'un a les pieds dans le sens où l'autre a la tête, ont, aussi bien l'un que
l'autre, la tête en haut et les pieds en bas.

124. — *Existe-t-il quelque relation entre la forme de la terre et son
mouvement de rotation ?* — La terre ayant été primitivement à l'état fluide
a dû, en vertu de l'attraction mutuelle de ses molécules, prendre la
forme sphéroïdale et la conserver lorsque, par l'effet de la condensation,
sa surface s'est solidifiée. Mais la force centrifuge développée par le mouvement de rotation a occasionné un renflement de la région équatoriale et
un aplatissement des régions polaires.

125. — *Comment s'effectue le mouvement de translation de la terre ?* — La
terre parcourt de l'ouest à l'est une orbite elliptique dont le soleil occupe un
des foyers. La distance moyenne de la terre au soleil est de 38 230 496 lieues..
Les différences de distance entre
l'aphélie, point le plus éloigné de
l'orbite, et le périhélie, point le plus
rapproché, sont de près de un million
de lieues. Ce mouvement de translation s'effectue dans un plan auquel
on a donné le nom d'*écliptique* et qui
est incliné, sur celui de l'équateur
céleste, de 23°,27′,56″,5. La durée
du parcours total est de 365 jours,

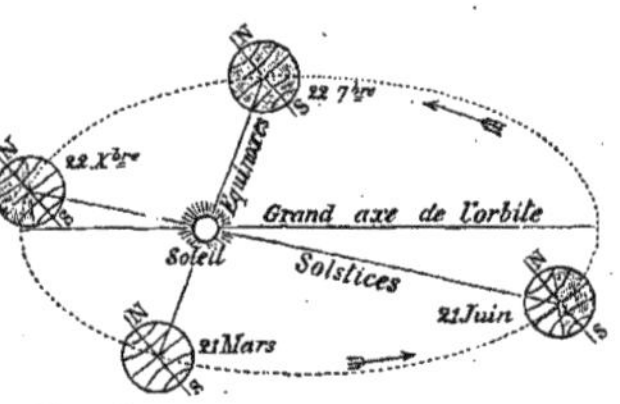

Fig. 38. — Mouvement de translation
de la terre.

5ʰ,48ᵐ,51′,6. La vitesse de translation est de près de 30 kilom. 1/2
par seconde, 30 kilom.,4.

L'axe de la terre, dans son mouvement de translation, reste sensiblement
parallèle à lui-même, en sorte que l'on peut dire que, prolongé, il va rencontrer toujours les mêmes points du ciel. Ces points sont les pôles célestes.
L'un se trouve dans la petite Ourse, c'est le *pôle arctique* d'un mot grec
qui signifie *ourse*. L'autre est le *pôle antarctique* par opposition. Le pôle
arctique est plus connu sous le nom de *pôle nord* et son antipode sous le
nom de *pôle sud*. Le plan perpendiculaire à l'axe du monde est l'*équateur
céleste*. L'équateur céleste est parallèle à l'équateur terrestre ; mais ces deux
plans ne sont dans le prolongement l'un de l'autre et ne coïncident que
lorsque la terre se trouve dans l'un des deux points où l'écliptique coupe
l'équateur céleste. Ces deux points sont les *nœuds de l'écliptique*.

126. — *Quelle est la cause des saisons?* — L'obliquité de l'écliptique sur l'équateur a pour conséquence l'inégalité des jours et des nuits et l'inclinaison plus ou moins grande avec laquelle tombent sur la terre les rayons solaires. Il est clair que plus le jour est long et plus le soleil échauffe l'air et le sol ; lorsque les rayons viennent obliquement, ils traversent l'atmosphère sous une plus grande épaisseur, se dépouillent en route de leur calorique ; d'ailleurs un même faisceau de lumière et de chaleur couvre, en raison de son obliquité, une plus grande étendue, et la chaleur répandue sur la même surface est diminuée d'autant. Une planète peut être très échauffée ou très refroidie, suivant qu'elle se présente de face ou inclinée au foyer qui la chauffe. En changeant l'inclinaison, on changerait complètement les conditions climatériques d'un astre. Milton dit très bien dans le *Paradis perdu*, quand il suppose (après la tentation du serpent et la chute originelle) que Dieu, afin de faire participer la nature elle-même au châtiment envoie ses anges pour pencher l'axe du monde sur l'écliptique : « Sans cela, le printemps perpétuel avec ses fleurs aurait souri à la terre, égal en jours et en nuits... »

127. — *Comment l'obliquité de l'écliptique produit-elle l'inégalité des jours ?* — Pour faire comprendre l'influence de l'obliquité, il convient de

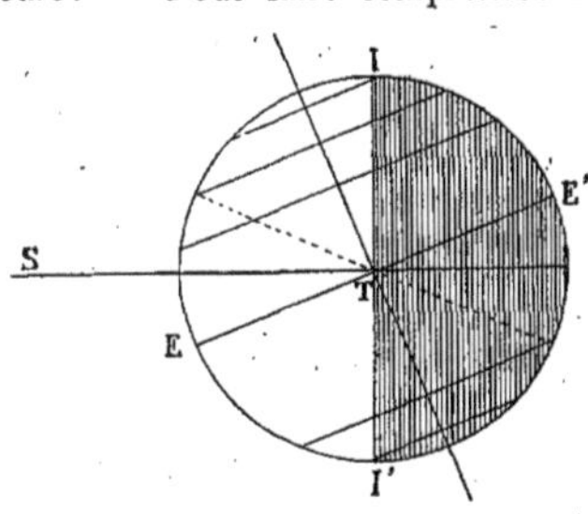

Fig. 39.

S, soleil ; — EE', équateur terrestre ; — II', cercle d'illumination. — T, terre.

considérer la figure ci-jointe représentant la terre avec son axe, son équateur et une série de parallèles terrestres. Le soleil éclaire toute la partie du globe qui le regarde. La partie éclairée est limitée par un grand cercle perpendiculaire à la ligne qui joint le soleil au centre de la terre. C'est le cercle d'illumination II'. A la seule inspection de la figure, on voit que l'équateur, EE', est coupé en deux exactement par le cercle d'illumination. Par conséquent, tout point situé à l'équateur aura toujours des jours et des nuits égales. Remontons vers le pôle, et considérons un parallèle terrestre ; on voit facilement que le cercle d'illumination le coupe en parties inégales ; la partie ombrée devient de plus en plus petite, les nuits diminuent, les jours augmentent. Et il en est ainsi jusqu'à ce que le soleil arrive au solstice d'été, c'est-à-dire jusqu'à ce que l'inclinaison de l'écliptique atteigne sa plus grande valeur. Puis les mêmes phénomènes se reproduisent en sens inverse jusqu'à ce que le soleil atteigne le solstice d'hiver. A Paris, la durée des plus grands jours est de 16 heures et par conséquent celle des nuits les plus courtes de 8 heures.

128. — *Pourquoi l'hiver est-il plus court que l'été?* — La terre dans son parcours annuel emploie, pour aller de l'équinoxe d'automne à l'équinoxe du printemps, sept jours et quelques heures de moins que pour aller de l'équinoxe du printemps à l'équinoxe d'automne ; c'est qu'en hiver la terre se trouve plus près du soleil et, d'après les lois de Kepler, la vitesse de translation est augmentée par cela même. En réalité, dans nos climats, la saison rigoureuse ne dure guère que de novembre à mars, soit cinq mois, et la belle saison de mars à octobre, soit sept mois. Les jours chauds persistent après le solstice d'été, parce que la chaleur accumulée d'avril en juin, ajoutée à celle qui nous est versée directement jusqu'en août, maintient la température élevée jusqu'en septembre.

129. — *Pourquoi fait-il froid en hiver bien que nous nous rapprochions du soleil?* — Parce que si la chaleur qui nous arrive d'un foyer augmente en raison du carré de la distance à ce foyer, elle diminue très vite quand les rayons viennent très obliquement. Le petit rapprochement de la terre du soleil, en hiver, est insuffisant pour contrebalancer l'effet de l'obliquité de l'écliptique.

130. — *Qu'entend-on par crépuscule ?* — Quand le soleil a disparu à l'horizon, la nuit ne tombe pas brusquement ; le jour s'en va doucement. C'est que la lumière diffusée par le soleil dans l'atmosphère, après qu'il est descendu au-dessous de l'horizon, prolonge le jour, le soir et diminue la nuit, le matin. Le soir, c'est le crépuscule ; le matin, c'est l'aurore. L'observation a montré que le crépuscule cessait au moment où le soleil parvenait à 18° au-dessous de l'horizon. La durée varie en raison même de la vitesse avec laquelle le soleil s'en va au-dessous de l'horizon. Elle varie donc selon les saisons. Le crépuscule augmente de longueur avec la latitude ; il est le plus petit possible à l'équateur ; il a une durée de $1^h,12^m$. A Paris, le plus court crépuscule a lieu quand le soleil est au solstice d'hiver ; il est de $1^h,47^m$; le plus long a lieu au solstice d'été, sa durée est de près de 3 heures. On peut dire que, vers le solstice d'été, il n'y a pas de nuit sous cette latitude. A peine le crépuscule terminé, commence l'aurore.

131. — *Quelle est la durée du jour et de la nuit dans la zone polaire?* — On peut voir sur la figure 39 que le cercle d'illumination ne coupe pas les parallèles voisins du pôle nord, quand le soleil est dans l'hémisphère boréal. Aussi le jour se prolonge-t-il pendant six mois. De même dans l'hémisphère opposé, on a en même temps une nuit de six mois. Le crépuscule, qui est le plus long possible dans les régions voisines du pôle, prolonge le jour de six mois, de 77 jours et raccourcit de même de 77 jours la nuit de six mois.

132. — *Qu'appelle-t-on zones torrides, zones glaciales, etc.?* — On nomme *tropiques terrestres*, deux parallèles tracés sur le globe à 23°, 28′, de part et d'autre de l'équateur ; ils correspondent aux points extrêmes de l'obliquité de l'écliptique ; celui qui se trouve dans l'hémisphère nord s'appelle *tropique du Cancer ;* celui qui se trouve dans l'hémisphère sud, *tropique du Capricorne.* On nomme

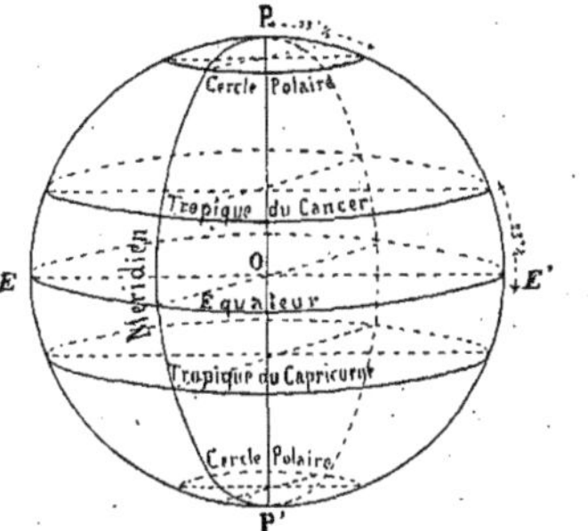

Fig. 40.—Cercles polaires et tropiques terrestres.
EE', équateur; — PP', ligne des pôles.

cercles polaires deux parallèles situés à 23°, 28' du pôle, soit à 66°, 32' de l'équateur. On partage la terre en cinq zones : 1° la *zone torride* limitée par les deux tropiques ; 2° les deux *zones glaciales* limitées par les cercles polaires ; 3° deux *zones tempérées* comprises entre les tropiques et les cercles polaires. La zone torride occupe les 398 millièmes de la surface du globe, les zones tempérées les 519 millièmes, les zones glaciales les 83 millièmes.

133. — *Comment varient les saisons dans chaque zone terrestre ?* — A l'équateur les jours sont égaux aux nuits, le soleil ne s'écarte que de 23°,28' du zénith. Les saisons seraient à peine prononcées s'il n'y avait ce que l'on appelle la saison des pluies qui coïncide avec l'arrivée du soleil au-dessus de l'équateur. Dans la zone torride, le soleil passe deux fois au zénith,

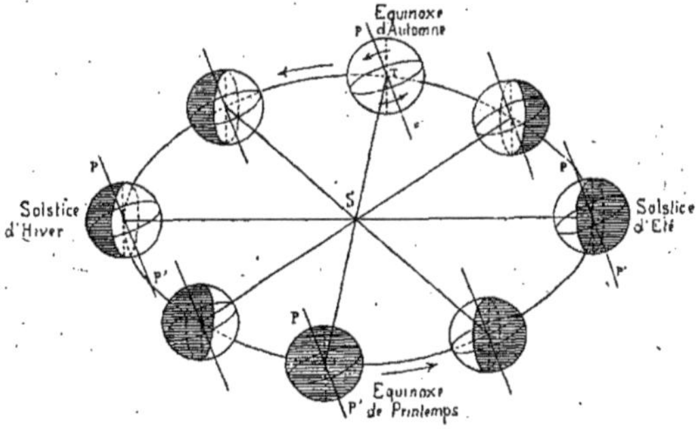

Fig. 41. — Positions de la terre aux diverses saisons.
S, soleil ; — T, terre.

vers le 1er mai et vers le 10 août, quand il descend pour aller dans l'hémisphère austral. L'ombre méridienne change de sens, d'abord dirigée au nord, ensuite au sud. Les saisons sont encore peu marquées. Dans la zone tempérée, le soleil ne passe jamais au zénith, on le voit toujours décrire son parallèle journalier au sud ; ce qui se conçoit puisque le soleil reste toujours plus bas que la zone tempérée. On remarquera que l'on voit le soleil se coucher en des points de l'horizon de plus en plus rapprochés du nord pendant que l'astre s'élève au-dessus de l'équateur ; au contraire, de plus en plus abaissés vers le sud, quand le soleil descend au-dessous de l'équateur. A Paris, en été, le soleil se couche vers le mont Valérien ; en hiver, derrière les collines de Sèvres. Au pôle, nous savons qu'à l'équinoxe d'automne le soleil fait le tour de l'horizon, puis il disparaît pendant six mois jusqu'à l'équinoxe de mars. Dans les zones glaciales, les effets sont intermédiaires. A 15 degrés du pôle, on a un jour de plus de trois mois et une nuit à peu près égale. Voici du reste quelques chiffres donnant les jours les plus longs dans les principales zones :

LATITUDE BORÉALE.	DURÉE DU JOUR	LATITUDE BORÉALE.	DURÉE DU JOUR.
Équateur	$12^h,0^m$	40°	$14^h,22^m$
5°	$12^h,17^m$	45°	$15^h,26^m$
10°	$12^h,35^m$	50°	$16^h,09^m$
15°	$12^h,53^m$	55°	$17^h,17^m$
20°	$13^h,13^m$	60°	$18^h,30^m$
25°	$13^h,34^m$	65°	$21^h,0^m$
30°	$13^h,56^m$	66°,32'	$24^h,0^m$
35°	$14^h,22^m$		

134. — *Que faut-il entendre par précession des équinoxes ?* — Le plan de l'équateur coupe le plan de l'écliptique en deux points. Ces deux points sont les *points équinoxiaux*. Quand le soleil, en changeant d'hémisphère, passe par ces points, c'est le moment des *équinoxes*. Les points équinoxiaux se déplacent constamment et avec une extrême lenteur en sens contraire du mouvement de translation de la terre ; d'où il résulte que le soleil arrive chaque année à l'équinoxe du printemps un peu en retard. Le déplacement annuel est de 55″, distance que le soleil ou plus réellement la terre parcourt en **20 minutes**. Ce déplacement des points équinoxiaux a pour cause le renflement de l'équateur. L'équateur est plus attiré par le soleil que les autres régions du globe et il en résulte une petite inclinaison de son plan qui déplace naturellement le point d'intersection avec celui de l'écliptique. Les points équinoxiaux rétrogradent bien lentement, puisque la ligne équinoxiale parcourt la circonférence entière de l'écliptique en 25 868 ans. L'équateur terrestre s'inclinant, son axe lui-même s'incline et tourne autour de l'écliptique. Cette rotation a été découverte par Hipparque. C'est la *précession des équinoxes*.

135. — *Qu'est-ce que la nutation ?* — Bradley, dix-huit cents ans plus tard, a trouvé que l'axe terrestre oscillait aussi autour des positions moyennes qu'il occuperait sous la seule influence de la précession. Ce balancement périodique dont la durée est de 18 ans se nomme la *nutation*. Elle est due à l'attraction de la lune sur le renflement équatorial de la terre.

136. — *Qu'appelle-t-on signe du zodiaque ?* — Les anciens astronomes avaient divisé la route apparente du soleil dans l'écliptique en douze parties égales, à chacune desquelles ils avaient donné le nom d'une constellation qui se trouvait dans cette partie du ciel. Ces constellations étaient, à partir de l'équinoxe de printemps et en allant de l'ouest à l'est : le *Bélier*, le *Taureau*, les *Gémeaux*, le *Cancer*, le *Lion*, la *Vierge*, la *Balance*, le *Scorpion*, le *Sagittaire*, le *Capricorne*, le *Verseau*, les *Poissons*.

Pour aider la mémoire, on a uni les noms de ces constellations par ces deux vers latins :

Sunt : Aries, Taurus, Gemini, Cancer, Leo, Virgo,
Libraque, Scorpius, Arcitenens, Caper, Amphora, Pisces.

Par le fait de la précession des équinoxes, le soleil, au commencement du printemps, n'entre plus dans l'espace occupé par la constellation du Bélier, mais dans celui qui correspond à la constellation des Poissons.

On a néanmoins conservé aux trente degrés de l'écliptique qui commencent à l'équinoxe du printemps la dénomination de *signe du Bélier*, et on a procédé de même pour les autres signes, qui, par conséquent, ne correspondent plus à la place occupée par les constellations dont ils portent le nom.

137. — *Qu'appelle-t-on jour sidéral et jour solaire?* — Le temps qui sépare deux passages consécutifs d'une étoile au méridien constitue le jour *sidéral*, et l'intervalle entre deux passages consécutifs du soleil au méridien s'appelle jour *solaire*. Le jour solaire est un peu plus long que le jour sidéral, parce que, si le soleil est passé aujourd'hui au méridien en même temps qu'une certaine étoile, demain, à cause de son mouvement vers l'est, mouvement apparent qui résulte du mouvement réel de la terre dans son orbite, il n'arrivera au méridien que quatre minutes environ après le passage de cette même étoile.

Le jour sidéral, qui est absolument invariable, détermine exactement la durée d'une révolution de la terre sur son axe. Le jour solaire n'a pas la même invariabilité, parce que le déplacement du soleil vers l'est, d'où résulte la différence entre le jour sidéral et le jour solaire, varie un peu dans le courant de l'année, le mouvement de la terre dans son orbite n'étant pas, comme nous l'avons vu, parfaitement uniforme. On a, en conséquence, calculé la durée moyenne des jours solaires, et cette durée a été divisée en vingt-quatre heures, l'heure en soixante minutes, et la minute en soixante secondes. Ces heures, minutes et secondes solaires moyennes sont les seules en usage : la durée du jour sidéral, exprimée au moyen de ces unités, est de vingt-trois heures, cinquante-six minutes, quatre secondes. Depuis 1816, toutes les horloges publiques sont réglées sur le *temps moyen* dont les plus grands écarts sur le *temps vrai* ne s'élèvent au maximum qu'à 17 m., 20 s. C'est pourquoi on se trompe le plus souvent quand on dit : « Ma montre marche comme le soleil. » Ce ne serait pas dire qu'on a l'heure exacte. Il faut en effet corriger l'heure vraie donnée par un cadran solaire de l'écart qui existe ce jour-là entre le temps vrai et le temps moyen. L'*Annuaire du Bureau des longitudes* donne la valeur de cette différence à midi. C'est ce que l'on nomme l'*équation du temps*.

138. — *Qu'appelle-t-on année sidérale et année tropique?* — L'année *sidérale* est le temps que met le soleil ou, pour parler plus exactement, la terre à faire une révolution entière dans son orbite, de manière à revenir vis-à-vis l'étoile ou le point invariable du ciel qui avait correspondu à son point de départ. L'année *tropique* est le temps qui s'écoule entre deux passages consécutifs du soleil à l'équinoxe de printemps ; et nous avons vu que, par l'effet de la précession des équinoxes, le soleil, chaque année, arrive à l'équinoxe de printemps vingt minutes avant de se retrouver vis-à-vis le point du ciel auquel correspondait le commencement de sa révolution. Il résulte de là que l'année tropique est plus courte d'environ vingt minutes que l'année sidérale. Voici la valeur de l'une et de l'autre en jours solaires moyens : année sidérale, trois cent soixante-cinq jours, six heures, neuf minutes, dix secondes, quatre dixièmes ; année tropique, trois cent soixante-cinq jours, quarante-huit minutes, cinquante et une secondes, six dixièmes.

139. — *Quelle est l'origine de l'année civile ?* — Les phénomènes les plus frappants qui résultent du mouvement de la terre dans son orbite sont sans contredit ceux dont l'ensemble constitue la variété et la succession des saisons. Par conséquent, l'année tropique, qui est exactement en rapport avec ces phénomènes, devait naturellement servir de base à l'année civile. Malheureusement l'année tropique ne se compose pas d'un nombre exact de jours ; son expression est trop compliquée de fractions pour pouvoir devenir usuelle, et elle a surtout l'inconvénient de commencer chaque fois à des heures différentes. On comprend, d'après ces difficultés, que la détermination de l'année usuelle dut présenter d'abord de graves imperfections. Jules César, comprenant qu'une réforme était devenue indispensable, en chargea un astronome égyptien nommé Sosigène, et la fit adopter dans tout le monde romain.

140. — *En quoi consiste la réforme Julienne ?* — Supposant que l'année tropique était composée de trois cent soixante-cinq jours, six heures, on décida que les années ordinaires auraient trois cent soixante-cinq jours, et que, pour tenir compte des six heures négligées, on ajouterait un jour tous les quatre ans.

Ces années de trois cent soixante-six jours furent appelées *bissextiles*, parce que, dans le calendrier romain, le sixième jour avant les calendes de mars (*sexto calendas martii*) était alors redoublé, nous dirions *bissé*, en sorte que ce jour était ainsi désigné : *bis sexto calendas martii*. Ce sixième des calendes de mars correspondait au 23 février ; on l'a reporté depuis à la fin du même mois qui, lorsque l'année est bissextile, compte vingt-neuf jours au lieu de vingt-huit.

141. — *N'a-t-on pas procédé à une autre réforme du calendrier ?* — En supposant l'année tropique composée de trois cent soixante-cinq jours, six heures, on la faisait trop longue de onze minutes, huit secondes, quatre dixièmes. Or cette différence, accumulée pendant plusieurs siècles, avait fini par produire un désaccord notable entre le calendrier et les phénomènes célestes. Ce fut ce qui décida le pape Grégoire XIII à entreprendre la réforme qui porte son nom. En vertu d'un décret de ce pape, auquel tous les pays catholiques se conformèrent immédiatement, le lendemain du 4 octobre 1582 fut compté comme étant, non le 5, mais le 15 du même mois ; en sorte que dix jours se trouvèrent supprimés. En même temps, afin de prévenir le retour du désaccord que cette première mesure venait de faire disparaître, il fut établi que le calendrier Grégorien aurait quelques années bissextiles de moins que le calendrier Julien.

Dans le calendrier Julien, toute année dont le millésime pouvait se diviser exactement par 4 était bissextile ; par conséquent, la catégorie des années bissextiles comprenait toutes les années séculaires. Or le décret de Grégoire XIII effaçait du nombre des années bissextiles les années séculaires dans le millésime desquelles le nombre exprimé par des chiffres significatifs n'est pas divisible par 4. En conséquence, les années 1700, 1800, 1900 ne devaient pas être bissextiles ; tandis que les années bissextiles 1600 et 2000 étaient conservées. Le calendrier ainsi établi suit de si près les phénomènes célestes, qu'il ne se produira pas en 4000 ans un écart de plus d'un jour.

142. — *Le calendrier Grégorien est-il en usage dans toute l'Europe ?* — Les pays protestants éprouvèrent quelque répugnance à adopter une réforme établie par le pape, et l'Angleterre ne s'y décida qu'en 1752. Quant aux Grecs et aux Russes, ils se servent encore du calendrier Julien, en retard de douze jours sur le nôtre, mais on peut espérer que dans un temps plus ou moins rapproché on se mettra d'accord pour décider l'unification du calendrier. Déjà le Japon a donné l'exemple.

Quand il s'agit de pays qui n'ont pas adopté le nouveau calendrier, on écrit ordinairement, au-dessous de la date indiquée d'après leur calendrier, ou, comme on dit, de la date *vieux style*, la date d'après notre calendrier, ou *nouveau style*. Ainsi leur 18 mai, qui est pour nous le 30, s'écrit 18/30 mai, leur 29 mai, qui est pour nous le 10 juin, s'écrit 29 mai/10 juin.

IV

143. — *Que peut-on dire touchant la forme de la lune, ses dimensions, l'état de sa surface, son pouvoir-réfléchissant, etc. ?* — La lune est un corps opaque, et sensiblement sphérique, dont la comparaison avec notre globe donne les fractions suivantes : pour le diamètre, $\frac{1}{4}$; pour sa surface, $\frac{1}{18}$; pour le volume, $\frac{1}{49}$; pour la masse, $\frac{1}{88}$; pour la densité, un peu plus des $\frac{3}{5}$ (0,615). La surface de la lune présente des taches grisâtres ; plusieurs sont les ombres de montagnes, dont quelques-unes ont jusqu'à 7,000 mètres de hauteur. L'aspect de la lune est analogue à celui des contrées volcaniques ; on y voit beaucoup de cirques présentant toutes les apparences d'anciens cratères, et du centre généralement fort déprimé de ces cirques s'élèvent souvent des pics très considérables. Les rayons du soleil réfléchis par la lune n'ont point d'action sensible sur le thermomètre ; l'intensité de cette lumière réfléchie n'est en moyenne que $\frac{1}{30\,000}$ de la lumière directe du soleil. Aucune observation ne permet de conclure à l'existence actuelle autour de la lune d'une enveloppe gazeuse ; d'où on peut déduire qu'il n'y a sur sa

Fig. 42. — Cirque à la surface de la lune.

surface ni eau, ni aucun liquide susceptible de se transformer en vapeur, et par suite que la vie, du moins dans les conditions que nous connaissons, n'existe plus sur la lune. Il semble qu'il y ait eu jadis des océans, car on aperçoit des traces de stratification en certains points de la surface lunaire.

144. — *Comment se meut la lune ?* — La lune, liée à la terre par l'attraction que celle-ci exerce sur elle, en vertu de la supériorité de sa masse, est, pour notre planète, ce qu'on appelle un satellite. Elle décrit, de l'ouest à l'est autour de la terre, un orbite dont l'excentricité est plus que triple de celle de l'orbite terrestre. La distance moyenne de la lune à la terre est de 96 640 lieues, environ trente fois le diamètre de notre globe. Pour parcourir complètement son orbite, de manière à revenir vis-à-vis le point du ciel où elle était en commençant sa révolution, elle emploie 27 jours, 7ʰ, 43ᵐ, 11ˢ5 ; c'est là ce qu'on appelle sa révolution sidérale. Mais, pendant qu'elle effectue cette révolution, le soleil, en vertu du mouvement de la terre, s'avance vers l'est d'au moins vingt-sept degrés, distance que la lune ne peut franchir qu'en deux jours, et comme, pendant qu'elle fait ce trajet, le soleil continue d'avancer, il lui faut, pour le rejoindre et se trouver vis-à-vis de lui, 2 jours, 4ʰ, 3ᵐ, 51ˢ, 4. En ajoutant ce nombre à celui qui exprime la durée de la révolution sidérale de la lune, nous avons, pour la durée de ce qu'on appelle sa révolution *synodique*, 29 jours, 12ʰ, 14ᵐ, 2ˢ, 9.

145. — *La lune n'a-t-elle pas aussi un mouvement de rotation ?* — Oui, et elle exécute précisément ce mouvement dans le même temps que sa révolution sidérale ; d'où il résulte qu'elle présente toujours à la terre le même côté de sa surface.

146. — *Que sont les phases de la lune ?* — On appelle ainsi les variations d'aspect que la lune présente périodiquement, et qui vont depuis l'illumination complète de l'hémisphère qu'elle montre à la terre jusqu'à sa complète obscurité.

147. — *Comment s'expliquent les phases ?* — Elles s'expliquent aisément par les différents rapports qu'ont entre elles, dans le courant de chaque révolution synodique, les positions relatives de la terre, de la lune et du soleil.

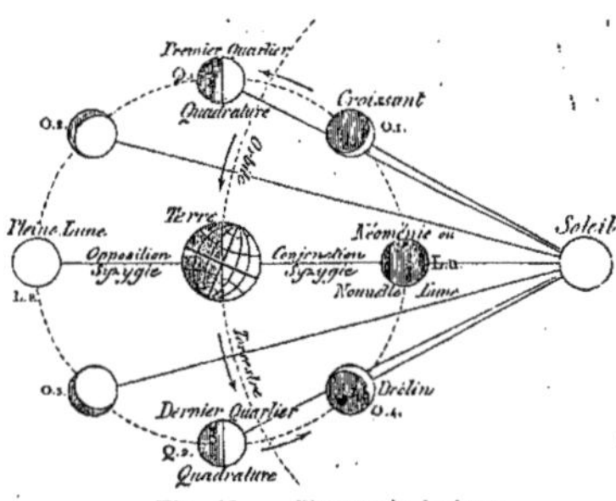

Fig. 43. — Phases de la lune.

Considérons d'abord la lune au moment où elle se trouve entre la terre et le soleil, position appelée *conjonction*, parce que, relativement à nous, la lune est alors dans la même direction que le soleil. Dans cette position, l'hémisphère de la lune tourné vers la terre ne peut recevoir les rayons du soleil ; la lune est donc, ce jour-là, invisible pour nous ; mais nous savons qu'étant en conjonction avec cet astre, elle doit se lever et se coucher à peu près en même temps que lui.

Quant à la dénomination de *nouvelle* lune, par laquelle on désigne cette phase, elle vient de ce que, bientôt après, la lune commence à se montrer de nouveau, comme si elle venait de renaître. En effet, dès le lendemain, la lune qui, dans son mouvement propre vers l'est, a une vitesse angulaire au moins douze fois plus grande que celle du soleil, se trouve assez écartée de la ligne de conjonction pour qu'une petite partie de l'hémisphère qu'elle montre à la terre reçoive la lumière solaire. Cette partie éclairée nous présente l'aspect d'un croissant ayant ses pointes tournées à l'opposé du soleil, c'est-à-dire vers l'est. Un autre résultat du chemin que la lune a fait vers l'est, c'est qu'elle se couche environ trois quarts d'heure après le soleil. Chacun des jours suivants, le coucher de la lune va se retardant d'environ trois quarts d'heure, et en même temps la partie de sa surface visible pour nous va sans cesse s'élargissant. Lorsque la lune a effectué le quart de sa révolution synodique, on dit qu'elle est en *quadrature* avec le soleil, parce que deux droites menées de la terre à la lune et au soleil feraient ensemble un angle droit. Ce jour-là, au moment où le soleil se couche, la lune est au méridien, et la moitié de son hémisphère visible pour nous se trouve éclairée. Cette phase s'appelle le *premier quartier*.

Les jours suivants, la lune, en avançant toujours vers l'est, se sépare de plus en plus du soleil et finit par se trouver en opposition avec lui ; c'est-à-dire que l'observateur terrestre verra la lune et le soleil aux extrémités opposées d'un même diamètre de la sphère. Alors l'hémisphère éclairé par le soleil sera celui qui est tourné vers la terre ; on sera donc arrivé à la phase appelée *pleine lune*. Ce jour-là, le lever de la lune correspondra au coucher du soleil, et réciproquement.

La lune, en parcourant la seconde moitié de son orbite, présentera, dans un ordre inverse, les mêmes phénomènes que dans la première ; le demi-cercle éclairé au moment du *troisième quartier* sera celui qui était demeuré obscur, lors du premier quartier ; et le croissant qui se dessinera les jours suivants, devant avoir ses pointes à l'opposé du soleil, les tournera vers l'ouest.

148. — *Pourquoi la pleine lune apparaît-elle beaucoup plus grosse lorsqu'on l'observe à l'horizon que lorsqu'on la regarde au zénith?* — Parce que l'atmosphère est une sorte de tableau transparent sur lequel les astres se dessinent en perspective. Or l'atmosphère a une forme surbaissée. Horizontalement le regard la traverse dans toute sa largeur, supérieure au diamètre terrestre. Verticalement l'œil ne l'embrasse que dans sa hauteur. La base horizontale est donc bien plus grande que le rayon vertical. On peut démontrer que la hauteur de la voûte surbaissée est le seizième de la longueur du rayon de la base. Or la perspective est en raison de la distance du point d'observation au tableau ; plus il est éloigné, plus l'objet se projette grand. Voilà pourquoi la lune paraît avec des dimensions si exagérées à l'horizon ; sa teinte rouge est due aussi à l'atmosphère qui laisse surtout passer les rayons rouges.

149. — *Qu'est-ce que la lumière cendrée ?* — C'est cette teinte bleuâtre qui, aux premiers jours de la lunaison, rend perceptible à nos yeux la partie du disque qui n'est pas éclairée par le soleil. C'est, comme l'a dit le premier Léonard de Vinci, la réflexion des rayons solaires par la terre sur la lune qui produit cette illumination. La lumière cendrée atteint son maximum d'éclat le troisième jour avant ou après la nouvelle lune.

150. — *La lune exerce-t-elle quelque influence sur la terre ?* — C'est à la lune que revient le principal rôle dans le phénomène des marées. Le soleil et la lune soulèvent les eaux par leur attraction. Il est vraisemblable que la lune produit aussi de petites marées atmosphériques, mais peu appréciables à nos instruments. On a attribué à notre satellite une influence sur le temps. L'opinion régnante est que cette influence est un préjugé populaire. C'est surtout depuis les statistiques qu'a dressées Arago que l'on répète un peu partout que la lune est sans influence sur la pluie ou le beau temps. Arago a en effet mis en regard les quantités de pluies tombées pendant une période de dix ans et les phases correspondantes de la lune ; il n'a relevé aucune différence bien appréciable. Il est de fait qu'on n'a pas encore pu démontrer nettement qu'il y eût quelque relation entre les phases et les pluies. Cependant, en 1861, M. Henri de Parville reprit l'examen du travail d'Arago et, le premier, il fit voir que l'illustre astronome, en groupant ses chiffres, ne s'était pas aperçu qu'il avait précisément masqué un des points en cause. Arago a effectivement groupé ensemble toutes les nouvelles et toutes les pleines lunes de chaque année. Or les nouvelles lunes d'été sont les pleines lunes d'hiver, et réciproquement. Notre satellite se trouvant dans une position diamétralement opposée en hiver et en été pour chaque phase, les déclinaisons sont renversées. Si donc elles ont de l'influence sur les chan-

gements de temps, il est clair qu'en groupant ensemble toutes les nouvelles
et toutes les pleines lunes, on masque complètement leurs effets distincts,
s'ils existent. Arago, sans y prendre garde, a ajouté ensemble autant de
résultats positifs que de résultats négatifs; résultat définitif : zéro. Cela devait
être et précisément parce qu'il en était ainsi, M. de Parville y a vu une pré-
somption en faveur de l'influence lunaire. Il a poursuivi les observations
pendant près de trente ans, et il en a conclu à l'influence des déclinaisons
lunaires sur le déplacement en latitude des vents alizés, sur le déplacement
en latitude de l'itinéraire des bourrasques, etc. D'après cela, notre satellite
ferait simplement monter et descendre en latitude la ligne suivie par les tempêtes et prévaloir ainsi sur un point donné soit la pluie, soit le beau temps.
La même lune pourrait donc, par suite de ce mécanisme, amener le beau
temps à Paris et la pluie à Orléans, selon l'étendue de la zone traversée
par l'itinéraire des tempêtes. C'est ainsi qu'on peut s'expliquer que la même
phase fait ici le beau temps et là le mauvais temps, ce qui répond à cette
objection si souvent posée : « Comment voulez-vous qu'il existe une action
lunaire, puisque la phase est la même pour toute la terre et que cependant
il pleut ici et il fait beau là? » C'est aussi pour la même raison que les
observateurs s'accordent si mal sur l'influence lunaire; ils trouvent des
résultats tout différents à quelques lieues de distance.

On a aussi attribué à la lune une influence sur la pousse des arbres. Des
graines plantées à la nouvelle lune germent et poussent plus vite que lorsqu'elles sont plantées à la pleine lune. Le fait est manifeste à l'équateur,
ainsi que l'a constaté M. de Parville sur vingt graines différentes. L'explication est bien simple. La graine plantée à la nouvelle lune a eu le temps
de germer et de sortir de terre quand survient la pleine lune. Or les
rayons lunaires sont photogéniques; ils exercent une influence considérable sur l'assimilation des feuilles. Le végétal subit donc l'influence
de la lumière, non seulement pendant le jour, mais encore pendant la
nuit. Il se développe rapidement. Les graines plantées à la pleine lune
sortent de terre vers la nouvelle lune ; ils ne ressentent plus l'influence
de la lumière que pendant le jour. Donc ils poussent moins vite.

151. — *Qu'appelle-t-on lune rousse, et quelle est son influence ?* — La
lune rousse est celle qui, commençant en avril, devient pleine, soit à la fin
de ce mois, soit plus ordinairement dans le courant de mai. Il n'est pas
exact qu'elle exerce une action directe de refroidissement ou de congélation
sur les bourgeons des plantes. Les effets observés peuvent s'expliquer d'une
manière simple et rationnelle. Dans les nuits d'avril et de mai la température
de l'atmosphère n'est souvent que de 4, 5 ou 6 degrés au-dessus de zéro. Si
le ciel est pur, sans vapeur d'eau, le rayonnement du sol est intense, un thermomètre placé au niveau du sol peut descendre au-dessous de zéro. Les
jeunes végétaux perdent leur chaleur pour leur compte et gèlent. Quand le

ciel est pur, on voit très bien la lune ; ainsi on lui attribue le roussissement des bourgeons. Mais notre satellite serait simple témoin du phénomène et n'en serait pas la cause. Si au contraire le ciel est couvert, si la lune ne brille pas, la vapeur d'eau interpose son manteau protecteur ; le sol ne rayonne que fort peu et la température reste au-dessus de zéro.

Quelques météorologistes pensent avec les marins que la lune jouerait cependant un rôle plus actif en *mangeant les nuages ;* elle les diminuerait par sa chaleur ou par un effet de compression dû à l'attraction. Dans ce cas, elle produirait la congélation des jeunes plantes par un effet indirect.

152. — *Qu'appelle-t-on lune des moissons ?* — On appelle en Angleterre lune des moissons, harvest-moon, la lune la plus voisine du 21 septembre, parce que chaque nuit, après qu'elle a été pleine, cette lune se lève presque aussitôt après le coucher du soleil, de manière à favoriser les travaux du soir ou la rentrée des moissons.

153. — *Qu'appelle-t-on lune du chasseur ?* — La lune la plus voisine du 21 mars, parce qu'elle se lève très tard, et que la longueur du jour n'est pas alors prolongée par la lune après le coucher du soleil.

154. — *Qu'appelle-t-on marées ?* — L'élévation et l'abaissement périodique ou quotidien des eaux des mers. L'Océan s'élève et s'abaisse deux fois par jour.

Pendant six heures la mer monte, c'est le *flux* ou *flot ;* et, lorsqu'elle a atteint son niveau le plus élevé, on dit que la mer est *haute.* Elle descend ensuite, c'est le *reflux* ou *jusant ;* et, lorsqu'elle est arrivée à son point le plus bas, on dit que la mer est *basse.* Chaque jour la haute mer vient quarante-neuf minutes plus tard que le jour précédent.

Le phénomène des marées est très compliqué ; il existe des régions sur le globe où la mer ne monte qu'une fois par jour ; d'autres où l'effet ne se produit qu'à de longs intervalles.

155. — *Quelle est la cause du soulèvement des eaux de l'Océan ou des marées ?* — L'attraction du soleil et de la lune. Lorsque ces astres passent au-dessus de l'Océan, ils attirent les eaux, les soulèvent. Après les avoir soulevées, ils les entraînent à leur suite en donnant naissance à une grande vague qui constitue la marée.

156. — *Pourquoi les régions qui sont aux antipodes ont-elles des marées en même temps ?* — Le soleil et la lune, en passant au-dessus des eaux, les attirent, parce qu'elles se trouvent plus près d'eux que la terre ; réciproquement, aux antipodes ce sont les eaux qui se trouvent plus éloignées des astres que la terre ; elles sont moins attirées et s'écartent par cela même du centre de la terre, ce qui revient à dire qu'elles se soulèvent. La marée a donc lieu en même temps aux deux extrémités du diamètre terrestre.

157. — *Des deux actions du soleil et de la lune, quelle est la plus puissante ?* — L'action de la lune, parce que sa petite distance à la terre compense et au delà la petitesse de sa masse.

158. — *Pourquoi les marées sont-elles les plus fortes à l'époque de la pleine lune ou de l'opposition, et à celle de la nouvelle lune ou de la conjonction ?* — Parce que l'attraction du soleil et celle de la lune agissent alors concurremment sur les eaux de la mer pour les soulever. En effet, lorsqu'ils sont en conjonction ou en opposition, c'est-à-dire placés sur une même ligne droite ou à peu près, les deux astres attirants tendent à la fois à donner à la masse des eaux de l'Océan la forme d'un ellipsoïde allongé dans le même sens ou dans le sens de la droite qui unit les deux astres ; leurs actions s'ajoutent donc, et produisent un ellipsoïde plus allongé, par suite une vague ou une marée plus grande.

159. — *Pourquoi les marées sont-elles plus faibles à l'époque des quadratures de la lune ?* — Parce que l'action du soleil contrarie alors l'action de la lune.

Si la lune tend à donner à la masse des eaux la forme d'un ellipsoïde allongé dans le sens vertical, le soleil, situé à 90 degrés, tend à lui donner une forme allongée dans le sens horizontal ; la première forme l'emportera sur la seconde, les eaux obéiront toujours à l'action de la lune, mais l'ellipsoïde sera moins allongé que si la lune était seule ; la vague et la marée seront moins grandes.

160. — *A quelle époque de l'année les marées sont-elles les plus hautes ?* — Aux équinoxes de printemps et d'automne, parce qu'alors le soleil et la lune sont à peu près dans un même plan, le plan de

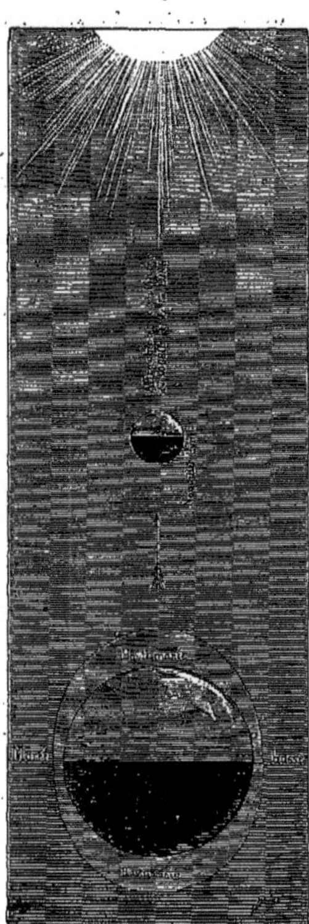

Fig. 44. — Phénomène des marées.

l'équateur, et presque sur une même ligne droite. Si, en outre, la lune, à l'époque des équinoxes, est près de son périgée ou de sa plus petite distance à la terre, la hauteur de la marée atteindra son maximum ou sera la plus grande possible. La marée, au contraire, sera minimum ou la plus petite possible, lorsque, à l'époque des solstices d'été ou d'hiver, la lune sera près de son apogée ou de sa plus grande distance à la terre.

161. — *Le phénomène des marées est-il aussi simple qu'on vient de le dire ?* — Non ; il se complique d'une foule de circonstances perturbatrices.

Les plus grandes marées n'arrivent sous nos latitudes qu'un jour et demi après le passage au méridien de la nouvelle ou pleine lune. Par exemple, les déclinaisons du soleil et de la lune sont tantôt grandes, tantôt petites, tantôt australes, tantôt boréales ; et par conséquent, leurs actions s'accordent ou se contrarient, plus ou moins ; les eaux de la mer, continuellement en mouvement, sont animées de vitesses acquises dans une certaine direction, et ne peuvent pas suivre la route que l'attraction tend à leur faire prendre ; les diverses mers, de forme et d'étendue différentes, communiquent entre elles par des canaux ou détroits plus ou moins larges ; les frottements sur les fonds des mers et l'action des vents peuvent exercer une influence notable sur le flux et le reflux en chaque point des côtes maritimes, etc., etc.

V

162. — *Comment explique-t-on les phénomènes des éclipses ?* — Supposons qu'à un moment de conjonction, le centre de la lune et celui du soleil se trouvent à peu près en ligne droite avec celui de la terre ; la lune ainsi placée devra dérober au moins en partie la vue du soleil à certaines régions de la terre ; il y aura donc éclipse de soleil, phénomène qui, d'après ce que nous venons de dire, ne peut se produire qu'à une époque de nouvelle lune. Si c'est à un moment d'opposition que le

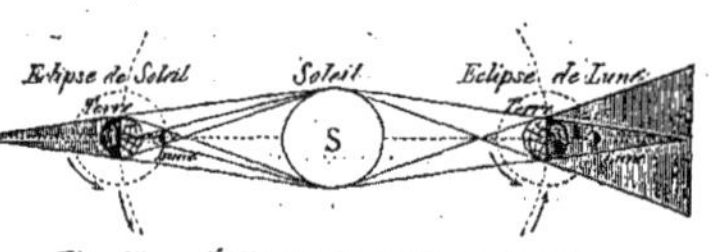

Fig. 45. — Éclipses de soleil et de lune.

centre de la lune et celui du soleil se trouvent à peu près en ligne droite avec celui de la terre, celle-ci interceptera, au moins en partie, les rayons solaires qui vont dans la direction de la lune, et il y aura éclipse de lune, phénomène qui ne peut donc se produire que lorsque la lune est dans son plein.

Dans une éclipse de soleil, l'ombre de la lune se projette sur la surface de la terre, et les points sur lesquels elle tombe sont momentanément privés de la vue du soleil ; dans une éclipse de lune, c'est l'ombre de la terre qui se projette sur son satellite. Dans tous les cas, la condition indispensable pour qu'il y ait éclipse, c'est qu'à un moment de conjonction ou d'opposition, la lune soit dans le plan de l'écliptique, c'est-à-dire à un des points où l'écliptique coupe l'orbite lunaire, points que l'on appelle les *nœuds de la lune*. Or, ces nœuds se meuvent de manière à parcourir l'écliptique, en 18 ans 2/3 ; ce mouvement des nœuds de la lune se fait de l'est à l'ouest comme celui des équinoxes et, sauf au point de vue de la durée, il y a la plus grande analogie entre les deux révolutions et entre les causes qui les produisent ; le mouvement des équinoxes, en effet, provient, comme nous l'avons vu, de l'attraction que le soleil exerce sur le renflement de l'équateur terrestre, et celui des nœuds de la lune est produit par l'attraction que ce satellite exerce aussi de son côté sur ce même équateur terrestre.

163. — *N'y a-t-il pas entre les éclipses de soleil et celles de lune des différences essentielles à signaler ?* — Quand la lune s'éclipse, sa surface se couvre d'ombre en tout ou en partie ; on l'aperçoit cependant le plus souvent avec une une teinte rouge cuivre due à la décomposition de la lumière qui, par réfraction, pénètre encore une partie du cône d'ombre ; on la distingue éclipsée de tous les points de la terre qui voient alors la lune. Au contraire, quand le soleil s'éclipse, c'est-à-dire est caché par le globe lunaire, il n'y a que certains points de la terre qui se trouvent momentanément privés de lumière, et l'éclipse n'existe que pour ces points-là. Ajoutons que, à cause du mouvement de la lune dans son orbite, son ombre, et par conséquent l'éclipse, se déplace dans le sens de ce mouvement, c'est-à-dire de l'ouest à l'est, de manière à parcourir une zone quelquefois très longue, mais toujours très étroite. Une autre différence importante, c'est que, quand une éclipse de lune est totale, elle l'est pour tous les points d'où l'on peut voir cet astre ; mais que, quand une éclipse de soleil est totale pour une bande de la surface terrestre, cette bande se trouve comprise entre deux autres bandes où l'éclipse n'est que partielle.

Ces deux autres bandes sont celles sur lesquelles se projette la pénombre de la lune, et la bande où l'éclipse est totale est celle que parcourt l'ombre proprement dite. Les points plongés dans l'ombre de la lune ne voient aucune partie du disque solaire ; tandis que ceux qui ne sont que dans la pénombre reçoivent les rayons d'une partie de l'astre. Quelquefois une éclipse partielle de soleil prend la forme remarquable d'éclipse annulaire ; cela a lieu lorsque, les centres des trois corps étant exactement ou presque exactement en ligne droite, la lune se trouve trop éloignée de la terre pour que son cône d'ombre puisse arriver jusqu'à elle. Dans la partie de la surface terrestre qu'atteint sa pénombre, il y a des points qui ne voient du soleil que le contour, formant un anneau étincelant autour d'un cercle noir.

164. — *Comment les anciens étaient-ils parvenus à prédire les éclipses ?* — Ils avaient remarqué que chaque éclipse revient après une période de dix-huit ans, onze jours, et présente à peu près les mêmes circonstances.

165. — *L'obscurité pendant les éclipses de soleil est-elle très grande ?* — Elle n'est pas à beaucoup près aussi complète qu'on pourrait le croire ; on voit très bien pour se diriger, et le nombre d'étoiles visibles à l'œil nu est très petit, cinq ou six au plus.

166. — *Que sont les grains de chapelet ?* — Au moment où le bord occidental de la lune commence à se détacher du bord occidental du soleil, il paraît dentelé comme une scie ; ces dents, qui sont les *grains de chapelet*, augmentent incontinent de grandeur et d'espacement, et leur nombre diminue. Le même phénomène se reproduit au contact des bords orientaux : le limbe de la lune est comme un chapelet composé de grains irréguliers, noirs et lumineux.

167. — *Que sont les ombres ou bandes parallèles ?* — Au moment où l'éclipse commence ou cesse de devenir totale, on voit courir les unes après les autres, sur les surfaces horizontales ou verticales, des ombres ou bandes lumineuses, quelque peu semblables aux ombres produites par de petits nuages qui passent successivement sur le soleil.

168. — *Qu'est-ce que c'est que la couronne ?* — Dès que le soleil est entièrement éclipsé, on voit la lune environnée d'une auréole ou couronne de lumière blanche, d'environ trois minutes de largeur, c'est-à-dire d'une largeur égale au douzième du diamètre du soleil, de laquelle partent de très longs rayons divergents, quelquefois régulièrement espacés. M. Janssen a reconnu le premier que la couronne était un phénomène objectif, appartenant au soleil ou résultant de l'illumination de l'atmosphère solaire.

169. — *Que sont les protubérances rouges ?* — Ce sont des lumières rougeâtres de formes très diverses, quelquefois détachées, qui apparaissent sur divers points du contour de la lune pendant les éclipses ; on les a quelquefois désignées du nom de proéminences, de flammes, de nuages, de montagnes. On sait aujourd'hui qu'elles sont dues à des émissions d'hydrogène enflammé qui s'échappent de la *chromosphère*, couche gazeuse rougeâtre, d'une température très élevée, qui flotte à la base de l'atmosphère transparente du soleil. M. Janssen a appris le premier à voir les protubérances en dehors des éclipses avec l'aide d'un spectroscope, de telle sorte qu'aujourd'hui les astronomes peuvent les observer chaque jour et dessiner leurs formes très irrégulières et très changeantes.

170. — *Qu'appelle-t-on planètes?* — Des astres opaques comme la terre, et décrivant comme elle, de l'ouest à l'est, autour du soleil, des orbites elliptiques.

171. — *Quel aspect présentent les planètes?* — Celles qui sont vues à l'œil nu ont à peu près le même aspect que des étoiles ; mais leur lumière est plus tranquille. Les planètes ne scintillent pas. Au télescope, les planètes prennent un diamètre sensible, tandis que les étoiles ne se montrent jamais que comme de simples points lumineux.

172. — *Combien de planètes connaissons-nous ?* — Voici leurs noms, en commençant par la plus voisine du Soleil : Mercure, Vénus, la Terre, Mars, Jupiter, Saturne, Uranus, Neptune. Six de ces planètes, savoir : la Terre, Mars, Jupiter, Saturne, Uranus et Neptune ont des satellites. Enfin, entre Mars et Jupiter, circulent de petites planètes, dont le nombre connu en 1888 est de 274.

173. — *Qu'appelle-t-on planètes inférieures ?* — On appelle ainsi les deux planètes plus voisines du Soleil que la Terre, c'est-à-dire Mercure et Vénus.

Mercure est très difficile à apercevoir à cause du voisinage du soleil, d'autant plus que son volume n'est guère qu'un seizième de celui de la terre. — *Vénus* a des dimensions à peu près égales à celles de notre globe et, se trouvant assez éloignée du soleil pour n'être pas noyée dans ses rayons, assez rapprochée de lui pour en recevoir une très vive lumière, elle surpasse en éclat les plus belles étoiles. Sa révolution autour du soleil est d'environ sept mois et demi; pendant à peu près trois mois, elle paraît à l'orient avant le lever du soleil et est alors appelée *étoile du matin;* puis elle est quelques jours invisible, et se montre ensuite à l'occident, où on la voit, pendant environ trois mois, après le coucher du soleil. On l'appelle alors vulgairement l'*étoile du soir,* ou l'*étoile du berger.* On a reconnu que Vénus a une atmosphère, et qu'elle présente des phases, qui s'expliquent à peu près comme celles de la lune, dont elles diffèrent pourtant en ce que Vénus a deux conjonctions, l'une supérieure lorsqu'elle est au delà du soleil, l'autre inférieure, lorsqu'elle se trouve en deçà; et qu'il n'y a pas pour elle d'opposition, la terre ne se trouvant jamais entre elle et le soleil.

174. — *Qu'y a-t-il à remarquer au sujet des planètes supérieures ?* — *Mars* est environ moitié plus petit que la terre, son diamètre n'est que de 1 719 lieues; un peu plus que le rayon de notre globe. Il présente des phases ; les autres planètes sont trop éloignées du soleil et de la terre pour que ce phénomène puisse avoir lieu. Non seulement on a reconnu que Mars, dont on a vu les deux satellites pour la première fois en 1879, a une atmosphère, mais encore on pense que des taches blanches que l'on observe à certaines époques vers ses pôles sont des amas de glace, qui se forment et disparaissent suivant les saisons de la planète. On voit dans Mars des rainures immenses, de 300 kilomètres de largeur, que l'on a appelées *canaux de Mars.* Ils sont doubles souvent, se croisent en tous sens ; ils servent quelquefois de trait d'union entre des espaces bleus que l'on a assimilés à des Océans. Les espaces jaune rougeàtre, que l'on observe aussi, sont considérés comme des continents. On croit que Mars est dans un état glacial, c'est-à-dire entièrement refroidi.

Jupiter, la plus grande des planètes, a environ quatorze cents fois le volume de la terre. Il tourne néanmoins sur lui-même en dix heures, et cette rotation si rapide explique son aplatissement considérable aux pôles. Son année est d'environ douze ans, et il a quatre satellites, tous plus grands que la lune. Il est remarquable par son atmosphère, ses taches et les bandes obscures, parallèles entre elles et au plan de l'écliptique, qui font le tour entier de la planète.

Saturne, qui a un mouvement de rotation presque aussi rapide que celui de Jupiter, met près de trente ans à parcourir son orbite, laquelle, à la vérité, est immense, environ dix-huit cent millions de lieues. Il a huit satellites; mais ce qui le rend singulièrement remarquable, c'est une sorte de ceinture qui l'entoure sous forme d'anneau assez mince, large d'environ 12 000 lieues et distant de la planète d'environ 7 000 lieues. On a même reconnu que la ceinture est formée de plusieurs anneaux concentriques, séparés par un intervalle de 700 lieues. Saturne est sept cent trente-cinq fois plus gros que la terre ; Uranus, quatre-vingt-deux fois, et Neptune, cent onze fois. Uranus a huit satellites comme Saturne; mais, par une exception unique, dans tous les mouvements planétaires observés jusqu'à ce jour, ils se meuvent de l'est à l'ouest. On n'a trouvé jusqu'ici à Neptune qu'un seul satellite.

175. — *Qu'y a-t-il à remarquer touchant les petites planètes ?* — D'après une loi dite de *Titius* ou de *Bode*, qui indique à peu près la progression des distances des planètes au Soleil, il manquait une planète entre Mars et Jupiter. Les petites planètes, dont la première, *Cérès*, fut découverte à Palerme, par Piazzi, le 1er janvier 1801, semblent destinées à remplir cette lacune. Ces planètes, dont on ne connaît pas encore le nombre définitif, puisque de temps en temps on en découvre de nouvelles, sont plus petites que la lune et semblent avoir pour la plupart des formes assez irrégulières, en sorte qu'on serait tenté de les regarder comme des fragments d'une grande planète qui aurait éclaté. Leurs révolutions ne diffèrent pas beaucoup les unes des autres : très peu vont au delà de deux mille jours, et aucune ne descend jusqu'à onze cents.

176. — *Les planètes sont-elles habitées?* — Nous sommes loin du temps d'Arago où l'on concevait encore le noyau solaire comme solide et peut-être habité. Le soleil est une fournaise. L'analyse spectrale a montré que tous les corps de notre système solaire au moins semblent présenter les mêmes matériaux que sur terre. Chaque astre serait constitué par des matériaux terrestres; ses éléments présenteraient des états de combinaison plus ou moins avancés selon la phase d'évolution. On pourrait comparer les astres aux fruits d'un arbre, dont les uns ne sont pas encore mûrs, dont les autres sont à point, etc. De même les astres les plus gros ne sont pas encore refroidis comme Jupiter, les autres le sont comme Vénus, Mars, etc. Vénus paraît encore se trouver en ce moment dans un état d'évolution, analogue à celui de la terre. On ne voit pas dès lors pourquoi cette planète n'aurait pas d'habitants. Il est clair que lorsque chaque astre se sera transformé par le refroidissement, de façon à permettre la vie organique, il serait difficile de faire exception en sa faveur et de lui refuser le développement d'êtres plus ou moins analogues à ceux qui existent sur terre.

VI

177. — *Qu'appelle-t-on comètes ?* — Des astres composés surtout de matière en apparence nébuleuse, dont une partie forme ordinairement autour du noyau, ou tête de l'astre, une espèce d'auréole, de chevelure; de là leur nom de comètes, de *coma, chevelure.*

Ordinairement la principale partie de la nébulosité d'une comète forme une longue traînée, ayant, suivant sa position, l'aspect d'une barbe ou queue.

178. — *Comment se meuvent les comètes ?* — Quelques-unes décrivent

des ellipses extrêmement allongées, dont le soleil occupe un des foyers.
Par conséquent, d'après une des lois formulées par Képler, elles doivent
se mouvoir avec une plus grande rapidité dans le voisinage de ce foyer, et avec une certaine lenteur dans le reste de leur orbite. Il est possible et même probable que d'autres décrivent des paraboles ou des hyperboles, et celles-là ne reparaissent plus, à moins qu'elles ne soient ramenées par l'attraction de quelques corps du système solaire.

Fig. 46. — Comète.

La loi de Képler, à laquelle nous venons de faire allusion, peut être ainsi formulée : Si l'on mène, du foyer occupé par le soleil, à deux points quelconques de l'orbite, des droites appelées *rayons vecteurs*, que l'on mesure l'aire comprise entre ces deux droites et l'arc qui joint leurs extrémités, la planète devra toujours, en des temps égaux, décrire des arcs correspondants à des aires égales. On comprend d'après cela la rapidité du mouvement d'une comète dans le voisinage du soleil et sa lenteur relative dans les autres parties de son orbite.

179. — *Y a-t-il beaucoup de comètes dont on ait pu calculer le retour ?* — Il n'y en a guère que cinquante-six ; et pour dix seulement la périodicité est hors de doute, parce qu'elles sont en effet revenues.

180. — *La frayeur qu'a souvent causée dans le public la possibilité de la rencontre d'une comète avec la terre a-t-elle quelque fondement ?* — Il est extrêmement probable qu'une pareille rencontre n'aura jamais lieu. Ajoutons que, dans l'opinion reçue, cette rencontre serait sans aucun danger, la matière des comètes ayant si peu de densité que, très probablement, nous la traverserions sans même nous en apercevoir.

Les astronomes cependant ont déjà eu le spectacle d'un corps céleste heurté par une comète. La comète signalée en 1770 se jeta dans les satellites de Jupiter. La marche de cette planète et de ses satellites n'en fut nullement troublée. Seule la comète eut à souffrir du choc. Sa trajectoire fut complètement transformée.

181. — *Que sait-on sur les queues des comètes ?* — Les connaissances acquises sur les comètes ne sont encore à l'heure actuelle que bien petites. A vrai dire, on ne sait pas comment est constituée une queue de comète. On ne s'explique guère comment une comète peut développer, en quelques jours, une queue de plusieurs millions de lieues. La comète observée par Newton, en 1680, déploya de quinze jours une queue de 90 millions de kilomètres de longueur. La comète en 1843 a lancé en un seul jour une queue qui occupait 100 degrés sur le ciel. Quelle force inconnue détermine la projection de ce peu dense mais énorme appendice ? M. Faye soutient que le soleil est doué d'une force répulsive et que lorsqu'une comète s'en

approche, la matière s'échappe du noyau et fuse en arrière. Nous n'en
sommes qu'aux hypothèses. On estime à 90 millions de lieues la distance
qui sépare la comète du soleil, lorsque la queue devient visible. Le
maximum de longueur et d'éclat a lieu peu de temps après le périhélie.

182. — *Quelle peut être la constitution intime d'une comète ?* —
M. Tyndall est tenté de la considérer comme une vapeur décomposable par
la lumière solaire. La tête visible et la queue seraient un nuage actinique
résultant de la décomposition de cette vapeur. La queue, dans cette opinion, n'est pas de la matière projetée, lancée, mais de la matière précipitée
et illuminée par le passage du rayon solaire. Pendant que la comète tourne,
la queue n'est pas composée partout et toujours de la même matière,
mais de matière nouvelle sans cesse précipitée. L'énorme mouvement de
rotation de la queue s'expliquerait ainsi, sans qu'on ait besoin d'invoquer
un mouvement de translation bien difficile à concevoir. Dans ces dernières
années, plusieurs astronomes, en observant les comètes avec le spectroscope, ont trouvé que ces astres renferment des hydrocarbures en
vapeurs, c'est-à-dire des gaz analogues à l'hydrogène protocarboné et au
grisou, etc.

183. — *Quelle est la vitesse des comètes dans leur orbite ?* — La vitesse
est variable ; il est des comètes dont le noyau ne se déplace que de quelques
mètres par seconde ; pour d'autres, la vitesse atteint jusqu'à 80 lieues.

184. — *Quelles sont les principales comètes périodiques ?* — La comète
de Halley, vue en 1682 par La Hire, Picard, etc., avait déjà été observée
en 1531, elle revint en 1759, puis en 1835. Sa période est de 76 ans. La
comète d'Encke découverte par Pons, à Marseille, en 1818, a une période
courte de 3 ans $\frac{3}{10}$. La comète de Biela ou de Gambart, découverte en 1826,
a une période de 6 ans 3/4. La comète Faye, trouvée en 1843, a une période
de 7 ans, 44 dixièmes, etc.

185. — *Qu'appelle-t-on aérolithes, uranolithes ou météorites ?* — Les
pierres ou fers météoriques, qui tombent à la surface de la terre. Quoique
la Bible fasse mention d'une chute de grosses pierres, après la bataille de
Gabaon livrée par Josué, ce n'est que fort tard, dans ce siècle, que la science
a admis la possibilité et la réalité de ces chutes mystérieuses. En France,
Biot fit cesser toute incertitude à cet égard après avoir examiné la météorite
tombée à Laigle (Orne), le 26 avril 1800. Les aérolithes tombent plus fréquemment en juin et juillet, alors que la terre est à son aphélie, qu'en décembre
et janvier, époque du périhélie. La croûte noire fondue de la surface des
aérolithes et leur température élevée au moment où ils atteignent le sol
s'expliquent par la vitesse excessive avec laquelle ils traversent l'atmosphère. Ils ont une vitesse planétaire de 30 à 40 kilomètres par seconde. Les
aérolithes sont formés de matières extrêmement variées : carbone, silicium,
fer, nickel. Récemment on a découvert dans le sud de la Russie un aéro-

lithe qui renfermait de petits cristaux de diamant, etc. Leur chute est le plus souvent accompagnée de violentes explosions.

On a trouvé en 1887 une météorite dans un terrain tertiaire, ce qui prouverait que leur chute n'est pas spéciale à l'époque actuelle.

186. — *Qu'appelle-t-on bolides ?* — Des globes de feu qui apparaissent subitement dans l'atmosphère et disparaissent après avoir répandu une brillante lumière pendant quelques secondes, en laissant souvent une traînée lumineuse. De leur hauteur, déduite d'observations simultanées, on conclut que leur incandescence subite se produit bien au delà des limites assignées autrefois à l'atmosphère terrestre. Les aérolithes ne sont très probablement que des bolides entrés dans la sphère d'attraction de la terre.

187. — *D'où viennent les aérolithes ?* — On pense que ce sont des débris d'un astre brisé, peut-être des morceaux analogues aux petites planètes comprises entre Mars et Jupiter. Dernièrement M. Faye, reprenant une vieille hypothèse d'Olbers, s'est demandé si les aérolithes ne proviendraient pas simplement de la lune ou de la terre. Ils ont la composition des roches terrestres centrales. Il serait possible que ces débris eussent été lancés jadis dans l'espace par des volcans terrestres ou lunaires qui devaient avoir alors une force de projection bien plus grande qu'aujourd'hui. Ils auraient circulé dans l'espace comme des planètes et finiraient peu à peu par retomber sur le globe.

188. — *Qu'appelle-t-on étoiles filantes ?* — Les points lumineux qui brillent tout à coup à travers l'atmosphère, et s'éteignent après avoir parcouru une certaine distance. Leur hauteur variable oscille entre 2 et 300 lieues ; leur vitesse de translation atteint de 3 à 8 lieues par seconde. Leurs variations de couleurs, de toutes nuancés, et les formes des traînées qu'elles laissent quelquefois derrière elles accusent de grandes différences dans leur composition chimique. Il n'est pas de nuit sans étoiles filantes. Quelquefois, par exemple dans les nuits du 10 au 11 août, du 13 au 14 novembre, vers la fin d'avril ou d'octobre, elles se montrent si nombreuses, et dans tant de régions du ciel en même temps qu'il devient impossible de les compter ; ce sont de véritables pluies d'étoiles filantes, ayant des centres assez fixes d'où elles rayonnent. Ces nuées d'étoiles peuvent traverser l'atmosphère pendant le jour et rester invisibles. Quelquefois aussi elles ne sont visibles que pour des points restreints de la surface de la terre.

189. — *Existe-t-il quelque rapport entre les comètes et les étoiles filantes ?* — Oui : M. Schiaparelli a fait cette découverte que les étoiles filantes du 10 août suivent presque exactement l'orbite de la comète de Tempel, de 1862. Il a été démontré plus tard que l'essaim d'étoiles filantes du 13 novembre suit l'orbite de la comète découverte aussi par Tempel, en 1855 ; l'essaim du mois d'avril, l'orbite de la comète en 1861 ; l'essaim du 27 octobre 1872, l'orbite de la comète de Biela.

190. — *Qu'est-ce enfin que la lumière zodiacale?* — Une grande lueur fixe qu'on observe le soir, à l'endroit même où le soleil vient de se coucher. Elle nous apparaît comme un long fer de lance, ou demi-fuseau dont la base s'appuie sur le soleil, et dont la pointe s'élance à une grande distance dans le ciel; sa lumière est blanchâtre et variable d'un jour à l'autre. Le temps le plus favorable pour l'observer dans nos contrées est l'équinoxe du printemps, vers le mois de février ou de mars, et l'équinoxe d'automne, vers le mois de septembre, avant le lever du soleil.

La lumière zodiacale fut découverte par Cassini en 1683 et d'autres disent par Childrey en 1654; le plus probable, c'est qu'elle fut connue de toute antiquité. On en est encore aux hypothèses sur la véritable cause de la lumière zodiacale. Elle doit être constituée par une matière très ténue parce qu'on voit les étoiles au travers. Dans l'hypothèse cosmogonique de Laplace, la lumière zodiacale pourrait n'être que de la matière nébuleuse abandonnée à l'origine et n'étant pas entrée dans la constitution des planètes. Ce serait un résidu non utilisé qui aurait continué à tourner autour du soleil, à différentes distances de cet astre en formant une sorte de nébuleuse très diffuse et de forme lenticulaire. On trouve en effet dans le ciel des nébuleuses allongées présentant précisément la forme de la lumière zodiacale. Il pourrait se faire aussi que cette nébuleuse se fût condensée en très petits corps se mouvant chacun séparément autour du soleil et constituant une multitude innombrable de planètes lilliputiennes.

ACOUSTIQUE

I

191. — *Qu'est-ce que le son ?* — Le son est la sensation produite sur l'organe de l'ouïe par les vibrations des corps sonores, vibrations transmises jusqu'à l'oreille par l'intermédiaire d'un milieu élastique, air, eau, bois, pierre, etc.

192. — *Peut-on rendre visibles les vibrations d'un corps qui produit un son ?* — Il suffit d'écarter les branches d'un diapason et de l'approcher d'un verre ; l'instrument donnera un son et heurtera le verre. Ou bien encore, si l'on projette du sable sur une plaque de verre qui rend un son, on verra ce sable se déplacer. Donc le corps qui rend un son entre bien en mouvement.

193. — *Avec quelle vitesse le son se propage-t-il dans l'air ?* — Le son parcourt 340 mètres environ, par seconde, dans l'air, à la température de 16 degrés, et sous la pression de 76 centimètres.

194. — *Si aucun obstacle ne l'arrête, comment le son se propage-t-il et suivant quelle loi ?* — Il se propage en tous sens, et sphériquement, c'est-à-dire que, pour tous les points à égale distance de l'ébranlement du corps sonore, l'intensité du son est la même. Cette intensité, en outre, varie en raison inverse du carré des distances, c'est-à-dire qu'à une distance double, triple, etc., l'intensité du son est quatre fois, neuf fois, etc., plus faible.

195. — *Quelles sont les circonstances qui influent sur la vitesse de propagation du son dans l'air ?* — Elle augmente si l'air devient plus dense ; elle diminue si l'air devient moins dense ; elle est plus grande, à densité égale de l'air, si la température est plus élevée ; le vent l'augmente ou la diminue aussi dans une certaine proportion, suivant qu'il souffle dans le sens de la propagation ou en sens contraire.

196. — *Pourquoi, lorsque le vent souffle, entend-on des sons, les sons* *d'une cloche lointaine, par exemple, ou du sifflet d'un chemin de fer, qu'on n'entend pas ordinairement quand le temps est calme, ou quand le vent souffle dans d'autres directions?* — Parce que le vent modifie les ondes sonores. Si le vent souffle dans leur direction, il aide à leur propagation ; s'il souffle en sens contraire, il tend à altérer l'onde qui s'atténue en route. Quelques physiciens affirment que l'on entend encore mieux les sons dans une direction perpendiculaire à celle que suit le vent. Le phénomène demanderait à être étudié de nouveau.

197. — *Pourquoi les sons sont-ils très faibles au sommet d'une haute montagne?* — Parce que : 1° l'air y est très raréfié, et que le son perd rapidement de son intensité à mesure qu'il se propage dans un milieu de moins en moins dense ; 2° il y a absence de corps solides, qui puissent augmenter le son par leur résonance.

198. — *Comment peut-on savoir que l'air raréfié est un mauvais transmetteur du son?* — Si, sous le récipient de la machine pneumatique, on dépose, sur un coussin de laine, un mouvement d'horlogerie à détente, muni d'un timbre, et que l'on fasse le vide, on n'entend plus rien, quoique le marteau frappe le timbre ; au contraire, le son devient de plus en plus intense à mesure qu'on laisse entrer l'air. Il faut un milieu de transmission pour propager l'onde sonore ; on le supprime en enlevant l'air, donc on ne peut plus rien entendre.

199. — *Pourquoi entend-on plus distinctement en hiver qu'en été les horloges et les cloches éloignées?* — Parce que l'air, en hiver, est plus dense, et que le son est d'autant plus intense que l'air est plus condensé.

200. — *Pourquoi entend-on, dans les régions polaires, la voix humaine à une distance d'un ou deux kilomètres?* — Parce que : 1° l'air y est très condensé par le froid ; 2° il est très tranquille, et par conséquent les ondes sonores ne rencontrent que très peu d'obstacles ; 3° la surface du sol, durcie par la gelée, éteint moins le son et contribue à le propager.

Le capitaine Ross a entendu, dans les régions polaires, la voix de quelques hommes à la distance d'environ 2 kilomètres. Le lieutenant Forster eut des entretiens avec un homme, à travers le havre de Port-Bowen, dans la mer glacée du Nord, à une distance de 1 kilomètre et demi.

201. — *Pourquoi entend-on les sons plus distinctement pendant la nuit que pendant le jour?* — Parce que, pendant la nuit, l'air est : 1° plus dense, puisqu'il se refroidit après le coucher du soleil ; 2° moins agité par des courants accidentels, ou plus calme.

202. — *Comment un cornet acoustique fait-il entendre un sourd ?* — Parce que le cornet, par son large pavillon, recueille ou rassemble un plus grand nombre de vibrations sonores, et les conduit, de plus en plus condensées, dans leur passage à travers son tube conique, jusqu'au tympan de l'oreille ;

lorsqu'il est ainsi renfermé dans un tube, l'air perd beaucoup moins de son mouvement vibratoire. Le cornet acoustique est, par rapport au son, ce qu'une lentille est par rapport à la lumière.

203. — *Pourquoi la parole se fait-elle entendre au loin lorsqu'on se sert d'un porte-voix?* — Parce que : 1° l'air contenu dans un tuyau est plus facilement et plus fortement ébranlé ; 2° les parois du porte-voix empêchent les rayons sonores de diverger, et les réfléchissent de telle manière qu'ils sortent réunis en un faisceau unique parallèle à l'axe de l'instrument.

Fig. 47. — Porte-voix.
A, embouchure ; — B, pavillon.

Souvent on substitue au tube évasé du porte-voix un tube simplement cylindrique, dans lequel le son se propage sans perte sensible ; on l'arme de deux pavillons à ses extrémités ; celui qui parle applique la bouche à l'un des pavillons; celui qui écoute applique son oreille à l'autre ; on communique ainsi sans peine, d'un appartement à l'autre ; en le rendant flexible ou élastique, le tube peut suivre tous les détours d'une maison.

204. — *La vitesse de propagation est-elle sensiblement la même pour tous les sons ?* — Oui : les sons forts ne se propagent pas sensiblement plus vite que les sons faibles, ni les sons aigus plus vite que les sons graves.

On a pu remarquer en effet, ce qui en est une preuve, que l'ordre des différentes notes d'un concert est conservé, à quelque distance qu'on soit de la musique.

205. — *Comment peut-on se servir de la vitesse du son pour mesurer approximativement les distances ?* — Comme le son ne parcourt que 340 mètres par seconde, tandis que la lumière traverse un espace égal dans un temps inappréciable, on peut mesurer approximativement la distance d'un objet éloigné, en observant la différence de temps qui s'écoule entre l'apparition de la lumière et le bruit de l'explosion d'une arme à feu.

Si un vaisseau en mer tire un coup de canon, qu'il s'écoule 10 secondes entre la lumière et le bruit, l'observateur placé sur le rivage peut conclure que le vaisseau est à une distance de 3 400 mètres. C'est en comptant le nombre de secondes qui s'écoulent entre l'apparition de l'éclair et le retentissement du tonnerre qu'on estime la distance des nuages orageux.

La lumière du canon arrive instantanément, elle ferait 80 fois le tour du globe, dont la circonférence est d'environ 36 000 kilomètres, dans l'espace de temps que le son met à franchir celle de 3 400 mètres.

206. — *Peut-on compter sur ce moyen d'appréciation des distances dans tous les cas ?* — Non. La méthode n'est applicable que lorsque la pièce de canon tire à blanc ou n'envoie que des projectiles dont la vitesse est inférieure à celle du son. M. le capitaine Journée a montré, en 1888, que

les obus qui sortent des nouvelles pièces d'artillerie avec des vitesses de
600 mètres à la seconde deviennent eux-mêmes des producteurs de son ; ils
vibrent, pendant leur marche, en heurtant l'air ; de sorte que l'on perçoit
le son qu'ils engendrent, avant d'entendre le son de l'explosion. On serait
ainsi complètement trompé, par ce phénomène, sur la distance parcourue.
Les projectiles à grande vitesse ne cessent de produire des sons que précisément au moment même où ils ne possèdent plus que la vitesse du son,
soit 340 mètres.

207. — *Le son se propage-t-il de la même façon de bas en haut ou de haut
en bas dans l'atmosphère ?* — Bravais et Martins, en opérant dans les Alpes
entre deux stations dont la différence d'altitude était de 2 079 mètres, ont
constaté que le son montait et descendait avec une même vitesse de $332^m,37$,
à la température de zéro.

208. — *Lorsqu'on est entièrement plongé dans l'eau, pourquoi entend-on
les bruits qui se produisent sur le rivage ?* — Parce que le son se transmet
de l'air à l'eau, et se propage à travers l'eau comme à travers l'air ; la propagation dans l'eau est même plus rapide que la propagation dans l'air, de
sorte que l'observateur plongé dans l'eau percevrait un bruit produit à
distance plus tôt que l'observateur placé sur le rivage.

209. — *Si l'on frappe, sous l'eau, deux pierres l'une contre l'autre, pourquoi une personne placée sur le rivage peut-elle entendre le choc ?* — Parce
que le son se transmet facilement de l'eau dans l'air, de même que de l'air
dans l'eau.

210. — *La vitesse du son est-elle plus grande dans les solides que dans l'air
ou dans l'eau ?* — La vitesse du son dans l'eau, déterminée par Colladon et
Sturm, en 1827, sur le lac de Genève, a été trouvée de 1 435 mètres, environ
4 fois et demie celle du son dans l'eau. Wertheim et Bréguet ont trouvé que
le son se propageait, dans un fil de fer télégraphique entre Paris et Ver-
sailles, avec une vitesse de 3 485 mètres ; en 1793, Wünsch avait trouvé, pour
le bois, des chiffres analogues, Biot pour la fonte 3 538 mètres. La vitesse
dans les solides est environ 10 fois et demie plus grande que dans l'air.

211. — *Pourquoi, quand on applique l'oreille sur le sol, entend-on des
bruits lointains qui ne seraient pas perçus autrement ?* — Parce que les vibrations sonores se transmettent souvent mieux par le sol solide que par
l'atmosphère.

212. — *Pourquoi peut-on entendre deux fois le même bruit quand l'oreille
est appliquée sur le sol ?* — Parce que l'oreille perçoit le bruit transmis par
le sol d'abord, puis ensuite le bruit transmis par l'air.

213. — *Pourquoi la laine, le coton, une couche de tan ou de sciure de
bois, etc., amortissent-ils le son ?* — Parce que ces substances sont composées
de particules très divisées et séparées les unes des autres ; le son, pour
la transmission de ses vibrations, exige avant tout un milieu continu ; les

vibrations sonores sont vite éteintes lorsqu'elles rencontrent des corps mous
et excessivement divisés. Un verre très sonore, lorsqu'il est rempli d'air ou
d'eau, ne rend presque plus de son quand il est rempli de champagne
mousseux ; le son s'éteint en se transmettant à travers le liquide et le gaz
acide carbonique.

214. — *Pourquoi entend-on très bien une montre, même lorsqu'on se
bouche les oreilles, pourvu qu'on l'applique sur une partie quelconque de la
tête ou contre les dents ?* — Parce que le son se propage par la boîte osseuse
ou par les dents qui, étant solides, sont bons conducteurs. Les vibrations
arrivent aux centres nerveux par cette voie au lieu de passer par l'air et
par l'oreille. On fait entendre ainsi les sourds-muets par les dents.

215. — *Pourquoi le battement d'une montre se fait-il entendre plus fort
lorsqu'on la place sur une table que lorsqu'on la met dans la poche ou lorsqu'on
la suspend isolée ?* — Parce que le bruit des battements de la montre,
réfléchi et renforcé par la résonance de la table qui vibre à l'unisson, prend
une intensité plus grande.

II

216. — *Qu'est-ce que l'écho ?* — L'écho n'est que le résultat de la réflexion
du son sur un obstacle assez éloigné pour que le son réfléchi ne se confonde
pas avec le son entendu directement.

217. — *La vitesse du son répété est-elle la même que celle du son direct ?*
— Oui, la vitesse du son reste la même, parce que le milieu dans lequel
il se propage ne change pas.

218. — *A quelle distance doit se trouver l'obstacle pour qu'il fasse écho ?*
— S'il s'agit d'un simple cri, un son très bref, il suffira que l'obstacle se
trouve à 18 mètres, car avant que le son ne revienne, le cri aura été poussé
depuis un certain temps ; il aura mis pour aller et revenir, soit pour parcourir 36 mètres, moins d'un dixième de seconde, il ne faut pas ce temps
pour émettre un son bref. Mais s'il s'agit d'une syllabe, comme il faut
généralement un quart de seconde pour prononcer une syllabe, il faudra
que l'obstacle soit au delà de 40 mètres et l'écho répétera autant de syllabes que la distance de l'obstacle renfermera de fois 40 mètres. Il sera
alors polysyllabique. Il existe, près de Nancy, un écho qui répète un vers
alexandrin tout entier.

Si la distance de l'obstacle n'était pas suffisante, le son du retour se
confondra plus ou moins avec le son de l'aller, et il y aura empiètement
de l'un sur l'autre, le son direct sera prolongé, il y aura *résonance*.

219. — *Qu'appelle-t-on échos multiples ?* — Ce sont des échos qui répètent
plusieurs fois le même nom. Il faut qu'il y ait alors deux obstacles au moins

sur lesquels les sons se réfléchissent. Près de Coblentz, au bord du Rhin, on trouve un écho qui répète 17 fois le même mot. On observe des échos multiples sous les arches des grands ponts dont les piles sont très éloignées les unes des autres.

220. — *Quels sont les obstacles les plus propices à la production d'un écho ?* — Les édifices, les angles rentrants des monuments, les voûtes, les nefs d'église, les longues galeries, les bois, les nuages, etc., réfléchissent le son. Les aéronautes entendent des échos renvoyés par le sol ou par les nuages. Le bruit du canon est souvent accompagné d'échos, quand le ciel est nuageux. Le roulement du tonnerre est souvent dû aux réflexions du son sur les nuages.

Fig. 48. — Réflexion du son à la surface d'une voûte de forme elliptique.

Lorsque l'obstacle est peu éloigné, la résonance se produit. Il en est ainsi dans les églises, les grands édifices. Dans une chambre non meublée, les sons réfléchis par les parois arrivent à l'oreille presque en même temps que les sons directs qui se trouvent renforcés, tout en conservant leur netteté, mais les draperies, les rideaux éteignent les sons. On observe bien la résonance, quand on est sur un bateau à vapeur et que l'on passe sous un pont où le bruit de l'eau se réfléchit sur la pile ; quand on passe sous un pont, le sifflet produit aussi un bruit intense.

221. — *Pourquoi l'écho répète-t-il mieux les sons la nuit que le jour ?* — Parce que : 1° la chaleur du soleil produit une inégalité de température qui détermine, pendant le jour, une foule de courants ascendants et descendants qui rompent les ondes sonores ; 2° l'air atmosphérique est moins dense pendant le jour que pendant la nuit.

L'écho de Woodstok, an Angleterre, répète jusqu'à dix-sept syllabes pendant le jour et vingt pendant la nuit.

222. — *Pourquoi certains échos font-ils en même temps l'effet de porte-voix ?* — Parce qu'en raison de sa forme particulière l'obstacle conduit le son dans une direction déterminée, sans lui laisser perdre de son intensité ou même en le renforçant. Il arrive alors que deux personnes, placées sur des points déterminés, se parlent et s'entendent sans que les personnes situées dans le voisinage puissent prendre part à la conversation. C'est ce qui arrive, par exemple, dans une des salles carrées du Conservatoire, où le son est conduit d'un angle à l'angle opposé par l'arête creuse des voûtes, sans aucune déperdition.

Les sons produits dans deux renfoncements des caveaux de Sainte-Geneviève sont tellement renforcés, que des coups de baguette sur des pans de redingote produisent un bruit formidable ; deux personnes placées aux extrémités des renfoncements s'entendent très bien, même en parlant à voix basse.

III

223. — *Que faut-il distinguer dans un son ?* — *La hauteur ou ton, l'intensité et le timbre.* La *hauteur*, qui fait que le son est grave ou aigu, dépend du nombre plus ou moins grand de vibrations dans un temps donné : le son est d'autant plus grave que le nombre de ses vibrations est plus petit, d'autant plus aigu que le nombre de ses vibrations est plus grand. Au-dessous de 16 vibrations à la seconde, l'oreille humaine ne perçoit plus rien, de même au-dessus de 48 000. L'*intensité*, qui fait que le son est fort ou faible, dépend de l'amplitude plus ou moins grande des oscillations des molécules vibrantes. Le *timbre* est une qualité particulière communiquée au son par l'instrument ou l'appareil qui le rend, et par laquelle on distingue l'un de l'autre deux sons de même ton et de même intensité.

224. — *Comment les sons musicaux se distinguent-ils les uns des autres, et quels noms donne-t-on à la série de ces sons ?* — Les sons musicaux se distinguent par leurs nombres relatifs de vibrations à la seconde, et leur série forme plusieurs gammes successives.

225. — *De combien de sons principaux se compose chaque gamme ?* — De sept : *ut* ou *do, ré, mi, fa, sol, la, si.*

Les nombres relatifs de vibrations dans la gamme d'*ut* sont :

	UT	RÉ	MI	FA	SOL	LA	SI	UT	
	1	9/8	5/4	4/3	3/2	5/3	15/8	2	*octave.*
ou :	24	27	30	32	36	40	45	48	en nombres entiers.

Les nombres absolus de vibrations dans la gamme d'*ut*, pour l'octave qui contient le *la* du diapason de l'Opéra de Paris, *ut* qui s'appelle *ut*$_3$ sont :

UT$_3$	RÉ$_3$	MI$_3$	FA$_3$	SOL$_3$	LA$_3$	SI$_3$	UT$_4$
528	594	660	704	792	880	990	1 056
fondamental		tierce	quarte	quinte			octave.

La moitié de ces nombres donne l'octave au-dessous, *ut*$_2$:

UT$_2$	RÉ$_2$	MI$_2$	FA$_2$	SOL$_2$	LA$_2$	SI$_2$	UT$_3$	octave.
264	297	330	352	396	440	495	528	

L'*ut* le plus grave du violoncelle, qui est en même temps celui d'un piano à six octaves, fait soixante-six vibrations par seconde; par conséquent il est *ut*$_1$. Voici les nombres de cette gamme :

UT$_0$	RÉ$_0$	MI$_0$	FA$_0$	SOL$_0$	LA$_0$	SI$_0$	UT$_1$	octave.
66	74	82	88	99	110	124	132	

La moitié d'une octave quelconque donne le nombre des vibrations de l'octave *au-dessous*, tandis que le double donne les nombres de vibrations, par seconde, de l'octave *au-dessus*. L'*ut* le plus aigu d'un piano à six octaves fait 2 112 vibrations par seconde ; par conséquent il est *ut*$_5$.

Il suffit de multiplier le nombre de vibrations d'une note naturelle par 25/24 pour diéser un son, et par 24/25 pour le bémoliser. Ainsi, si une note naturelle fait 24 vibrations par seconde, le dièse en fait 25 ; au contraire, si une note naturelle fait 25 vibrations par seconde, le bémol n'en fait que 24.

226. — *Comment accorde-t-on les instruments ?* — En leur faisant rendre un son, à l'unisson ou à l'octave d'un diapason choisi pour type, c'est-à-dire dont le nombre de vibrations soit déterminé et fixé. Avant 1859, on se servait du diapason donnant le *la* de 896 vibrations. C'était le diapason de l'Opéra, du Théâtre Italien. Du temps de Louis XIV, le *la* adopté ne donnait que 810 vibrations. Le diapason s'était élevé, depuis Louis XIV, de plus d'un ton majeur. Pour arrêter ce mouvement ascensionnel, nuisible aux chanteurs et pour unifier le *la*, un arrêt ministériel du 16 février 1859 a fixé le diapason normal à 870 vibrations simples par seconde, à la température de 15°. Le son baisse un peu quand la température s'élève.

227. — *Pourquoi un violon est-il trop bas quand les cordes ne sont pas tendues suffisamment ?* — En général, le son rendu par une corde vibrante est d'autant plus grave qu'elle est plus grosse, plus longue et plus tendue ; d'autant plus aigu qu'elle est plus mince, plus courte et plus tendue. Voilà pourquoi les sons du violon sont trop bas quand les cordes sont lâches.

228. — *Pourquoi les sons du violon deviennent-ils trop hauts dans une salle remplie de monde ?* — Parce que les vapeurs humides et chaudes de la salle, pénétrant les fibrilles des cordes, les grossissent et les raccourcissent : le son rendu est alors plus élevé.

229. — *Pourquoi rend-on une note plus aiguë en tendant plus fortement la corde sans changer sa longueur ?* — Parce qu'on rend ainsi plus rapides les vibrations de la corde, et que plus le nombre des vibrations est rapide, plus le son de la corde est aigu.

Les nombres de vibrations d'une corde sont proportionnels aux racines carrées des poids qui la tendent, c'est-à-dire que, si l'on représente par 1 le nombre de vibrations d'une corde qui est tendue par un poids 1, ce nombre de vibrations, dans le même temps, deviendra 2, 3, 4, etc., quand on tendra la même corde par des poids 4, 9, 16.

230. — *Pourquoi certaines cordes d'une harpe ou d'un piano sont-elles plus courtes que certaines autres ?* — Parce qu'il s'agit d'obtenir à la fois des sons graves et des sons aigus. Les cordes les plus longues donnent les sons graves, les cordes les plus courtes donnent les sons les plus aigus.

Le nombre des vibrations d'une corde est en raison inverse de sa longueur, c'est-à-dire que, si une corde de 1 mètre de long fait un nombre de vibrations représenté par 1, lorsqu'on fera vibrer seulement la moitié de sa longueur, elle fera des vibrations dont le nombre sera représenté par 2 ; lorsqu'on fera vibrer un tiers de sa longueur, elle fera, dans le même temps, des vibrations dont le nombre sera représenté par 3, etc.

231. — *Pourquoi la résonance simultanée de certains sons plaît-elle à l'oreille, tandis que la résonance simultanée de certains autres sons produit une sensation désagréable ?* — La consonance qui plaît à l'oreille se compose de sons dont les vibrations coïncident à de très courts intervalles, ou dont les nombres de vibrations sont entre eux dans un rapport simple. Au contraire, on éprouve une sensation désagréable lorsqu'on entend simultanément deux sons dont les vibrations ne coïncident jamais ou coïncident rarement, parce que leurs nombres de vibrations sont dans un rapport compliqué.

232. — *Quelles sont les consonances les plus parfaites ?* — Celle de l'*unisson*, puis celle de l'*octave*. Dans le premier cas, les vibrations vont toujours ensemble ; dans l'accord d'octave, les nombres de vibrations se rencontrent de deux en deux, l'oreille les unit sans peine.

233. — *Qu'appelle-t-on accord parfait ?* — La résonance simultanée du son fondamental, la tierce, la quinte et l'octave, *ut-mi-sol-ut*, *fa-la-ut-fa*, dont les nombres de vibrations sont entre eux comme les nombres simples 4, 5, 6, 8.

234. — *Qu'appelle-t-on harmoniques ?* — Un son émis par une corde ou un instrument quelconque se compose d'une note fondamentale accompagnée généralement d'un ou d'un plus grand nombre d'autres sons appelés *harmoniques* qui constituent des accords avec la première. Le nombre plus ou moins grand de ces harmoniques dans un son constitue le *timbre*, ainsi que l'avait pensé Monge, puis Biot et que l'a démontré Helmholtz. C'est Sauveur, physicien français, qui étudia le premier les harmoniques, en 1700.

235. — *De quoi se compose le métal des cloches ?* — De *cuivre* et d'*étain*, dans les proportions suivantes : 4 parties de cuivre contre 1 partie d'étain. Ce mélange est beaucoup plus sonore que les métaux purs.

Certaines cloches contiennent un peu de zinc, et certaines autres une quantité plus ou moins grande d'argent.

236. — *De quoi dépend le son d'une cloche ou quelle est la raison de sa grande sonorité?* — Le son de la cloche dépend à la fois : 1° de la nature de l'alliage qui a servi à la fondre et qui est sonore par lui-même ; 2° de sa forme. La cloche vibre moléculairement ou dans ses molécules, et dans son ensemble. Sous le choc du battant, elle perd sa forme sphérique ; le diamètre s'allonge dans le sens de la percussion et se raccourcit dans le sens perpendiculaire ; puis, en vertu de l'élasticité du métal, elle revient à sa position d'équilibre et la dépasse ; le diamètre allongé devient le diamètre raccourci ; les oscillations de masse se continuent tant qu'on met la cloche en branle, en même temps que les vibrations moléculaires ; et il en résulte, pour l'air, un mouvement vibratoire intense et un grand retentissement.

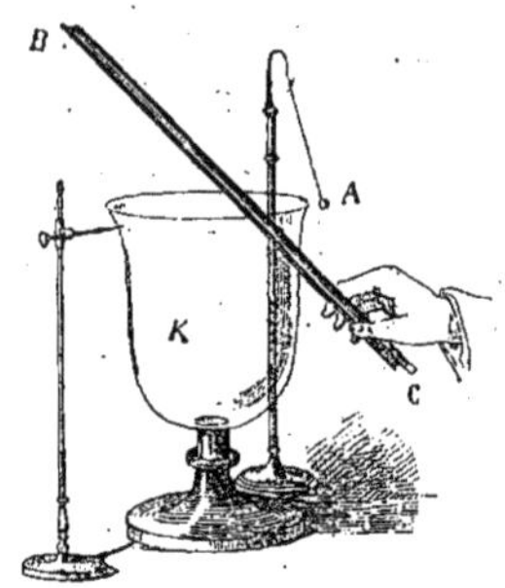

Fig. 49.

Vibration d'une cloche de verre K, sous l'influence du frottement de l'archet, BC ; — A, petit pendule auquel se communiquent les vibrations.

237. — *Pourquoi empêche-t-on le son d'une sonnette en la touchant avec le doigt?* — Parce que la pression du doigt devient un obstacle à la continuation du mouvement vibratoire.

238. — *Pourquoi une cloche fêlée rend-elle un son désagréable?* — Parce que le mouvement oscillatoire de masse est contrarié et interrompu par les fentes ou fêlures ; il n'a donc plus la régularité, condition essentielle de la consonance.

239. — *Comment les cordes d'un piano, d'un violon, d'une harpe, etc., produisent-elles des sons lorsqu'on les touche, ou qu'on les frotte avec l'archet?* — Pincées par les doigts, frappées par les touches ou frottées par l'archet, les cordes se déplacent et s'allongent : elles reviennent ensuite à leur position d'équilibre, se raccourcissent et se déplacent

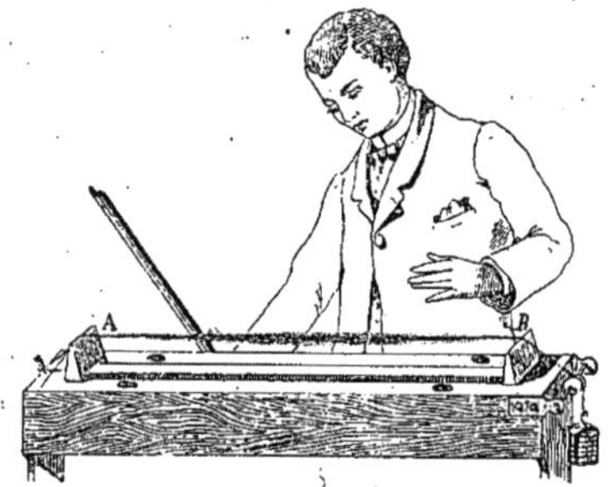

Fig. 50.

Vibration d'une corde AB, sous l'influence du frottement d'un archet.

en sens contraire ; il y a pour elles, comme pour la cloche, double mouvement, vibrations des molécules et oscillation de la masse, qui se communique à l'air et produit le son.

240. — *D'où vient le frémissement que font entendre les vitres des fenêtres au-dessous desquelles passent des voitures ?* — Ce frémissement est dû aux vibrations que l'air et les murs du bâtiment communiquent aux vitres, sonores par elles-mêmes.

241. — *A quoi sont dus les sons des instruments à vent, tels que la flûte, le flageolet, etc. ?* — Les sons des instruments à vent sont dus aux vibrations de la colonne d'air que les tuyaux renferment, et non aux tuyaux eux-mêmes ; ces instruments, par conséquent, donnent toujours la même note si leurs dimensions restent les mêmes, qu'ils soient en buis, en ébène ou en cristal, etc. ; le timbre seul est plus ou moins modifié.

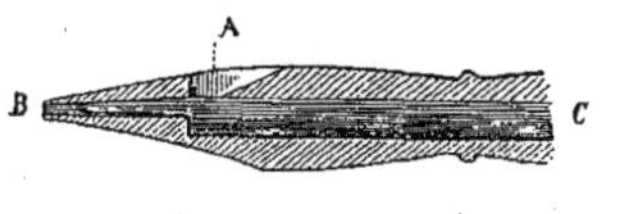

Fig. 51. — Flageolet.

B, embouchure ; — A, lèvre en biseau contre laquelle l'air vient se briser ; — C, orifice de sortie de la colonne d'air.

242. — *Lorsqu'on touche une sonnette avec le doigt, on en arrête sur-le-champ les vibrations : pourquoi, en touchant une flûte, n'empêche-t-on pas les sons qu'elle rend ?* — Parce que les sons de la flûte ne sont pas dus aux vibrations de l'instrument même, comme ceux d'une cloche ou d'une sonnette, mais aux vibrations de la colonne d'air que la flûte renferme.

243. — *Comment établit-on des vibrations dans la colonne d'air du tuyau d'un instrument à vent ?* — L'air insufflé dans l'anche ou l'embouchure, et introduit dans l'instrument, à un certain état de compression, condense, fait vibrer et déplace la colonne d'air ; cette colonne, en vertu de son élasticité, se dilate ensuite et revient à sa position première ; une nouvelle insufflation reproduit ce double mouvement oscillatoire et vibratoire ; ces oscillations et ces vibrations, ces condensations et ces dilatations répétées et successives produisent le son.

244. — *Pourquoi débouche-t-on successivement les trous d'une flûte pour obtenir les notes successives ?* — Pour faire que la colonne d'air se partage en un plus ou moins grand nombre de colonnes partielles vibrant ensemble, et produisant un son plus grave, si le nombre des colonnes a diminué, le son plus aigu, si le nombre des colonnes a augmenté ; le son rendu par une colonne d'air est d'autant plus grave qu'elle est plus longue, d'autant plus aigu que la colonne est plus courte.

Fig. 52.
Tuyau
à vent, BC.

B, embouchure par laquelle l'air arrive contre la lèvre supérieure en A.

245. — *Pourquoi place-t-on sa main dans le pavillon d'un cor ?* — Pour modifier les sons. La main gêne un peu le mouvement vibratoire de la colonne d'air et rend plus grave la note produite.

246. — *Pourquoi les poêles font-ils entendre quelquefois un son ?* — Parce que l'air appelé par le tirage du poêle pénètre à travers les jointures étroites des portes, qui font l'effet d'une anche ou d'une embouchure, tandis que le poêle lui-même fait l'office de tuyau et rend ainsi un son en général assez grave.

247. — *Pourquoi le vent produit-il un son aigu lorsqu'il siffle entre les fentes d'une porte ou d'une fenêtre ?* — Par la même raison ; les fentes font à leur tour fonction d'embouchure ou d'anche ; l'air que le vent chasse par elles sort comprimé et met en vibration la masse d'air située de l'autre côté, lorsqu'elle remplit certaines conditions. Les sons ainsi produits naturellement par le vent s'appellent *éoliens.* En disposant convenablement sur le passage du vent des fentes ou des fils tendus, on obtient ce qu'on appelle des *harpes éoliennes.* Les fils du télégraphe électrique rendent ainsi des sons, quand il fait du vent.

248. — *Comment les tuyaux d'orgue produisent-ils des sons ?* — Ces tuyaux sont terminés par une languette qui ne laisse à l'air qu'un passage fort étroit. Quand le vent du soufflet entre dans le tuyau, cette lame flexible, pressée de dedans en dehors, vient fermer l'ouverture, et le courant d'air est ainsi suspendu un instant. La languette, par son élasticité, revient à sa position première et laisse encore le passage libre. Ces mouvements, qui se succèdent avec grande rapidité, impriment à la colonne d'air des vibrations sonores. Dans les tuyaux dits de flûte, l'anche est remplacée par un tranchant en talus. La longueur plus ou moins grande des tuyaux fait le reste, c'est-à-dire qu'elle détermine la gravité et l'acuité des sons : les longs tuyaux donnent les sons graves, les tuyaux courts donnent les sons aigus.

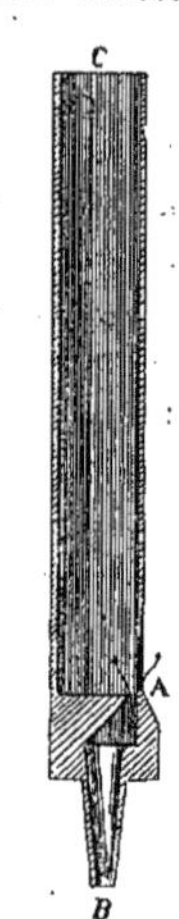

Fig. 53.

A, lèvre contre laquelle vient se briser le courant d'air ; — B, embouchure du tuyau ; — C, orifice de sortie de la colonne d'air.

249. — *Comment se produit la voix humaine ?* — De la même façon que donne un son un intrument à vent, dans lequel le *larynx* remplit la fonction de tuyau ; la *glotte* et les cordes vocales la fonction d'anche ; le *pharynx*, la *bouche*, etc., la fonction de caisse d'harmonie ou de tuyau renforçant. L'élasticité des membranes qui forment les parois des tubes producteurs du son supplée à la longueur, et ils peuvent rendre des sons beaucoup plus graves que les sons théoriques. L'élasticité et les dimensions des organes, en outre, varient avec le sexe et avec l'âge, et l'on comprend ainsi comment la voix des enfants et des femmes peut être plus aiguë que celle des hommes.

L'étendue de la voix de l'homme est en général de deux octaves du sol_2 au sol_4. Les nombres de vibrations correspondantes sont 396 et 1 584. La voix de la femme monte du $ré_3$ à l'ut_5, notes qui correspondent aux nombres de vibrations 594 et 2 122.

250. — *A-t-on cherché à transmettre au loin la voix et les sons ?*
— Dans les tuyaux, dans les égouts, les sons se propagent bien. Biot a constaté à Paris, que, dans les tuyaux des aqueducs, les sons les plus faibles,
les mots murmurés à voix basse s'entendent encore à 951 mètres de distance. Les sons se transmettent aussi très bien par les corps solides. Le
bruit du canon se distingue souvent à une distance de 40 kilomètres, quand
on appuie l'oreille contre la terre. Le moindre petit coup porté sur une
solive de bois se répercute à l'extrémité. Wheatstone a transmis ainsi un
concert de la cave d'une maison au deuxième étage par des tringles
verticales en sapin de 2 centimètres de diamètre. La première tringle
s'appuyait sur la caisse d'harmonie d'un piano, la deuxième sur le chevalet
d'un violon, la troisième sur celui d'un violoncelle, la quatrième sur la base
de l'anche d'une clarinette. Les tringles aboutissaient, après avoir traversé
les plafonds, à des caisses renforçantes en bois.

Un simple fil de fer tenu entre les dents de deux personnes qui parlent bas
suffit pour propager la voix. Le téléphone à ficelle est fondé sur ce fait. Deux
petits cylindres en carton, fermés par des membranes, servent d'embouchure pour parler ou de cornet acoustique pour mettre l'oreille. Une ficelle
fixée aux membranes sert de transmetteur. Le son se transmet à travers
la ficelle bien tendue. On peut parler ainsi jusqu'à 40 ou 50 mètres de distance. Le même principe a été utilisé en Amérique pour réaliser le téléphone mécanique. On parle dans une embouchure, le son se transmet par
un fil métallique tendu et l'on entend dans un cornet acoustique à l'autre
extrémité du fil. Le téléphone mécanique a une portée de 6 à 800 mètres.

251. — *Qu'est-ce que le phonautographe ?* — Le son résulte de vibrations. On a recherché le moyen de conserver la trace de ces oscillations.
M. Scott a imaginé un appareil, perfectionné par M. Kœnig, qui enregistre
les vibrations. C'est un conduit, évasé en forme de pavillon, fermé à son
extrémité étroite par une membrane mince tendue et portant un stylet très
léger. Quand on produit un son dans le grand cornet, la membrane vibre
et déplace le stylet qui inscrit ses mouvements sur du papier enduit de noir
de fumée, entraîné d'un mouvement uniforme par un mouvement d'horlogerie. Le nombre des sinuosités, leur forme, leurs irrégularités représentent
à la fois l'intensité, le ton et le timbre.

252. — *Qu'est-ce que le phonographe ?* — L'appareil précédent déjà
vieux ne donne qu'une conception approximative des qualités du son. En
1877, Edison a imaginé l'appareil curieux qui porte le nom de *phonographe*
et qui jouit de la propriété originale d'inscrire tous les sons complexes de
la voix et de les reproduire avec leur articulation, l'accent, l'intensité et la
hauteur. Cet appareil est la simplicité même. On parle dans une petite embouchure terminée par une membrane vibrante à laquelle est fixé un stylet.
L'embouchure et le stylet sont à portée d'une feuille d'étain enroulée sur un

cylindre métallique qui tourne et progresse en avant sous l'action d'une manivelle mue à la main. On parle; le stylet trace sur l'étain des impressions qui correspondent aux vibrations produites par la voix; comme la feuille se déplace, les marques se suivent et s'enregistrent sur sa surface. La phrase terminée et inscrite, on ramène le cylindre dans sa position première et le stylet se retrouve au point de départ. On fait tourner de nouveau la manivelle et le stylet, en passant sur les creux et les reliefs, est bien obligé d'osciller, de faire vibrer la membrane comme elle avait vibré sous l'influence de la voix. La réaction est égale à l'action. La membrane reproduit la voix et les paroles prononcées.

En 1888, Edison a beaucoup perfectionné le phonographe. Il a remplacé le mouvement à la main par un mouvement mécanique régulier, la feuille d'étain par une feuille de cire, etc. On peut ainsi imprimer, par le phonographe, des discours, des lettres, des morceaux de musique, et les faire répéter par le même instrument qui se transforme en lecteur fidèle. On pourra dicter une lettre au phonographe, envoyer la feuille imprimée au destinataire qui n'aura plus qu'à la placer sur son appareil pour l'entendre lire. Ces phonographes pourront sans doute rendre de véritables services.

253. — *Qu'entend-on par audiphones ?* — Des appareils destinés à faire entendre les personnes sourdes. On sait que l'on fait entendre les sons par les dents. Il suffit de placer une baguette de bois dur, de 50 centimètres, entre les dents de la personne qui parle et celles de la personne qui a l'oreille dure. M. Rhodes a renforcé le son en remplaçant la baguette par une lame. Il se sert d'une lame large de caoutchouc durci munie d'un manche. Cette lame, rectangulaire en bas, est découpée en arc de cercle en haut. Près du sommet du cercle sont fixées des cordes qui vont s'attacher au manche de façon

Fig. 54. — Audiphone de M. Rhodes.

AB, caoutchouc; — C, corde de tension.

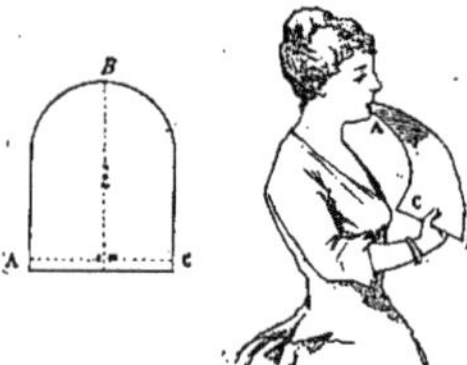

Fig. 55. — Audiphone de M. Colladon.

BAC, disques en carton.

à courber la lame. On applique contre les dents l'extrémité de la partie recourbée. La lame courbée rassemble les sons qui parviennent aux centres nerveux par les dents et la boîte osseuse.

M. Colladon a remplacé, avec beaucoup d'avantages, le caoutchouc durci qui coûte cher, par le carton à dessiner ou carton d'ortie; et il a constaté qu'un simple disque de ce carton d'un millimètre au plus d'épaisseur, sans manche, sans cordon ni fixateur de la tension, qu'une légère pression de la main tient courbé, tandis que son extrémité convexe s'arc-boute contre les dents, devient un audiphone aussi puissant que l'écran en caoutchouc de l'inventeur américain. Ajoutons une observation capitale : les personnes qui, sans l'audiphone, n'entendent pas leur propre voix, n'entendront jamais même avec l'appareil.

CHALEUR

I

254. — *Qu'est-ce que la chaleur ?* — Les anciens s'imaginaient que les corps chauds lançaient dans toutes les directions un fluide impondérable et que ce fluide, en imprégnant les corps, les échauffait. Bacon, Descartes, Newton ont admis les premiers que la chaleur était un mouvement vibratoire des molécules constitutives des corps. Bernouilli, Euler et Rumfort ont soutenu l'hypothèse qui est admise aujourd'hui. Les physiciens s'accordent à dire que la chaleur, la lumière, l'électricité ont pour origine les mouvements vibratoires imprimés à une substance unique très élastique, d'une densité excessivement faible, répandue partout, même dans le vide, et qui remplit tous les pores qui séparent les molécules des corps. De même que le son n'est pas une matière, de même la chaleur n'est pas une substance particulière, c'est le résultat des mouvements vibratoires imprimés à ce fluide universel. Ce fluide qui emplit tous les espaces a été nommé *éther*, mot emprunté aux anciens. Orphée l'emploie pour désigner le premier élément du monde. Tous les corps sont constitués par une agrégation de molécules qui, loin d'être immobiles, sont sans cesse en vibration. On pourrait les comparer à des constellations dont les étoiles tournent les unes autour des autres ; les molécules parcourent ainsi des trajectoires avec des vitesses considérables. Si l'on augmente ces vitesses par le choc, par le frottement, on engendre de la chaleur qui se transmet de son côté par l'intermédiaire de l'éther. Si la vitesse diminue, le corps se refroidit. Bref, un corps qui s'échauffe gagne en mouvement mécanique, en force vive ; un corps qui se refroidit perd au contraire de la force vive.

255. — *Qu'est-ce que la température ?* — Il ne faut pas confondre la chaleur et la température. La température d'un corps est un état d'équilibre particulier dans lequel le corps ne perd ni ne gagne de chaleur. Plusieurs corps sont à la même température quand, plongés dans le même milieu, ils ne perdent ni ne gagnent de chaleur. On ne peut pas juger de la température d'un corps avec la main, parce que le mouvement qui produit le calorique se communique différemment d'un corps à l'autre et l'on peut de ce chef croire qu'un corps est froid quand il est à la même température que la main. Ainsi on touche successivement une boule de cuivre avec la main, puis un morceau de bois, le métal, bien qu'à la même température, semble plus froid, parce que la chaleur de la main passe vite dans le métal et on éprouve une sensation de froid. Les impressions de chaud et de froid sont relatives. Pour mesurer les températures il faut se servir d'instruments.

256. — *Que produit la chaleur sur les corps ?* — Elle les dilate, augmente leur volume, les fait fondre, les vaporise ou les fait entrer en ignition, où les décompose.

257. — *Quelles sont les sources de chaleur ?* — Le soleil, les étoiles, les combustions, les actions chimiques, les actions mécaniques, les actions électriques.

258. — *Peut-on, avec la chaleur solaire, produire les mêmes effets qu'avec la chaleur engendrée artificiellement, peut-on enflammer des corps ?* — La chaleur qui vient du soleil est heureusement pour nous interceptée en grande partie par l'atmosphère ; elle nous arrive très atténuée ; cependant, en la concentrant au foyer d'une loupe, on peut élever assez haut la température pour enflammer du bois, de la paille, dilater les métaux, etc. Au lieu de se servir d'une loupe, on emploie encore un miroir concave, de forme sphérique ou parabolique, en métal poli ou en verre étamé ou argenté.

On se souvient qu'Archimède, dit-on, aurait enflammé les vaisseaux ennemis avec les rayons réfléchis par des miroirs ardents. Il est prouvé, en tout cas, que Buffon, en se servant d'un grand nombre de petits miroirs plans, enflamma, à plus de 80 mètres, du bois sec ; à 16 mètres, il faisait fondre l'argent. Cette réunion de petits miroirs faisait l'effet d'un miroir concave de très grand diamètre.

259. — *Soupçonne-t-on à quelle température se trouve le soleil ?* — On est loin d'être d'accord sur ce point. Certains physiciens lui donnent une température de 3 000 à 4 000 degrés ; d'autres, en se fondant sur d'autres considérations, lui attribuent, au contraire, des températures énormes, de 2 millions et même de 20 millions de degrés. On en est encore aux hypothèses.

260. — *La lune envoie-t-elle de la chaleur sur la terre ?* — Extrêmement peu. Elle ne nous échaufferait pas plus qu'une bougie placée à 15 mètres de distance, d'après les observations de Piazzi Smyth, au sommet du pic de Ténériffe. Les rayons de la lune sont les rayons solaires réfléchis ; or, en route, la chaleur se perd à travers l'atmosphère terrestre.

261. — *Comment se compose dans son ensemble la radiation solaire ?* — Les rayons émanés du soleil peuvent se classer sous trois chefs distincts :

les rayons *calorifiques*, les rayons *lumineux*, les rayons *chimiques*. Les rayons calorifiques nous échauffent. Les rayons lumineux nous éclairent. Les rayons chimiques sont les instruments de la végétation ; ils sont susceptibles de produire des décompositions, et c'est sous leur influence que s'élaborent les combinaisons qui président à l'accroissement des plantes. Ce sont aussi ces rayons qui impressionnent les plaques photographiques. Ces divers rayons se comportent différemment, quand on les fait traverser un prisme. Le mélange se sépare parce que chaque nature de rayon est plus au moins dévié, en passant à travers le verre. Les rayons ainsi séparés nous donnent des impressions de couleurs différentes. Les rayons calorifiques sont les moins déviés, les lumineux le sont plus et les chimiques davantage encore ; aussi l'œil perçoit-il une bande rouge, une bande jaune, une bande violette. Les rayons rouges sont en même temps calorifiques et lumineux, les jaunes impressionnent principalement l'œil ; enfin les violets exercent une action de décomposition, ils développent par exemple la partie verte des plantes. Tous ces rayons ont pour origine les vibrations de la matière solaire transmises par l'éther. Les vibrations qui nous parviennent ainsi sont de quantités très diverses ; il en est qui correspondent à des rayons intermédiaires à ceux que nous avons signalés ; il en est qui n'impressionnent pas la rétine, et qui cependant agissent chimiquement. Ce sont les rayons invisibles de l'ultra-violet. Il en est de même du côté du rouge. Les vibrations les plus lentes donnent la chaleur, comme les plus rapides provoquent des décompositions. Les rayons rouges correspondent aux notes basses, les violets aux notes aiguës. Et de même qu'il y a des notes que l'oreille ne perçoit pas tant elles sont graves ou aiguës, de même il y a des rayons que nous ne voyons pas.

262. — *Quelle peut être au total la chaleur envoyée par le soleil sur notre planète ?* — La quantité de chaleur reçue par la terre serait suffisante pour liquéfier une couche de glace de 30 mètres d'épaisseur et couvrant toute la terre. Elle ferait passer la masse d'une mer d'eau de 100 kilomètres d'épaisseur, de la température de la glace fondante à celle de l'ébullition de l'eau. La chaleur émise par le soleil en un an est égale à celle qui serait produite par la combustion d'une couche de houille, de 17 kilomètres d'épaisseur.

II

263. — *Comment une combinaison chimique peut-elle être une source de chaleur ?* — Deux corps qui se heurtent changent l'équilibre de leurs molécules ; elles vibrent plus vite ; et il y a accroissement de force vive, développement de chaleur. Quand deux corps se combinent, leurs molécules s'attirent, tombent les unes sur les autres, il y a choc et production de chaleur.

264. — *Quand un corps diminue de volume, pourquoi dégage-t-il de la chaleur ?* — Quand on chauffe un corps, il se dilate, son volume augmente parce que l'on a accru l'amplitude de ses vibrations moléculaires ; si on le refroidit, il diminue de volume pour la raison inverse ; mais la force vive qu'il a perdue a passé ailleurs, par l'intermédiaire de l'éther ; en d'autres termes, la chaleur intrinsèque qu'il possédait s'en est allée échauffer d'autres corps voisins ; donc, en se contractant, il a dégagé du calorique. En général, tout corps qui change d'état en se contractant engendre de la chaleur.

265. — *Quand un corps augmente de volume, pourquoi absorbe-t-il de la chaleur ?* — Pour la raison inverse, il se dilate, ses molécules gagnent en amplitude de vibration, mais pour cela il a besoin de force vive ou de chaleur qu'il emprunte au milieu ambiant.

266. — *Pourquoi, quand on verse de l'eau sur la chaux, produit-on de la chaleur ?* — Parce que l'eau se combine à la chaux. Il y a contraction du volume total, dégagement de chaleur. L'élévation de température peut être telle que la poudre à canon s'enflamme au contact de la chaux vive qui s'hydrate.

267. — *Qu'entend-on par chaleur latente d'un corps ?* — La chaleur que renferme un corps se divise en deux parties, l'une qui est appréciable à nos organes, au thermomètre, etc., toujours prête à s'échapper en présence des corps plus froids, c'est la *chaleur sensible;* l'autre qui n'est pas appréciable aux sens et aux instruments, elle est comme dissimulée ; c'est la *chaleur latente.* Toutes deux ont pour origine des mouvements moléculaires ; la chaleur sensible est produite par les vibrations des molécules transmises à l'éther : la chaleur latente n'est pas apparente. C'est la force vive que possèdent les molécules parcourant leur orbite, c'est celle qui règle les vitesses et la distance des molécules entre elles ; elle est inhérente à la constitution du corps, elle ne peut être rendue sensible et apparaître que si ce corps change de volume, passe de l'état solide à l'état liquide et gazeux ou s'il se décompose. C'est ainsi qu'un corps, qui de liquide devient solide, dégage beaucoup de chaleur, car le groupement moléculaire devient plus compact, les orbites suivies par les molécules se rapetissent, les vitesses diminuent et l'excès de force vive, communiquée au milieu ambiant, se traduit par un dégagement de chaleur ; la réciproque est vraie pour un corps qui de solide devient liquide ; il absorbe beaucoup de calorique.

268. — *Comment sait-on que le calorique latent existe, s'il n'est point sensible même au thermomètre ?* — Parce qu'on peut mesurer la chaleur qui a été absorbée par un corps qui fond, par exemple, bien que, cependant, le thermomètre n'indique aucune variation. Ainsi : 1° 1 kilogramme de *glace* à la température de *zéro*, et 1 kilogramme d'*eau* à la température de 75 degrés, donnent, après leur mélange et après la fusion complète de la glace, 2 kilogrammes d'eau à *zéro :* les 75 degrés de chaleur du kilogramme d'eau chaude sont donc,.à l'état latent, dans les 2 kilogrammes d'eau à zéro : ils ont servi à écarter les molécules de la glace pour la faire passer à l'état liquide ; ils sont dépensés, épuisés, dissimulés dans le maintien de cet écart, et n'affectent pas, par conséquent, le thermomètre ; ils sont, mais n'apparaissent pas ; 2° 1 kilogramme de vapeur à 100 degrés, en revenant à l'état liquide, élève d'un degré la température de 643 kilogrammes d'eau ; donc, pour faire passer 1 kilogramme d'eau à 100 degrés à l'état d'un kilogramme de vapeur, aussi à 100 degrés, il faut lui faire absorber la chaleur nécessaire pour élever d'un degré la température de 643 kilogrammes d'eau, ou 643 fois la chaleur nécessaire pour élever d'un degré la température d'un kilogramme d'eau. En appelant *unité* de chaleur, ou *calorie*, la chaleur qui élève d'un degré la température d'un kilogramme d'eau, il faut 75 calories latentes pour faire passer 1 kilogramme de glace de l'état solide à l'état liquide, 643 calories latentes pour le faire passer de l'état liquide à l'état gazeux, et 718 calories par conséquent, pour le faire passer de l'état solide à l'état gazeux à 100 degrés.

269. — *Y a-t-il de la chaleur même dans la glace et dans la neige ?* — Oui : tous les corps contiennent une certaine chaleur, la *glace* la plus froide, aussi bien que le *feu* le plus ardent : Qui dit corps dit agrégation de molécules et l'agrégation de tout système moléculaire implique une attraction, des mouvements vibratoires, donc de la force vive et partant de la chaleur emmagasinée.

269 *bis.* — *De quelle manière peut-on relativement rendre chaude la glace ou la neige ?* — Dans un litre de neige mettez un demi-litre de sel ; si alors vous plongez votre main dans ce mélange, vous sentirez un froid si intense, que la neige elle-même vous semblera chaude en comparaison.

270. — *Un mélange de neige et de sel est-il réellement plus froid que la glace?* — Oui, de 4 à 5 degrés. Cette production de froid est due à une absorption de la chaleur de la neige, produite par la désagrégation du sel, qui, en se dissolvant, passe de l'état solide à l'état liquide. En se liquéfiant, il absorbe de la chaleur pour faire face à son nouvel état d'équilibre ; il la rend latente. Il refroidit ainsi le milieu ambiant. Il est vrai que la dissolution du sel dans l'eau est une sorte de combinaison ou d'hydratation qui devrait engendrer un peu de chaleur; mais le refroidissement dû à la liquéfaction l'emporte, et, si cette liquéfaction est très rapide, si, par exemple, au sel marin on substitue un sel plus soluble, le chlorhydrate d'ammoniaque, la température du mélange réfrigérant sera beaucoup plus basse encore. C'est ainsi qu'on prépare les mélanges réfrigérants dont on se sert pour frapper les carafes. Un mélange de carbonate de soude et d'azotate d'ammoniaque jeté dans de l'eau produit un froid de 5 à 6 degrés au-dessous de zéro.

271. — *La vapeur fait-elle une brûlure plus forte que celle de l'eau bouillante ?* — A masse égale, c'est-à-dire que si deux poids égaux, l'un d'eau bouillante, l'autre de vapeur à 100 degrés, venaient en contact avec la peau, la brûlure produite par la vapeur serait plus forte, parce qu'elle renferme plus de calories ; mais comme, en raison de sa faible densité, la masse de vapeur en contact avec la peau est toujours beaucoup plus petite, la brûlure à l'eau chaude est plus redoutable. La vapeur saturée ou aqueuse, que l'on reconnaît à sa teinte blanche, cède facilement son calorique et brûle énergi-quement ; la vapeur sèche et surchauffée, qui se montre bleue, cède difficilement son calorique, et brûle peu ou beaucoup moins.

III

272. — *Qu'est-ce que la combustion?* — La combustion, dans l'acception la plus générale du mot, est une combinaison chimique, accompagnée de chaleur et de lumière. Plus vulgairement, on entend par combustion la combinaison avec chaleur et lumière d'un corps avec l'oxygène de l'air atmosphérique ; c'est une oxydation.

273. — *Quelle est, dans la combustion, la source réelle de la chaleur et de la lumière?* — La chaleur de la combustion est engendrée par l'action chimique ; la lumière de la combustion a son origine dans l'intensité de la chaleur. Dans toute combustion, il y a donc une substance qui brûle et une substance qui fait brûler ; la substance qui brûle s'appelle *combustible*, la substance qui fait brûler s'appelle *comburant*.

274. — *Quels sont les éléments principaux ou essentiels de la combustion ordinaire ?* — Dans les matières que nous brûlons habituellement, les éléments combustibles principaux sont le carbone et l'hydrogène ; l'élément comburant est l'oxygène de l'air.

275. — *Quels sont les éléments de l'air atmosphérique ?* — L'air atmosphérique est essentiellement un mélange d'oxygène et d'azote, à peu près dans les proportions de 4 volumes d'azote pour un volume d'oxygène ou, en poids, 79 d'azote et 21 d'oxygène. L'air renferme de plus une quantité très petite d'acide carbonique $\frac{2,0}{10\,000}$ et une quantité variable de vapeur d'eau.

276. — *Comment détermine-t-on et comment s'opère la combustion ?* — On détermine la combustion en élevant d'abord la température du combustible, ou en y mettant une première fois le feu, à l'aide d'une allumette ou autrement, pour qu'une fois allumé il continue à brûler par lui-même. Sous l'influence de l'élévation de température, les éléments combustibles, l'hydrogène et le carbone, se combinent avec l'oxygène, et la combustion continue tant que le combustible n'est pas épuisé.

277. — *Quels sont les principaux résidus de la combustion ?* — L'eau ou la vapeur d'eau née de la combinaison de l'hydrogène avec l'oxygène, l'acide carbonique et l'oxyde de carbone ; le premier gaz résulte de l'oxydation complète du carbone ; le second d'une oxydation imparfaite ; les cendres provenant des matières minérales fines que contiennent toujours le bois et le charbon.

278. — *Pourquoi un feu de charbon qui a brûlé longtemps est-il rouge ?* — Il est rouge, parce que la masse entière du charbon est à une température assez élevée pour que sa combinaison avec l'oxygène soit très active et lumineuse. Quand la température s'élève très haut, le corps qui apparaissait rouge passe au rouge blanc. Le charbon, dans un calorifère dont le tirage est actif, apparaît d'un rouge blanc étincelant. La couleur et l'éclat changent avec le degré de chaleur.

279. — *Pourquoi la surface inférieure des combustibles est-elle quelquefois rouge, tandis que la surface supérieure a une couleur noire ?* — Parce qu'à sa surface inférieure le combustible est à une plus haute température, et peut par conséquent brûler, tandis qu'à sa surface supérieure il est encore relativement froid, et ne brûle pas.

280. — *Lequel se consume plus vite, d'un feu flambant ou d'un feu rouge ?* — Le feu flambant est celui dans lequel l'hydrogène et le carbone du combustible se combinent à la fois avec l'oxygène, en brûlant ensemble, il y a donc alors double consommation ; dans le feu rouge, c'est le carbone seul qui se combine ou qui brûle. La dépense est ralentie.

281. — *Pourquoi la houille qui jette de la flamme se consume-t-elle plus vite que celle qui est simplement rouge ?* — Par la raison qu'on vient de donner, parce qu'elle perd à la fois de l'hydrogène et du carbone.

282. — *Pourquoi y a-t-il plus de fumée quand le feu s'allume qu'après que les charbons sont devenus rouges ?* — Parce qu'au début la température n'est pas encore assez élevée pour que toutes les matières volatiles dégagées puissent se combiner avec l'oxygène et brûler ; la fumée est le résultat d'une combustion imparfaite, un mélange d'eau, de vapeur d'eau et de charbon divisé, etc., qui a échappé à la combustion.

283. — *Pourquoi allume-t-on toujours un feu par le bas ?* — Afin que la flamme, qui tend à monter, puisse échauffer tout le combustible.

284. — *Pourquoi la flamme tend-elle toujours à monter ?* — Parce qu'elle est formée de gaz combustibles, plus légers que l'air, soit en eux-mêmes, comme l'hydrogène, soit en raison de leur température très élevée.

285. — *Pourquoi les combustibles prennent-ils difficilement feu quand ils sont humides ?* — Parce que, tant qu'ils sont humides, la chaleur qu'on leur fournit est dépensée à réduire en vapeur l'eau dont ils sont pénétrés ; la réduction de l'eau en vapeur ne se fait pas, comme on l'a vu, sans beaucoup de chaleur ; la température du combustible humide s'élèvera donc très difficilement, on aura peine à lui faire prendre feu.

286. — *Pourquoi le bois sec brûle-t-il mieux que le bois vert?* — Parce que, dans le bois sec, il n'y a plus d'eau à réduire préalablement en vapeur; que ses pores, au contraire, contiennent de l'air sec qui active la combustion.

287. — *Pourquoi le bois, le papier, les étoffes ne se consument-ils pas, quand ils ont été trempés dans certaines solutions?* — Par exemple les bois les tissus plongés dans une solution de silicate de potasse, de biphosphate de soude ou d'ammoniaque, de tungstate de soude, etc., ne prennent plus feu. C'est qu'on a enduit la surface d'une sorte de verre incombustible qui met le bois, l'étoffe, etc., à l'abri de l'air. Si la température à laquelle on soumet les substances ainsi protégées est très élevée, leur décomposition a lieu, mais sans flamme. Ainsi il suffit de plonger un fil de coton dans de l'eau salée pour le rendre non pas incombustible, mais pour empêcher qu'il ne flambe. Le sel, en gorgeant le tissu, gêne la combustion et maintient les molécules plus ou moins bien soudées. Si l'on suspend une bague à un fil ainsi salé et attaché à un clou, et qu'on essaie de le brûler avec une allumette, on voit le fil noircir et continuer à soutenir la bague.

288. — *Pourquoi un petit jet de flamme s'élance-t-il quelquefois hors du foyer à travers les barres d'une grille de fer?* — Parce que dans ses progrès le feu a atteint certaines cavités de la houille ou du bois remplies d'hydrogène carboné sous pression. Le gaz s'échappe brusquement en brûlant.

289. — *Pourquoi une flamme bleuâtre voltige-t-elle quelquefois sur la surface d'un feu de charbon?* — Parce qu'une combustion imparfaite dans les couches inférieures fait naître de l'oxyde de carbone qui monte entre les couches supérieures et brûle avec une flamme bleuâtre, en se transformant en acide carbonique, dernier terme de la combustion du carbone.

L'oxyde de carbone et l'acide carbonique se produisent presque toujours simultanément dans la combustion du carbone. Le premier contient moitié moins d'oxygène que le second, comme on peut le voir par les formules suivantes :

1° L'oxyde de carbone $= CO$ (une molécule de carbone et une molécule d'oxygène) ;
L'acide carbonique $= CO^2$ (une molécule de carbone et deux molécules d'oxygène).

2° L'oxyde de carbone n'altère aucunement les couleurs bleues végétales; l'acide carbonique *rougit* la teinture bleue de tournesol.

3° L'oxyde de corbonate est un peu plus léger que l'air atmosphérique, sa densité est de 0,976 ; l'acide carbonique a une densité environ une fois et demie celle de l'air (1,525`.

4° L'oxyde de carbone brûle avec une flamme bleue; l'acide carbonique est incombustible.

Lorsque le charbon brûle librement dans l'air, il se change en acide cabonique; mais, toutes les fois que la combustion du charbon se fait sous l'influence d'une quantité insuffisante d'oxygène, il se forme plus ou moins d'oxyde de carbone.

290. — *Qu'appelle-t-on brasero et quels sont les inconvénients de ce genre de chauffage?* — Le brasero est un poêle sans tuyau, un récipient dans lequel brûle à l'air libre de la braise allumée. La combustion dégage dans la pièce de l'acide carbonique qui est impropre à la respiration, et de l'oxyde de carbone qui est un des poisons les plus toxiques que l'on connaisse ; il tue les globules du sang. Aussi, si l'air n'est pas renouvelé, l'asphyxie vient vite et, en tout cas, ce mode de chauffage exerce son influence avec lenteur mais avec sûreté, et produit des désordres considérables dans l'organisme.

291. — *Qu'est-ce qu'un poêle mobile ?* — C'est un poêle dont le tuyau très court s'engage à peine dans une cheminée ; le poêle est monté sur roulettes de façon à pouvoir être changé de pièce. Il est alimenté par du coke ou de l'anthracite. Dans ce genre de poêle la combustion est très lente, puisque le tirage est très restreint ; aussi peut-on le faire brûler jour et nuit en le chargeant seulement deux fois par jour avec du coke ou une fois avec de l'anthracite. C'est un appareil très économique et très commode. Malheureusement il est dangereux. La combustion étant lente produit beaucoup d'oxyde de carbone ; la vitesse du tirage étant très faible dans les mauvaises cheminées, le gaz, au moindre appel d'air extérieur par l'ouverture d'une porte ou par un refoulement dû au vent, se diffuse dans l'appartement. Cet effet est d'autant plus à craindre que le poêle lui-même produit un courant ascensionnel énergique d'air chaud au-dessus de lui, et par conséquent à côté même du courant d'appel de la cheminée et il arrive quelquefois que l'un l'emporte sur l'autre. Enfin la fermeture du poêle à sa partie supérieure est imparfaite et les gaz se dégagent encore de ce côté. Aussi ne doit-on jamais employer ce genre de poêle dans une chambre à coucher ; à peine son emploi est-il tolérable dans les antichambres, à la condition de renouveler l'air souvent. Les poêles mobiles ont déjà produit de nombreux accidents. On a diminué un peu le danger en fermant l'ouverture de la cheminée par des plaques de tôle, mais les gaz peuvent s'en échapper encore.

292. — *Pourquoi l'anthracite brûle-t-il plus lentement que le coke ?* — Parce qu'il renferme plus de matières combustibles à poids égal et qu'il n'a pas été débarrassé de ses gaz combustibles. Le coke n'est que de la houille dépouillée de ses gaz hydrogène et hydrogène carboné. A poids égal la houille et l'anthracite fournissent plus de chaleur que le coke. Un kilogramme de bois en brûlant donne environ 3 000 calories, le même poids de coke environ 6 000, le même poids de très bonne houille 8 000.

293. — *Pourquoi certaines houilles flambent-elles ?* — Parce qu'elles sont très riches en gaz ; on les appelle houilles grasses par opposition aux houilles maigres. Le coke ne flambe pas, précisément parce que la distillation de la houille dont il provient l'a dépouillé des gaz.

294. — *Pourquoi le feu brûle-t-il plus ardemment en hiver qu'en été ?* — Parce que le tirage est beaucoup plus fort et que l'oxygénation du combustible est plus prompte quand l'air est froid et dense.

295. — *Pourquoi le tirage est-il plus fort quand l'air est froid et dense ?* — Parce qu'il y a plus de différence entre le poids de l'air chaud ascendant et celui de la colonne d'air froid qui détermine l'ascension ; par conséquent, l'air échauffé se trouve soulevé et chassé plus rapidement en haut par l'air qui presse à l'orifice inférieur de la cheminée ; le tirage est plus actif.

296. — *Pourquoi le feu brûle-t-il moins ardemment sur les montagnes ?* — Parce que, sur une haute montagne, l'air est très raréfié ; la différence de pression entre l'air raréfié naturellement et l'air raréfié par la chaleur du foyer est plus petite et le tirage moindre.

297. — *Pourquoi le feu prend-il moins bien dans une cheminée quand le baromètre est bas ?* — Parce que la différence de pression qui détermine le tirage est diminuée comme sur la montagne.

298. — *Pourquoi le feu ne brûle-t-il pas aussi bien pendant le dégel que pendant qu'il gèle ?* — Parce qu'en temps de dégel l'air qui alimente le feu est chargé d'humidité, et qu'une partie de la chaleur est employée à réduire cette humidité en vapeur, aux dépens de la combustion ; l'air chargé de vapeurs humides est, en outre, moins dense que l'air sec.

299. — *Pourquoi un feu à l'air libre brûle-t-il très ardemment lorsqu'il fait du vent ?* — Parce que le renouvellement rapide de l'air mettant plus d'oxygène en contact avec le feu lui fournit ainsi une alimentation plus abondante.

300. — *Pourquoi un soufflet rallume-t-il un feu languissant ?* — Parce qu'il fait passer sur le feu une plus grande quantité d'air qui active la combustion.

301. — *Pourquoi, quand on abaisse le tablier mobile d'une cheminée, rallume-t-on un feu languissant ?* — Parce que le tablier de la cheminée, suivant qu'il est plus ou moins abaissé, réduit le passage de l'air ; l'entrée étant plus petite pour débiter le même volume, l'air entre avec plus de vitesse. C'est comme si l'on soufflait sur le feu.

302. — *Pourquoi dans un poêle à tuyau élevé la combustion est-elle beaucoup plus ardente que dans une cheminée ?* — Parce que l'orifice par lequel pénètre l'air dans le foyer est très réduit ; le poêle est comme une cheminée dont le tablier est baissé, l'air arrive avec vitesse sur le combustible.

303. — *D'où vient le ronflement que produit quelquefois le feu d'un poêle ?* — De l'entrée rapide de l'air dans le poêle. Les filets d'air rasent avec vitesse les fentes étroites de la porte du poêle, du cendrier, etc., l'air entre en vibration et produit un ronflement. Plus le tirage est actif et plus le ronflement est énergique. On le diminue et on l'annihile en ouvrant la porte du poêle.

304. — *Pourquoi un morceau de papier étendu sur la surface d'un feu de charbon sans flamme ne s'enflamme-t-il pas, mais brûle en charbonnant ?* — Parce qu'au-dessus du charbon enflammé, entre le charbon et le papier, il n'y a plus d'air oxygéné, mais de l'acide carbonique impropre à la combustion et qui la rend impossible.

305. — *Si l'on ouvre subitement la porte de la chambre ou si l'on souffle sur le papier, celui-ci s'enflammera immédiatement. Pourquoi cela ?* — Parce que le courant d'air enlève l'acide carbonique, et met le papier en contact avec de l'air oxygéné propre à la combustion.

306. — *Comment les cendres qu'on met sur le feu le conservent-elles longtemps ?* — Les cendres empêchent l'oxygène de l'air de parvenir librement au feu, mais ne l'excluent pas entièrement ; l'air pénètre avec lenteur et la combustion est retardée.

307. — *Pourquoi l'eau éteint-elle le feu ?* — Parce que : 1° elle forme autour du combustible une enveloppe qui empêche l'air d'y parvenir ; — 2° sa conversion en vapeur exigeant une grande quantité de chaleur, la température du combustible s'abaisse et le feu s'éteint.

308. — *Pourquoi active-t-on un feu en y projetant un peu d'eau et l'éteint-on si l'on verse beaucoup d'eau ?* — L'eau jetée en petite quantité sur un feu déjà ardent se décompose en oxygène et en hydrogène, deux gaz qui activent la combustion. Si la quantité d'eau est trop grande, la décomposition ne peut s'effectuer et la vapeur d'eau produite éteint le feu.

309. — *Pourquoi jette-t-on un peu d'eau sur du poussier de charbon de terre pour faciliter la combustion ?* — Parce que l'eau pénètre dans les interstices, se décompose et aide à la combustion par les gaz qu'elle dégage.

310. — *Qu'est-ce qui éteindra un feu mieux que l'eau ?* — L'eau projetée sur un brasier en quantité insuffisante peut activer le feu, tandis qu'en projetant de la fleur de soufre, on engendre un gaz, l'acide sulfureux, qui est impropre à la combustion ; ce gaz prend la place de l'air et étouffe le feu.

L'acide sulfureux, liquide à des températures très basses et sous une très forte pression, est gazeux à la température ordinaire ; il est formé d'un atome de soufre et de deux atomes d'oxygène.

Il est toujours bon d'avoir sous la main, dans chaque ménage, une certaine quantité, un kilogramme, par exemple, de fleur de soufre pour s'en servir au besoin. Lorsqu'on s'aperçoit que le feu a pris dans un tuyau de cheminée, on éparpille sur l'âtre le bois allumé, ainsi que la braise, et on jette dans le foyer, le plus également possible, trois ou quatre petites poignées de *soufre en poudre*. L'on bouche immédiatement après le devant de la cheminée, avec un drap bien mouillé, qu'on a soin de tendre fortement à la partie supérieure et sur les côtés.

Le sulfure de carbone éteint encore mieux le feu que le soufre, parce qu'il brûle plus vite, et forme en brûlant avec l'oxygène de l'air un gaz composé de deux tiers d'acide sulfureux et d'un tiers d'acide carbonique : deux gaz impropres l'un et l'autre à la combustion. Cent grammes de sulfure de carbone, qui ne coûteront que dix centimes, donneront en brûlant un grand dégagement de gaz qui éteindront bien vite un feu de cheminée.

311. — *Pourquoi avec de la paille ou du foin hachés humides éteindrait-on un feu de charbon ?* — Parce que la paille humide ou le foin haché humide refroidissent le charbon, et empêchent l'oxygène de l'air de parvenir au feu, qui s'éteint faute d'aliment.

312. — *De quoi l'intensité d'un feu dépend-elle ?* — L'intensité d'un feu est toujours proportionnée, d'une part à la masse de combustible, de l'autre à la quantité d'oxygène qu'on lui fournit.

313. — *Pourquoi un feu languissant se ravive-t-il si l'on balaye le foyer, les chenets, les barres de la grille, etc. ?* — Parce que l'air, qui auparavant était arrêté par la poussière et les cendres, retrouve un accès libre à travers le feu, aussitôt que ces obstacles ont disparu.

314. — *Pourquoi un feu de charbon languissant se ravive-t-il s'il est remué ?* — Parce que la barre métallique ou tisonnier rompt les charbons agglomérés et ouvre un passage à l'air au sein même du feu.

Un feu de charbon de terre doit être remué dans le bas, mais non à la surface ; si l'on remue un feu de coke enflammé, on amène de l'air froid qui abaisse la température et ralentit la combustion ou même éteint le feu.

315. — *Pourquoi sentons-nous quelquefois nos pieds se refroidir quoique nous soyons assis près d'un bon feu ?* — Parce que l'air froid entre dans la chambre, par les fentes des portes et des fenêtres, pour remplacer l'air échauffé par le feu, et que ces courants d'air froid extérieur étant denses coulent le long du plancher pour arriver à la cheminée ; ils constituent une atmosphère froide dans laquelle les pieds sont plongés. Les murs aussi font office de réfrigérant ; aussi existe-t-il un courant d'air froid, qui, dans les chambres, descend généralement le long des murailles. C'est pourquoi il convient de ne pas se placer la tête sur l'oreiller pendant la nuit trop près du mur.

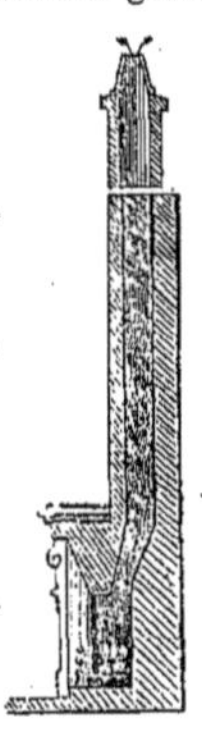

Fig. 56. — Tirage dans une cheminée.

316. — *Qu'est-ce que la suie ?* — Le dépôt que laisse contre les parois d'une cheminée la fumée d'un feu de bois ou de charbon. C'est une matière noire, d'une odeur désagréable, d'une saveur amère, composée principalement de charbon, de goudron, d'huile empyreumatique, d'acide acétique, etc.

317. — *Qu'est-ce que la fumée ?* — Un mélange de vapeur aqueuse, de gaz et de particules de charbon ou autres matières combustibles qui ont échappé à la combustion, et sont entraînées par le courant d'air du foyer.

318. — *Pourquoi la fumée monte-t-elle dans la cheminée ?* — Parce que le mélange de vapeur d'eau, d'air chaud et de particules solides très divisées est plus léger que l'air ambiant. Mais à mesure qu'elle commence à se refroidir au sein de la cheminée, la fumée laisse déposer des particules solides et donne naissance à la suie.

319. — *Pourquoi ne sort-il généralement pas de fumée d'une machine à vapeur ?* — Parce que le tirage est si fort et si-continu que les particules solides se consument entièrement ; le courant d'air n'entraîne plus que la vapeur d'eau. Mais cette vapeur peut être salie dans son passage à travers la cheminée, et donner naissance à un dépôt noir dont les voyageurs et les blanchisseurs voisins des chemins de fer se plaignent quelquefois. On sait que, pour activer le tirage, on fait passer dans la cheminée des locomotives un courant de vapeur d'eau.

320. — *Pourquoi la vapeur qui sort de la cheminée des locomotives tourbillonne-t-elle très vite ?* — Parce que les courants d'air produits par la marche du train, par la chaleur qui sort de la machine, et par le passage de la vapeur elle-même, ajoutés au vent, poussent la vapeur en tous sens, et la font ondoyer avec une grande rapidité.

321. — *Pourquoi quelques cheminées renvoient-elles la fumée dans les appartements ?* — 1° Il arrive quelquefois que les courants d'air extérieurs ou le vent, en passant sur l'ouverture de la cheminée, l'obstruent en quelque sorte, ou s'opposent au libre passage de l'air chaud et de la fumée qui en sortent ; la fumée est forcée alors de refluer dans la cheminée et dans l'appartement ; les coups de vent l'y font rentrer par bouffées ; 2° lorsque plusieurs cheminées débouchent dans un tuyau, la fumée trop abondante de l'une ou de plusieurs d'entre elles peut obstruer l'ouverture des autres et faire refluer encore la fumée ; 3° enfin, lorsque le tirage ne se fait pas, qu'il n'y a pas d'appel, ou d'appel suffisant, l'air chaud et la fumée encombrent la cheminée, et sont forcés encore de refluer ; quand un appartement est hermétiquement clos et que l'air ne peut rentrer par les joints des portes ou des fenêtres, le tirage n'a plus lieu faute d'air pour alimenter la colonne ascendante. L'atmosphère de la pièce se raréfie et le tirage se produit du dehors au dedans.

322. — *Pourquoi élève-t-on les tuyaux de cheminées au-dessus des toits ?* — Parce que, si on les ouvrait au niveau du toit, le moindre vent, rasant l'orifice, repousserait la fumée dans l'appartement.

323. — *Pourquoi, si le tuyau est trop évasé, la cheminée fumera-t-elle ?* — Si la cheminée est trop large, le courant d'air chaud s'établit mal, il se refroidit, sa force d'ascension n'a pas le temps de se développer ou d'acquérir une vitesse suffisante pour entraîner la fumée ; il se mêle trop facilement à l'air extérieur froid.

324. — *Pourquoi les cheminées des fabriques sont-elles toujours très élevées ?* — Afin : 1° d'augmenter le tirage du foyer ; 2° d'obvier aux inconvénients causés par la fumée des fabriques aux habitations voisines ; en portant à une plus grande hauteur dans l'atmosphère la fumée et les émanations sulfureuses et autres, elles se perdent mieux dans l'air.

325. — *Pourquoi l'activité d'un foyer est-elle plus grande si le tuyau est* *élevé?* — Parce que le tirage est proportionnel à la racine carrée de la hauteur du tuyau. Le tirage dépend de la hauteur de la colonne d'air chaud et de la différence de température de l'air dans le tuyau et dans l'atmosphère extérieure. C'est pour cette raison que les cheminées des étages supérieurs des maisons ont un tirage moins actif que les cheminées des premiers étages. Dans les maisons de campagne, on est souvent obligé d'allonger le tuyau par des tuyaux supplémentaires en tôle.

326. — *Dans quels tuyaux le tirage est-il le plus fort?* — Le tirage est plus énergique dans les tuyaux de *fonte* et de *tôle* que dans ceux de brique ou de pierre. Les tuyaux de fonte ou de tôle s'échauffent plus vite ou prennent plus vite la température du courant d'air ascendant, le tirage s'établit très vite. Dans les tuyaux en brique ou en pierre, il faut d'abord que l'air chaud élève la température des matériaux, aussi le tirage est plus lent à s'établir.

327. — *Les coudes et les inflexions d'une cheminée diminuent-ils la vitesse du courant dans le tuyau?* — Un peu; parce que: 1° ils allongent le tuyau sans augmenter la longueur verticale de la colonne ascendante d'air chaud; — 2° le frottement de l'air ascendant contre les parois est plus grand.

328. — *Pourquoi les cheminées à large foyer fument-elles généralement?* — 1° Parce que la section de passage de l'air étant très grande et le volume appelé restant le même, la vitesse diminue et ne suffit plus à entraîner les gaz de la combustion; 2° parce que l'air froid passe directement au-dessus du feu dans la colonne ascendante et en refroidit la température. Pour peu que le tuyau soit large aussi, il se produit quelquefois un courant d'air descendant qui refoule la fumée. Pour remédier à cet inconvénient, il faut rétrécir le foyer.

329. — *Pourquoi la fumée se répand-elle quelquefois dans l'appartement, s'il y a deux feux?* — Parce que le feu le plus ardent appelle ou aspire l'air du feu le plus faible et fait rentrer sa fumée dans la chambre.

Cette incommodité n'arrivera pas si la chambre est assez grande pour fournir assez d'air aux deux feux, et si les foyers sont placés convenablement.

330. — *Pourquoi la fumée se répand-elle souvent dans un appartement quand on ouvre la porte de communication entre deux chambres voisines?* — Parce qu'en ouvrant la porte, on fait une sorte de vide, qui aspire dans une des chambres l'air de la cheminée de l'autre chambre, et fait refluer sa fumée. Pour éviter ce refoulement, il faut assurer aux deux cheminées une alimentation d'air indépendante; et, autant que possible, par de l'air pris au dehors, amené dans le foyer par des canaux établis sous le parquet.

331. — *Pourquoi les cheminées des maisons situées dans une vallée fument-elles souvent?* — Parce que le vent, frappant contre les collines d'alentour, se rabat sur les cheminées et arrête le tirage.

332. — *A quoi servent les chaperons, les mitres et les tuyaux en* T? — A empêcher le vent de s'engouffrer dans la cheminée, en ménageant à la fumée une issue par une ouverture sur laquelle le vent n'ait pas de prise.

333. — *Quel mal le vent ferait-il en s'engouffrant dans la cheminée ?* — 1° Il empêcherait la fumée de sortir ; — 2° il introduirait dans la cheminée

Fig. 57. — Cheminée de campagne à large ouverture.

de l'air froid qui chasserait devant lui, dans l'appartement, la fumée devenue descendante.

334. — *Pourquoi une cheminée fumera-t-elle quelquefois si la porte et le foyer se trouvent aux côtés opposés de l'appartement ?* — Parce qu'en ouvrant ou fermant la porte, on déterminera des courants d'air par aspiration qui agiront sur le courant d'air chaud en le faisant refluer dans la pièce.

335. — *Lorsqu'on souffle tout à coup sur des braises ardentes, pourquoi* *en sort-il quelquefois un nuage de poussière blanche ?* — Parce que le souffle détache des braises les poussières minérales incombustibles qui forment la cendre, et les chasse en l'air.

Les parties incombustibles que l'on rencontre dans les êtres organisés sont : la potasse, la soude, la chaux, la magnésie, l'alumine, les oxydes de fer et de manganèse; de plus, certains acides minéraux, comme l'acide carbonique, l'acide phosphorique, l'acide sulfurique et l'acide silicique. On trouve en outre des chlorures de potassium, de sodium, de calcium et de magnésium : ces substances incombustibles se retrouvent dans les cendres que laissent les corps organisés après leur combustion.

336. — *Pourquoi une cheminée fumera-t-elle si elle a besoin d'être ramonnée ?* — Parce que la suie, en s'accumulant, augmente le frottement de la colonne ascensionnelle, diminue la vitesse et gêne le tirage.

337. — *Pourquoi une cheminée en mauvais état fume-t-elle ?* — Parce que : 1° les briques d'où s'est détaché le ciment forment des saillies qui gênent l'ascension de la fumée ; 2° les courants d'air qui se glissent au travers des crevasses de la cheminée refroidissent et arrêtent la colonne d'air chaud ascendante ; cet air alors, au lieu de monter, reflue avec la fumée.

338. — *Pourquoi presque toutes les cheminées fument-elles par un temps d'orage ou par une bourrasque ?* — Parce que l'action du vent suspend ou arrête le courant d'air chaud et fait refluer la fumée.

Il faut que la fumée sorte avec une vitesse de deux mètres par seconde, pour n'être pas refoulée par les vents ordinaires.

339. — *Pourquoi un appartement a-t-il quelquefois, en été, une odeur de fumée ou de suie ?* — Parce que le tirage est renversé, l'air de la cheminée étant plus froid que celui de l'appartement descend à l'intérieur et y apporte une odeur de fumée ou de suie.

340. — *Pourquoi un feu de coke ou de charbon répand-il quelquefois une odeur de soufre ?* — Parce que ces combustibles, coke ou charbon, contiennent du soufre. En brûlant, le soufre s'oxyde et donne de l'acide sulfureux. C'est l'odeur de l'acide sulfureux que l'on sent et non celle du soufre qui n'a pas d'odeur. On sent surtout cette odeur dans les appartements chauffés par des poêles mobiles, alimentés au coke. En même temps les métaux se sulfurent, l'argent devient brun noir.

341. — *Pourquoi les plafonds des bureaux publics sont-ils souvent noirs de fumée ?* — Parce que l'air échauffé en s'élevant emporte avec lui la poussière et la suie fine. Certaines parties sont plus noires parce que le plâtre du plafond offre, en certains endroits, des rugosités et des saillies sur lesquelles les courants d'air déposent de préférence la poussière et la suie.

342. — *De quoi se compose la fumée d'une lampe ou d'une bougie ?* — Un mélange d'air chaud, de vapeur d'eau et de particules de charbon très divisé,

qu'une combustion imparfaite a laissé échapper sans qu'elles fussent converties en acide carbonique. Le dépôt de ce charbon très divisé est ce qu'on
nomme *noir de fumée.*

343. — *Pourquoi les lampes fument-elles quelquefois ?* — Elles fument
lorsque la mèche est trop haute parce que la mèche débite alors trop d'huile
pour que tout puisse être consumé en temps utile, l'excès du charbon
non brûlé s'en va à l'état de fumée ; elles fument pour une raison analogue si
l'air n'arrive pas assez vite pour brûler les gaz ; elles fument si la mèche n'est
pas coupée uniformément parce que les dentelures, trop hautes, laissent
échapper le carbone non brûlé.

344. — *Pourquoi un bec de lampe sans verre fume-t-il ?* — Parce que
l'air n'afflue pas partout autour de la mèche en quantité suffisante pour
assurer la combustion. C'est pour accroître la vitesse d'entrée de l'air qu'on
se sert de verres ou cheminées. Le verre produit un tirage énergique. De
plus, il garantit la flamme contre les courants d'air et le refroidissement
extérieur, concentre la chaleur, et augmentant la température, facilite la
combustion. L'éclat de la lumière croît très vite avec la température. Il faut
que les cheminées aient exactement la hauteur qui convient au bec. Si
elles étaient trop courtes, la vitesse d'alimentation du foyer serait trop faible
et la lampe fumerait ; si elles étaient trop hautes, la vitesse serait trop
grande, l'air refroidirait le bec et la combustion serait incomplète.

345. — *Y a-t-il économie à abaisser la mèche d'une lampe quand on ne
veut pas s'en servir ?* — La dépense d'huile est approximativement proportionnelle à la hauteur de la mèche ; il y a donc lieu d'abaisser la mèche.
On peut encore réduire la consommation en abaissant le verre sans toucher à la mèche ; on diminue le tirage et l'on abaisse la consommation. Ce
procédé empêche le bec de se brûler, ce qui a lieu plus vite quand on descend la mèche au niveau le plus bas.

IV

346. — *Qu'est-ce que la flamme ?* — Un gaz surchauffé ou une vapeur à
une haute température et brûlant avec production de lumière.

Il faut que la température de la matière gazeuse atteigne au moins 600 degrés du
thermomètre centigrade, puisque c'est toujours à ce degré de chaleur que la lumière
se manifeste.

347. — *Pourquoi certaines substances en brûlant donnent-elles toujours une
flamme, tandis que d'autres n'en donnent jamais ?* — Tout corps solide qui
n'est pas susceptible de se réduire en gaz ou en vapeur devient rouge par
l'action du feu, mais ne produit pas de flamme ; tout corps combustible, au

contraire, qui est gazeux, ou qui peut se réduire en gaz ou en vapeur combustible, brûle toujours avec flamme.

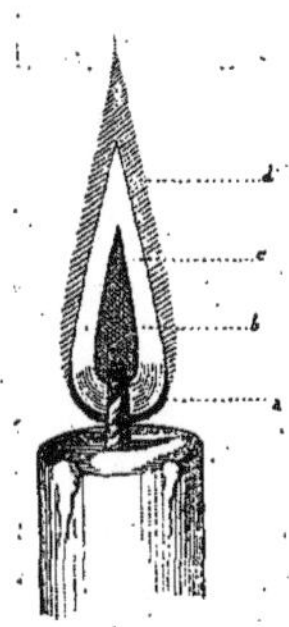

Fig. 58. — Constitution de la flamme.

a, partie bleue; — *b*, espace central obscur; — *c*, région brillante; — *d*, enveloppe extérieure moins lumineuse.

Si l'on prend pour type une flamme de bougie, on constate qu'elle est constituée par quatre parties distinctes. A la base, elle est bleue, au centre on voit un espace obscur, tout autour une région à enveloppe brillante, enfin une enveloppe extérieure moins lumineuse. La partie bleue est la plus froide, la partie brillante est chaude, la partie centrale obscure est presque froide, on a pu y introduire du papier sans qu'il prît feu ; la partie enveloppe extérieure est la plus chaude.

348. — *Pourquoi la partie inférieure de la flamme est-elle d'un bleu foncé ?* — Parce que : 1° c'est la partie la plus chargée de vapeurs et de gaz ; — 2° la température ne peut jamais s'y élever beaucoup, à cause de la volatilisation abondante du suif, de la cire ou de l'huile, etc., qui se fait dans cette portion de la flamme ; — 3° elle contient fort peu de *carbone incandescent*, qui donne la couleur blanche à la flamme et en revanche de l'oxyde de carbone dont la flamme est bleue.

349. — *Qu'est-ce que l'incandescence ?* — L'état d'un corps solide dont la chaleur est portée jusqu'au blanc.

L'éclat d'une lumière dépend de l'incandescence des particules solides que renferme la flamme. Une flamme sans particules solides, même à une température très élevée, n'éclaire pas. L'hydrogène pur en s'enflammant donne beaucoup de chaleur et pas d'éclat ; l'hydrogène bicarboné qui est riche en carbone et le met en liberté quand on l'enflamme donne moins de chaleur, mais beaucoup de lumière. La flamme qui produit le plus de chaleur est celle qui résulte de la combustion d'un volume d'oxygène et de deux volumes d'hydrogène et qui donne, comme produit de l'oxydation, de l'eau ; cette flamme est à peine lumineuse.

La chaleur *rouge* commence à la température de 523 degrés centigrades ; la chaleur *blanche* à 1 300. La plus grande que l'on ait observée dépasse 3 000 degrés centigrades.

350. — *Pourquoi le centre de la flamme est-il obscur ?* — Parce qu'il renferme des gaz hydrogènes carbonés provenant de la distillation de la matière grasse, et qui échappent à la combustion, ainsi que des molécules de charbon provenant de la mèche.

351. — *Pourquoi les gaz, dans le centre de la flamme, échappent-ils à la combustion ?* — Parce qu'ils sont hors du contact de l'air, et que l'air est absolument nécessaire à la combustion.

352. — *Pourquoi la flamme proprement dite qui entoure l'espace central* *est-elle la plus lumineuse?* — Parce que c'est là que brûle, à la faveur de l'oxygène de l'air, la majeure partie des gaz nés de la distillation, et que cet espace renferme du carbone très divisé, qui devient incandescent, et qui donne à la flamme une plus grande clarté.

353. — *Pourquoi l'enveloppe extérieure de la flamme est-elle moins lumineuse que le cône intermédiaire?* — Parce que le carbone incandescent s'y combine *trop vite avec l'oxygène* de l'air, et se transforme en acide carbonique, avec gain de chaleur, mais avec perte de lumière pour cette troisième zone. Il n'y a pas en suspension de particules solides, donc pas d'éclat.

354. — *Qu'entend-on par flammes sonores, chantantes, dansantes, sensibles?* — Il suffit qu'on introduise une flamme de lampe d'émailleur dans un tube, de diamètre et de longueur convenable, pour que les mouvements confus dont elle est agitée la rendent sonore ou déterminent un bourdonnement musical. Lorsqu'un bec de gaz enflammé est entouré d'un tube au sein duquel il plonge, la circulation

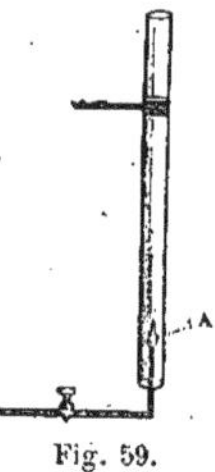

Fig. 59.
A, flamme sensible.

intérieure de l'air peut amener spontanément la flamme à chanter, et lui faire rendre un son clair et retentissant, qui est celui du tube qui entoure la flamme ou l'un de ses harmoniques. On ne s'imaginerait pas quel degré d'intensité cette musique des flammes peut atteindre.

La *flamme est sensible* lorsqu'elle occupe dans le tube qui l'entoure une position telle qu'elle ne chante pas spontanément, mais telle aussi que, quand elle a été excitée et comme amorcée par la voix, elle chante et continue indéfiniment à chanter. Le son émis par la voix doit être celui que la flamme rend elle-même, et ce son prend le nom de *note sensible*. Un tuyau ou tout autre instrument capable d'émettre la note sensible produit le même effet que la voix.

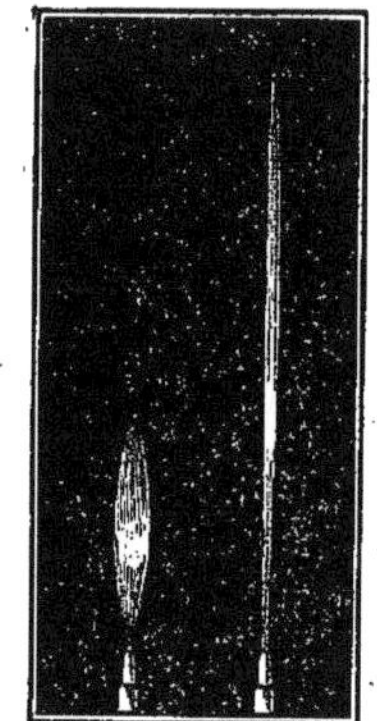

La flamme au sein d'un tube convenablement choisi peut être amenée à un degré de sensibilité telle que, si des sons ou des coups se succèdent à des intervalles égaux, elle tombe et s'élève d'une hauteur considérable et devienne *dansante*. Elle fait alors une sorte de triage des sons émis par la voix, répondant à quelques-uns par un petit signe de tête, à d'autres par une révérence, à d'autres

Fig. 60. — Flammes dansantes.

encore par un salut profond : il est beaucoup de sons pour lesquels elle semble n'avoir pas d'oreille. On a désigné du nom de *flammes à voyelles* ou de *flammes à consonnes* des flammes que les diverses voyelles ou les diverses consonnes affectent diversement.

355. — *Qu'est-ce que le pyrophone ?* — Un instrument musical d'un timbre se rapprochant assez de la voix humaine, et dans lequel les sons sont rendus par des flammes chantantes. Chacune des touches du clavier est mise en communication, à l'aide d'un mécanisme fort simple, avec les conduits qui amènent les flammes dans les tuyaux de verre. Les flammes introduites sont au nombre de deux, d'abord réunies et qui ne chantent pas ; puis séparées, quand on presse sur la touche, et qui chantent alors à l'unisson. Cet appareil a été imaginé par M. Frédéric Kastner, il il y a vingt ans.

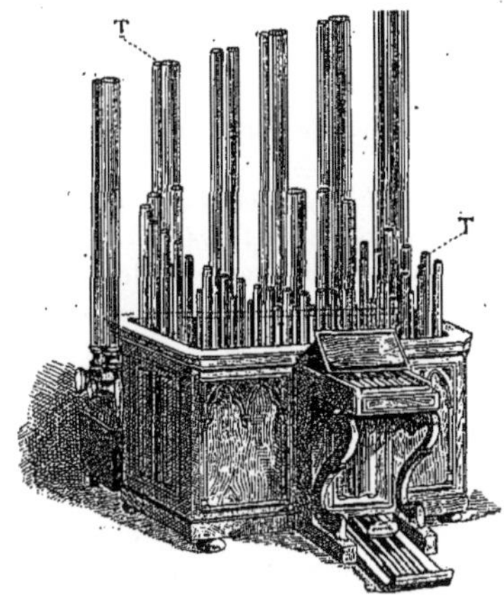

Fig. 61. — Le Pyrophone.

T T, tubes de verre avec flammes chantantes.

356. — *Pourquoi l'huile d'une lampe ou la stéarine d'une bougie allumées brûlent-elles ?* — Parce que la chaleur de la mèche allumée distille la matière grasse, la décompose et la transforme en gaz combustibles qui s'unissent avec l'oxygène de l'air.

357. — *En quels gaz la cire, l'huile ou le suif se transforment-ils par l'effet de la chaleur ?* — En hydrogène et en hydrogène carboné. 1° L'*hydrogène* de la bougie, se combinant avec l'oxygène de l'air, se transforme en *vapeur d'eau ;* 2° le *carbone* de la chandelle, se combinant avec l'oxygène de l'air, se transforme en *acide carbonique*.

358. — *De quelle manière la cire, l'huile et le suif s'élèvent-ils dans la mèche et jusque dans la flamme ?* — Par l'action capillaire des filaments de la mèche, action qui détermine incessamment l'ascension de la matière grasse liquéfiée.

359. — *Pourquoi la lumière est-elle d'autant plus blanche que la combustion est plus parfaite ?* — Parce que, quand la combustion est parfaite, les particules enflammées de charbon sont incandescentes, tandis que, dans une combustion imparfaite ou quand leur température n'a pas atteint son maximum, elles sont plus ou moins rouges ou jaunes.

360. — *Pourquoi la flamme est-elle pointue vers le sommet ?* — Parce que les vapeurs combustibles qui s'échappent de la mèche se brûlent de plus en plus pendant leur ascension et la largeur de la flamme diminue dans la même proportion. Aussi plus la flamme est haute et plus elle est pointue ; on peut dire aussi que c'est au-dessus de la flamme que l'air est le plus chaud, le plus dilaté, qu'il s'y forme, par conséquent, une sorte de vide vers lequel convergent les vapeurs enflammées.

361. — *Pourquoi, lorsqu'on place une soucoupe au-dessus d'une flamme, la soucoupe se couvre-t-elle de gouttelettes d'eau ?* — Parce que la combustion de l'hydrogène engendre de l'eau. L'eau naît du feu. La flamme brûlant en oxydant l'hydrogène qu'elle renferme produit donc de la vapeur d'eau qui se condense en gouttelettes, sous l'influence de la paroi froide de la soucoupe.

362. — *Pourquoi la main tenue au-dessus de la flamme d'une bougie sent-elle plus de chaleur que lorsqu'on la tient en dessous ou à côté ?* — Parce que l'air échauffé ascendant vient en contact avec la main tenue au-dessus de la flamme, tandis que, si la main est tenue au-dessous ou à côté, on ne sent que la chaleur rayonnante.

Le rayonnement est l'*émission de rayons*. La flamme d'une bougie envoie de tous côtés des rayons de chaleur; mais, quand la main est tenue au-dessus de la flamme, elle sent non seulement la chaleur des rayons émis, mais aussi celle du courant ascendant de l'air échauffé.

363. — *Pourquoi la flamme d'une bougie ou d'une lampe jette-t-elle des éclats de lumière toutes les fois que la stéarine ou l'huile sont presque consumées ?* — Parce que la mèche n'est plus alimentée d'une manière continue par les gaz ou vapeurs combustibles; la lumière par là même devient intermittente; la flamme apparaît quand les vapeurs arrivent à la mèche, elle disparaît quand celles-ci font défaut.

364. — *Pourquoi un souffle éteint-il la flamme d'une bougie, et ne l'augmente-t-il pas comme il ravive le feu ?* — Parce que la masse d'air insufflée est très considérable par rapport à la matière en combustion dans la flamme, et qu'elle abaisse dans une proportion notable la température de la mèche.

365. — *Pourquoi une mèche encore rouge peut-elle quelquefois se rallumer lorsqu'on souffle dessus ?* — Parce que le souffle apporte à la mèche, encore enflammée, de l'oxygène qui active ou ranime la combustion; mais il la ranimera à la condition qu'il sera modéré, car, s'il est violent, il refroidira la mèche, en détachera les particules enflammées, et l'éteindra.

366. — *Pourquoi la mèche rouge n'est-elle pas rallumée par l'air sans qu'on souffle dessus ?* — Parce que l'oxygène n'est pas fourni en assez grande abondance par l'air ambiant; l'air du souffle a plus de densité et est, par conséquent, plus efficace.

367. — *Pourquoi une bougie qu'on vient d'éteindre se rallume-t-elle toujours très aisément ?* — Parce qu'elle est encore chaude, et qu'il faut moins de chaleur pour la rallumer que pour l'allumer une première fois.

368. — *Pourquoi les petites lampes à pétrole, si communes aujourd'hui, s'éteignent-elles si facilement, quand on va et vient ou qu'on souffle dessus ?* — Parce que la mèche débite très peu de gaz à la fois; la flamme est très peu dense et il suffit d'un faible mouvement pour dégager la flamme de sa base d'alimentation. Le plus petit courant d'air coupe ainsi la flamme sur la mèche. Il faut ajouter que le liquide secoué pendant qu'on transporte une lampe à pétrole mouille plus ou moins la mèche, augmente l'alimentation et la lampe fume.

369. — *Qu'est-ce que le gaz employé à l'éclairage ?* — Le gaz employé à l'éclairage est composé en majeure partie d'hydrogène bicarboné.

370. — *Comment obtient-on le gaz hydrogène bicarboné ?* — En distillant et décomposant à la chaleur rouge des huiles grasses, du charbon de terre ou du bois, etc.

L'*hydrogène pur* brûle au contact de l'air avec une flamme bleue très peu brillante, mais produisant beaucoup de chaleur.

L'*hydrogène protocarboné* se produit constamment pendant la décomposition spontanée des matières organiques, et dans leur distillation à feu nu. Il brûle avec une lumière *jaunâtre* assez faible et se compose d'un volume de carbone et de deux volumes d'hydrogène (CH^2).

L'*hydrogène bicarboné* se forme dans la distillation en vase clos des matières grasses, huileuses et bitumeuses; il brûle avec une flamme blanche très lumineuse. Un volume d'hydrogène bicarboné se compose de 2 volumes de carbone et de 2 volumes d'hydrogène (C^2H^2).

371. — *Pourquoi le gaz hydrogène bicarboné est-il très lumineux ?* — Parce que, à la lumière de l'hydrogène qui, en brûlant, donne beaucoup de chaleur, s'ajoute celle des molécules incandescentes du charbon qui entre dans la composition de l'hydrogène bicarboné.

372. — *Pourquoi la partie inférieure d'un jet de gaz allumé est-elle d'un bleu sombre ?* — Parce que le courant continuel de gaz frais refroidit cette partie de la flamme, dont la chaleur n'est pas suffisante pour le décomposer et pour brûler le carbone qui y est contenu. La combustion est souvent incomplète et l'oxyde de carbone se forme.

La conversion des deux éléments du gaz ne se fait pas en même temps : l'hydrogène brûle le premier, et abandonne le carbone, qui, déposé momentanément dans l'intérieur de la flamme, parvient à la température du rouge blanc, et concourt alors à donner à la flamme sa blancheur éclatante.

373. — *Pourquoi un jet de gaz s'éteint-il plus facilement quand le conduit est à demi fermé que lorsque le gaz sort à plein tuyau ?* — Parce que plus la quantité de matière en combustion est petite, plus la flamme est facile à éteindre.

374. — *Pourquoi un éteignoir éteint-il une chandelle ?* — Parce qu'il soustrait la flamme à l'influence de l'oxygène : pas d'air, pas de combustion.

375. — *Pourquoi la flamme d'une chandelle ne met-elle pas le feu au cornet de papier dont on se sert comme d'éteignoir ?* — Parce que la flamme : 1° consume aussitôt l'oxygène contenu dans l'éteignoir de papier ;

— 2° remplit l'intérieur du cornet d'acide carbonique, qui l'empêche de prendre feu.

376. — *Quelle est la cause qui fait courber une longue mèche de chandelle ?* — C'est son propre poids.

377. — *D'où vient, au sommet de la mèche, le champignon connu sous le nom vulgaire de voleur ?* — De l'accumulation du noir de fumée ou des particules charbonnées du coton, qui ne sont pas entièrement séparées de la mèche, mais s'accrochent légèrement à son sommet.

378. — *Pourquoi le champignon n'est-il pas consumé par la flamme ?* — Parce que la longueur et l'épaisseur de la mèche diminuent tellement la chaleur de la flamme, qu'elle ne suffit plus pour consommer les particules charbonnées.

379. — *Pourquoi la chaleur de la mèche rougie par la flamme ne fait-elle pas couler une bougie ?* — Parce que la cire ou la stéarine d'une bougie ne fond pas à une température aussi basse que le suif.

Le suif fond à 38 degrés centigrades ; la stéarine pure ne fond qu'à 62 ; les cires ne fondent généralement qu'à 64.

Stéarine. — La graisse animale contient deux principes : l'un solide, qui a été nommé *stéarine*, du grec στέαρ (suif) ; et l'autre, liquide, qui a reçu le nom d'*oléine*, acide oléique, du latin *oleum*, qui signifie *huile*.

380. — *Quand on souffle une chandelle, d'où vient la mauvaise odeur de la mèche fumante ?* — Le suif chaud de la mèche dégage une *huile volatile*, qui a reçu le nom d'*acryle*, dont l'odeur est nauséabonde, et que l'on ne sentait pas lorsqu'elle était complètement brûlée.

L'*acryle* est la base hypothétique du produit de la distillation de la glycérine (le *principe doux des huiles*). L'acryle se compose de 6 volumes de carbone et de 3 volumes d'hydrogène (C^6H^3).

V

381. — *Comment peut-on produire la chaleur au moyen de l'action mécanique ?* — 1° Par la percussion ; 2° par le frottement ; 3° par la condensation ou la compression.

382. — *Que signifie le mot percussion ?* — La percussion est l'action par laquelle un corps est frappé, comme lorsqu'un forgeron bat avec son marteau un morceau de fer sur une enclume.

383. — *Pourquoi le fer devient-il chaud lorsqu'on le bat ?* — Il a été dit que tout mouvement mécanique se transformait en chaleur. Le choc de l'outil sur le métal donne du calorique. La force vive des molécules du corps frappant et du corps frappé est diminuée, la différence entre l'état antérieur et l'état présent se traduit par un développement de chaleur sensible.

384. — *De quelle manière les forgerons allumaient-ils jadis leurs allumettes?* — Ils avaient coutume de mettre sur une enclume un clou de fer doux et de le battre vivement avec un marteau; la pointe alors devenait assez chaude pour embraser une allumette soufrée.

385. — *Pourquoi produit-on une étincelle en frappant un caillou avec un briquet?* — Parce que la percussion dégage assez de chaleur pour enflammer les petites particules de fer détachées du briquet par le choc de la pierre dure.

386. — *Pourquoi les chevaux font-ils quelquefois jaillir des étincelles avec leurs pieds?* — Parce que les fers des chevaux, frappant contre les pavés, font l'effet du briquet sur la pierre à feu.

Fig. 62. — Sauvage allumant du feu par le frottement.

387. — *Comment les sauvages produisent-ils du feu par le frottement de deux morceaux de bois?* — Ils affilent en pointe un morceau de bois sec, qu'ils frottent rapidement, à plusieurs reprises, sur un autre morceau plat de bois dur; en peu de temps les parcelles de bois prennent feu.

Les meilleurs bois pour cette expérience sont le mûrier frotté contre le buis, ou le laurier contre le lierre.

388. — *Pourquoi les roues prennent-elles feu si elles ne sont pas graissées, si leur essieu est trop serré dans la boîte, si leur mouvement de rotation est trop rapide?* — Parce que, dans ces conditions, l'essieu frotte considérablement contre les parois de la boîte, et que ce frottement dégage une grande quantité de chaleur.

389. — *A quoi sert la graisse dont on entoure tous les axes de rotation?* — A diminuer le frottement ou du moins à faire que le frottement n'ait pas lieu entre deux corps durs, mais entre un corps dur et une substance semi-fluide. La chaleur dégagée est alors beaucoup moindre.

390. — *Pourquoi, en hiver, se frotte-t-on les mains, se frappe-t-on le corps avec les bras, et bat-on la semelle?* — Le frottement et la percussion rendent plus active la circulation du sang; le mouvement musculaire crée de la chaleur et le corps se réchauffe.

391. — *Comment expliquez-vous que deux morceaux de glace fondent quand on les frotte l'un contre l'autre ?* — Le frottement de deux morceaux de glace dégage de la chaleur, fait fondre la glace.

Partout où il y a frottement, grippement, percussion, etc., il y a de la force mécanique dépensée ; et la force mécanique dépensée, dissimulée, mais non anéantie, reparaît sous forme de chaleur sensible, ou se convertit en chaleur. Prenez une petite bande de caoutchouc, tenez-la par ses deux extrémités, sans la tendre, appliquez son milieu contre les lèvres, vous la trouverez froide ou fraîche. Eloignez-la, tendez-la, en écartant avec force les deux extrémités, rapprochez-la des lèvres, vous la trouverez chaude relativement ; la force dépensée dans la traction a fait naître de la chaleur. Laissez-la revenir à son état primitif, appliquez-la une troisième fois contre les lèvres, vous constaterez qu'elle est redevenue froide.

392. — *Pourquoi l'action de la vrille, du foret, de la scie, de la lime, du marteau, etc., échauffe-t-elle les corps sur lesquels elle s'exerce, et d'autant plus qu'elle est plus intense ?* — Parce que cette action est un frottement, accompagné d'une dépense de force mécanique convertie en chaleur.

393. — *Lorsqu'on fore un canon, pourquoi la tarière s'échauffe-t-elle au point de brûler la main qui la toucherait ?* — Parce qu'il y a frottement énergique et disparition considérable de force mécanique, avec conversion en chaleur.

394. — *Pourrait-on utiliser le frottement pour engendrer de la chaleur et même de la vapeur ?* — M. Beaumont a réalisé un appareil thermo-générateur dans lequel le frottement d'un cône en bois contre les parois d'une surface conique de métal entouré d'eau dégage assez de chaleur pour vaporiser l'eau, mais ce ne peut être là un appareil industriel, car pour faire tourner le cône et produire le frottement, il faut un moteur, pour alimenter ce moteur du charbon. Autant chauffer l'eau de suite avec le combustible et d'autant mieux que chaque intermédiaire employé absorbe inutilement de la force et augmente la quantité de charbon nécessaire. Ce système ne pourrait trouver d'application qu'en se servant de chutes d'eau gratuites.

395. — *Qu'entend-on par compression et condensation ?* — La réduction à un volume moindre. La compression est le résultat d'un effort extérieur ; la condensation est le résultat d'un travail interne comme le refroidissement, par exemple, qui contracte un corps. Les parties inférieures d'un édifice sont comprimées par le poids des parties supérieures : il en résulte une diminution de hauteur connue sous le nom de tassement. De l'encre dans un encrier-pompe sur le point de déborder rentre dans l'encrier, si la température s'abaisse notablement ; c'est que l'air refroidi dans le corps de pompe s'est condensé et l'encre suit le mouvement de retrait.

396. — *Quel est l'effet immédiat résultant de la compression ?* — Un dégagement de chaleur d'autant plus grand, que la compression est plus grande, et qui est la transformation en chaleur de la force mécanique dépensée pour l'opérer.

On prend, par exemple, un cylindre de verre bien calibré, dans lequel se meut un piston ; on met au fond un morceau d'amadou, on engage le piston dans le cylindre, on le fait descendre vivement ; l'air contenu à l'intérieur est violemment comprimé et dégage assez de chaleur pour allumer l'amadou. L'appareil, tel qu'on vient de le décrire, s'appelle *briquet à air*.

397. — *Pourquoi les poudres détonantes s'embrasent-elles par la trituration ou par la percussion ?* — Parce que : 1° la percussion, la compression ou le frottement, en rendant plus intime le contact des molécules des diverses substances qui entrent dans la composition des poudres, provoquent leurs réactions et leurs décompositions mutuelles ; 2° ces réactions et ces décompositions sont, en outre, aidées par la chaleur que la percussion ou le frottement font naître. Certaines poudres détonantes, comme l'iodure d'azote, sont des combinaisons tellement instables, que le plus petit frottement, même sans chaleur sensible dégagée, suffit pour amener leur explosion.

Fig. 63. — Briquet à air.

A, piston compresseur.

398. — *Pourquoi le passage d'un corps de l'état liquide à l'état solide est-il toujours accompagné de chaleur ?* — Parce que le calorique, à l'état latent ou dissimulé, qui était employé à maintenir à une distance plus grande les molécules du liquide devient libre ou sensible, lorsque le corps est passé à l'état solide.

399. — *Pouquoi le passage de l'état solide à l'état liquide se fait-il avec absorption de chaleur ?* — Pour la raison inverse. Il faut écarter les molécules, effectuer un travail mécanique et par suite dépenser de la chaleur.

VI

400. — *Quel effet mécanique la chaleur produit-elle généralement ?* — Elle produit une expansion ou une dilatation de la substance échauffée.

Il n'y a qu'un petit nombre de corps qui fassent exception. Le plus connu est l'*argile* : le pyromètre de Wedgewood est fondé sur le retrait de l'argile, c'est-à-dire sur la propriété qu'a cette substance de diminuer de volume à mesure que la température s'élève, et de conserver cette diminution après le refroidissement.

Ce retrait de l'argile paraît dû à une déshydratation ou perte d'eau, d'où résulte un tassement plus complet des molécules.

L'*eau* offre une exception à la même règle. Supposons un thermomètre rempli d'eau pure : si le niveau est en M à la température de zéro, il descendra, à mesure qu'on échauffera le liquide, jusqu'à 4 degrés, où l'eau sera à son maximum de densité, et, à partir de ce point, il y aura toujours dilatation tant qu'on élèvera la température.

401. — *Comment démontre-t-on que la chaleur dilate le volume en l'air ?*

— Si une vessie, remplie partiellement d'air, et liée à son col, est posée devant le feu, l'air se dilate au point que la vessie se rompt. C'est que la chaleur du feu fait écarter les molécules de l'air les unes des autres, et, de la sorte, leur fait occuper plus d'espace qu'auparavant. C'est, comme nous l'avons dit, une propriété essentielle de la chaleur que de tenir à distance les molécules des corps, et d'autant plus qu'elle est plus grande.

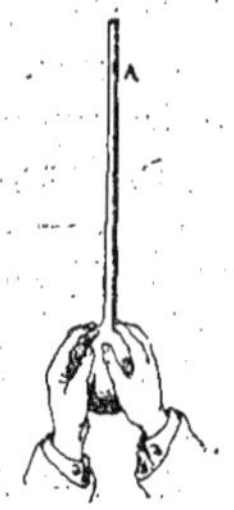

402. — *Pourquoi les marrons non fendus éclatent-ils avec un bruit lorsqu'on les fait cuire sous la cendre?* — C'est que la chaleur fait vaporiser l'eau contenue dans le marron et la dilatation de cette vapeur fait éclater l'enveloppe. Si le marron est fendu, la vapeur s'échappera par cette porte ouverte

403. — *Pourquoi une pomme se fend-elle et crache-t-elle lorsqu'elle est devant le feu?* — Parce que le jus aqueux de la pomme se convertit en vapeur.

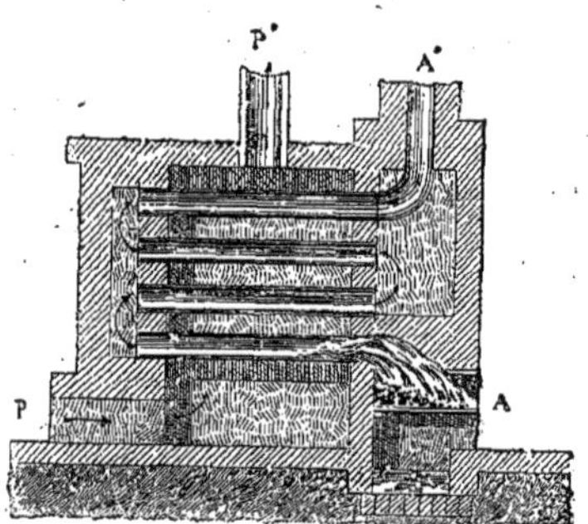

Fig. 64. — Dilatation d'un gaz dans l'intérieur d'une boule, accusée par le déplacement successif de l'index en B, puis en A.

404. — *Lorsqu'une pomme est devant le feu, pourquoi s'amollit-elle du côté du feu, tandis que tout le reste continue à être dur?* — Parce que les cellules de la partie tournée vers le feu se rompent sous la pression de la vapeur poussant le jus dehors, la pomme s'amollit et s'affaisse du côté du feu.

405. — *Pourquoi les pierres se brisent-elles et sautent-elles souvent quand elles sont dans le feu?* — Parce que les pierres contiennent de l'air emprisonné dans leurs vides, ou de l'eau d'imbibition ou de cristallisation; cet air se dilate, cette eau se réduit en vapeur, la pression qu'ils exercent fait éclater la pierre.

406. — *Lorsqu'on met une bouteille de bière devant le feu, pourquoi le bouchon saute-t-il quelquefois?* — Parce que l'acide carbonique de la bière se dilate par la chaleur et lance le bouchon hors du goulot de la bouteille.

407. — *Comment chauffe-t-on les maisons par l'air chaud?* — On allume du feu dans un calorifère placé à la cave ou au rez-de-chaussée, le feu échauffe l'air qui remplit la chambre à air du calorifère; celui-ci en s'éle-

Fig. 65. — Chauffage par l'air chaud.
A, foyer; — P, prise d'air; — A', tuyau de fumée; — P', conduit d'air chaud.

vant pénètre par des conduits et des bouches de chaleur dans les appartements de la maison, et y apporte le calorique. L'air qui alimente la chambre de chauffe vient du dehors, amené par une conduite. Cet air pénètre dans la chambre en maçonnerie au milieu de laquelle circulent les tuyaux de fumée ; à l'aide de cloisons on oblige cet air à lécher les parois chaudes des tuyaux. On utilise ainsi très bien le combustible, puisque la chaleur ordinairement emportée par la fumée sert à chauffer, aussi bien que le foyer, l'air qui parvient dans les pièces.

408. — *Lorsqu'un enfant fait une montgolfière de papier, qu'il met le feu à l'éponge trempée dans l'esprit-de-vin et placée au-dessous, pourquoi le ballon s'enfle-t-il ?* — Parce que l'air du ballon est dilaté par la chaleur de la flamme ; il occupe un volume de plus en plus grand, le ballon se gonfle et son enveloppe en papier se tend de plus en plus.

409. — *Pourquoi le ballon monte-t-il ?* — En vertu du principe d'Archimède, l'air dilaté étant moins pesant que l'air extérieur, le ballon s'élève jusqu'à ce que son poids devienne égal à celui du volume d'air déplacé. Comme l'air devient de plus en plus léger avec la hauteur, le ballon finit par atteindre une couche d'équilibre qu'il ne peut plus dépasser et d'autant plus vite que la température s'abaisse aussi au fur et à mesure que l'on monte dans l'atmosphère.

410. — *Pourquoi a-t-on généralement de la peine à enlever un bouchon de cristal, si on l'a mis humide sur une carafe ou sur un flacon ?* — Ce fait se produit surtout lorsque le flacon a été bouché dans un lieu chaud, et voici comment on l'explique : 1° l'humidité du bouchon fait que la fermeture est hermétique, ou qu'il n'y a plus aucune communication entre l'air extérieur et l'air intérieur du flacon ; 2° si on l'a bouché dans une chambre chauffée, l'air intérieur du flacon, qui était plus chaud et plus dilaté, se refroidit et occupe un espace moindre ; il y a donc dans le goulot du flacon un certain degré de vide, la pression intérieure est moins grande que la pression de l'air extérieur et c'est cet excès de pression de l'air extérieur qui s'oppose à l'enlèvement du bouchon.

411. — *Pourquoi le bouchon de cristal d'un flacon à odeurs tient-il souvent au goulot ?* — Parce que le flacon à odeurs est, le plus souvent, dans la condition d'un flacon bouché en lieu chaud, avec un bouchon humide, et dans lequel la pression de l'air intérieur est moins grande que la pression de l'air extérieur.

412. — *Quels sont les corps qui se dilatent le plus par la chaleur, des solides, des liquides ou des gaz ?* — Ce sont les *gaz* qui, sous la même pression et à la même température, prennent des accroissements de volume sensiblement égaux. On a cru d'abord que tous les gaz se dilataient rigoureusement de la même quantité, et l'on a longtemps cherché leur coefficient commun de dilatation. Gay-Lussac le faisait égal à 0,00375, c'est-à-dire qu'il supposait que tous les gaz, pour chaque élévation de température égale à un degré, se dilataient de 375 cent-millièmes de leur volume priimitif. Il était tout naturel cependant de penser que la nature physique propre de chaque gaz devait influer sur la quantité plus ou moins grande dont il se dilate ; c'est ce que les physiciens modernes ont en effet reconnu.

Le coefficient de dilatation de l'air atmosphérique ou la fraction dont il se dilate pour chaque degré du thermomètre est 0,00367.

413. — *Quelle relation existe-t-il entre la densité et la température de l'air et de tous les gaz ?* — Pour un même gaz, la densité est toujours en raison inverse de la température : par exemple, la densité de l'air devient moitié moindre quand la chaleur augmente et que son volume double.

414. — *Qu'est-ce que la poudre à canon ?* — C'est un mélange de *salpêtre*, nitre ou nitrate de potasse bien pur, de fleur de *soufre*, et de *charbon* léger, peu calciné et très divisé.

Les proportions de ces trois substances varient suivant les pays et suivant les usages auxquels la poudre est destinée. Par exemple :

	Nitre.	Charbon.	Soufre.	
Poudre de chasse (française)	78	12	10	= 100
— guerre —	75	12 1/2	12 1/2	= 100
— mine —	65	15	20	= 100
— dite *anglaise* —	76	15	9	= 100

415. — *Qu'est-ce qui produit la détonation de la poudre à canon ?* — La commotion violente imprimée à l'air par le passage de la poudre de l'état solide à l'état gazeux, ou par la dilatation subite des gaz dans lesquels la poudre se transforme. Quand on met le feu à la poudre, le salpêtre se décompose ; il y a dégagement d'acide carbonique, d'azote, d'oxyde de carbone, d'acide sulfhydrique et production de sulfure de potassium, de sulfocyanure de potassium, de sulfate et carbonate de potasse et de vapeur d'eau. Selon Bunsen, 100 grammes de poudre produiraient 19 litres de gaz. La poudre passerait, par sa combustion, environ du volume 1 au volume 190. Le travail théorique d'un kilogramme de poudre serait de 67 000 kilogrammètres. En tenant compte de la température de combustion qui atteindrait 3 000°, la pression produite par les gaz s'approcherait de 4 000 atmosphères. Au lieu d'un corps solide, on a donc plusieurs gaz nés à une température très élevée, qui se dilatent brusquement et tendent à occuper un volume incomparablement plus considérable.

416. — *Pourquoi donne-t-on à la poudre la forme de grains ?* — Parce que cette forme modère la vitesse de la combustion. Le grain varie avec les effets à obtenir. D'après Piobert, la poudre la plus convenable pour une arme déterminée est celle qui, brûlant d'une manière complète dans le temps que le projectile met à parcourir l'âme de la pièce, lui imprime très vite, mais progressivement, toute la force de projection dont elle est capable.

417. — *Pourquoi la poudre brûle-t-elle dans le vide ?* — Elle brûle une fois allumée, sans air, parce que la réaction chimique de la décomposition emprunte son oxygène non pas à l'air, mais à l'oxygène contenu dans le salpêtre.

418. — *Pourquoi les parois de l'arme sont-elles souvent brisées par la poudre ?* — Parce que la réaction de la poudre, au moment de son explosion, est si violente et si brusque que la cohésion des parois métalliques ne peut pas lui résister.

419. — *Comment les bonbons chinois sont-ils confectionnés ?* — Avec le *fulminate d'argent* ou de *mercure*. On colle une parcelle de cette poudre, avec quelques grains de verre pilé ou de sable, entre deux bandes étroites de parchemin, qui peuvent glisser avec frottement l'une sur l'autre, quand on les tire en sens opposé. La chaleur née du frottement des bandes de parchemin suffit à enflammer le fulminate d'argent ou de mercure, et à le faire détoner.

420. — *Qu'est-ce que la nitroglycérine ?* — Un liquide visqueux obtenu en traitant par l'acide nitrique la glycérine (un des composants des acides gras), composé très instable de carbone, d'azote et d'oxygène, qui détone avec une violence extrême par une élévation de température, par le choc, ou mieux par la détonation d'une capsule fulminante. La nitroglycérine est le plus énergique des agents explosifs; employée en quantité suffisante, elle disloque les montagnes, déchire et brise le fer, projette des masses gigantesques, etc., etc. Sa violence excessive et surtout son instabilité rendent son emploi direct presque impossible ; on ne peut guère la manier sans danger.

421. — *Qu'est-ce que la dynamite ?* — Un mélange de nitroglycérine avec des poussières minérales, de la silice, du sable fin, de l'alumine en poudre, etc. Ce mélange, imaginé par M. Nobel, a pour but de conjurer les dangers de l'explosion de la nitroglycérine, tout en utilisant sa puissance d'action. La dynamite, facilement transportable, est aujourd'hui le plus précieux des agents explosifs : elle a sur la poudre l'immense avantage de n'avoir pas besoin pour agir d'être renfermée dans un espace clos, d'exercer au contraire toute son énergie à ciel ouvert. Il suffit en effet d'en verser une petite quantité sur un bloc de bois, de pierre, ou de fer, au pied d'un arbre, au bas d'une palissade, et d'y mettre le feu au moyen d'une mèche ou d'une capsule fulminante, pour tout briser.

422. — *Qu'est-ce que le coton-poudre ?* — Du coton maintenu, pendant vingt minutes environ, dans un mélange d'acide azotique et d'acide sulfurique concentré, lavé ensuite à grande eau et desséché. Le coton est ainsi transformé en une substance explosive dont la force, à poids égal, est au moins quatre fois plus grande que celle des poudres de mines. Dans ses emplois à la photographie et à la chirurgie, la poudre-coton dissoute dans l'éther prend le nom de *collodion*.

423. — *Les métaux se dilatent-ils comme les gaz ?* — Les métaux se dilatent par la chaleur, mais beaucoup moins que les gaz et les liquides, et beaucoup plus inégalement ; c'est-à-dire que la quantité dont le métal se dilate varie considérablement d'un métal à l'autre.

Placés dans les mêmes circonstances, l'étain est plus dilatable par la chaleur que le cuivre, et le cuivre plus que le fer.

424. — *Pourquoi les métaux se dilatent-ils moins que les gaz ou les liquides ?* — Les molécules des solides

Fig. 66. — Dilatation d'une boule métallique A.

Froide, elle passe à travers l'anneau ; chauffée, elle est arrêtée par l'anneau.

sont fortement liées entre elles par la cohésion ; la cohésion est déjà presque nulle pour les liquides ; et, au lieu de tendre à rester unies, les molécules des gaz tendent au contraire à se séparer ; elles sont même dans un état d'agitation perpétuelle, animées de vitesses relativement très grandes ; il est donc tout naturel, dès lors, que l'action d'écartement de la chaleur produise plus d'effet sur les gaz et sur les liquides que sur les solides.

425. — *Parmi les métaux en est-il un qui soit liquide à la température ordinaire, et qui se dilate comme les liquides ?* — Oui, le mercure, pour qui chaque élévation de température d'un degré, et jusqu'à 100 degrés, se dilate d'un cinq-millième environ de son volume. Le mercure passe à l'état solide à 40 degrés au-dessous de zéro. Sa propriété de rester liquide à la température ordinaire, sans s'évaporer sensiblement, le rend précieux pour la construction des baromètres, thermomètres, manomètres, etc.

426. — *Pourquoi le mercure du thermomètre monte-t-il toutes les fois que le temps est chaud ?* — Parce que la chaleur dilate le mercure ; il occupe alors plus d'espace ; et, ne pouvant s'étendre par en bas ou de côté, s'élève dans le tube du thermomètre.

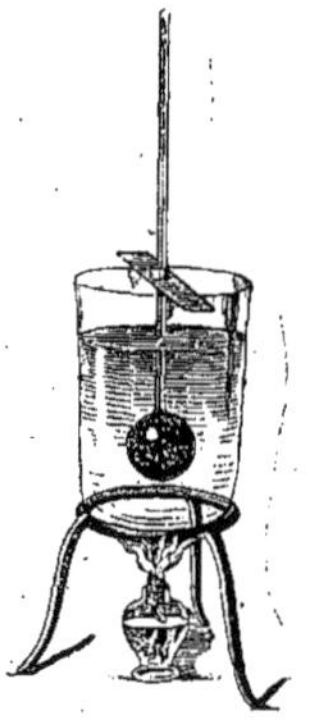

427. — *Pourquoi un rasoir coupe-t-il mieux quand on le plonge dans l'eau chaude avant de se raser ?* — Un rasoir ne coupe que par un effet de scie très fine, à dents excessivement rapprochées ; or la chaleur de l'eau, en dilatant davantage les petites parties saillantes du tranchant, augmente l'effet de scie, et le tranchant devient plus aigu.

Fig. 67. — Dilatation du mercure dans le thermomètre.

428. — *Pourquoi un tonnelier échauffe-t-il ses cerceaux en fer lorsqu'il les met autour d'une cuve ?* — 1° Comme le fer se dilate par la chaleur, les cerceaux rougis au feu seront agrandis, et glisseront alors sur la cuve ; — 2° comme le fer se contracte par le refroidissement, les cerceaux, en se refroidissant, serreront la cuve plus étroitement.

429. — *Pourquoi le charron fait-il rougir au feu la bande de fer qu'il fixe autour du moyeu d'une roue?* — Afin : 1° qu'élargie par la chaleur, la bande glisse plus facilement sur le moyeu ; — 2° que, contractée par le refroidissement, elle le serre plus étroitement.

430. — *Pourquoi les horloges retardent-elles quand il fait chaud?* — Parce que le pendule qui règle l'horloge, s'allongeant par la chaleur, oscille plus lentement et en retarde ainsi la marche. Pour faire avancer l'horloge, il suffit de relever la lentille du pendule.

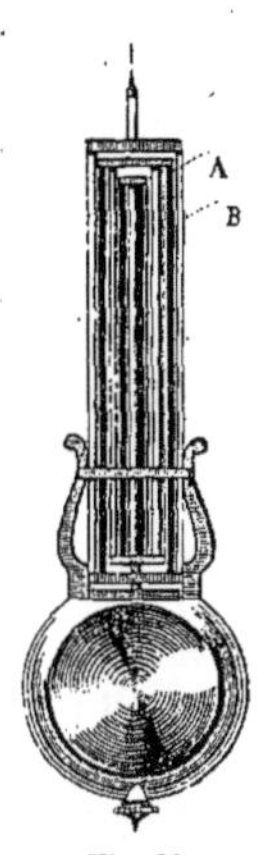

Fig. 68.
Pendule compensateur.

A et B, tiges formées de métaux dont la dilatation est différente.

431. — *Qu'appelle-t-on pendule compensateur ?* — Ce sont des pendules qui conservent leur longueur malgré les variations de température. Ils sont formés par des tiges métalliques verticales de diverses natures, assujetties sur des traverses horizontales. Les dilatations de ces tiges sont combinées de façon que, sous l'influence de la température, le centre de suspension du pendule reste à égale distance du centre de gravité.

432. — *Ce qui arrive aux pendules métalliques des horloges arrive-t-il aux spirales des chronomètres ou montres marines?* — Oui, les spirales se dilatent par la chaleur ou se contractent par le froid et font retarder ou avancer le chronomètre ; et, comme pour un chronomètre il faut une régularité presque absolue, le recours aux spirales composées ou formées de divers métaux dont les dilatations se compensent devient nécessaire.

433. — *Pourquoi laisse-t-on un certain jeu entre les rails des chemins de fer ?* — Parce que, sous l'influence de la chaleur, les rails se dilatent et s'allongent. Si l'on ne prenait cette précaution, les rails se toucheraient et se soulèveraient sous leur pression réciproque.

434. — *Pourquoi un poêle craque-t-il toutes les fois que le feu est très ardent?* — Parce qu'il se dilate par la chaleur, et que ses diverses parties frottent l'une contre l'autre. On peut remarquer les craquements dans certains meubles, aux changements de température ou aux variations de sécheresse ou d'humidité. L'humidité fait gonfler aussi les boiseries et la sécheresse les fait se contracter.

435. — *Si l'on verse de l'eau froide dans le réservoir ou bassine en fonte* *d'un fourneau de cuisine quand le feu est rouge, pourquoi le métal se fend-il ?* — Parce que la partie du métal dilaté que touche l'eau froide se contracte subitement, avant que le changement de température puisse s'étendre jusqu'aux parties supérieures du réservoir ; il en résulte que les deux parties tendent à se séparer et pourront se séparer effectivement l'une de l'autre.

436. — *Pourquoi le verre d'un tableau se casse-t-il quelquefois quand la chambre est très chaude ?* — Le verre, se dilatant plus que le bois, presse contre les rainures du cadre si on ne lui a pas laissé assez de jeu ; et cette pression le fait éclater.

La dilatation du verre est plus grande que celle du bois, ou même que celle des métaux.

437. — *Pourquoi un vase en verre ou en porcelaine se brise-t-il lorsqu'on y verse de l'eau bouillante ?* — Parce que la partie du verre touchée par l'eau chaude se dilate plus que les autres parties ; par conséquent, le diamètre de la partie inférieure du verre devenant plus grand que celui de la partie supérieure, il en résulte une tension ou pression qui peut très bien briser le verre ou le faire éclater.

Pour éviter tout accident, il faut verser d'abord une petite quantité d'eau chaude dans le vase en verre ou en porcelaine, puis incliner le verre dans divers sens pour mettre l'eau chaude en contact successif avec toutes les parties de sa surface ; quand toutes seront également échauffées, on pourra verser sans crainte une quantité d'eau très chaude.

438. — *Lorsqu'on a de la peine à enlever d'un flacon un bouchon de cristal, que doit-on faire ?* — On doit échauffer le goulot du flacon, soit par des charbons ardents, soit avec une serviette trempée dans l'eau bouillante, soit en le frottant vivement avec une ficelle ; le bouchon sortira ensuite sans peine parce que la chaleur dilate le goulot, sans dilater le bouchon, qu'elle n'atteindrait que plus tard.

439. — *Pourquoi un verre épais casse-t-il plus facilement au feu qu'un verre mince?* — Parce que les dilatations d'un verre épais ne peuvent pas se faire d'une manière aussi uniforme que celles d'un verre mince ; il s'établit facilement dans un verre épais des efforts antagonistes qui font briser le verre.

440. — *Pourquoi la chaleur du feu et du soleil fait-elle courber une feuille de papier ?* — Parce que : 1° la chaleur, en desséchant le côté exposé au feu ou au soleil, le force à se contracter ; 2° le côté séché, devant avoir une surface moindre, doit devenir concave, tandis que le côté non chauffé devient convexe.

441. — *Pourquoi le papier que la chaleur a courbé se redresse-t-il de nouveau lorsqu'on l'a retiré du feu ?* — Parce que la surface sèche, reprenant l'humidité qu'elle avait, revient à son étendue primitive.

442. — *Pourquoi, en humectant un des côtés de la feuille de papier, la fait-on se courber ?* — Parce que le côté mouillé se dilate, et que ce côté mouillé dilaté, pour avoir une surface plus grande, doit devenir convexe, taudis que le côté sec devient concave.

443. — *Quel rôle joue la dilatation dans le thermomètre métallique ?* —

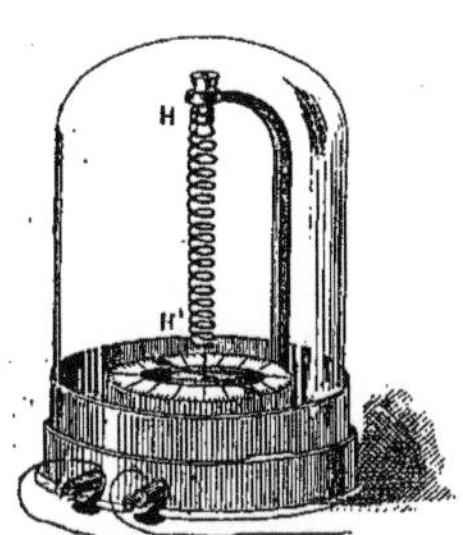

Fig. 69. — Thermomètre à hélice métallique HH′ de Bréguet.

M. Bréguet a tiré parti de la différence de dilatation de deux métaux pour réaliser un thermomètre. On roule en hélice un ruban ou lame formée de trois couches superposées, argent à l'intérieur, or au milieu, platine à l'extérieur ; la couche d'or sert à souder les deux autres. L'argent se dilate et se contracte beaucoup plus que le platine ; si donc la température s'élève, la surface intérieure deviendra plus grande, l'hélice se détordra, l'aiguille qu'elle porte à son extrémité marchera de gauche à droite ; si, au contraire, la température baisse, la surface extérieure sera plus grande, l'hélice se tordra, l'aiguille qu'elle porte marchera de droite à gauche ; l'hélice indiquera donc et mesurera les variations de température.

444. — *Pourquoi fait-on friser une bande de papier en la grattant avec un couteau ?* — Parce que le couteau, comprimant et chauffant le côté du papier sur lequel il agit, le force à se contracter, et par conséquent à se courber.

445. — *Pourquoi le bois se courbe-t-il du côté exposé au soleil ?* — Par la même raison que le papier. C'est à l'aide du feu ou de la chaleur qu'on fait courber les douves de tonneau, les brancards de cabriolets, les manches de charrue, les balustres d'un escalier, les ais des toits, les membrures des vaisseaux, etc. C'est aussi à l'aide de la chaleur appliquée en sens contraire qu'on redresse les bois courbés.

446. — *Pourquoi réussit-on à faire friser ou boucler les cheveux à l'aide d'un fer chaud ?* — Parce que la chaleur, en desséchant le côté de la mèche de cheveux que le fer touche, la force à se contracter ; la mèche de cheveux alors se contourne comme le papier et le bois dont il a été question plus haut.

447. — *Pourquoi le fer rouge est-il plus souple que le fer froid ?* — Parce que la chaleur, en écartant les molécules, diminue leur cohésion et l'on peut les faire mouvoir plus facilement les unes sur les autres.

Une chaleur encore plus grande écartera les molécules si loin les unes des autres, que le fer solide deviendra mou et finira par se liquéfier. — Dans cet état, les molécules rouleront presque sans résistance les unes autour des autres.

448. — *Pourquoi certaines substances sont-elles solides, certaines autres liquides, et d'autres gazeuses ?* — Parce que les molécules des diverses substances de la nature sont plus ou moins rapprochées, plus ou moins liées par la cohésion, ou plus ou moins indépendantes les unes des autres. Les substances dont les molécules sont très serrées et liées par la cohésion sont solides ; celles dont les molécules ne s'attirent plus et manifestent même comme un commencement de répulsion ou sont en état d'agitation perpétuelle sont des gaz ; les autres, dans lesquelles les molécules demeurent à peu près indifférentes à la séparation, sont des liquides plus ou moins visqueux, plus ou moins fluides.

449. — *Quelle est la différence entre une vapeur et un gaz proprement dit ?* — Les gaz proprement dits restent gaz à toutes les températures comme à toutes les pressions que l'on rencontre dans la nature ; ils ne se liquéfient qu'autant qu'on les soumet à des températures extrêmement basses et à des pressions très énergiques ; les vapeurs, au contraire, proviennent des corps que l'on trouve dans la nature à l'état solide ou liquide, et qui reprennent leur état primitif quand on cesse d'élever la température. La vapeur d'eau, par exemple, née de l'eau amenée à l'ébullition, se condense de nouveau en eau dès que sa température descend au-dessous de 100 degrés.

450. — *Que deviennent les gaz à une température très basse ?* — Tous les gaz soumis à une température extrêmement basse, unie aux pressions les plus énergiques, se condensent en liquides. On est parvenu depuis dix ans à liquéfier l'oxygène, l'hydrogène, l'azote, l'acétylène, etc. On pense même avoir obtenu des cristaux microscopiques d'oxygène solidifié.

Bien antérieurement, on était déjà arrivé à liquéfier l'acide carbonique et à le solidifier sous forme de neige. On se brûle en touchant cette neige d'acide carbonique. Le froid désorganise les tissus comme le chaud. C'est en laissant s'échapper un jet d'acide carbonique liquéfié à haute pression, qu'on obtient la solidification de ce corps. L'expansion subite du liquide qui retourne à l'état de gaz enlève une telle quantité de chaleur qu'une portion se refroidit assez pour se congeler. On ramasse de la neige d'acide carbonique. Si l'on ajoute un peu d'éther à cette neige pour hâter ensuite sa liquéfaction et sa gazéification, on produit une température de 90 degrés au-dessous de zéro.

451. — *A-t-on utilisé la propriété des gaz de se comprimer en espace clos ?* — Une des applications les plus connues est celle des siphons d'eau de Seltz. On peut faire chez soi de l'eau de Seltz, c'est-à-dire de l'eau chargée d'acide carbonique en plaçant dans un siphon, préparé à cet effet, de l'acide tartrique et du bicarbonate de soude. Le bicarbonate est décomposé par l'acide et il se forme de l'acide carbonique sous pression qui se dissout dans l'eau. On fabrique à l'usine Krupp de gros récipients de fer pleins d'acide carbonique liquéfié et l'on utilise cette énorme provision portative d'acide carbonique à différents usages.

Le gaz portatif est encore une application usuelle. On comprime le gaz dans des récipients métalliques de façon à les emplir de 5 à 6 fois leur volume de gaz d'éclairage. Puis on va vider cette provision dans les gazomètres des maisons particulières.

452. — *Pourquoi la vapeur qui s'échappe par la soupape d'une chaudière à haute pression est-elle à peine tiède à quelque distance de l'ouverture, tandis que, à la même distance, le jet de vapeur d'une machine à basse pression est encore brûlant ?* — Parce que : 1° la vapeur surchauffée, ou à haute pression, est moins dense et cède moins facilement sa chaleur ; 2° la vapeur ordinaire, saturée ou à basse pression, est beaucoup plus dense et cède plus facilement la chaleur qu'elle contient ; la première vapeur est bleuâtre et participe de la nature des gaz ; la seconde est blanchâtre, et contient beaucoup d'eau à une température élevée ; on comprend dès lors qu'elle brûle davantage.

453. — *Comment explique-t-on que la chaleur, qui fond et liquéfie certaines substances, comme le suif, coagule et solidifie d'autres substances comme le blanc et le jaune d'œuf ?* — La chaleur change ou modifie la composition chimique ou l'arrangement moléculaire intime de certaines substances, elle coagule l'albumine de l'œuf par exemple ; tandis que, pour les liquides simples, elle ne fait qu'écarter leurs molécules. On comprend encore que la chaleur puisse solidifier tout d'abord certaines substances, en leur enlevant l'eau ou les liquides vaporisables qui les rendent fluides.

454. — *Qu'est-ce que l'évaporation ?* — Lorsqu'on élève la température d'un liquide, les molécules s'éloignent, deviennent moins cohérentes, et si la température continue à augmenter, elles se séparent et le liquide passe à l'état gazeux ou à l'état de vapeur. Ce phénomène est connu sous le nom de *vaporisation*. La plupart des liquides peuvent passer spontanément à l'état de vapeurs, à des températures très inférieures à celles de leur point de vaporisation, mais seulement par la *surface*. Les molécules s'échappent par la surface. C'est ainsi que l'eau finit par disparaître d'un vase ouvert, qu'un linge mouillé se dessèche. Ce phénomène s'appelle *évaporation*. Le mercure lui-même s'évapore à la température ordinaire.

455. — *Qu'est-ce que la sublimation ?* — Il y a *sublimation* quand le corps passe à l'état gazeux sans avoir pris l'état intermédiaire liquide. Le camphre, l'arsenic, l'iode se volatilisent directement. La neige, la glace peuvent s'évaporer sans passer par l'état liquide.

456. — *Quelles circonstances favorisent l'évaporation ou la vaporisation ?* — 1° L'étendue de la surface recouverte par le liquide, qui se vaporise à la fois, sur d'autant plus de points que cette surface est plus grande ; 2° l'élévation de la température ou l'action du feu, puisque la chaleur est

la cause directe du passage de l'état liquide à l'état solide ; 3° la sécheresse de l'air, puisqu'il est apte à se charger d'autant plus de vapeurs
nouvelles qu'il en contient moins ; 4° le renouvellement de l'air, puisqu'au
lieu d'un air saturé, il amène de nouvel air qui ne l'est pas ; 5° enfin,
la raréfaction de l'air, car la pression de l'air extérieur, qui tend à rapprocher les molécules, fait antagonisme à la chaleur qui tend à les séparer, en
réduisant le liquide en vapeur.

457. — *Pourquoi du thé ou du café se refroidissent-ils plus promptement
dans une soucoupe que dans une tasse ?* — 1° Parce que la surface de la
soucoupe est, en général, plus grande que celle de la tasse, et qu'en éten-
dant la surface on favorise l'évaporation, qui est une cause de refrodisse-
ment ; 2° parce que la quantité plus petite de liquide de la soucoupe lui
cède plus facilement sa chaleur.

458. — *Pourquoi un soleil ardent dessèche-t-il les plantes, la terre et tout
ce qu'il frappe ?* — Parce que la chaleur de ses rayons hâte l'évaporation
des liquides qui y sont contenus.

459. — *Pourquoi le vent, quand il n'est pas lui-même humide, sèche-t-il
les linges mouillés ?* — Parce qu'il balaye la vapeur déjà formée, de sorte
que les surfaces mouillées se trouvent toujours en contact avec de l'air à
peu près sec, ce qui hâte la vaporisation et par conséquent le séchage.

460. — *Pourquoi l'évaporisation se fait-elle plus rapidement sur les montagnes ?* — Parce que la pression atmosphérique étant moindre aux hautes
altitudes, les molécules superficielles se dégagent plus facilement de la
masse liquide.

461. — *Pourquoi l'herbe reste-t-elle fraîche sous les arbres d'une forêt,
tandis qu'elle est déjà desséchée dans les plaines ou sur les montagnes découvertes ?* — Parce que le feuillage épais 1° arrête les rayons du soleil, qui
auraient hâté l'évaporation des liquides des plantes ; 2° limite un espace où
l'air se renouvelle à peine, et où il est toujours saturé d'humidité.

462. — *Pourquoi ressent-on une sensation intense de froid, lorsqu'on verse
de l'éther sur la main ?* — Parce que l'éther se vaporise très promptement
et absorbe par conséquent beaucoup de chaleur, ce qui produit la sensation
de froid.

463. — *Pourquoi, lorsqu'on est en sueur, gagne-t-on facilement des refroi-
dissements ?* — Parce que le moindre courant d'air aide l'évaporation rapide
de la sueur et refroidit le corps.

464. — *Pourquoi transpire-t-on énergiquement quand le corps est revêtu
d'un tissu imperméable comme du caoutchouc ?* — Parce que la chaleur du
corps ne peut plus s'échapper et la perspiration devient très active.

465. — *Qu'entend-on par perspiration ?* — L'eau du corps s'échappe par
la peau sous forme insensible et s'évapore. C'est la perspiration. Si la température du corps tend à augmenter, le phénomène s'exagère ; les goutte-

lettes se montrent à la surface de la peau. C'est la sudation qui vient. Il est très curieux que la température du corps reste constante à 38°, à un dixième près, quelle que soit la chaleur à laquelle il est soumis. C'est que, sous l'influence du système nerveux, le sang traverse les capillaires superficiels, chauffe les tissus ; la peau évapore de l'eau en grande quantité et le refroidissement qui en résulte maintient la température à son taux normal. Si cette action modératrice ne se produisait pas, le sujet serait en danger de mort. La température du corps peut monter, dans la fièvre typhoïde, à 42, 43°. Mais si la température ne baisse pas, la mort survient inévitablement.

466. — *Pourquoi transpire-t-on quand on fait de grands efforts musculaires ?* — Précisément parce que la température du corps s'élève et que l'évaporation doit la faire descendre. .

467. — *Pourquoi perd-on du poids en transpirant ?* — Parce que l'eau des tissus s'échappe dans l'air. Après un bain d'air chaud d'une heure à 80°, on peut perdre plus d'un kilogramme d'eau.

468. — *Pourquoi gagne-t-on en poids quand il fait humide ?* — Pour la raison inverse, la perspiration est ralentie, l'eau du corps s'évapore moins et, par suite, le poids augmente.

469. — *Pourquoi perd-on du poids, en général, dans les climats secs ?* — Parce qu'on évapore davantage. Le corps humain renferme près de 50 p. 100 d'eau ; il se trouve donc un peu dans l'état d'une éponge imbibée d'eau qui perdrait ou gagnerait en poids, selon que le liquide s'évaporerait plus ou moins.

470. — *Si l'on arrose une chambre chaude avec de l'eau, pourquoi devient-elle plus fraîche ?* — Parce que la chaleur vaporise promptement l'eau qu'on y a jetée, et que l'évaporisation, en absorbant le calorique de la chambre, la rafraîchit.

471. — *Pourquoi une grande pluie rafraîchit-elle l'air en été ?* — Parce que le sol perd son excès de chaleur, en faisant évaporer l'eau qui l'humecte, et qu'après s'être rafraîchi, il rafraîchit l'air en contact avec lui.

472. — *Pourquoi les vallées profondes, les caves, etc., sont-elles toujours humides ?* — Parce que : 1° les rayons de soleil n'y pénètrent pas ; l'air ne s'y renouvelant que très difficilement, la vapeur dont il est saturé ne peut se dissiper ; il reste donc humide.

473. — *Pourquoi le sol est-il humide sous les cloches que les jardiniers mettent sur les plantes, tandis que le sol qui les entoure est sec et poudreux ?* — Parce que la cloche empêche la vapeur fournie par l'évaporation du sol de s'échapper, et aussi parce que la transpiration des plantes qui s'y trouvent dégage de l'eau.

474. — *L'évaporisation se fait-elle de même sur une petite surface liquide et sur une grande surface comme celle d'un étang, de la mer, etc. ?* — Non. Il résulte des expériences de MM. Dieulafait et Salles que l'évaporation dans des cuves même larges est près du double de l'évaporation sur des lacs ou sur la mer. Le fait se comprend. L'évaporation tend, sur de grandes surfaces, à saturer l'air d'humidité et à diminuer le phénomène.

475. — *Si l'on mouille son doigt avec la bouche, et si on le tient en l'air, pourquoi ressent-on une sensation de froid ?* — Parce que la salive s'évapore assez promptement, et que la vapeur, en se formant, absorbe une portion de la chaleur du doigt, ce qui produit la sensation du froid. Si l'air est absolument calme et qu'il n'y ait pas de vent, la sensation du froid sera la même sur tout le doigt ; si, au contraire, il fait du vent, la sensation sera plus vive du côté d'où le vent souffle, puisque l'évaporation, cause de cette sensation, est plus grande sous l'action du vent.

476. — *Pourquoi les marchands de poisson couvrent-ils d'une toile mouillée la corbeille qui contient leur poisson ?* — Parce que : 1.° la toile humide empêche les rayons directs du soleil de tomber sur les poissons et de les dessécher ; 2° l'évaporation de la toile humide les maintient frais.

477. — *Pourquoi fait-il plus humide sous bois qu'en plaine ?* — Parce que les arbres évaporent, par leurs feuilles, de l'eau et l'atmosphère se sature d'humidité. Les herbes, la mousse emmagasinent l'eau et accroissent le degré d'humidité. C'est pour cela qu'on voit si souvent des brouillards courir sur les prairies et se produire dans le voisinage des bois.

478. — *Pourquoi fait-il souvent plus chaud en été sous bois qu'en plaine ?* — Parce que l'air ne se renouvelle pas et s'échauffe. L'air est chargé de plus d'humidité et la vapeur chaude ayant un pouvoir calorifique plus grand que l'air, la sensation de chaleur est plus accusée. Pour une raison inverse, il fait plus froid, à l'automne, près des bois qu'ailleurs, parce que l'air humide refroidit davantage le corps.

479. — *Pourquoi s'enrhume-t-on facilement quand on traverse un bois la nuit?* — A cause de l'humidité ; l'air humide refroidit beaucoup plus que l'air sec. On a une sensation de froid bien plus marquée par le temps humide que par le temps sec. On s'enrhume aussi parce que l'air humide renferme de nombreux microbes qui envahissent les voies respiratoires. L'air humide à zéro semble beaucoup plus glacial que l'air sec à 5 degrés au-dessous de zéro. La couche de vapeur froide qui entoure le corps lui enlève beaucoup de calorique.

480. — *Pourquoi, bien que la température soit au-dessus de zéro, trouve-t-on quelquefois de la glace dans les flaques d'eau ?* — Parce que si le ciel est pur et le temps sec, avec vent du nord, le rayonnement terrestre refroidit la terre et l'évaporation est active. L'évaporation produit assez de froid pour congeler l'eau. Dans l'Amérique du Nord, où le climat est très sec, on obtient de la glace pendant la nuit, même en été, en faisant osciller un seau plein d'eau. Le mouvement oscillatoire accélère l'évaporation. On a vu ainsi la température descendre de près de 10°. Si donc la température extérieure est de 8° à 9°, on peut obtenir de la glace. En France, au mois de mai, le thermomètre étant de 5° à 6° au-dessus de zéro, on voit quelquefois l'eau se geler la nuit.

481. — *Peut-on facilement produire de la glace par évaporation ?* — En se servant d'un liquide très volatil, comme l'éther, le chlorure de méthyle, on peut refroidir l'eau au point de la congeler. On prend un petit récipient plein d'eau entouré d'un tissu léger, on verse de l'éther sur le tissu ; l'évaporation est si rapide que la glace ne tarde pas à se former.

C'est sur ce principe que sont fondés certains appareils pour fabriquer la glace industriellement. A l'éther sulfurique qui coûte cher, on substitue, comme le fait M. Ch. Tellier, l'éther méthylique. Cet éther se vaporise d'une manière continue au contact de tubes de cuivre dans lesquels circule une solution de chlorure de chaux qui ne se congèle pas même à — 20°. Le même éther sert sans cesse ; il se volatilise, repasse à l'état liquide et ainsi de suite. La solution froide de chlorure de chaux circule autour du récipient rempli d'eau. L'eau se congèle.

482. — *Pourquoi l'eau placée sous le récipient d'une machine pneumatique se gèlera-t-elle s'il se trouve de l'éther au sein de la même cloche, et si l'on y épuise l'air ?* — Parce que l'évaporation augmente beaucoup quand la pression de l'air diminue ; l'éther dans le vide se vaporise très promptement, et sa vapeur absorbe assez de chaleur pour faire geler l'eau.

Le même effet se produit quand à l'éther on substitue un vase plein d'acide sulfurique concentré et placé au-dessous de la capsule qui contient l'eau. L'acide sulfurique a une très grande affinité pour l'eau, absorbe les vapeurs d'eau aussitôt qu'elles se produisent dans l'air raréfié du récipient ; cet air est donc sans cesse déchargé de la vapeur qu'il reçoit, et toujours prêt à en recevoir une nouvelle quantité ; l'évaporation est ainsi grandement accrue, et bientôt l'eau est assez froide pour passer à l'état solide. C'est sur ce principe qu'est fondé l'appareil à frapper les carafes de M. Carré. La carafe est adaptée à une pompe. On fait le vide, et comme il y a dans la pompe un récipient d'acide sulfurique, la vapeur d'eau est absorbée et la température s'abaisse à près de zéro.

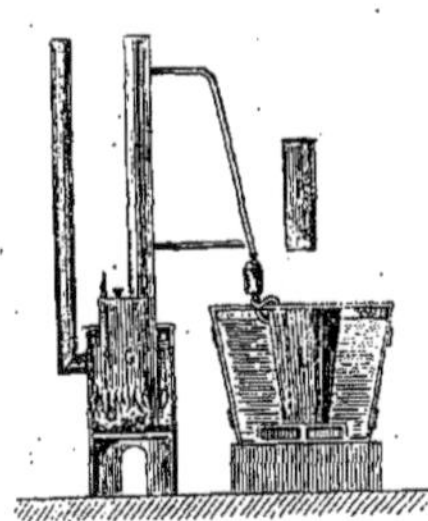

Fig. 70. — Appareil domestique de M. Carré pour fabriquer la glace au moyen de l'ammoniaque.

C, chaudière où l'on chauffe l'ammoniaque qui vient se condenser autour du vase L dans lequel se trouve le liquide à congeler renfermé dans le récipient P.

483. — *N'existe-t-il pas d'autres procédés de fabrication industrielle de la glace ?* — Oui.

On peut encore profiter du froid qui résulte de la transformation d'un corps de l'état liquide à l'état gazeux. Par exemple, dans la machine industrielle à faire de la glace de M. Carré on se sert d'une solution saturée d'ammoniaque. On la chauffe, elle se réduit en vapeurs et va se condenser dans un récipient enveloppant le vase rempli d'eau à congeler. On cesse le chauffage, la pression diminue ; l'ammoniaque condensée se vaporise en enlevant du calorique au vase et à l'eau, et la congélation se produit. C'est donc la *chaleur* empruntée au foyer qui s'est transformée ensuite en *froid*.

La machine à acide sulfureux de M. R. Pictet est fondée sur le même principe.

484. — *Pourquoi la vapeur de l'eau de mer n'est-elle pas salée ?* — Parce que, dans la vaporisation de l'eau de mer, mélange d'eau et de sel, l'eau seule s'évapore et le sel reste. L'Océan est le grand producteur de la vapeur d'eau atmosphérique. Cette vapeur retombe sur le sol sous forme de pluie et alimente les cours d'eau. L'eau atmosphérique sort de la mer sans sel, distillée, et l'on peut dire que l'eau douce a d'abord été salée. L'évaporation des eaux de la mer a surtout lieu dans les régions équatoriales où la température moyenne est de 27 degrés.

485. — *Quel est le dépôt blanc que l'on voit se produire sur les vêtements mouillés par l'eau de mer ?* — C'est du sel abandonné par l'eau qui s'évapore. Ce dépôt disparaît quand le temps devient humide parce que le sel se dissout de nouveau.

Tout le monde a pu remarquer que la peau, les moustaches sont salées, quand on se trouve dans le voisinage de la mer. C'est le sel pulvérisé et entraîné dans l'air qui sale la peau.

486. — *Pourquoi le chlorure de cobalt imbibant du papier change-t-il de teinte selon le temps ?* — On vend des roses, des personnages en papier qui sont roses quand le temps est humide et bleus quand le temps est sec. C'est que le sel de chlorure de cobalt est rose quand il s'imbibe d'eau et il passe au bleu quand il perd son eau. Le changement de teinte indique donc la présence de la vapeur d'eau dans l'air ou la sécheresse de l'atmosphère.

VII

487. — *Qu'est-ce que l'ébullition ?* — Le bouillonnement qui se produit dans un liquide lorsque des bulles de vapeur se forment au sein de sa masse.

488. — *De quelle manière ces bulles se forment-elles et s'élèvent-elles au sein de la masse liquide ?* — Elles se forment sur les parois chauffées du vase, s'élèvent en vertu de leur légèreté, et viennent éclater à la surface.

489. — *Les bulles de vapeur croissent-elles en s'élevant au milieu de la masse liquide ?* — Lorsque l'ébullition commence, les bulles formées au fond, au lieu de grossir, se condensent, au contraire, en eau et disparaissent ; plus tard elles s'élèvent sans se condenser ; plus tard encore, leur température étant beaucoup plus élevée, elles vaporisent l'eau qu'elles rencontrent et augmentent beaucoup de volume.

490. — *Quelle température est nécessaire pour faire bouillir l'eau ?* — Au niveau de la mer, sous la pression barométrique de 760 millimètres, l'eau pure bout à 100 degrés ; sous une pression barométrique moindre, comme, par exemple, à une hauteur plus ou moins grande au-dessus du niveau des mers, ou dans une atmosphère raréfiée par divers moyens, l'eau bout à des températures d'autant plus au-dessous de 100 degrés que la pression est moindre. Dans le vide absolu, ou lorsque la pression qu'elle supporte est nulle, l'eau bout, même à la température zéro. Généralement, l'ébullition commence aussitôt que la force élastique de la vapeur qui se forme peut vaincre la pression que l'eau supporte.

491. — *Pourquoi l'eau bouillante est-elle moins chaude sur les hautes montagnes que dans les plaines ?* — Parce que, sur les montagnes, la pression atmosphérique étant moindre, l'eau bout à une température plus basse.

Cassini avait vu l'eau bouillir au-dessous de 100°, sur le Canigou (Pyrénées) et Montesquieu a fait une observation semblable sur le Pic du Midi.

A l'hospice du Saint-Gothard, dans les Alpes, l'eau bout à 92 degrés centigrades ; — dans la métairie d'Antisana, sur les Andes, elle bout à 84 degrés. Wollaston, Regnault ont construit un petit appareil portatif qui permet de déduire de la température à laquelle l'eau bout l'altitude à laquelle on se trouve. L'*hypsomètre* de Regnault consiste en une petite chaudière en laiton, de forme cylindrique, renfermant de l'eau et dans laquelle plonge un thermomètre. On porte l'eau à l'ébullition avec une lampe à alcool et on observe le degré qu'indique le thermomètre. A l'aide d'une table construite à cet effet, on en déduit la pression barométrique et, par suite, l'altitude.

492. — *Pourquoi l'eau bouillante est-elle plus chaude dans les lieux très profonds ?* — Parce que, dans les lieux très profonds, la pression atmosphérique est plus forte ; et, par conséquent, l'eau ne bout qu'à une température plus élevée.

Si, à la profondeur de 10 mètres, dans une cloche à plongeur, on faisait bouillir de l'eau, elle aurait une température de 120 degrés environ.

493. — *Peut-on obtenir de l'eau à une température supérieure à 100 degrés ?* — Oui, à la condition de l'enfermer en vase clos, dans une chaudière, par exemple, afin qu'elle soit soumise à une pression suffisante pour empêcher ses molécules de se séparer. Dans la marmite de Papin, véritable chaudière à parois épaisses, avec soupape de sûreté, Musschenbrock a pu donner à l'eau une température telle que l'étain et le plomb que l'on y mettait fondaient. Cette eau surchauffée possède une force dissolvante que l'on a utilisée pour ramollir les os et retirer de leur contenu la gélatine. On a pu servir sur la table d'un préfet du Nord de la gélatine extraite ainsi de mastodontes et d'autres grands mammifères fossiles, c'est-à-dire d'animaux morts depuis des milliers d'années. Quand on donne issue à l'eau surchauffée, elle se transforme immédiatement en vapeur.

494. — *Peut-on faire bouillir de l'eau sans feu ?* — Il suffit de diminuer la pression atmosphérique qui maintient ses molécules rapprochées ; dans le vide, l'eau bout à la température ambiante.

495. — *Peut-on faire bouillir de l'eau avec du froid ?* — Faites bouillir de l'eau dans un petit ballon de verre pendant un temps assez long pour que tout l'air soit entraîné par la vapeur. Bouchez hermétiquement le ballon et suspendez-le renversé la panse en haut avec une pince en bois. Si l'on vient à verser de l'eau froide sur la surface, on voit le liquide entrer en ébullition tumultueuse. Tout corps froid appliqué sur le ballon fait bouillir l'eau. C'est que la vapeur qui emplit le ballon se condense sous l'effet du froid, la pression baisse et l'eau entre en ébullition.

496. — *Pourquoi l'eau met-elle plus de temps à bouillir dans un vase très profond ?* — Parce que la pression de l'eau supportée par les couches inférieures est assez grande pour retarder sensiblement l'ébullition.

497. — *Pourquoi l'eau bout-elle plus promptement dans des vases en métal que dans des vases de terre ou de verre ?* — Parce que le métal est un meilleur conducteur du calorique que la terre ou le verre, et qu'il transmet plus vite, par conséquent, à l'eau la chaleur nécessaire à son ébullition.

Gay-Lussac a remarqué que l'eau bout à une température plus élevée quelquefois de 1° dans un vase de verre que dans un vase de métal : il attribue le fait à l'adhérence de l'eau pour le verre qu'il faut que la chaleur arrive à vaincre avant d'amener l'ébullition. Les bulles de vapeur sont bien plus grosses dans le verre que dans le métal. L'effet d'adhérence est si manifeste que lorsque l'ébullition s'est arrêtée dans un vase de verre, il suffit de le rompre en laissant tomber au fond de la limaille métallique pour voir l'eau bouillir de nouveau.

498. — *Est-il vrai qu'on puisse faire bouillir de l'eau sur une flamme dans un vase de papier sans que ce vase prenne feu ?* — L'eau absorbe toute la chaleur qui passe à travers le papier sans l'échauffer au point de produire l'ébullition. Il faut 250 degrés environ pour décomposer le papier ; le calorique étant absorbé par l'eau, le papier ne s'échauffe guère qu'à 60 degrés. C'est pour une raison analogue que le papier mouillé, que les linges mouillés ne prennent pas feu au contact d'un corps chaud. L'évaporation absorbe du calorique et le papier ou le linge ne s'échauffent pas tant qu'il y a vaporisation. Les Arabes de l'Afrique font bouillir chaque jour leur lait dans des vases en jonc ou en nattes de jonc sans qu'ils s'enflamment.

499. — *Tous les liquides bouillent-ils à la même température ?* — Non ; le point d'ébullition varie avec la nature du liquide, et avec sa fluidité plus ou moins grande, et, par conséquent aussi, avec son état plus ou moins grand de pureté. Voici les températures de quelques points d'ébullition :

Éther sulfurique	11	degrés
Esprit de bois	66	—
Alcool	79	—
Eau	100	—
Eau saturée d'acétate de plomb	102	—
— de nitrate de soude	121	—
— de carbonate de potasse	135	—
— de nitrate de chaux	151	—
— d'acétate de potasse	169	—
— de nitrate d'ammoniaque	180	—
Huile de lin	316	—

500. — *Est-il possible d'élever au delà de 100 degrés la température de l'eau pure, dans un vase ouvert?* — Non, car le point d'ébullition pour un liquide donné est toujours le même si la pression ne change pas. L'effort mécanique pour vaincre l'attraction des molécules est constant. Donc, si la pression ne se modifie pas, il faudra toujours dépenser le même travail mécanique, soit le même calorique. Par suite, la température du point d'ébullition ne variera pas et le liquide ne pourra s'échauffer. Il se transforme en vapeur plus ou moins vite, selon qu'on lui communique plus ou moins de chaleur.

501. — *Pourquoi l'eau chante-t-elle avant de bouillir?* — Parce que les particules de l'eau qui sont les plus rapprochées du feu se réduisent en vapeur en devenant plus légères, s'élèvent, mais se condensent de nouveau en rencontrant d'autres portions d'eau moins chauffées ; ces petites condensations successives, d'où résultent des séries de petits espaces vides que l'eau environnante vient remplir, produisent les vibrations du liquide qui constituent le frémissement. Ce frémissement se communique à la bouilloire, et l'on dit alors qu'elle chante.

502. — *Pourquoi le frémissement de l'eau cesse-t-il quand l'eau est en pleine ébullition ?* — Parce qu'alors il n'y a plus de condensations successives ; les bulles de vapeur qui montent du fond vaporisent l'eau qu'elles rencontrent, au lieu de se condenser ; loin de disparaître, elles augmentent considérablement de volume.

503. — *Pourquoi une bouilloire chante-t-elle plus longtemps lorsqu'on la met devant le feu que lorsqu'on la met dessus ?* — Parce que l'eau du vase entre plus lentement en pleine ébullition lorsqu'on l'attaque par le fond. Les liquides, comme les gaz, sont de mauvais conducteurs du calorique ; ils ne s'échauffent que par déplacement de bas en haut, les parties les plus chaudes du fond montant à la surface en cédant leur place aux parties situées au-dessus, qui sont plus froides et plus lourdes.

504. — *Pourquoi peut-on faire brûler de l'huile ou de l'alcool à la surface d'un liquide sans que ce liquide entre en ébullition, ou même sans qu'il s'échauffe sensiblement?* — Parce que le liquide est mauvais conducteur du calorique, et ne s'échauffe que par déplacement de bas en haut.

505. — *L'eau bout-elle plus vite dans un récipient muni d'un couvercle ou sans couvercle ?* — L'eau bout plus vite dans le vase couvert, parce que le couvercle empêche la chaleur de s'en aller et diminue l'évaporation qui est une cause puissante de refroidissement. On voit souvent l'eau qui bouillait cesser d'être en ébullition quand on retire le couvercle.

506. — *Pourquoi une bouilloire déborde-t-elle quelquefois alors même qu'elle n'est pas pleine ?* — Parce que l'eau bouillante, et plus encore le mélange de vapeur et d'eau, occupent un volume beaucoup plus considérable que l'eau froide.

507. — *Pourquoi du lait, etc., déborde-t-il plus facilement que l'eau ?* — Parce qu'il se forme à la surface du lait chauffé une pellicule qui emprisonne la vapeur; celle-ci acquiert de la tension, et fait monter la pellicule avec le lait qu'elle entraîne.

508. — *Pourquoi les chaudières à vapeur éclatent-elles quelquefois ?* — Toujours parce que la pression de la vapeur atteint brusquement une pression supérieure à la résistance que peuvent lui opposer les parois de la chaudière. Les causes d'explosion sont multiples, mais, en fin de compte, c'est toujours une rupture des tubes, résultat d'un excès de pression, soit que l'eau se transforme trop rapidement en vapeur, soit que la pression se soit élevée insensiblement au delà de la valeur pour laquelle la chaudière a été construite. En général, les chaudières sont fabriquées de façon à supporter dix fois la pression maximum à laquelle on pousse la pression normale. Les chaudières ordinaires enmagasinent de la vapeur à 6 ou 7 atmosphères. Les locomotives ont des chaudières dans lesquelles on pousse la pression à 10 atmosphères.

509. — *Quand la vapeur sort du bec d'une bouilloire, pourquoi ne l'aperçoit-on qu'à un ou deux centimètres de ce bec ?* — Parce que la vapeur pure, ou l'eau passée tout entière à l'état de gaz, est invisible : or, très près du bec ou de l'ouverture de la bouilloire, l'eau est tout entière à l'état de gaz.

510. — *Pourquoi la vapeur d'eau n'est-elle pas toujours invisible comme à sa sortie de la bouilloire ?* — Parce qu'elle n'est pas toujours à l'état de gaz ou de vapeur pure ; dès qu'une portion de la vapeur s'est condensée ou est repassée à l'état liquide, elle redevient visible. C'est ainsi que se forment les nuages auxquels donnent naissance la vapeur sortie des cheminées des locomotives. Ils disparaissent souvent très vite quand l'air est sec, parce qu'ils sont dissous par l'atmosphère.

511. — *Pourquoi l'eau qui remplit un vase n'entrera-t-elle jamais en ébullition si ce vase plonge dans un autre récipient plein du même liquide ?* — Parce que le vase extérieur absorbe la chaleur et le vase intérieur ne peut en recevoir qu'une fraction. La plus haute température que peut prendre le vase extérieur sera de 100°; celle du vase intérieur sera moindre, donc l'eau qu'il renferme ne saurait bouillir. Chauffer ainsi un liquide en plongeant le vase qui le contient dans un second vase rempli d'eau, s'appelle *chauffer au bain-marie.*

512. — *Pourquoi du sucre ou du sel, etc., dissous dans de l'eau, en retardent-ils l'ébullition ?* — Parce que le liquide est modifié ; ce n'est plus le même groupement moléculaire ; l'attraction a changé de valeur. Le liquide ayant dissous certaine substance, cela prouve qu'il a pour elle plus d'attraction que pour ses propres molécules, donc il faudra plus de chaleur pour en opérer la séparation. Aussi l'eau renfermant des matières dissoutes bout à une température un peu supérieure à celle de l'eau pure.

513. — *Si l'on veut faire bouillir de l'eau au bain-marie, sans contact avec une chaudière métallique, de quelle manière faut-il s'y prendre ?* — Il faut plonger le vase qui contient l'eau qu'on veut faire bouillir dans une *forte saumure*, c'est-à-dire une eau fortement chargée de sel, ou dans un autre liquide qui ne bout qu'à une température plus élevée que l'eau. C'est ce qu'on fait pour les conserves alimentaires, qui ont besoin d'être chauffées à plus de 100°. Dans ce cas, l'eau du vase intérieur pourra bouillir puisque la saumure exige une température d'au moins 108° pour entrer en ébullition.

514. — *Pourquoi le sel de cuisine crépite-t-il lorsqu'on le jette sur des charbons incandescents ?* — Parce que : 1° l'eau qui est, en petite quantité, interposée entre les lamelles cristallines du sel, ou son *eau de cristallisation*, se réduisant brusquement en vapeur, produit une série de petits bruits ; — 2° la conductibilité du sel est si faible, que la chaleur du feu produit une foule de petites ruptures dans chaque cristal salin.

515. — *A-t-on tiré quelque parti de la propriété qu'ont les corps de se volatiliser ?* — Oui, pour les purifier à l'aide de l'opération qui a reçu le nom de distillation. C'est ainsi qu'on obtient du zinc, du mercure ou de l'eau parfaitement purs. S'il s'agit du zinc ou d'un amalgame de mercure, on les place dans une cornue de grès ou de fonte qu'on chauffe au rouge blanc ; le métal se vaporise ; les vapeurs sont condensées dans le col de la cornue entouré de linges mouillés ou autre appareil réfrigérant, et le métal coule goutte à goutte. S'il s'agit de l'eau, on la verse dans un alambic ; par l'application de la chaleur, l'eau pure se réduit en vapeurs ; on condense ces vapeurs dans un réfrigérant ou en les faisant circuler dans un serpentin entouré d'eau froide, et l'on obtient l'eau purifiée ou distillée ; les impuretés restent dans l'alambic.

516. — *Pourquoi l'eau projetée en gouttes très fines sur du fer ou autre métal suffisamment chaud s'arrondit-elle en globules ?* — 1° Parce que la goutte d'eau ne mouille pas les corps dont la température est suffisamment élevée, de 142 degrés environ ; 2° cédant à leurs attractions mutuelles, les molécules de la goutte prennent leur figure naturelle d'équilibre ou s'arrondissent en sphérules ; on dit alors que l'eau est à l'*état sphéroïdal*.

517. — *Pourquoi l'eau ne mouille-t-elle pas le fer ou le métal suffisamment chauffé ?* — Parce qu'il se produit instantanément entre la goutte et le métal incandescent un petit sùp- port de vapeur et le liquide oscille au-dessus sur ce coussin ; il s'agite et on le voit s'animer de mouve- ments désordonnés qui correspon- dent aux mouvements de la vapeur qui sert de support.

518. — *Pourquoi le globule d'eau à l'état sphéroïdal se vaporise- t-il beaucoup plus lentement que si le métal était moins chaud ?* — Parce que la température du globule reste

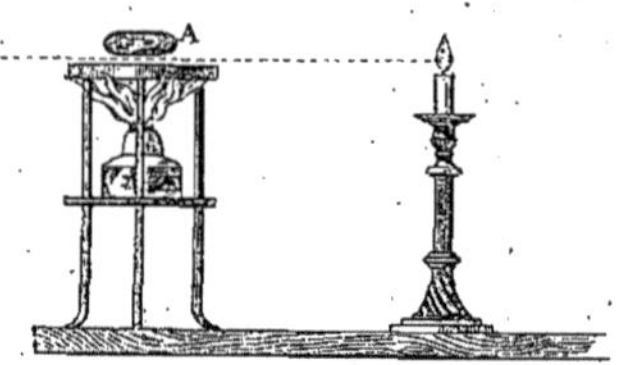

Fig. 71. — A, goutte d'eau à l'état sphéroïdal au-dessus d'une plaque métallique chauffée.

au-dessous de 100°. Et pour les raisons suivantes : 1° l'eau est un mauvais conducteur du calorique ; 2° la goutte sphérique, tenue à distance de la surface chaude, donne difficilement passage au calorique à travers sa subs- tance ; 3° la goutte se vaporise néanmoins, quoique très lentement, à sa surface extérieure, et la vapeur, en se dégageant, à 100 degrés, abaisse au-dessous de 100 degrés la température de la goutte d'eau.

Si on laisse tomber sur une surface très chaude de l'acide sulfureux liquide qui bout à — 10°, la goutte prendra l'état sphéroïdal et la tempé- rature restera au-dessous de son point d'ébullition. Aussi de l'eau introduite au milieu de la goutte se congèlera immédiatement. On fabriquera de la glace au-dessus d'une surface extrèmement chaude. Si le liquide projeté sur la surface chaude est un mélange d'acide carbonique solide et d'éther, la tem- pérature de la goutte sera au-dessous de — 50° ; donc, si l'on introduit du mercure au sein de la goutte, il se congèlera. C'est ainsi que Boutigny et Faraday ont pu faire congeler de l'eau et du mercure au sein d'un creuset incandescent.

519. — *Pourquoi, lorsque la surface sur laquelle le liquide est à l'état sphéroïdal vient à se refroidir, ce liquide, à un instant donné, se réduit-il subitement en vapeur ?* — Parce que, dès que la température de la plaque est descendue au-dessous de 142 degrés, l'eau arrive en contact avec elle, la mouille, et se trouve dans les conditions ordinaires de sa vaporisation. On a quelquefois attribué, sans preuves certaines, d'ailleurs, l'explosion de certaines chaudières à ce phénomène particulier. Lorsque, pendant un intervalle de repos, par exemple, on a cessé d'alimenter suffisamment d'eau le générateur, ou lorsque la vapeur n'a pas une issue suffisante, le fond et les parois du générateur se surchauffent considérablement, l'eau qu'il ren- ferme passerait alors à l'état sphéroïdal ; si l'on recommence l'alimenta- tion ou si l'on donne issue à la vapeur surchauffée, la température du fond et des parois diminue, l'eau en ce cas cesserait d'exister à l'état sphéroïdal ; elle mouillerait les parois et se réduirait subitement en vapeur ; il en résulterait une pression énorme et soudaine qui ferait éclater le générateur.

520. — *Pourquoi la blanchisseuse jette-t-elle un peu de salive sur son fer à repasser pour savoir s'il est assez chaud ?* — Ce fait s'explique sans peine par ce qui vient d'être dit : si la salive mouille le fer, c'est que sa température est au-dessous de 142 degrés ; si au contraire elle ne le mouille pas et s'arrondit en globules, la température du fer dépasse 142 degrés. Le fer devant réduire rapidement en vapeur l'eau du linge qu'on repasse, sa température doit dépasser notablement 100 degrés.

VIII

521. — *Qu'entend-on par fusion des corps ?* — Le changement d'état d'un corps qui, de solide, devient fluide ou liquide par la seule action de la chaleur.

522. — *Lorsqu'on chauffe un morceau de plomb, pourquoi le voit-on s'amollir par degrés, puis enfin se liquéfier ?* — Parce que la chaleur écarte de plus en plus ses molécules, jusqu'au point de les désunir, en détruisant leur cohésion ; le plomb alors devient liquide.

523. — *Chaque substance fond-elle à une température spéciale et toujours invariable ?* — Oui, de quelque manière qu'on applique la chaleur, les substances diverses fondent à des températures diverses.

Par exemple, la glace fond à zéro ; — la cire blanche, à 68 degrés centigrades ; — l'étain, à 235 degrés ; — le plomb à 325 degrés ; — le cuivre à 1 000 degrés ; — le fer martelé (anglais), à 1 500 degrés.

524. — *A-t-on tiré parti industriellement de la propriété que possèdent les corps de fondre à diverses températures ?* — Constamment on utilise cette propriété, par exemple pour séparer les métaux qui entrent dans la composition d'un alliage. On se sert aussi d'alliages fusibles pour les chaudières à vapeur. Lorsque la température s'élève trop, l'alliage fond et laisse écouler la vapeur. On sait préparer des alliages qui fondent à toutes les températures depuis 100° jusqu'à 1 500° ; ils peuvent être appliqués à la détermination des températures pour estimer la chaleur à laquelle sont soumis certains corps dans les opérations industrielles. Dans ces derniers temps, on a appliqué les alliages fusibles à combattre les incendies. On établit un réseau de tuyaux en relation avec les conduits d'eau. Ces tuyaux portent des rondelles fusibles. Si un incendie se déclare, la température s'élève, finit par fondre les rondelles et l'eau jaillit avec force par les tuyaux et tombe comme une douche sur le foyer incandescent. On les a encore utilisés pour empêcher les courants électriques d'échauffer outre mesure les conducteurs. Si le courant devenait trop intense, il porterait les conducteurs à l'incandescence et pourrait déterminer l'inflammation des tentures, rideaux, etc. Aussi on intercale dans le circuit un fil d'alliage fusible à 120 degrés, par exemple. Si le conducteur atteint cette température, le fil d'alliage fond et le courant ne passe plus. Tout danger est écarté. C'est sur ce principe qu'est fondé le *coupe-circuit* Edison.

525. — *Les corps passent-ils tous sans intermédiaire de l'état liquide à l'état solide ?* — Non ; quelques-uns, comme la cire, se ramollissent d'abord, ou passent par un état de viscosité intermédiaire entre l'état solide et l'état liquide.

526. — *Pourquoi le bois ne fond-il pas comme les métaux ?* — Parce que, comme beaucoup de substances organiques, telles que la corne, l'ivoire, le bois est un corps chimiquement peu stable qui se décompose à une température à peine supérieure à 250° ; il se transforme en gaz et en charbon et en un résidu de cendres.

IX

527. — *Qu'entend-on par conductibilité ?* — La chaleur peut se propager à travers les corps, de molécule à molécule. Par exemple, une barre de fer étant chauffée par une de ses extrémités devient bientôt brûlante par l'extrémité opposée ; donc la chaleur se propage à travers la barre de fer. Cette propriété que possèdent les corps de se laisser pénétrer peu à peu par la chaleur est ce qu'on nomme leur conductibilité.

528. — *La conductibilité de toutes les substances est-elle égale ?* — Non ; quelques corps sont excellents conducteurs, d'autres bons conducteurs, d'autres conducteurs imparfaits, d'autres mauvais conducteurs.

529. — *Quels sont les meilleurs conducteurs de la chaleur ?* — En général, les corps solides, denses ou lourds, et surtout les métaux.

530. — *Quels sont les métaux qui conduisent le mieux la chaleur ?* — Au premier rang : l'or, le platine, l'argent et le cuivre ; au second rang : le fer, le zinc et l'étain ; au troisième rang : le plomb, etc.

Si l'on suppose la conductibilité de l'or égale à 1 000, les conductibilités des autres substances seront :

1. Or	=	1 000	5. Fer	=	374	9. Marbre	=	24
2. Platine	=	981	6. Zinc	=	363	10. Porcelaine	=	12
3. Argent	=	975	7. Étain	=	303	11. Poterie	=	11
4. Cuivre	=	898	8. Plomb	=	180	12. Charbon	=	10

531. — *Quels sont les plus mauvais conducteurs ?* — 1° Les corps les plus légers et les plus poreux ; 2° les liquides et les gaz.

Les plus mauvais conducteurs de la chaleur sont : 1° le poil de lièvre et l'édredon ; 2° la fourrure du castor et la soie écrue ; 3° le bois et le noir de fumée ; 4° le coton et le lin ; 5° le charbon et les cendres de bois, etc.

Toutes les substances végétales et animales, en général, conduisent mal la chaleur.

532. — *Pourquoi peut-on tenir sans se brûler un morceau de bois très court, un bout de bougie allumée, un tube de verre fondu à son extrémité, un bâton de cire à cacheter dont une extrémité est enflammée, etc. ?* — Parce que ces corps conduisent si difficilement la chaleur, que les molécules d'une extrémité peuvent rougir et brûler avant que la chaleur parvienne à l'autre extrémité.

533. — *Lorsqu'on allume une bougie ou une chandelle, pourquoi la chaleur de la flamme ne se propage-t-elle pas dans toute sa longueur, et ne fait-elle pas fondre sur-le-champ toute la cire ou tout le suif ?* — Parce que la cire et le suif sont mauvais conducteurs.

534. — *Pourquoi ne peut-on pas saisir impunément une barre de fer dont un bout est rougi au feu ?* — Parce que le fer est bon conducteur, et lorsqu'on le chauffe à une extrémité, la chaleur se propage très rapidement dans toute sa masse.

535. — *Pourquoi couvre-t-on de paille l'extérieur des glacières et les blanchit-on à la chaux à l'intérieur ?* — Parce que : 1° la paille est mauvais conducteur et empêche la chaleur du dehors d'atteindre la glace ; 2° la couleur blanche de la chaux diminue dans une proportion considérable le pouvoir absorbant des murs de la glacière ; blanchis, ils s'échauffent donc beaucoup moins et font moins facilement fondre la glace.

536. — *Pourquoi confectionne-t-on les chauffe-pieds, moines ou chancelières en étain poli ?* — On fait les moines en étain parce que le métal prend sans peine la température de l'eau intérieure ; on les fait en métal poli, parce que les métaux polis ayant peu de pouvoir émissif rayonnent ou cèdent peu la chaleur à l'air environnant.

537. — *Pourquoi une brique enveloppée de flanelle forme-t-elle un très bon chauffe-pieds ?* — Parce que la brique chauffée, corps très mauvais conducteur, conserve longtemps sa chaleur, et que la flanelle aide à cette conservation, en même temps qu'elle défend les pieds de la trop grande chaleur de la brique.

538. — *Pourquoi une cuiller de métal laissée dans une casserole retarde-t-elle l'ébullition ?* — Parce que le métal s'échauffe aux dépens de l'eau, et qu'en sa qualité de corps bon conducteur, il cède facilement à l'air la chaleur qu'il reçoit à chaque instant de l'eau.

539. — *Si l'on couvre de sable la paume de la main, pourquoi peut-on y tenir impunément une balle de fer rougie au feu ?* — Parce que le sable est un mauvais conducteur et empêche la chaleur d'arriver à la main.

540. — *Pourquoi peut-on appliquer un charbon ardent sur un tissu enve-*

loppant une masse de métal sans même roussir ce tissu ? — Parce que toute la chaleur passe dans la masse métallique et que le tissu ne peut s'échauffer. Il finirait par brûler cependant si l'expérience était prolongée au point d'élever la température du métal.

541. — *Pourquoi peut-on entrer impunément dans un four où le thermomètre marque une température plus élevée que celle de l'eau bouillante ?* — Parce que : 1° la peau, le tissu cellulaire et la graisse conduisent très mal la chaleur et s'échauffent difficilement ; — 2° parce que l'air chaud et sec cède très lentement sa chaleur, alors même qu'il est à une température très élevée. Dans les fabriques de chaux ou de plâtre, les ouvriers entrent dans les fours où le thermomètre marque 150 degrés, et la chaleur de leurs corps s'élève à peine de 1 degré. On peut résister très bien à une température de 130 degrés dans un four de boulanger. Au Hammam de Paris, on reste plongé dans de l'air sec pendant des heures à une température comprise entre 80 degrés et 100 degrés. On ne pourrait pas dépasser 45 degrés impunément dans un bain de vapeur, parce que la vapeur a une puissance calorifique plus grande que l'air sec et qu'en enveloppant la peau d'humidité, elle empêche l'évaporation, et arrête précisément le mécanisme au moyen duquel l'organisme lutte contre un excès de chaleur.

542. — *Comment explique-t-on qu'on puisse, sans se brûler, couper avec le doigt un jet de fonte, plonger le doigt ou la main dans une poche pleine de fonte incandescente, passer la langue sur du fer incandescent, le prendre avec la main, courir nu-pieds sur des gueuses qu'on vient de couler, remuer du plomb fondu avec le doigt, plonger la main dans du goudron bouillant, etc. ?* — On explique ces faits en disant que l'humidité de la main, de la langue, du pied, etc., passe à l'état sphéroïdal et que, par suite, il n'y a pas contact entre la peau et le corps chaud. Il faut pour plus de sûreté mouiller le doigt avant de le plonger dans la fonte en fusion ; il est indispensable, d'ailleurs, d'opérer vivement et de ne laisser le doigt ou la main qu'une fraction de seconde. Ces expériences, sans utilité, sont d'ailleurs toujours dangereuses.

543. — *Pourquoi la sensation que nous éprouvons au contact des divers corps ayant même température est-elle si différente ? Pourquoi quelques-uns semblent-ils beaucoup plus froids que les autres ?* — Cette différence tient, toutes choses égales d'ailleurs, à la différence de conductibilité. Les corps bons conducteurs soutirent plus rapidement la chaleur de la main et produisent une sensation de froid ; les corps mauvais conducteurs soutirent moins de chaleur et la sensation de froid est moindre. C'est ainsi que l'on éprouve une sensation marquée de froid en touchant un métal, la boule d'une rampe d'escalier, et qu'on ne ressent aucune impression froide quand on touche du bois, de la paille, etc.

544. — *Pourquoi le verre et le marbre paraissent-ils des corps aussi*

froids que les métaux, quoiqu'ils ne conduisent pas si bien la chaleur?
— Parce que, pour le métal, le verre, et en général pour les surfaces polies,
l'effet du poli supplée à l'absence de conductibilité. Quand la surface est
polie, le nombre des molécules en contact avec la main est beaucoup plus
grand ; chacune soutire moins de chaleur que la molécule métallique,
mais en raison de leur nombre l'effet résultant est le même.

545. — *Pourquoi la manivelle en fer d'une pompe est-elle si froide au
toucher en hiver ?* — Parce qu'elle est faite d'un corps bon conducteur.

546. — *La manivelle en fer de la pompe est-elle vraiment plus froide que
le corps de pompe en bois ?* — Non ; dans une même enceinte ou dans une
même atmosphère, tous les corps inanimés ou qui n'ont pas de source
propre de chaleur se mettent en équilibre de température.

547. — *Pourquoi un corps, même bon conducteur, ne paraîtra-t-il pas
froid au toucher s'il est à la même température que notre corps ?* — Parce
que, en raison de l'équilibre de température, le corps conducteur n'enlève
rien et ne cède rien à notre corps. C'est une loi générale que l'échange de
calorique entre deux corps est proportionnel à la différence entre leurs
températures ; l'échange est donc nul si la différence est nulle.

548. — *Pourquoi fait-on en bois ou recouvre-t-on d'osier les anses des
ustensiles de cuisine, des théières, des cafetières, etc., fabriquées en métal ?*
— Parce que le bois, mauvais conducteur de calorique, reste à une température beaucoup plus basse que le métal, et qu'on ne court plus risque de
se brûler. C'est pour la même raison que l'on garantit les pieds du froid
en hiver en les enveloppant de papier. Le papier mauvais conducteur
empêche la chaleur de s'en aller.

549. — *L'air est-il bon ou mauvais conducteur de la chaleur?* — L'air
est un mauvais conducteur de la chaleur.

550. — *Si l'air est un mauvais conducteur, pourquoi n'avons-nous pas
aussi chaud sans vêtements que lorsque nous sommes enveloppés de laine et
de fourrure?* — Dans un air parfaitement calme et sec, quoique froid, le
corps se refroidirait à peine ; mais l'air est toujours en mouvement, et le
seul contact du corps chaud suffit à y faire naître des courants ascendants,
en ce sens que les molécules d'air chauffées deviennent plus légères, s'élèvent et font place à des molécules d'air froid ; chaque molécule d'air enlè-
verait donc au corps une petite quantité de calorique, et la petitesse de
l'emprunt, compensée par le nombre immense de molécules, causerait
un refroidissement très appréciable.

551. — *Pourquoi avons-nous plus froid lorsqu'il fait du vent que lorsque
l'air est calme?* — Par la raison qui précède : les molécules d'air, en se
succédant et passant successivement au contact du corps, le refroidissent
promptement. Dans les régions hyperboréennes, alors que le thermomètre
descend à 40 degrés au-dessous de zéro, les voyageurs ne souffrent pas du

froid quand l'air est parfaitement calme et sec ; ils souffrent beaucoup au contraire quand le vent s'élève.

552. — *Pour savoir si un œuf est frais ou vieux, certaines personnes appliquent le gros bout de l'œuf sur leur langue : si elles éprouvent une sensation de fraîcheur, elles jugent que l'œuf est frais, elles le rejetteraient comme vieux, si elles éprouvaient une sensation de chaleur. Quelle est la raison de cette pratique singulière ?* — Un œuf est frais tant qu'il est entièrement plein ; dès qu'il commence à devenir vieux, il contient plus ou moins d'air qui s'amasse au gros bout ; or les liquides de l'œuf sont meilleurs conducteurs de la chaleur que l'air ; si donc on applique la langue sur le gros bout, elle se refroidira plus quand l'œuf ne contiendra que des liquides, ou sera frais, que lorsqu'il contiendra de l'air, ou sera déjà vieux.

553. — *Pourquoi une chambre est-elle plus chaude lorsqu'on ferme les rideaux ?* — Parce que : 1° l'air calme et mauvais conducteur compris entre les rideaux et la fenêtre empêche la chaleur de la chambre de se transmettre aux vitres, qui la céderaient à l'air extérieur, sans cesse renouvelé ; — 2° les rideaux ferment un accès direct aux petits courants d'air froid qui pénètrent à travers les fentes de la fenêtre.

554. — *Pourquoi les appartements sont-ils beaucoup plus chauds lorsqu'on y met de doubles portes et de doubles fenêtres ?* — Parce que l'air, mauvais conducteur, renfermé entre les doubles portes et les doubles fenêtres, est un obstacle efficace au refroidissement de l'air intérieur de la chambre, mieux défendue en outre contre les courants d'air froid extérieur.

555. — *Les laines et les fourrures ne communiquent-elles pas une certaine chaleur au corps ?* — Non ; les vêtements par eux-mêmes ne communiquent aucune chaleur ; seulement ils conservent la chaleur de l'organisme. C'est pourquoi on doit mettre pour se préserver du froid des vêtements mauvais conducteurs du calorique.

556. — *La soie est-elle un bon conducteur de la chaleur ?* — Non ; la conductibilité de la soie est très faible ; la soie apprêtée laisse échapper la chaleur du corps plus promptement que la laine, mais la soie écrue la retient mieux que cette dernière.

Le comte de Rumford trouva que si, dans l'air atmosphérique, il fallait 575 secondes de temps pour que le thermomètre s'abaissât d'un degré, il s'abaisserait de la même quantité dans :

917 secondes,		entouré de soie apprêtée ;
1 046	—	coton brut ;
1 118	—	laine ;
1 284	—	soie écrue ;
1 305	—	édredon.

557. — *Pourquoi un mouchoir en batiste, des chemises et des draps en tissu de lin semblent-ils plus frais que des mouchoirs, des chemises et des draps* *en tissu de coton ?* — Les tissus de lin sont meilleurs conducteurs que les tissus de coton, ils semblent donc plus froids ou plus frais au toucher ; ils absorbent mieux aussi la transpiration de la peau, ce qui contribue encore à augmenter la sensation de fraîcheur.

558. — *Quels vêtements sont les plus chauds, de ceux qui sont faits avec du drap fin ou de ceux qui sont faits avec du drap grossier ?* — Plus la laine est fine, plus les vêtements sont chauds, parce que la conductibilité de la laine fine est plus faible que celle de la laine grossière.

559. — *La terre est-elle un bon conducteur de la chaleur ?* — Non ; la conductibilité du sol est très faible.

A une profondeur d'un mètre environ, la température du sol reste la même jour et nuit ; à 8 mètres, sous nos latitudes, la différence entre l'été et l'hiver va tout au plus à 1°,5. — Cela montre avec quelle lenteur la chaleur pénètre dans la terre.

560. — *Pourquoi l'eau de fontaine ou de source est-elle froide même en été ?* — Parce que l'eau de fontaine ou de source vient d'une profondeur à laquelle la chaleur de l'été ne pénètre pas ou pénètre à peine. C'est aussi parce que le froid ne saurait l'atteindre qu'elle ne gèle pas en hiver.

Certaines eaux dites *eaux minérales* arrivent très chaudes quelquefois à la surface du sol ; c'est qu'elles proviennent de grandes profondeurs et sont chaudes parce que les profondeurs voisines du foyer central sont elles-mêmes à des températures élevées. En général, la température s'élève de 1 degré par 30 mètres. Aussi les eaux des puits artésiens sont elles-mêmes chaudes, quand le forage a été poussé très bas. Ainsi les eaux du puits de Grenelle qui viennent de la couche des grès verts située immédiatement au-dessous de la craie sont à 27°. La profondeur du forage atteint 547 mètres. Au puits de Passy, profond de 591 mètres, l'eau est à 33°. On pense que cette eau provient des pluies qui s'infiltrent à l'affleurement des couches des sables verts, aux environs de Lusigny, près de Troyes.

561. — *Pourquoi l'air reste-t-il toujours frais à l'ombre d'un arbre très touffu ?* — Parce que, au-dessous de l'arbre, l'air n'est échauffé ni par les rayons directs du soleil arrêtés par le feuillage, ni par le contact du sol, qui reste froid ; sous un arbre, aussi, l'air est toujours humide, or l'air humide semble plus froid que l'air sec, parce qu'il conduit mieux la chaleur.

562. — *L'eau est-elle un bon conducteur de la chaleur ?* — Non ; la conductibilité des liquides est très faible.

Si l'on suppose la conductibilité de l'or égale à 1 000, celle de l'eau est seulement égale à 9.

563. — *Pourquoi la conductibilité des liquides est-elle si faible.* — Parce que la distance entre leurs molécules, indépendantes en quelque sorte les unes des autres, est plus grande que dans les solides.

Le mercure, quoiqu'il soit liquide, est cependant un bon conducteur, ce qui tient sans doute à ce qu'il est très dense.

564. — *Comment sait-on que la conductibilité de l'eau est très faible ?*
— Parce qu'on peut l'échauffer à sa surface, en plaçant au-dessus, à une très petite distance, une plaque de fer rouge, comme l'a fait M. Despretz, ou en la faisant lécher par un courant d'eau bouillante toujours renouvelée, sans que cependant à une certaine profondeur l'eau devienne sensiblement chaude, sans que des morceaux de glace placés à quelques centimètres au-dessous de la surface entrent en liquéfaction.

565. — *Lorsqu'un forgeron plonge dans un réservoir d'eau un fer à cheval rougi au feu, pourquoi en sort-il de la vapeur, tandis que le reste de l'eau reste à peu près froid ?* — Parce que la conductibilité de l'eau est si faible que la partie en contact avec le fer rouge se vaporise avant que l'eau du réservoir puisse se mettre en équilibre de température dans toutes ses parties.

566. — *Pourquoi les changements de température n'ont-ils aucun effet à quelques mètres au-dessous de la surface des mers et des lacs ?* — Parce que : 1° les liquides sont mauvais conducteurs de la chaleur ; 2° l'eau a, en outre, un maximum de densité, c'est-à-dire que, vers 4 degrés environ, elle est plus lourde à volume égal ; donc les parties refroidies ou les glaçons de la surface ne peuvent plus descendre ; ils restent suspendus à une petite profondeur, et le froid ne pénètre pas plus avant.

567. — *Lorsqu'on plonge la main dans l'eau, pourquoi ressent-on une impression de froid ?* — Parce que, quoique mauvais conducteur, l'eau, d'ailleurs plus froide que la main, et qui est avec elle en contact continu, soutire une portion de sa chaleur, et une portion plus grande que ne le ferait l'air moins dense et plus mauvais conducteur.

568. — *Quand la température de l'air descend au-dessous de zéro, pourquoi trouve-t-on que la terre couverte de neige est moins froide que le sol nu ?* — Parce que la neige est une substance peu conductrice, et qu'en sa qualité de corps blanc, elle jouit d'un pouvoir émissif très faible, la neige contribue ainsi à défendre les semences et les plantes contre un froid trop rigoureux.

569. — *Pourquoi la glace se conserve-t-elle très longtemps dans les glacières, quoique la chaleur au dehors soit excessive ?* — Parce que : 1° la glace est une substance peu conductrice ; 2° les glacières sont construites de façon que la chaleur du dehors ne puisse les pénétrer.

570. — *Pourquoi un peu d'huile étendue à la surface de l'eau l'empêchera-t-elle de geler ?* — Parce que l'huile est si peu conductrice, qu'elle empêche l'eau située au-dessous de se refroidir assez pour devenir solide.

571. — *Si les liquides et les gaz sont de si mauvais conducteurs, comment s'échauffent-ils ?* — Par déplacement de leurs molécules ou par des courants ascendants ou descendants. Les molécules chaudes du fond montent à la surface, et les molécules froides de la surface descendent au fond pour s'échauffer à leur tour. Ce déplacement et ces courants sont rendus visibles dans l'eau au moyen de sciure de bois très fine : dans une cloche renversée qu'on chauffe lentement par le bas, on voit les courants ascendants s'établir au centre, et les courants descendants suivre les parois.

Au mot *déplacement*, les Anglais substituent le mot *convection*, formé du latin *cum. vectus*, et qui exprime assez bien que les particules échauffées emportent avec elles la chaleur qui détermine leur ascension.

572. — *Comment un foyer chauffe-t-il un appartement?* — L'air le plus proche du feu s'échauffe et s'élève ; l'air froid descend, s'échauffe et s'élève à son tour : ce mouvement successif continue jusqu'à ce que tout l'air de l'appartement soit chauffé.

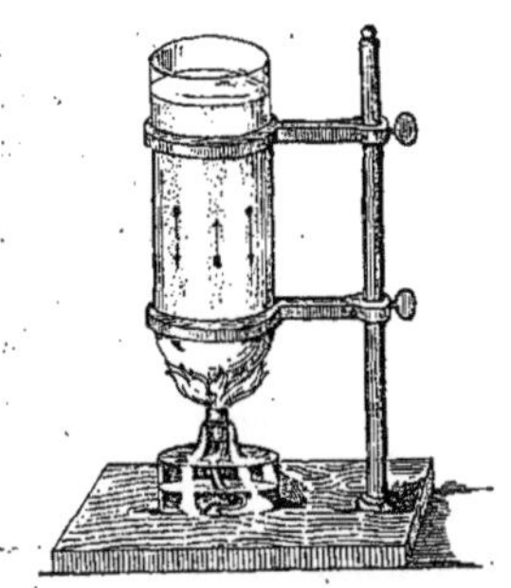

Fig. 72. — Ebullition de l'eau. Les courants se produisent dans la direction des flèches.

573. — *Les rayons du soleil élèvent-ils d'une manière sensible la température de l'air qu'ils traversent ?* — Les rayons du soleil, en traversant l'air, ne le chauffent pas sensiblement. L'air sur les hautes montagnes, dit Tyndall, peut être excessivement froid quoique le soleil darde ses rayons brûlants. Les rayons solaires, qui, dans leur contact avec la peau humaine, sont presque douloureux, restent impuissants à échauffer l'air d'une manière sensible ; il suffit de se mettre à l'ombre pour sentir le froid très vif de l'atmosphère.

574. — *Si les rayons du soleil n'élèvent pas la température de l'air, comment l'atmosphère devient-elle si chaude en été?* — Parce que, au contact de la terre, qui, elle, absorbe et retient la chaleur solaire, les couches d'air inférieures s'échauffent à leur tour, s'élèvent, et sont remplacées par de nouvelles couches qui se mettent elles-mêmes en équilibre de température ; l'atmosphère alors, au moins jusqu'à une certaine hauteur, devient très chaude.

575. — *Pourquoi les sommets de certaines montagnes sont-ils toujours couverts de neige, même en été ?* — 1° La température de l'atmosphère diminue, et dans une proportion sensible, à mesure qu'on s'élève à une plus grande hauteur, parce que l'air devient de plus en plus léger et mauvais conducteur ; 2° les masses qui forment les sommets des montagnes, après s'être grandement refroidies pendant l'hiver, deviennent par cela même une cause de refroidissement ; l'air reste froid et les neiges ne peuvent fondre même pendant les chaleurs de l'été ; elles ne fondent qu'à la surface qui reçoit directement le rayonnement solaire.

Sur les Alpes, la limite des neiges éternelles est à environ 2 670 mètres ; la neige ne fond jamais ou presque jamais à cette hauteur, quoique la température moyenne de l'année soit de 4 degrés.

576. — *Si l'air est un mauvais conducteur de la chaleur, pourquoi le fer rougi au feu se refroidit-il lorsqu'on l'expose à l'air ?* — L'air en contact avec le métal rougi s'échauffe, s'élève rapidement, emportant la chaleur qu'il a absorbée ; d'autre air le remplace, absorbe une nouvelle quantité de chaleur, s'élève à son tour, et ainsi de suite, jusqu'à ce que toute la chaleur du fer ait été emportée.

577. — *Comment le potage chaud exposé à l'air se refroidit-il ?* — Par l'évaporation d'une part, et par les courants d'air chaud qui s'établissent à sa surface, comme pour le fer. On a l'habitude de puiser les premières cuillerées près des parois de l'assiette, parce que la porcelaine refroidit le liquide par contact.

578. — *Pourquoi le thé, le café, le potage, etc., se refroidissent-ils plus promptement si on les remue ?* — Parce que l'agitation : 1° renouvelle plus promptement l'air à la surface du liquide chaud et le met successivement en contact avec un plus grand nombre de molécules d'air ; 2° aide au remplacement des molécules de liquide refroidies par des molécules chaudes qui se refroidiront à leur tour.

579. — *Pourquoi les liquides ou, en général, les aliments chauds, se refroidissent-ils plus promptement si l'on souffle dessus ?* — Parce que le souffle, faisant l'effet de l'agitation, rend l'évaporation et le refroidissement par déplacement plus rapides.

580. — *Pourquoi applique-t-on la chaleur au fond des vases qui renferment le liquide qu'on veut faire bouillir ?* — Parce que les liquides ne s'échauffent que par déplacement, ou par des courants allant du fond plus chaud à la surface plus froide (**572**).

581. — *Pourquoi la soupe grasse reste-t-elle chaude plus longtemps que l'eau bouillante ?* — Parce que sa surface est couverte de matière grasse qui, conduisant très mal la chaleur et ne s'évaporant pas, se refroidit lentement elle-même, et empêche les portions plus aqueuses qu'elle recouvre de se refroidir.

582. — *Quel moyen prendre pour conserver le plus longtemps possible sa chaleur à l'eau bouillante contenue dans un vase ?* — 1° Il faut simplement envelopper le vase d'un corps mauvais conducteur, comme de la flanelle ou du drap ; 2° empêcher les courants de particules chaudes et froides de s'établir en lui ajoutant, lorsqu'elle est encore bouillante, une petite quantité d'amidon ou d'empois. C'est sur le principe de l'enveloppement qu'on construit des marmites pour faire le pot-au-feu sans fourneau. On les emplit d'eau bouillante ; on les ferme hermétiquement après y avoir déposé la viande. La température ne baisse guère que de 3 à 4 degrés en huit heures. Le pot-au-feu se fait tout seul.

583. — *Qu'entend-on par rayonnement de la chaleur ?* — La chaleur se propage, comme nous l'avons vu, dans la substance même des corps de molécule à molécule ; mais elle se propage aussi en dehors des corps et à de grandes distances de la source dont elle émane. Cette chaleur qui s'échappe des corps se nomme *chaleur rayonnante*. Son existence est évidente quand il s'agit de la chaleur du soleil qui nous arrive de 38 millions de lieues à travers l'espace. Scheele a montré le premier que l'air ne joue aucun rôle dans la transmission à distance. Mariotte paraît avoir fait voir aussi le premier que la chaleur obscure se propage à distance comme la lumière. Le calorique traverse les milieux avec une grande vitesse, comme la lumière traverse les espaces célestes, et cela sans s'y arrêter, sans les rendre chauds, à peu près encore comme la lumière passe dans le verre sans s'y éteindre et sans le rendre lumineux.

584. — *Si l'on suspend dans l'air un boulet rougi au feu, pourquoi sent-on tout autour une impression de chaleur ?* — Parce que la chaleur du boulet rayonne en tous sens à travers l'air, comme la lumière d'une bougie.

On ne peut pas supposer que cet effet soit dû à l'air échauffé ; car l'air échauffé monte, tandis que la chaleur du boulet rouge se fait sentir en dessous et de tous les côtés. C'est pour la même raison que les tuyaux pleins d'eau chaude de certains calorifères échauffent nos appartements. Ces tuyaux chauffent l'air par rayonnement.

585. — *Qu'entend-on par pouvoir émissif et par pouvoir absorbant ?* — On nomme *pouvoir émissif* ou *pouvoir rayonnant* d'une substance la faculté qu'elle possède de laisser échapper plus ou moins de chaleur par sa surface. De même on entend par *pouvoir absorbant* la faculté plus ou moins grande que possèdent les corps de laisser entrer par leur surface la chaleur incidente pour se l'approprier et s'échauffer. Les pouvoirs émissifs et absorbants dépendent uniquement de la nature de la surface des corps. Il suffit de recouvrir un corps qui absorbe peu de chaleur d'une couche d'une substance l'absorbant bien pour que ce corps s'échauffe rapidement. On peut dire que les pouvoirs émissifs sont égaux aux pouvoirs absorbants. Leslie remplit d'eau bouillante deux vases d'étain l'un nu, l'autre revêtu de noir de fumée : il trouva, pour que leur température baissât de la moitié de son excès sur la température de l'air, les temps suivants :

	Vase nu.	Vase noirci.
Par un vent modéré.	44 min.	35 min.
Par une brise assez forte	23	20
Par un vent violent	9,5	9

On voit que le vase enduit de noir de fumée se refroidit plus vite. Le vent tend à ramener la température à l'égalité.

Les nombres suivants expriment le pouvoir rayonnant relatif de plusieurs substances :

Noir de fumée.	100	Colle de poisson	91
Carbonate de plomb.	100	Verre.	85
Papier blanc	98	Gomme laque.	72

Une surface métallique 12 à 15, suivant le poli.

Le carbonate de plomb, qui est d'une *blancheur* parfaite, émet autant de chaleur que le *noir* de fumée ; le papier aussi rayonne beaucoup.

586. — *Les métaux rayonnent-ils beaucoup?* — Les métaux ont un pouvoir émissif faible. Si l'on attribue au pouvoir émissif du noir de fumée le nombre 100, voici ceux des principaux métaux :

Argent vierge laminé	3 »	Platine laminé.	10,80
Argent mat déposé sur du cuivre .	5,36	Platine bruni	9,50
Argent pur bruni	2,50	Or en feuilles.	4,28
Argent déposé chimiquement . .	2,25	Cuivre en lames	4,90
Argent argenté	2,05		

587. — *Pourquoi un poêle noirci par une couche de noir de fumée émettra-t-il beaucoup plus de chaleur qu'un poêle de porcelaine blanche ?* — Parce que le noir de fumée augmente considérablement le *pouvoir rayonnant* des surfaces qu'il recouvre ; de sorte que, si le pouvoir rayonnant d'un poêle blanc et poli est 12 ou 15, une couche très mince de noir de fumée suffira pour le porter à 100.

Pour la même raison, on doit noircir avec de la mine de plomb le tuyau d'un poêle, si l'on veut répandre plus de chaleur dans la chambre.

588. — *Pourquoi fait-on de métal uni et brillant les réchauds qui portent les plats sur la table et les cloches qui les recouvrent ?* — Parce que les surfaces métalliques et brillantes sont celles qui perdent le moins de chaleur par rayonnement. C'est pour la même raison que les vases d'argent, de cuivre, de porcelaine vernie, se refroidissent moins vite que les vases en terre. Pour faire chauffer rapidement un liquide, il faut que le vase qui le renferme soit terni par la fumée ou le charbon. On peint en noir les murs des jardins sur lesquels s'appuient les espaliers pour que les rayons solaires soient absorbés et renvoyés sur les fruits.

589. — *Pourquoi un sou exposé au soleil peut-il presque brûler la main, tandis qu'une pièce d'argent laissée le même temps au soleil est à peine chaude ?* — Parce que la pièce de billon polie en général est recouverte d'un enduit terne qui absorbe la chaleur, tandis que la pièce d'argent blanche ne l'absorbe pas.

590. — *Pourquoi la neige fond-elle plus vite sous les arbres et autour des buissons que dans les endroits exposés au soleil ?* — Parce que les rayons émis par les branches sont absorbés par la neige, alors que les rayons directs du soleil ne le sont pas, ils sont réfléchis. Si l'on répand du charbon sur la neige, elle fond, c'est que le charbon peut absorber la chaleur solaire et ensuite, par contact, il échauffera la neige.

591. — *Pourquoi le sol et les couches inférieures de l'air sont-ils plus froids que les couches supérieures après le coucher du soleil ?* — Parce que : 1° le sol, rayonnant beaucoup plus que l'air, se refroidit plus vite et davantage ; 2° ce refroidissement se fait sentir d'abord aux couches inférieures de l'atmosphère, parce que l'air des couches supérieures refroidi devient plus lourd et tombe dans les couches inférieures.

592. — *Pourquoi les arbrisseaux souffrent-ils plus des gelées de printemps que les arbres plus élevés ?* — Parce que le sol et les couches inférieures de l'atmosphère sont plus froids que les couches supérieures d'où tombe l'air refroidi.

593. — *Qu'est-ce que la réflexion de la chaleur ?* — C'est le renvoi de la chaleur par la surface des corps qui l'ont reçue ou qu'elle a frappés. La chaleur renvoyée s'appelle *chaleur réfléchie*, et la chaleur reçue *chaleur incidente*. La faculté de renvoyer la chaleur, faculté que les différents corps possèdent à divers degrés, s'appelle *pouvoir réfléchissant*.

594. — *Quels corps sont les meilleurs réflecteurs de la chaleur ou sont doués du plus grand pouvoir réfléchissant?* — Les corps à surface unie et brillante, dé couleur blanche ou claire.

595. — *Les corps bons réflecteurs absorbent-ils aussi beaucoup de chaleur ?* — Non; le pouvoir réfléchissant est en *raison inverse* du pouvoir absorbant : ainsi les meilleurs réflecteurs absorbent très mal la chaleur, tandis que les plus mauvais l'absorbent facilement.

596. — *Pourquoi les corps qui réfléchissent beaucoup ne peuvent-ils pas aussi absorber beaucoup la chaleur ?* — La somme des chaleurs réfléchie et absorbée est nécessairement équivalente à la chaleur incidente reçue par le

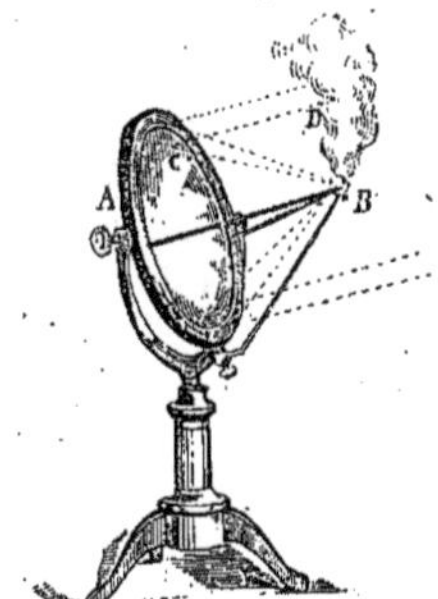

Fig. 73. — Inflammation d'amadou.

Réflexion de la chaleur du soleil sur un miroir A vers le foyer B; DC, rayons solaires incidents ; CB, rayons réfléchis.

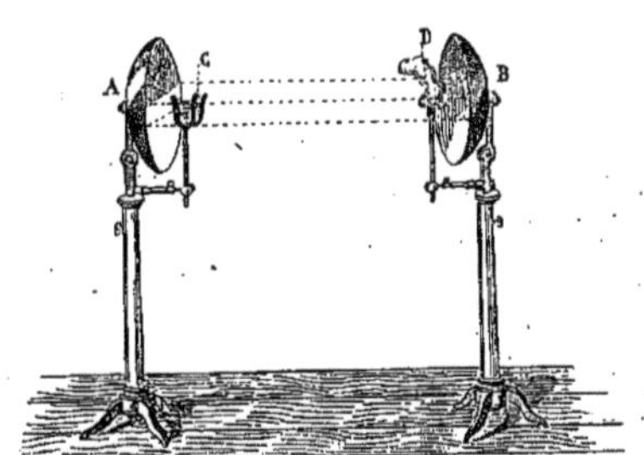

Fig. 74.

Réflexion sur le miroir A des rayons calorifiques émis par un corps chaud C ; réflexion des rayons AC sur le miroir B et des rayons BD au foyer ; inflammation d'amadou au foyer D.

corps : si donc il y a beaucoup de chaleur réfléchie, il y aura peu de chaleur absorbée; réciproquement, s'il y a peu de chaleur réfléchie, il y aura beaucoup de chaleur absorbée.

597. — *Comment met-on en évidence le fait de la réflexion de la chaleur?* — On prend deux miroirs concaves, métalliques, argentés à leur surface et de même longueur focale ; on les place en face l'un de l'autre, de manière que les centres soient sur une même ligne horizontale : on place au foyer de l'un, dans un vase en fil de fer, un boulet rougi au feu ; au foyer de l'autre, un thermomètre ; et bientôt on voit le thermomètre monter très rapidement sous l'action des rayons calorifiques partis du boulet, réfléchis une première fois et horizontalement par le miroir du boulet, une seconde fois par le miroir conjugué, qui, en les renvoyant, les fait converger sur la boule du thermomètre. Si à la place du boulet on mettait de la glace, le thermomètre baisserait au foyer du second miroir, l'échange des températures et les réflexions se faisant en sens contraires.

598. — *Si les métaux sont de bons conducteurs, comment peuvent-ils renvoyer la chaleur qui tombe sur leur surface ?* — Les métaux conduisent très bien la chaleur lorsqu'ils la reçoivent au contact ; mais il n'en est pas ainsi de la chaleur qu'ils reçoivent par rayonnement ; ils la renvoient presque en totalité, si leur surface est brillante et polie, et s'échauffent très peu sous son action.

599. — *A quoi sert le réflecteur d'étain ou de fer-blanc qu'on pose quelquefois devant le feu lorsqu'on fait rôtir des viandes ?* — 1° Il accélère la cuisson, en réfléchissant la chaleur du feu sur les viandes ; 2° il tient plus fraîche la cuisine, en empêchant la chaleur de s'y répandre.

600. — *Pourquoi porte-t-on des vêtements blancs en été ?* — Parce que les vêtements blancs ont l'avantage de réfléchir plus de chaleur et d'en absorber moins, de sorte qu'en réalité ils sont moins chauds. On a l'habitude de dire que les animaux des régions polaires ont en général le pelage blanc, de façon à empêcher la chaleur de leur corps de se perdre par rayonnement. On dit de même que les vêtements blancs seraient aussi utiles à porter en hiver. Mais le pouvoir émissif ne dépend pas de la couleur. Le blanc de céruse a le même pouvoir émissif que le noir de fumée. Si les animaux des régions polaires sont préservés du froid, ce n'est pas parce que leur pelage est blanc, c'est parce qu'il est très épais.

601. — *Pourquoi les souliers et les chapeaux noirs sont-ils plus chauds que les souliers ou chapeaux blancs ou gris ?* — Parce que la couleur noire, ne réfléchissant aucun rayon, absorbe plus la chaleur du soleil, du sol ou de l'air que le blanc ou le gris.

602. — *Le fer absorbe-t-il bien la chaleur ?* — Oui, si sa surface est terne et rugueuse ; non, si sa surface est brillante et polie. Le tisonnier, la pelle et les pincettes restent froids sur le garde-feu, quoiqu'ils soient devant un foyer ardent, parce que leur surface est brillante et polie, et que, par conséquent, ils absorbent peu de chaleur.

603. — *Pourquoi les rayons du soleil, réunis au foyer d'une loupe, enflammeront-ils un morceau de papier gris plutôt qu'un morceau de papier blanc ?* — Parce que le papier gris réfléchit moins la chaleur et en absorbe plus.

604. — *Si l'on veut avoir chaud, pourquoi doit-on porter des vêtements noirs sur du linge blanc ?* — Parce que la couleur noire du drap absorbe mieux la chaleur solaire que les couleurs plus claires, et que le linge blanc enlève moins de chaleur au corps.

605. — *Comment prouver que les couleurs les plus foncées absorbent mieux la chaleur solaire que les couleurs claires ?* — La couleur foncée résulte d'une absorption presque totale des rayons lumineux et calorifiques. Aussi, un morceau de drap noir mis au soleil sur la neige en fait fondre bien plus qu'un morceau de drap blanc.

Voici dans quel ordre on peut classer les teintes d'après leur absorption de la chaleur :

1. Couleur noire, la plus chaude	5. Couleur verte.
2. — violette.	6. — rouge.
3. — indigo.	7. — jaune.
4. — bleu foncé.	8. — blanche, la plus froide.

606. — *Comment, en été, se rafraîchit-on le visage avec l'éventail ?* — Parce que l'éventail met l'air en mouvement et le fait passer plus rapidement sur le visage : comme la température de l'air est plus basse que celle de notre corps, chaque bouffée d'air emporte par absorption et par conductibilité une portion de la chaleur du visage.

607. — *Pourquoi la température des îles est-elle plus égale que celle des continents ?* — 1° Parce que la mer s'échauffe moins en été et tempère la chaleur par l'évaporation de ses eaux; 2° parce que la mer se refroidit moins en hiver, ou reste relativement plus chaude que le sol.

OPTIQUE

I

608. — *Qu'est-ce que la lumière ?* — C'est l'agent qui nous fait connaître l'existence des corps par l'organe de la vue, autrement dit la cause de la vision. On a fait un grand nombre d'hypothèses pour expliquer la lumière. Newton admettait que les corps lumineux lancent dans toutes les directions des particules d'une ténuité extrême. C'est le *système de l'émission ;* il ne rend pas compte des faits. Malebranche et surtout Huyghens ont supposé que l'espace est occupé par une substance très subtile, l'*éther,* très élastique, qui remplit aussi les pores de la matière. Les molécules des corps lumineux sont animées de mouvements vibratoires très rapides qui se communiquent à l'éther et s'y propagent comme le son dans l'air et viennent ébranler les filets nerveux du fond de l'œil. C'est le *système des ondulations.* Depuis les travaux de Young et surtout ceux de Fresnel, tous les physiciens se sont ralliés à cette explication, qui rend non seulement compte des faits, mais a permis plus d'une fois de prédire exactement des phénomènes inattendus, confirmés ensuite par l'expérience.

609. — *Qu'entend-on par sources de lumière ?* — On désigne sous ce nom les corps lumineux par eux-mêmes ou qui produisent de la lumière. Les corps non lumineux par eux-mêmes ne peuvent être vus qu'à la condition d'être *éclairés,* c'est-à-dire de recevoir de la lumière venant d'une source lumineuse ; ils renvoient ensuite à l'œil cette lumière réfléchie. Ainsi le soleil est une source de lumière, mais la lune, les planètes ne font que nous renvoyer les rayons qu'elles reçoivent du soleil. On distingue deux espèces de sources de lumière, les unes *permanentes* comme le soleil, les étoiles, les autres *accidentelles,* qui peuvent elles-mêmes se subdiviser en sources artificielles et sources naturelles : les sources artificielles sont produites en portant la matière à des températures élevées ; tous les corps deviennent lumineux vers 400 ou 500°. Les sources naturelles résident dans des corps qui émettent toujours de la lumière sans élévation de température, par exemple les corps phosphorescents.

610. — *La lumière est-elle visible en elle-même ou par elle-même ?* — Non. M. François Soleil faisait passer dans l'air bien purgé de toutes poussières flottantes un rayon de lumière électrique, ou un rayon de soleil, et il constatait, à l'aide d'un petit instrument appelé par lui le *nihiloscope*, qu'elle était absolument invisible. Elle se montrait lorsque, prenant un torchon saupoudré de craie, on le secouait dans l'air.

611. — *La lumière peut-elle exister sans chaleur ?* — Non ; partout où il y a lumière, il y a aussi chaleur ; mais l'intensité calorifique est loin d'être toujours proportionnelle à l'intensité lumineuse ; certains corps sont très lumineux, et n'émettent que très peu de chaleur ; tels sont la lune, les substances phosphorescentes, les vers luisants.

612. — *La chaleur peut-elle exister sans lumière ?* — Oui, des corps peuvent être très chauds sans être lumineux ; on peut dépouiller les rayons solaires de presque toute leur lumière sans leur enlever leur chaleur. En faisant passer un rayon convergent de lumière solaire ou électrique à travers une dissolution d'iode dans du bisulfure de carbone, M. Tyndall a complètement éteint la lumière de ce rayon ; lorsqu'il le faisait tomber sur la rétine, il ne produisait aucune sensation de lumière, et cependant il brûlait du papier, enflammait des allumettes, rendait le platine incandescent et le faisait même fondre.

613. — *Comment se propage la lumière ?* — La lumière se propage en ligne droite : si l'on fait entrer un rayon de lumière solaire dans une chambre par un petit trou, on le voit dessiner sa route en ligne droite, en éclairant les poussières qui flottent dans l'air ; les poussières situées en dehors de cette ligne droite restent sombres et invisibles.

614. — *Si aucun obstacle ne l'arrête, comment se propage la lumière ?* — En tous sens et sphériquement, c'est-à-dire que tous les points à égale distance de la source lumineuse sont également éclairés, et d'autant plus qu'ils sont plus voisins de la source.

615. — *Suivant quelle loi l'intensité de la lumière diminue-t-elle avec la distance ?* — En raison inverse du carré des distances, c'est-à-dire qu'à une distance double, triple, etc., l'intensité de l'éclairement est quatre fois, neuf fois, etc., plus faible.

616. — *Comment les divers corps se comportent-ils par rapport à la lumière qui tend à les traverser ?* — Les uns, appelés *transparents*, comme l'eau et le verre, la laissent passer sans presque l'affaiblir ou l'éteindre ; on voit très bien à travers leur substance. Les seconds appelés *translucides*, comme le papier mince ou huilé et le verre dépoli, en laissent passer encore une certaine portion, mais beaucoup moindre. Les troisièmes enfin, appelés *opaques*, ne laissent point passer la lumière du tout, ils l'arrêtent au contraire ou l'éteignent.

617. — *Pourquoi peut-on regarder impunément le soleil couchant et le soleil levant, tandis que l'éclat de cet astre à midi éblouit les yeux?* — Parce que les rayons du soleil, quand cet astre est près de l'horizon, ont à traverser une couche d'air beaucoup plus épaisse et moins pure, ou chargée de vapeurs à l'état de brouillard, qui l'affaiblissent ou l'éteignent en partie.

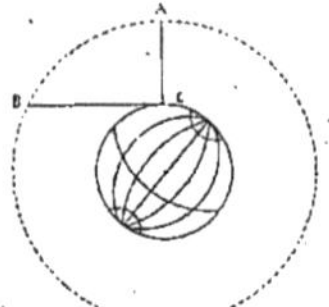

Fig. 75.

BC, épaisseur de l'atmosphère à l'horizon ; AC, épaisseur au zénith.

La ligne CB, qui représente l'épaisseur d'atmosphère traversée par les rayons du soleil à l'horizon, est plus longue que la ligne AC, qui représente l'épaisseur traversée par les rayons venus du zénith.

618. — *En arrêtant la lumière, à quels phénomènes les corps opaques donnent-il naissance?* — Au phénomène des ombres. Si du point lumineux on mène des lignes droites à tous les points du contour des corps opaques, l'espace compris dans l'intérieur du cône formé par ces lignes, derrière le corps opaque, ne sera pas éclairé, parce que la lumière, qui se propage en ligne droite, ne pourra pas y pénétrer : on dit alors qu'il est dans l'ombre. Ces mêmes lignes, en rencontrant un plan quelconque, le sol ou un mur, dessinent en noir sur le plan une image obscure du corps, qu'on appelle son *ombre*.

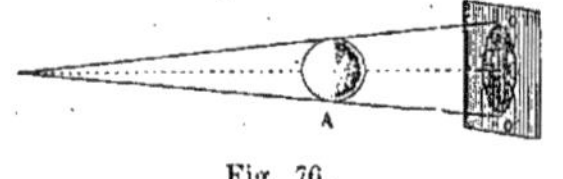

Fig. 76.

OO, ombre portée par le corps A sur un écran.

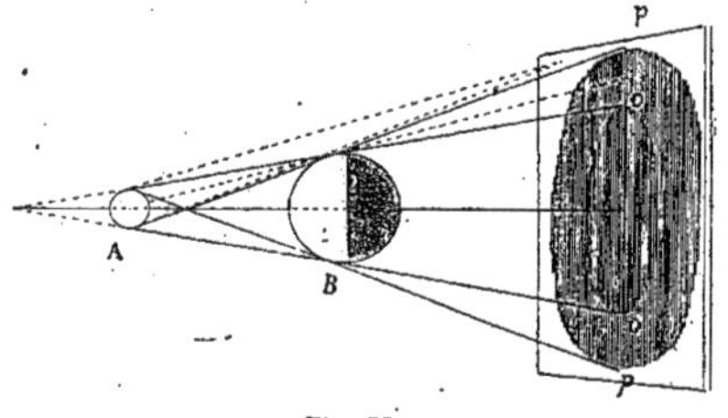

Fig. 77.

OO, ombre portée par le corps B illuminé par le corps lumineux A, — po, po, pénombre.

619. — *Pourquoi le soleil et la lune, qui sont des sphères, paraissent-ils avoir une surface plane?* — Parce qu'au delà d'une certaine distance nous n'avons plus la sensation du relief; les différences entre les distances à l'œil des divers points de l'objet sont trop petites pour qu'on puisse les apprécier.

620. — *Avec quelle vitesse la lumière se propage-t-elle?* — Rœmer a trouvé, en 1755, que la lumière se propageait avec une vitesse d'environ 77 000 lieues de 4 000 mètres par seconde, c'est-à-dire que la lumière, en une seconde, ferait 8 fois le tour du globe. Les déterminations plus récentes de M. Fizeau et de M. Cornu ont peu modifié ce chiffre.

Un boulet qui conserverait sa vitesse première de 390 mètres par seconde emploierait 17 ans à venir du soleil, tandis que la lumière de cet astre arrive à notre globe en 8 minutes 13 secondes.

621. — *Pourquoi l'observateur installé sur le sommet d'une montagne voit-il beaucoup plus d'étoiles ?* — Parce qu'il n'y a plus entre lui et les étoiles qu'une atmosphère pure ; la lumière est moins affaiblie que dans la plaine, par les couches inférieures de l'atmosphère.

622. — *Pourquoi la distance rend-elle un objet invisible ?* — Parce que, lorsque l'objet est très distant, son image est trop petite, et la lumière qu'il émet trop affaiblie pour que nous ayons la sensation de sa présence. Un objet disparaît, en général, lorsque l'angle qu'il sous-tend, ou l'angle formé par les deux lignes menées du centre de l'œil aux extrémités de sa plus grande largeur, n'est plus que d'une minute.

623. — *Pourquoi les télescopes et les lunettes rendent-ils visibles des objets qu'on ne peut voir à l'œil nu ?* — Parce que, le miroir ou l'objectif de ces instruments, en réunissant et faisant converger vers leur foyer une plus grande portion de la lumière émise par l'objet, forment

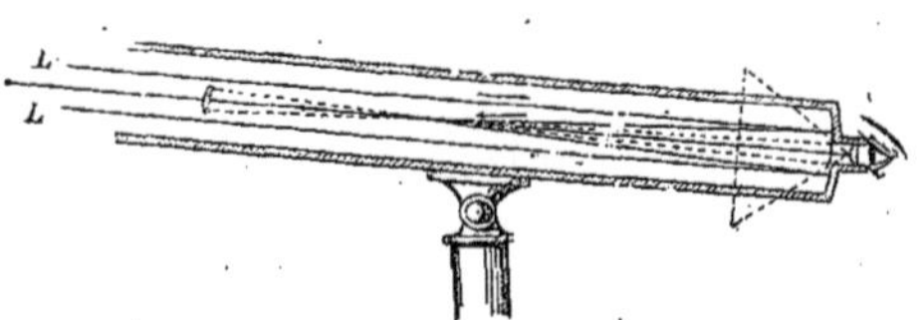

Fig. 78. — Télescope.

LL, rayons lumineux arrivant d'un astre réfléchis sur le miroir au fond du tube et réfléchis de nouveau sur le petit miroir central qui les dirige sur la lentille à travers laquelle on regarde l'image agrandie.

à ce foyer une image très éclairée que l'oculaire grossit ensuite et place dans des conditions excellentes de vision distincte. Le télescope et la lunette, comme aussi le microscope, rapprochent considérablement l'objet, ou mieux, font que nous le voyons sous un angle beaucoup plus grand.

624. — *Pourquoi les vers luisants et les mouches à feu ne brillent-ils que pendant la nuit ?* — Parce que la faible lueur qu'ils émettent est éclipsée ou rendue insensible par la lumière beaucoup plus intense du jour. En général, lorsque l'intensité d'une lumière n'est que la soixantième partie de l'intensité d'une autre lumière qui frappe l'œil en même temps, la première lumière n'est pas perçue. En fait de lumière, un soixantième est la limite de la perception. Par un beau clair de pleine lune, on voit très peu d'étoiles.

625. — *Pourquoi ne peut-on pas voir les étoiles en plein jour ?* — Parce que la lumière du soleil éclipse leur lueur plus faible et les rend invisibles.

626. — *Pourquoi peut-on voir les étoiles, même à midi, si l'on se place au fond d'un puits profond ?* — Parce que, pour l'observateur placé au fond du puits, la lumière de l'étoile a conservé tout son éclat, tandis que la lumière du jour qui y pénètre à peine est devenue beaucoup plus faible ; la première lumière ne sera donc plus éclipsée, et on verra l'étoile qui l'émet.

627. — *Pourquoi le verre, lorsqu'on le dépolit, devient-il translucide, de diaphane qu'il était?* — Parce que le poli du verre étant une condition essentielle de sa transparence, s'il n'existe plus, le verre de transparent devient translucide. Mais si on mouille, on recouvre d'un vernis blanc le verre dépoli, il reprend sa transparence.

II

628. — *Qu'est-ce que la réflexion de la lumière ?* — Quand un rayon lumineux frappe une surface, il est réfléchi à la façon d'une bille qui heurte un corps dur ; il est renvoyé par la surface dans la direction d'où il vient. C'est le phénomène de la réflexion.

629. — *La lumière se réfléchit-elle toujours en même quantité à la surface de tous les corps ?* — Non ; certains corps, comme les corps transparents, se laissent pénétrer par plus de lumière qu'ils n'en réfléchissent ; d'autres corps, comme les miroirs par exemple, la réfléchissent presque entièrement.

630. — *Comment se fait la réflexion de la lumière ?* — Comme tous les corps élastiques, la lumière se réfléchit sous un angle de réflexion égal à l'angle d'incidence. Si dans une chambre on fait entrer par un petit trou percé dans le volet fermé, un rayon de soleil oblique puis qu'on le reçoive sur un miroir, on le verra rebondir de l'autre côté sous l'angle qu'il faisait en tombant. En agitant au-dessus du miroir un linge plein de poussière, on rendra sensible la marche du rayon avant et après la réflexion, et on constatera l'égalité des deux angles.

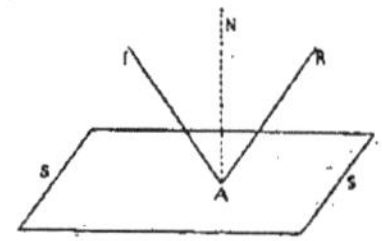

Fig. 79. — Angle d'incidence égal à l'angle de réflexion.

Soit SS le miroir, AN la normale ou la perpendiculaire à sa surface au point A ; si IA est le rayon lumineux qui arrive ou *incident*, AR faisant avec AN un angle RAN égal à IAN sera le rayon *réfléchi*, IAN est l'angle d'incidence, RAN l'angle de réflexion, et ces deux angles sont toujours égaux. Cette loi a sa raison dernière dans ce qu'on appelle le *principe du minimum d'action* ou dans ce fait de la nature que la lumière va d'un point à un autre, de I en R par le chemin le plus court, ou dans le plus court temps possible.

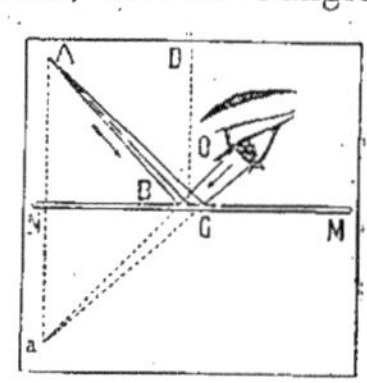

Fig. 80. — Image réfléchie dans un miroir.

631. — *Où voit-on dans le miroir l'image réfléchie d'un point lumineux ?* — Derrière le miroir MN et à la même distance sur la perpendiculaire AN menée par ce point A au miroir. Si l'on considère en effet deux des rayons réfléchis AB, AG, qui viennent de ce point à l'œil O, par cela seul que l'angle d'incidence est toujours égal à l'angle de réflexion, ces deux rayons réfléchis prolongés se rencontreront en *a*, et l'œil qui voit l'image sur le prolongement de ces rayons la verra en *a*.

632. — *Quels rapports y a-t-il entre un objet et son image réfléchie par un miroir?* — L'image réfléchie par le miroir a la même forme que l'objet, et se trouve placée symétriquement derrière le miroir à une distance égale. En effet, l'image de l'objet se compose de l'ensemble des images de tous ses points et pour obtenir chacune de ces images, il faut mener par chacun des points une ligne perpendiculaire à la surface plane du miroir et la prolonger d'une quantité égale; or, évidemment, les extrémités de toutes ces perpendiculaires, derrière le miroir, dessinent la même forme que les extrémités en avant du miroir; l'image est donc tout à fait semblable à l'objet; la droite seulement devient la gauche si le miroir est vertical; le haut devient le bas si le miroir est horizontal.

633. — *Quand nous nous plaçons devant un miroir, pourquoi notre image s'approche-t-elle de nous lorsque nous nous approchons et s'éloigne-t-elle lorsque nous nous éloignons?* — Par la raison toute simple que notre image est toujours à la même distance que nous du miroir, plus près par conséquent si nous sommes plus près, plus loin si nous sommes plus loin.

634. — *Quelle grandeur doit avoir un miroir pour que nous y voyions notre visage tout entier?* — Une construction fort simple prouve qu'il suffit que les dimensions du miroir soient la moitié de celles du visage.

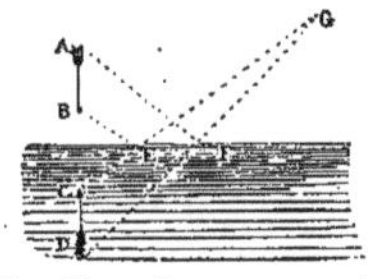

Fig. 81. — Image renversée.

O, œil; — EG, rayon réfléchi EB; — FG, rayon réfléchi AF.

635. — *Pourquoi l'image d'un objet vu par réflexion dans l'eau est-elle toujours renversée?* — Par cette même raison que l'image est à la même distance du miroir que l'objet. L'image de la pointe de la flèche, comme l'image de nos pieds, sera plus près de la surface de l'eau que l'image des barbes de la flèche ou de notre tête; la flèche aura donc la pointe en haut et nous aurons la tête en bas.

636. — *Pourquoi les vitres des fenêtres paraissent-elles en feu au coucher et au lever du soleil?* — Parce qu'elles réfléchissent et renvoient en très grande abondance à notre œil les rayons qu'elles reçoivent du soleil.

637. — *Pourquoi le même effet ne se produit-il pas à midi?* — Parce que les rayons réfléchis du soleil de midi ne peuvent pas atteindre notre œil, comme l'atteignent les rayons réfléchis du soleil levant ou couchant, à moins que nous ne soyons dans une position exceptionnelle.

638. — *Comment, dans un wagon de chemin de fer, voyons-nous au dehors sur la glace des portières l'image de la lampe allumée au sommet du wagon, et celles des personnes assises?* — Par réflexion sur les glaces des fenêtres, lesquelles, quoique non étamées, font fonction de miroir.

639. — *Pourquoi le soleil réfléchi dans l'eau n'est-il éblouissant que dans une direction déterminée, tandis que sur tout le reste de sa surface l'eau est sombre et sans éclat ?* — Parce que nous ne voyons le soleil réfléchi que dans une seule direction, sous un angle de réflexion égal à l'angle d'incidence ; dans les autres directions, le soleil, pour nous, n'est pas réfléchi et nous ne voyons l'eau qu'éclairée par la lumière diffuse.

640. — *Pourquoi les déserts éblouissent-ils quand le soleil les éclaire ?* — Parce que chaque grain de sable réfléchit le soleil comme un miroir. Cette réverbération du sol fortement éclairé est aussi très pénible sur les pavés, et sur le sol sec et blanc des rues et des campagnes.

641. — *Pourquoi certaines substances, comme le verre et l'émail, ont-elles beaucoup d'éclat, tandis que d'autres substances restent ternes ?* — Les substances qui ont de l'éclat sont celles qui dispersent ou diffusent la lumière dans une grande proportion ; les substances ternes sont celles qui absorbent la lumière ou ne la diffusent pas. Pour la lumière comme pour la chaleur, les corps ont des pouvoirs émissifs différents.

Il importe de remarquer que, lorsqu'un rayon lumineux tombe sur une surface ou sur un corps quelconque et l'éclaire, cette surface ou ce corps, devenus lumineux, à leur tour, donnent naissance à deux sortes de rayons : les uns régulièrement réfléchis et qui ne sont visibles que sous l'angle de réflexion égal à l'angle d'incidence ; les autres dispersés ou diffusés dans tous les plans et sous tous les angles autour du point d'incidence. Les rayons réfléchis régulièrement ne montrent pas le corps réfléchissant, mais le corps qui a émis les rayons et dont ils portent l'image dans l'œil ou sur l'écran ; ce sont les rayons diffusés qui montrent le corps réfléchissant. Un corps très réfléchissant, un véritable miroir, peut apparaître sombre lorsque l'œil n'est pas dans la direction des rayons réfléchis à sa surface.

642. — *Pourquoi les images des becs de gaz réfléchis par une rivière ne se montrent-ils pas sous forme de becs lumineux, mais sous forme de colonne de lumière ?* — Parce que l'eau de la rivière est en mouvement : si elle était en repos, elle ferait tout simplement l'effet d'un miroir, et donnerait une image de la même forme que le bec ; mais parce qu'elle court, et que sa vitesse varie de la surface au fond, elle se partage en nappes superposées et distinctes, qui donnent chacune une image du bec de gaz ; l'ensemble de toutes ces images situées sur une même verticale produit l'effet d'une colonne de lumière.

643. — *Qu'est-ce que la réfraction de la lumière ?* — Quand un rayon de lumière passe d'un milieu dans un autre, sa direction est modifiée, il est *réfracté*. Si un rayon dans l'air a suivi la direction AB, et qu'il pénètre ensuite dans l'eau ou dans le verre,

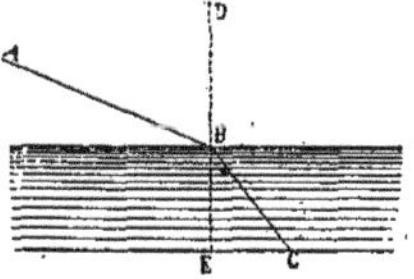

Fig. 82. — Réfraction de la lumière.

il ne continuera pas à se mouvoir dans la direction AB, mais il s'infléchira et suivra une direction nouvelle BC, qui fait un angle avec la première. Réciproquement, si le rayon, après avoir suivi dans l'eau la direction CB, repasse dans l'air, il ne continuera pas à suivre la ligne CB, mais il s'infléchira et prendra la direction BA.

644. — *Quelle est la cause de la réfraction ?* — On peut l'expliquer avec Huyghens en admettant qu'elle a pour origine les changements de vitesse de la lumière dans les différents milieux. Le changement de direction se fait de telle sorte, que la lumière aille dans le plus court temps possible du point A dans le premier milieu au point C dans le second. Si la vitesse est plus grande dans le premier milieu que dans le second, le rayon réfracté BC se rapprochera de la *normale* ou de la perpendiculaire DBE à la surface de séparation des deux milieux. L'*angle de réfraction* EBC sera plus petit que l'*angle d'incidence* ABD. Si, au contraire, la vitesse dans le premier milieu est plus petite que la vitesse dans le second, le rayon réfracté AB s'éloignera de la normale BD, l'angle de réfraction ABD sera plus grand que l'angle d'incidence EBC. Comme, en général, la lumière va plus vite dans un milieu moins dense, moins vite dans un milieu plus dense, on voit aussi qu'en général la lumière, en passant d'un milieu moins dense dans un milieu plus dense, se rapproche de la normale à la surface de séparation, et s'en éloigne en passant d'un milieu plus dense dans un milieu moins dense.

645. — *Pourquoi une cuiller placée dans un verre rempli d'eau paraît-elle rompue ?* — Les rayons partis de la portion de la cuiller qui plonge dans l'eau, se réfractant en passant dans l'air, s'écartent de la normale BF et prennent la direction ED au lieu de la direction CB. Comme nous reportons les objets sur le prolongement des rayons parvenus à notre œil, nous verrons la portion plongée non pas en BC, mais en BD, sur le prolongement de BE,

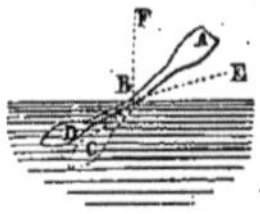

Fig. 83. — Déformation des corps.

ou relevée ; les deux portions de la cuiller, telles que notre œil les voit, AB, BD, feront donc entre elles un angle ABD, et la cuiller semblera brisée en B.

646. — *Pourquoi un bâton ou une rame plongés en partie dans l'eau paraissent-ils rompus ?* — Par la même raison que la cuiller, parce que la portion plongée paraît relevée ou soulevée.

647. — *Pourquoi une rivière paraît-elle toujours moins profonde qu'elle ne l'est réellement ?* — Par la raison qui fait que la cuiller paraît brisée. Les rayons qui montrent le fond se réfractent, s'éloignent de la normale, et, comme on place le fond sur leur prolongement, on verra ce fond soulevé.

Mettez une pièce de monnaie au fond d'un vase ; au moment où, en abaissant votre regard, et lui faisant raser les bords du vase, vous commencez à ne plus voir la monnaie à cause de l'opacité des parois, il suffira de remplir d'eau le vase pour la rendre visible ; la pièce de monnaie et le fond paraîtront donc s'être relevés (fig. 85).

648. — *Lorsqu'on descend dans un bain, pourquoi est-on souvent surpris de le trouver plus profond qu'on ne s'y attendait ?* — Parce que le fond, vu par réfraction, paraissant soulevé, la profondeur apparente est plus petite que la profondeur réelle, et le passage de l'illusion à la réalité cause naturellement une surprise plus ou moins grande.

649. — *De combien sont plus profonds qu'ils ne le paraissent un bain et une rivière ?* — D'à peu près un tiers ; par conséquent, si une rivière paraît avoir trois mètres de profondeur, elle en a réellement quatre.

650. — *Pourquoi les poissons paraissent-ils toujours plus près de la surface de l'eau qu'ils ne le sont réellement ?* — Par la raison déjà donnée.

Fig. 84.

Fond d'un lac O, paraissant soulevé en O', par un effet de réfraction.

On doit avoir égard à cet exhaussement apparent des poissons nageant sous l'eau lorsqu'on veut les atteindre d'un coup de fusil.

Fig. 85. — De deux baquets égaux, l'un vide et l'autre plein d'eau, le premier paraîtra le plus profond.

651. — *Pourquoi les objets paraissent-ils grossis lorsqu'ils sont dans un bocal contenant de l'eau ?* — Parce que l'angle visuel ou l'angle sous-tendu par l'objet vu dans l'eau est plus grand que l'angle sous-tendu par le même objet dans l'air.

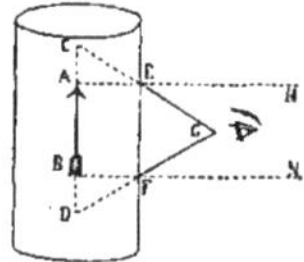

Fig. 86. — Grossissement des objets.

Les rayons AE, BF, partis des extrémités de la flèche AB, s'écartent des normales EN, FN, et prennent les directions EG, FG ; le point A sera donc vu en C, et le point B en D ; la flèche sous-tendra l'angle CGD plus grand que l'angle AGB qu'elle aurait sous-tendu, si elle avait été vue dans l'air ; elle paraîtra donc agrandie.

Les poissons, dans l'eau, paraissent toujours plus grands que lorsqu'on les en a retirés.

652. — *Pourquoi les astres paraissent-ils plus élevés qu'ils ne le sont réellement ?* — En passant du vide des espaces célestes dans l'atmosphère, les rayons émis par l'étoile se réfractent en se rapprochant du zénith ; cette réfraction et ce rapprochement augmentent à mesure que les rayons pénètrent dans les couches inférieures de plus en plus denses ; l'astre en définitive paraîtra plus près du zénith ou relevé ; tandis qu'il est en réalité en A, on le verra relevé en B.

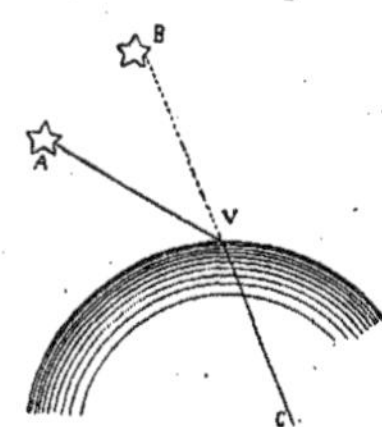
Fig. 87. — Effets de la réfraction sur les astres.
A, B, astres ; — V, limite de l'atmosphère ; — C, point d'observation.

653. — *Qu'est-ce qu'une lentille ?* — Un verre transparent, taillé de manière à rassembler ou à disperser, à faire converger ou diverger les rayons lumineux qui le traversent. Sa forme est presque toujours celle d'un *disque circulaire*, dont une au moins des faces est une surface courbe, concave ou convexe ; l'autre face peut être une surface plane ou une surface courbe. Les surfaces courbes qui terminent la lentille sont, en général, des sphères dont les rayons sont convenablement choisis pour produire l'effet désiré de parallélisme, de convergence ou de divergence des rayons, et pour donner un faisceau convergent, parallèle ou divergent.

654. — *Comment les lentilles sphériques se divisent-elles ?* — En deux classes : 1° lentilles convergentes, ou qui font converger les rayons ; 2° lentilles divergentes, ou qui font diverger les rayons.

655. — *Comment les lentilles convergentes se subdivisent-elles ?* — En trois genres, d'après la combinaison des courbures :

1° Lentille biconvexe, dont les deux faces sont convexes ;

2° Lentille plan-convexe, dont l'une des faces est plane, l'autre convexe ;

3° Ménisque convergent, dont l'une des faces est convexe, l'autre concave, le rayon de la surface concave étant plus grand que celui de la surface convexe.

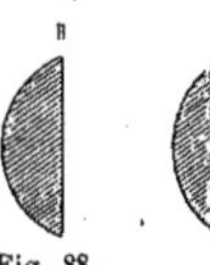
Fig. 88.
A, lentille biconvexe ; — B, lentille plan-convexe ; — C, ménisque convergent.

Convexe veut dire courbé et arrondi à l'extérieur.
Concave arrondi intérieurement ; il est opposé à convexe.
Ménisque, du grec μηνίσκος (*croissant*).

656. — *Comment les lentilles divergentes se subdivisent-elles ?* — En trois genres, d'après la combinaison des courbures.

1° Lentille biconcave, dont les deux faces sont concaves ;

2° Lentille plan-concave, dont l'une des faces est plane ;

3° Ménisque divergent, dont l'une des faces est convexe, l'autre concave, le rayon de la surface concave étant plus petit que celui de la surface convexe.

657. — *A quels caractères reconnait-on les lentilles convergentes ?* — 1° Elles *grossissent* les objets qu'on regarde à travers elles ; 2° elles sont plus épaisses au *milieu* que vers les bords.

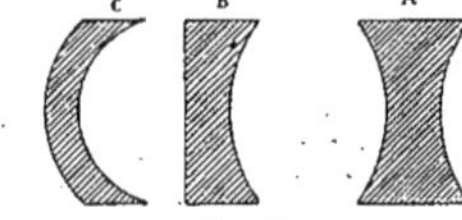

Fig. 89.

A , lentille biconcave ; — B , lentille plan-concave ; — C, ménisque divergent.

658. — *A quels caractères reconnait-on les lentilles divergentes?* — 1° Elles font paraître *plus petits* les objets qu'on regarde à travers elles ; 2° elles sont plus épaisses au *bord* qu'au milieu.

659. — *Qu'est-ce que la dispersion ?* — C'est la séparation ou l'étalement, au moyen de la réfraction convenablement opérée, des rayons nombreux et diversement colorés dont tout rayon de lumière blanche, solaire ou autre, est composé.

660. — *Comment prouve-t-on cette composition et opère-t-on la dispersion ?* — A l'aide d'un prisme ou d'un morceau de verre à faces planes non parallèles.

Si l'on fait tomber sur la première face d'un prisme un faisceau lumineux composé de rayons parallèles et blancs, on le verra sortir par la seconde surface sous forme de faisceau divergent, épanoui comme un éventail ; les rayons divers qui composaient le faisceau incident parallèle ont tous été déviés vers la base du

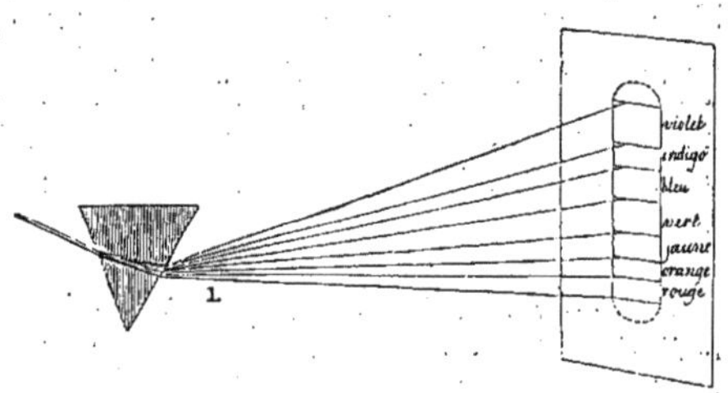

Fig. 90. — Dispersion de la lumière par un prisme.

prisme, mais déviés de quantités inégales ; et dans sa déviation chacun s'est revêtu d'une couleur propre ; le plus dévié est violet, le moins dévié est rouge : l'ensemble de ces rayons colorés et dispersés s'appelle *spectre solaire.* On obtient ainsi une sorte de ruban coloré d'un très bel effet. C'est Newton qui le premier a dispersé la lumière blanche au point de faire apparaître le spectre.

661. — *De combien de rayons colorés se compose le faisceau dispersé ou le spectre solaire?* — D'un nombre indéfini ; mais dans ce nombre indéfini on distingue sept rayons principaux, ou sept couleurs principales, qui se succèdent dans l'ordre indiqué par le vers suivant :

Violet, Indigo, Bleu, Vert, Jaune, Orangé, Rouge.

Trois de ces rayons ou mieux trois de ces couleurs ont reçu le nom de couleurs *élémentaires fondamentales* ou *cardinales :* ce sont le rouge, le jaune, le bleu, qui par leur mélange deux à deux peuvent jusqu'à un certain point reproduire toutes les autres. L'orangé peut être considéré comme un mélange de rouge et de jaune, le vert comme un mélange de jaune et de bleu, l'indigo comme un mélange de vert et de bleu, le violet comme un mélange de rouge et de bleu.

662. — *Pourquoi les cristaux des lustres jettent-ils des feux très diversement colorés ?* — Parce que chaque morceau de verre ou cristal est taillé de manière à agir comme un prisme; il décompose les faisceaux de lumière, et disperse dans différentes directions les rayons colorés dont ces faisceaux étaient formés.

663. — *Qu'appelle-t-on raies du spectre ?* — Wollaston, en 1802, aperçut dans le spectre de Newton et perpendiculairement à sa longueur plusieurs raies noires très fines. En 1817, Fraûnhofer, qui ignorait ce détail, reconnut que le spectre était sillonné transversalement d'une multitude de raies très fines ; il put en compter 610 et d'autant plus qu'il observait le spectre avec une lunette plus puissante. Il en remarqua notamment 8 principales que l'on nomme encore raies de Fraûnhofer et qu'il désigna par les premières lettres de l'alphabet. Fraûnhofer se servit des raies ainsi découvertes pour distinguer les unes des autres les diverses sources lumineuses. En effet les raies changent d'aspect et sont distribuées différemment dans les spectres formés par différentes sources. Ainsi, on voit toujours les raies D, E, F disposées dans les mêmes couleurs du spectre, quand ce spectre provient de la lumière du soleil, de la lune, de Mars, Jupiter, etc. C'est toujours la même lumière ; mais tout change quand on observe le spectre de *Sirius ;* on ne trouve plus les raies dans le jaune et l'orangé : on en voit une dans le bleu, dans le vert. La lumière des étoiles comme Pollux, Sirius, etc., est donc différente de celle du soleil.

664. — *La lumière des corps solides ou liquides incandescents donne-t-elle des raies ?* — Draper a constaté le premier que le spectre des solides ou liquides incandescents est continu, sans raies ; le fait a été mis hors de doute par les expériences de Foucault, Masson, Robiquet, etc. Les flammes dont la lumière est due à des particules incandescentes en suspension ne montrent aucune raie dans leur spectre. Si ces flammes renferment des gaz ou des vapeurs incandescentes, le spectre au contraire est sillonné de raies ou bandes brillantes séparées par des espaces obscurs.

665. — *La lumière des gaz ou vapeurs incandescentes produit-elle des raies brillantes ?* — Quand on fait volatiliser un métal dans une flamme très chaude, on voit apparaître des raies brillantes. A chaque métal correspond un système caractéristique de raies, quelle que soit la combinaison dans laquelle ce métal est engagé. En 1822, Herschel en avait fait la remarque. En 1826, Talbot avança que la disposition des raies du spectre d'une flamme pouvait donner le moyen d'y découvrir les plus faibles traces de certaines substances. Mais c'est seulement en 1860 que MM. Kirchoff et Bunsen démontrèrent ce fait important : la combinaison dans laquelle un métal est engagé, la nature des flammes et leur température n'apportent pas de modification dans les raies brillantes appartenant à chaque métal.

666. — *Qu'est-ce que l'analyse spectrale ?* — De la loi précédente, MM. Kirchoff et Bunsen ont déduit une méthode d'analyse qualitative bien remarquable, car elle permet de constater rapidement la présence dans un corps des moindres traces d'une substance que les procédés chimiques ordinaires ne permettraient pas de révéler. Et on peut faire cette reconnaissance à des distances énormes, puisque c'est la lumière qui les révèle. Chaque corps envoie ou télégraphie, pour ainsi dire, son signalement par les raies qu'il montre dans son spectre. On a pu reculer ainsi très loin les bornes de notre univers visible et déterminer la composition chimique des étoiles, des nébuleuses, des comètes, etc. On est arrivé à reconnaître que le soleil et les étoiles ont à peu près la même composition que notre terre, renferment les mêmes substances, oxygène, hydrogène, carbone, métaux, fer, or, magnésium, etc., etc. C'est ainsi encore que l'on a pu constater la présence de l'eau dans les espaces célestes les plus reculés, jusque dans l'atmosphère de Mars, de certaines étoiles, etc., etc.

667. — *Qu'entend-on par spectroscope ?* — L'instrument avec lequel on pratique l'analyse spectrale. En principe, c'est une petite lunette dont l'extrémité est hermétiquement close et porte une fente étroite par laquelle peuvent passer les rayons de la lumière à examiner. Au delà de la fente, à l'intérieur, se trouvent deux ou plusieurs prismes qui dispersent, étalent la lumière de façon à donner un beau spectre. Au-dessus sont combinées plusieurs lentilles formant lunette grossissante pour que l'œil puisse bien voir le spectre dans tous ses détails. Le spectroscope ainsi décrit est le spectroscope à vision directe parce que l'appareil constitue une petite lunette directe ; quelquefois, par renvoi latéral de la lumière, on observe avec une lunette disposée sur le côté ; c'est le spectroscope à vision indirecte. On fait aujourd'hui de petits spectroscopes de 6 à 8 centimètres de longueur, très commodes pour les usages de laboratoire ou pour examiner les raies telluriques, c'est-à-dire les raies produites par la vapeur d'eau atmosphérique. Ces raies disparaissent ou s'accentuent selon le degré d'humidité des hautes couches atmosphériques. Le spectroscope devient ainsi un pronostiqueur du temps.

668. — *Pourquoi les vapeurs incandescentes produisent-elles des raies brillantes et pourquoi, dans le spectre solaire, au lieu de raies brillantes, n'observe-t-on que des raies noires ?* — Foucault avait vu que la raie jaune produite par la vapeur du sodium coïncidait avec la raie D de Fraûnhofer. Brewster, Angström avaient trouvé que cette coïncidence se répétait pour d'autres raies. Mais c'est M. Kirchoff qui donna l'explication de cette coïncidence. Les vapeurs métalliques absorbent sans les laisser passer certains rayons colorés et elles absorbent précisément les rayons qu'elles émettent quand elles sont incandescentes. Par conséquent, ces vapeurs produites dans une flamme donnent des raies brillantes caractéristiques ; mais si l'on fait passer à travers cette flamme les rayons d'une source dont le spectre soit plus brillant que celui de la flamme, comme celui d'un fil de platine incandescent, de la lumière Drummond, on verra les raies brillantes disparaître et être remplacées par des raies noires ; les rayons de la source puissante ayant même réfrangibilité sont *éteints* par les rayons des vapeurs métalliques. Le gaz incandescent absorbe les rayons de l'espèce de celle qu'il émet. C'est là la loi du *pouvoir absorbant* égal au pouvoir *émissif*, appliquée aux gaz chauds.

C'est en partant de là que les deux physiciens d'Heidelberg sont parvenus à expliquer les raies noires du soleil. Le soleil est formé à l'extérieur d'une couche lumineuse composée de particules solides incandescentes. Seule cette couche donnerait un spectre continu, mais comme les rayons qui en émanent ont à traverser une atmosphère de vapeurs qui enveloppent l'astre, certains rayons sont absorbés et le spectre résultant est strié de raies obscures. Or M. Kirchoff a reconnu dans ce spectre les raies d'un certain nombre de substances avec leur position et leur aspect habituel. C'est ainsi qu'il en a conclu que le soleil renfermait de l'hydrogène, du sodium, calcium, baryum, magnésium, fer, chrome, cuivre, zinc. Telle est la base fondamentale de la grande découverte qui a conduit à l'analyse spectrale des astres.

669. — *Qu'entend-on par la double réfraction de la lumière ?* — Le partage en deux rayons distincts, dans l'acte de la réfraction, d'un rayon incident. Certaines substances, comme le quartz, ou cristal de roche, et surtout le spath d'Islande, dédoublent, en le réfractant, le rayon lumineux qui les traverse. Si on recouvre d'un morceau de spath d'Islande une ligne noire tracée sur une feuille de papier et qu'on regarde à travers le spath, on verra deux lignes noires. Ce phénomène observé, par Bartholin, en 1647, a été expliqué par Huyghens, en 1673.

670. — *Qu'entend-on par polarisation de la lumière ?* — Les rayons lumineux qui ont subi certaines actions comme la réflexion, la réfraction, etc., ne se trouvent plus dans le même état que lorsqu'ils arrivent directement de la source ; ils semblent *orientés*, *polarisés*, c'est-à-dire qu'ils se comportent différemment selon qu'on les fait se réfléchir de nouveau, se réfracter sur une de leurs faces ou sur une autre. Si, par exemple, on fait réfléchir un faisceau lumineux déjà réfléchi sur un nouveau miroir et si l'on fait tourner ce miroir autour de la direction du rayon incident, l'image décrit une circonférence et on la voit diminuer ou baisser d'intensité deux fois en passant par un tour complet. On peut même s'y prendre de façon à éteindre complètement le faisceau réfléchi. Ce faisceau, qui jouit de propriétés spéciales, est dit composé de *lumière polarisée*. L'angle d'incidence par lequel on peut arriver à une extinction totale du rayon réfléchi est l'*angle de polarisation*. Il varie avec les substances sur lesquelles on opère. C'est Malus qui observa le phénomène de la polarisation en 1810.

671. — *Qu'appelle-t-on polariseurs ?* — Différents appareils qui donnent de la lumière polarisée. Une glace noire qui reçoit un faisceau lumineux sous l'angle d'incidence de 54°,35′ donne un faisceau réfléchi qui est polarisé dans le plan d'incidence. C'est le plus simple des polariseurs. Une plaque de tourmaline dont les faces sont parallèles à l'axe et dont l'épaisseur est de 2 millimètres au moins donne un faisceau polarisé perpendiculairement à l'axe, etc.

La lumière bleue du ciel vue à travers une lame de tourmaline et suivant sa longueur change d'intensité quand on fait tourner la plaque ; elle s'éteint même à peu près complètement dans deux positions. La lumière bleue du ciel est donc en partie polarisée, ce qui résulte de ce qu'elle est réfléchie par une foule de corpuscules et par la vapeur d'eau atmosphérique.

672. — *Qu'entend-on par interférence de la lumière ?* — Il peut arriver qu'en faisant cheminer deux rayons de lumière, on obtienne, au point de rencontre, de l'obscurité. La lumière ajoutée à de la lumière peut faire de l'obscurité. Ce phénomène incompréhensible dans la théorie de l'émission devient facile à expliquer dans la théorie des ondulations ; il lui donne même de la force. En effet, la lumière résulte de vibrations produites transversalement à la direction de propagation ; si deux rayons font des vibrations qui s'entredétruisent mutuellement, il est clair qu'on ne verra rien, que l'obscurité sera produite, on dit dans ce cas qu'il y a interférence. Grimaldi découvrit ce fait, en 1650 ; il a été étudié ensuite par Young, en 1801, et surtout par Fresnel, en 1815.

On voit ainsi se produire des bandes alternativement brillantes et obscures, selon que les vibrations s'éteignent ou s'ajoutent. Il arrive que certains rayons de la lumière interfèrent seuls et s'éteignent, tandis que les autres rayons s'ajoutent ; il en résulte des bandes de dispersion, des teintes analogues à celles que donne la réfraction, une sorte de spectre. Si l'on regarde la flamme d'une bougie à travers un tissu à mailles peu serrées, à travers de la dentelle, on voit apparaître autour de la flamme une série de spectres ayant le rouge au dehors et le bleu en dedans. Les couleurs de la nacre, de certains contours irisés, des bulles de savon, des plumes, sont dues en grande partie à des phénomènes d'interférence.

673. — *Qu'est-ce que la diffraction ?* — Ce phénomène signalé par Grimaldi de Bologne et étudié par Young et surtout par Fresnel, en 1815, consiste dans l'inflexion, le plus souvent avec dispersion ou décomposition, que subit la lumière en rasant les bords des corps placés sur son passage.

Si l'on regarde avec soin l'ombre géométrique d'un écran dont un rayon lumineux a rasé les bords, on voit que la lumière a pénétré dans cette ombre jusqu'à une certaine profondeur. De plus, en dehors de l'ombre géométrique, dans la portion qui devrait être complètement éclairée, comme aussi en dedans, dans la portion qui devrait être complètement obscure, tout près des limites de cette ombre, on apercevra des franges alternativement claires et obscures, parallèles à ces limites. La largeur des franges varie avec la couleur de la lumière, et, si le rayon éclairant est un rayon composé, la superposition des franges fait naître des couleurs, comme dans le cas des interférences.

III

674. — *En quoi notre œil diffère-t-il des lentilles des physiciens ?* — Par la propriété qu'il possède de s'accommoder aux distances, ou de donner des images nettes d'objets placés à des distances très différentes, quoique la rétine ou le tableau sur lequel se dessine l'image de l'objet reste toujours à la même place.

675. — *Comment est constitué l'œil?* — La lumière qui arrive sur l'œil rencontre d'abord une membrane extérieure, la cornée transparente BBB, en forme de calotte sphérique. Derrière se trouve *l'humeur aqueuse* A

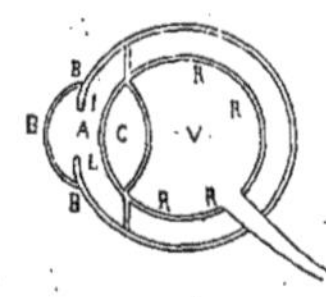

remplissant l'espace libre entre la cornée B et le *cristallin* C, lentille biconvexe ; devant le cristallin se trouve *l'iris* IL, membrane opaque percée d'une ouverture circulaire appelée *pupille*, A. L'espace compris entre le cristallin et la rétine R est rempli par une matière transparente, *l'humeur vitrée V.* Le cristallin peut être assimilé à une lentille placée entre deux milieux de même réfringence. Le cristallin est composé de couches successives toutes plus réfringentes que les humeurs vitrées et aqueuses. L'opacité du cristallin produit la cataracte. La rétine RRR sur laquelle viennent se peindre les objets est constituée par l'épanouissement du nerf optique ; elle tapisse le fond de l'œil.

Fig. 91. — Constitution de l'œil.

676. — *Comment se fait l'accommodation de l'œil?* — Elle est due aux changements de forme du cristallin. La face antérieure se bombe plus ou moins, ce qui fait varier la puissance convergente de cette lentille. Le rayon de courbure du cristallin, d'après Helmholtz, peut varier de 12 millimètres, pour la vision à grande distance, jusqu'à $8^{mm},6$, pour la vision d'un objet rapproché.

677. — *Pourquoi les vieillards ne peuvent-ils plus voir nettement les ob-*

jets rapprochés ? — La convexité de la cornée et du cristallin diminue par l'âge, l'image n'est pas parfaite quand elle atteint la rétine.

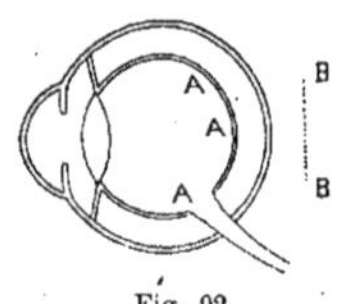

Fig. 92.
Œil de presbyte.

Si la cornée et le cristallin sont trop plats, l'image parfaite se forme en BB, et non sur la rétine AAA. Cette vision se nomme *presbytisme*. On l'observe quelquefois dans la jeunesse par défaut de conformation.

678. — *Pourquoi les vieillards, pour pouvoir lire, sont-ils obligés d'éloigner beaucoup leur livre ?* — Pour obtenir que l'image tombe nette des lettres sur la rétine, et non au delà. Des rayons partis de plus loin divergent moins, et un appareil convergent de puissance moindre, comme celui des vieillards, peut alors les faire converger plus tôt, ou sur la rétine.

679. — *Quelles lunettes les vieillards doivent-ils porter pour remédier au défaut de l'œil qui se nomme presbytisme ?* — Des lunettes *convergentes*, qui, suppléant au défaut de convergence de leurs yeux, permettent de placer l'objet à la distance ordinaire de la vision distincte, et le font de la grandeur qu'il a réellement.

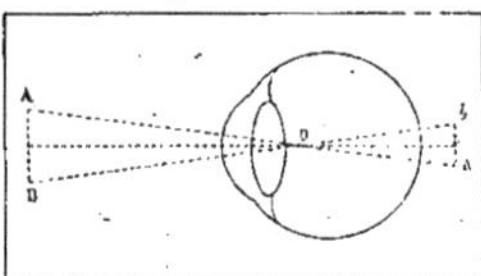

Fig. 93. — Marche des rayons lumineux dans un œil de presbyte.

A B, objet ; — *b a*, image au delà de la rétine ; — O, point d'intersection des rayons lumineux.

680. — *Pourquoi certaines personnes sont-elles obligées de tenir les objets tout près de l'œil pour les voir distinctement ?* — Parce que la cornée de leurs yeux est si *convexe*, que les rayons provenant des objets un peu éloignés sont rassemblés ou convergent avant de rencontrer la rétine ; par conséquent, pour eux, les objets éloignés ne donnent que des images confuses.

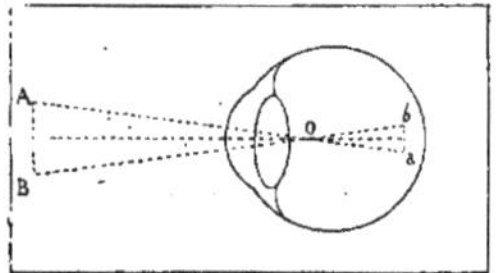

Fig. 94. — Marche des rayons lumineux dans un œil de myope.

A B, objet ; — *b a*, image en deçà de la rétine ; — O, point d'intersection des rayons lumineux.

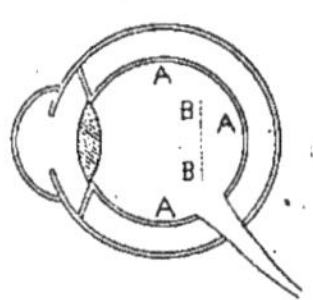

Fig. 95.
Œil de myope.

L'image se forme en BB (fig. 95), avant de rencontrer la rétine AAA.

On appelle ce défaut de la vision *myopisme*, parce que les myopes rétrécissent leurs yeux pour voir les objets plus nettement. Ce défaut, très commun chez les jeunes gens, diminue en général avec l'âge.

681. — *Quelles lunettes les myopes doivent-ils porter ?* — Des lunettes *concaves* ou divergentes, qui compensent l'excès de convergence de leurs yeux.

682. — *Pourquoi voit-on les objets dans leur position réelle bien que les images soient peintes renversées sur la rétine ?* — Les philosophes et les géomètres ont beaucoup discuté la question. D'Alembert et Brewster ont donné une explication à peu près généralement admise. L'impression qui nous frappe paraît toujours venir normalement au point touché ; ainsi la direction dans laquelle vient nous frapper un projectile que nous ne voyons pas nous semble toujours perpendiculaire au point frappé. De même chaque point de la rétine impressionné donne la sensation d'une direction du rayon lumineux normale à ce point ; il en résulte le redressement de l'objet. Il est peint renversé, donc il est vu droit.

683. — *Comment l'œil a-t-il la sensation du relief des objets ?* — Un objet quelconque peint seulement son image sur la rétine. C'est un simple tableau plat n'ayant pas de relief. Et cependant nous avons là notion du relief. Le fait résulte de la vision par les deux yeux ; il a été découvert par Wheatstone, en 1833. Les deux yeux, à cause de la distance qui les sépare, ne voient pas de la même façon les corps qui présentent de l'épaisseur, alors que les figures planes leur paraissent identiques. Si l'on fixe avec l'œil droit seulement un dessin tracé sur du papier, puis ensuite avec l'œil gauche, le dessin apparaît toujours le même, mais si l'on regarde de même un livre, par exemple, dont le dos est tourné du côté du visage, on verra deux images différentes. C'est la superposition de ces deux images différentes qui produit l'impression du relief. C'est si vrai qu'il suffit de placer côte à côte des images représentant le même objet ainsi que chaque œil le voit et de faire coïncider ces images au moyen d'un prisme pour qu'aussitôt on ait la sensation du relief.

684. — *Qu'est-ce que le stéréoscope ?* — Un instrument inventé par M. Wheatstone, et qui nous donne la sensation du relief des objets par la vision simultanée de deux représentations plates de ces objets. On dessine l'objet tour à tour tel qu'il est vu de l'œil droit ou de l'œil gauche ; ou mieux, on prend deux images photographiques de l'objet ou du paysage. On place ces deux images à côté l'une de l'autre, et on les regarde à travers deux prismes, de telle sorte que le prisme de droite reportant à gauche l'image de droite, et le prisme de gauche reportant à droite l'image de gauche, l'ensemble des deux prismes fasse coïncider les images ou les superpose : on a alors la sensation du relief et des distances, comme si on regardait l'objet ou le paysage avec les deux yeux.

685. — *Pourquoi jugeons-nous bien mieux les distances dans une ville ou dans la campagne que sur la mer ou dans le ciel ?* — Parce que, dans une ville ou dans la campagne, les objets intermédiaires font pour nous l'office de jalons, tandis qu'aucun objet ne s'interpose, en général, quand nous regardons un objet sur la mer ou dans le ciel.

686. — *Pourquoi un charbon rouge agité rapidement produit-il à nos yeux l'apparence d'un ruban de feu ou d'un cercle lumineux entier ?* — Parce que la sensation de la lumière persiste un certain temps après que la cause de la sensation a cessé. Par conséquent, le déplacement du point incandescent produit l'impression d'une ligne continue.

La durée des impressions sur la rétine est d'un tiers de seconde, terme moyen.

687. — *Lorsqu'on fait tourner vite un cercle divisé en secteurs alternativement noirs et blancs, pourquoi ne voit-on plus qu'une teinte grise uniforme?* — Parce que les impressions dues aux secteurs blancs n'ont pas le temps de devenir complètes; quand la sensation du noir commence, celle du blanc persiste et *vice versa;* on voit donc à la fois du noir et du blanc, c'est-à-dire du gris.

688. — *Si un carton porte des figures dont une moitié soit à la partie supérieure et l'autre moitié à la partie inférieure, pourquoi verra-t-on les deux moitiés ensemble, lorsqu'on fera tourner rapidement le carton entre les doigts à l'aide d'un axe dressé sur son bord?* — Parce que la sensation d'une moitié dure encore au moment où celle de l'autre commence, les deux moitiés se juxtaposent comme si elles n'étaient pas séparées.

Le *thaumatrope,* appareil inventé par le docteur Paris, est fondé sur la persistance ou la durée de la sensation lumineuse.

Thaumatrope, du grec θαῦμα, *merveille;* τρέπειν, *tourner.*

Le *phénakisticope* (φενακιστικος, *trompeur;* σκοπω, *j'observe*), inventé par M. Plateau, est un instrument du même genre. On fixe sur le contour d'un carton les images, en nombre suffisant, des diverses phases d'un mouvement, par exemple, d'un cheval qui va sauter à travers un cerceau; en faisant tourner rapidement le carton, et regardant les images qu'il porte sur son bord à travers une fente, on voit le mouvement s'exécuter d'une manière continue.

Le *praxinoscope* de M. Reynaud est un phénakisticope très perfectionné; les images se succèdent sans discontinuité; on voit l'objet ou l'être animé exécuter sur place ses mouvements; l'illusion est complète.

689. — *Pourquoi ne peut-on pas compter les barreaux d'une grille, les pieux d'une haie, etc., devant lesquels on passe rapidement en voiture ou en wagon?* — Parce que l'image d'un barreau ou d'un pieu persiste encore sur l'œil au moment où celle du suivant commence. Si l'on connaît la distance du grillage à l'œil, et la distance des barreaux entre eux, on peut calculer *a priori* la vitesse que doit avoir la voiture ou le wagon pour que l'on ne distingue plus les barreaux. Lorsque l'on fait tourner assez rapidement devant l'œil une roue avec des jantes ou des rayons, on ne voit plus les jantes ou les rayons, si la roue tourne assez vite; on a seulement la sensation d'un rideau transparent à travers lequel on distingue les objets.

690. — *Pourquoi une lumière soudaine fait-elle mal aux yeux?* — Parce que le nerf optique est frappé par trop de rayons avant que la pupille ait eu le temps de se contracter.

691. — *Pourquoi une bougie allumée apportée subitement dans notre chambre à coucher pendant la nuit nous fait-elle mal aux yeux?* — La pupille se dilate beaucoup dans les ténèbres; si donc on dresse subitement une bougie devant nos yeux, les pupilles dilatées reçoivent trop de lumière, et nous sommes douloureusement affectés.

692. — *Pourquoi pouvons-nous supporter la lumière de la bougie après* *quelques instants ?* — Parce que les pupilles se contractent presque spontanément, et s'accommodent à la quantité de lumière qui tombe sur l'œil.

693. — *Pourquoi ne peut-on pas voir dans la rue quand les bougies sont allumées dans l'appartement où l'on se trouve?* — Parce que la pupille, contractée sous l'influence de la lumière, est trop petite pour réunir assez de rayons diffus provenant des objets qui se trouvent dans la rue; ces objets, par là même, restent presque invisibles; au contraire, on voit très bien de la rue dans l'appartement.

694. — *Pourquoi ne pouvons-nous rien voir quand nous sortons d'un salon bien éclairé pendant la nuit?* — Parce que la pupille, qui s'est contractée dans le salon éclairé, ne se dilate pas sur-le-champ; elle reste trop petite et ne réunit pas dans l'obscurité assez de rayons pour nous permettre de voir les objets qui nous entourent.

695. — *Si nous regardons le soleil brillant ou un feu intense pendant quelques instants, pourquoi tous les objets nous paraissent-ils sombres ou foncés?* — Parce que la prunelle de l'œil se contracte tant à la lumière brillante du soleil, qu'elle ne laisse plus passer assez de rayons pour nous permettre de distinguer la couleur des objets moins éclairés.

696. — *Pourquoi les tigres, les chats, les hiboux, etc., peuvent-ils voir dans les ténèbres?* — Tous les animaux noctiluques ont la faculté d'élargir assez la pupille de leurs yeux pour qu'elle puisse rassembler en grande abondance les rayons épars de lumière. Aussi une vive lumière les fatigue, les éblouit et leur fait cligner sans cesse les yeux; ils dorment une grande partie du jour, et cherchent leur proie pendant la nuit, qui n'a pas pour eux de ténèbres; ils distinguent nettement des objets que nous n'apercevons pas.

697. — *Pourquoi, en nous frottant les yeux dans l'obscurité, voyons-nous quelquefois comme des éclairs?* — Une augmentation de pression intra-oculaire excite la rétine, la fait vibrer, et nous avons la sensation de lumière comme si réellement c'était un rayon lumineux qui eût excité la rétine. Ces apparitions lumineuses surviennent quelquefois sous l'influence d'un apport sanguin trop considérable. Le champ visuel est parcouru par des images fantastiques. Ces phénomènes physiologiques ont dû servir souvent de point de départ à des histoires d'apparitions et de fantômes.

698. — *Pourquoi une avenue d'arbres ou une rue longue et droite paraît-elle se rétrécir de plus en plus dans le lointain, jusqu'à ce que les deux côtés semblent se rencontrer?* — Parce que l'angle que forment les deux lignes menées de l'œil à deux arbres ou à deux points situés en face l'un de l'autre, angle par lequel nous apprécions ou nous mesurons la distance de ces arbres ou de ces points, va sans cesse en diminuant à mesure que nous considérons deux arbres ou deux points de plus en plus éloignés; la distance des deux arbres ou des deux points paraît donc aller sans cesse en diminuant, c'est-à-dire qu'ils semblent se rapprocher de plus en plus.

La distance entre deux arbres A et B est sous-tendue par l'angle AGB, tandis que la distance entre les arbres C et D est sous-tendue par l'angle CGD plus petit que AGB. De

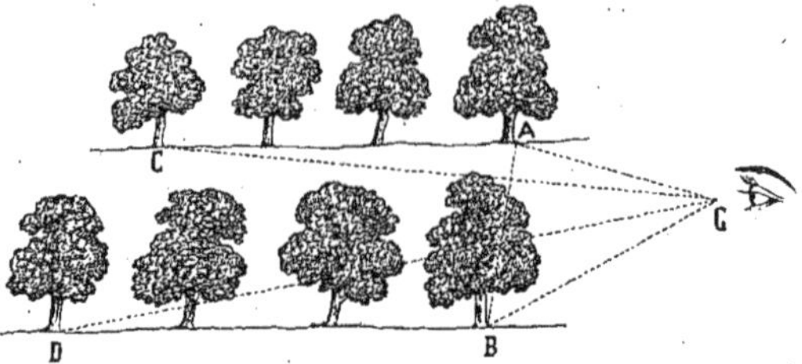

Fig. 96. — Rétrécissement apparent d'une allée d'arbres.
Angle AGB plus grand que l'angle CGD.

même les arbres plantés le long d'une avenue semblent diminuer de hauteur à mesure qu'on s'en éloigne.

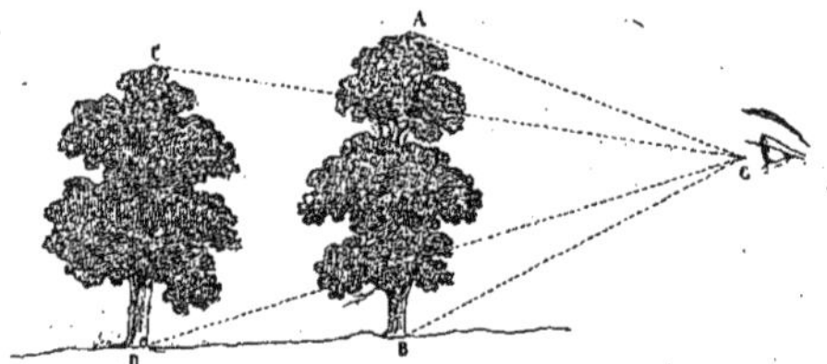

Fig. 97. — Diminution de hauteur apparente des arbres d'une avenue.
Angle AGB plus grand que l'angle CGD.

L'arbre AB se montre au spectateur G sous-tendu par l'angle AGB, tandis que l'arbre CD est sous-tendu par l'angle CGD, plus petit que AGB.

699. — *Pourquoi un homme vu du sommet d'une montagne ou d'un clocher élevé ne paraît-il pas plus gros qu'un corbeau vu de près ?* — Parce

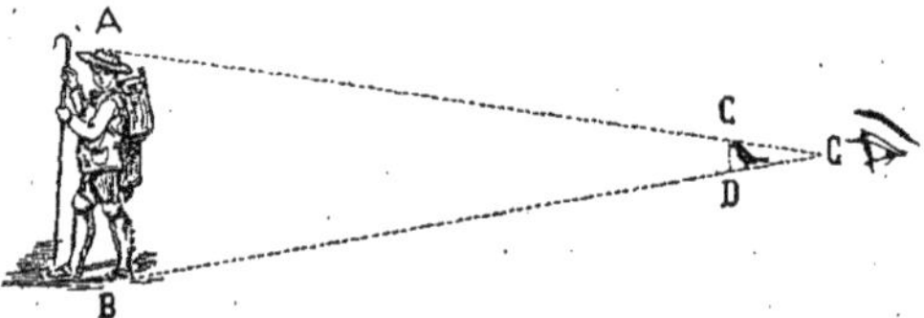

Fig. 98.
Homme AB et corbeau CD, placés à des distances différentes, mais sous-tendant le même angle AGB.

que l'angle sous-tendu par l'homme vu d'une très grande hauteur ou d'une très grande distance n'est pas plus grand que l'angle sous-tendu par un corbeau vu de près. C'est sur ce principe qu'est fondée la construction des instruments ou lunettes appelés télémètres, à l'aide desquels on déduit la distance inconnue des objets de leur grandeur connue, ou la grandeur inconnue de la distance connue.

Soient AB un homme éloigné et CD un corbeau tout près du spectateur G. L'homme paraît n'avoir que la hauteur CD, qui est aussi la hauteur apparente du corbeau.

700. — *Pourquoi la lune paraît-elle beaucoup plus grande que les étoiles, tandis qu'en réalité elle est beaucoup plus petite ?* — Parce que, en raison de sa grande proximité, l'angle soustendu par la lune est très grand naturellement, tandis que pour les étoiles, situées à une distance incommensurable, l'angle sous-tendu est infini

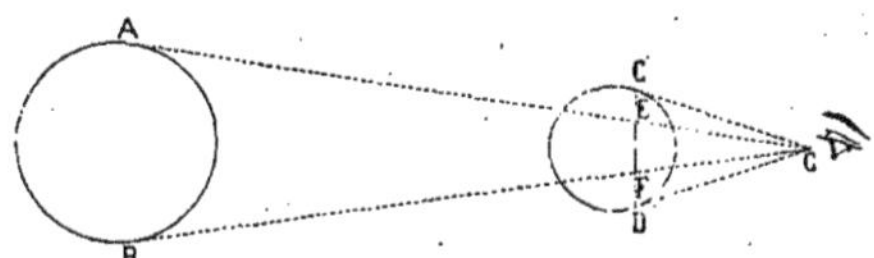

Fig. 99.

G, point d'observation ; — AB, soleil ; — CD, lune ; — EF, grandeur apparente du soleil par rapport à celle de la lune CD.

ment petit, ce qui fait qu'elles apparaissent comme des points. Le soleil et la lune paraissent à peu près de même grandeur, quoique le soleil soit incomparablement plus gros, parce que le soleil est en même temps beaucoup plus éloigné.

Soient AB le soleil, et CD la lune : quoique AB soit beaucoup plus grand, il paraît néanmoins n'avoir que la hauteur de la petite ligne EF, tandis que la lune paraît grande comme la ligne CD.

701. — *Pourquoi un microscope grossit-il à la vue les objets ?* — Parce qu'il rapproche les objets d'autant plus qu'il est plus puissant ; en rapprochant les objets, il fait que l'angle qu'ils sous-tendent est plus grand, et que, par conséquent, ils nous paraissent agrandis ou grossis dans le rapport direct du rapprochement ou de la puissance du microscope.

702. — *Si l'ombre d'un objet est projetée sur une muraille, pourquoi la grandeur de cette ombre augmente-t-elle de plus en plus à mesure qu'on rapproche l'objet de la bougie allumée ?* — Parce que plus le corps opaque est voisin de la source de lumière, plus l'angle au sommet du cône formé par les lignes droites qui vont du centre lumineux au contour de l'objet est grand, plus l'aire de la surface d'intersection de ce cône avec la muraille est large ; or, cette aire est précisément l'ombre de l'objet,

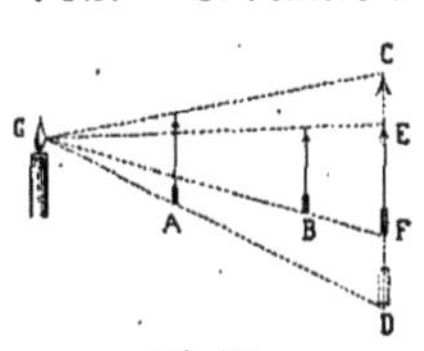

Fig. 100.

CD, ombre de la flèche A ; — EF, ombre de la flèche B.

La flèche A, placée près de la bougie, donnera sur une muraille la grande ombre CD. Tandis que la même flèche, disposée en B, ne produira que la petite ombre EF.

703. — *Quand un navire approche de la côte, pourquoi peut-on voir*

*d'abord les parties les plus petites comme les flammes ou le sommet des
mâts, etc., avant de voir le corps du navire?* — Parce que le globe terrestre est
sphérique, et que la courbure de la mer
cache encore à la vue le corps du navire,
alors que les parties les plus élevées sont
devénues visibles.

Les parties du navire au-dessus de la ligne AB
seront visibles au spectateur A, tandis que la
courbure de la mer dérobe à sa vue les parties
qui sont au-dessous de cette ligne.

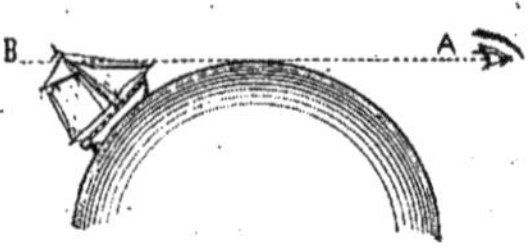

Fig. 101.
AB, horizon du point A.

704. — *Pourquoi les corps présentent-ils des couleurs différentes ?* — Newton, en 1766, a donné le premier une explication rationnelle de la couleur
des corps. Newton admet que la lumière incidente est décomposée à la surface des corps ; cette surface en absorbe une partie et réfléchit l'autre d'une
manière diffuse. Cette lumière réfléchie nous apparaît colorée parce qu'elle
n'est plus composée de rayons simples réunis dans les mêmes proportions
que dans la lumière blanche incidente. Les corps *noirs* sont ceux qui absorbent toute lumière incidente, les corps *blancs* ceux qui réfléchissent en
mêmes proportions tous les rayons simples qui la composent. Les corps
colorés sont donc ceux qui réfléchissent les divers rayons colorés du spectre.
Ainsi un corps rouge est un corps qui ne réfléchit que les rayons rouges, un
corps jaune réfléchit surtout les rayons jaunes, etc. La couleur n'appartient
donc pas à la matière ; celle-ci ne fait que décomposer la lumière qui arrive
sur elle, absorbant certains rayons, renvoyant les autres ; c'est si vrai qu'on
peut changer la teinte naturelle d'un corps en l'éclairant avec des sources
lumineuses différentes. Par exemple, les corps verts, à la lumière du jour,
deviennent bleus à celle d'une lampe. Pourquoi ? C'est que les rayons
jaunes sont moins nombreux dans la lumière de la flamme que dans celle
de la lumière solaire ; le corps en renvoie moins à l'œil et le vert qui
résulte de l'adjonction du bleu au jaune apparaît bleu.

705. — *Les corps vus par transparence ont-ils la même couleur que vus
directement ?* — Si le corps est transparent, il est clair que les rayons qui le
traversent sont ceux qui n'ont pas été réfléchis ; la lumière transmise et la
lumière réfléchie pourraient donc présenter des couleurs différentes. Par
exemple l'or en feuilles, éclairé par la lumière blanche, laisse passer des
rayons d'un vert bleuâtre, tandis qu'il réfléchit les rayons jaunes. Il peut
arriver cependant que des corps vus par réflexion et par transmission présentent la même couleur ; il existe notamment des corps rouges par réflexion
qui sont encore rouges par transparence ; c'est qu'ils réfléchissent une partie des rayons rouges incidents, laissent passer le reste et éteignent les
rayons des autres couleurs.

706. — *La couleur varie-t-elle avec la température ?* — La chaleur modifiant la distance des molécules doit changer la couleur qui dépend précisément de leur arrangement à la surface. Les couleurs se foncent par la chaleur. Le vermillon, le minium passent au rouge carmin ou au violet; l'azotate de cobalt du rouge vineux au bleu.

707. — *La couleur varie-t-elle avec le poli, ou selon que les corps sont en masse compacte ou en poudre ?* — Oui; le marbre, le bois dépolis ont une couleur terne qui ne permet pas de distinguer les veines; mais vient-on à mouiller le marbre ou à vernir le bois, la teinte devient plus foncée et les veines apparaissent. Les métaux en poudre sont souvent noirs, ils absorbent tous les rayons.

708. — *Que nomme-t-on couleurs simples, couleurs composées, couleurs complémentaires ?* — Les couleurs simples sont celles dont on ne peut isoler d'autres couleurs; ce sont celles du spectre solaire. Les couleurs composées sont celles qui résultent de la superposition de plusieurs autres. Les couleurs complémentaires sont celles qui par leur fusion donnent le blanc; le rouge est complémentaire du vert, l'orangé du bleu, le jaune du violet.

709. — *Qu'est-ce que le cercle chromatique de M. Chevreul ?* — On appelle *nuance* le résultat du mélange de couleurs pures en diverses proportions. Les nuances peuvent ensuite être mélangées de blanc ou de noir, ce qui donne pour chacune d'elles une infinité de *tons*. M. Chevreul a formé un tableau de 72 nuances passant graduellement des unes aux autres par des mélanges de blanc en proportion croissante, les autres par des mélanges de noir. Toutes ces couleurs sont distribuées sur un cercle. Chaque secteur du cercle est partagé du centre à la circonférence par 20 circonférences concentriques en cases quadrangulaires renfermant les tons de la couleur qui lui appartient. Au centre est un cercle blanc et ensuite les teintes vont en se fonçant. La série des couleurs contenues dans un secteur forme une gamme des tons de la nuance correspondante. Bref on obtient ainsi 1 440 couleurs qui constituent des types suffisamment rapprochés pour les besoins de l'industrie. Le cercle chromatique donne aux industries une sorte d'unité fondamentale des diverses teintes et l'on peut ainsi s'entendre facilement quand on parle de telle ou telle couleur.

710. — *A quoi faut-il attribuer la couleur verte des plantes ?* — A la présence d'une matière colorante d'un beau vert appelée chlorophylle.

711. — *Pourquoi le vert des feuilles sortant du bourgeon au printemps est-il pâle?* — Parce que la chlorophylle n'est pas encore toute formée.

712. — *Pourquoi les feuilles jaunissent-elles ou rougissent-elles à l'automne?* — Parce que la chlorophylle, formée au printemps ou pendant l'été, s'est décomposée sous l'action de la lumière et de la chaleur, et n'est pas remplacée par de la chlorophylle nouvelle.

713. — *Pourquoi les plantes qui croissent dans l'obscurité sont-elles incolores ou blanches?* — Parce que la présence de la lumière est nécessaire, aussi bien que celle de l'oxygène, au développement de la chlorophylle. La chicorée, cultivée dans une cave ou dans un lieu obscur, donne des jets longs, grêles et blancs connus sous le nom de barbe de capucin.

714. — *Pourquoi les couleurs artificielles, celles surtout des papiers de tenture ou d'étoffes, se fanent-elles ou pâlissent-elles avec le temps?* — Parce que, sous l'influence de l'oxygène de l'air, de l'humidité, de la lumière, des émanations du gaz d'éclairage, les principes colorants de ces étoffes et de ces papiers s'oxydent ou se décomposent.

715. — *Qu'entend-on par contraste des couleurs?* — Un phénomène bien étudié par M. Chevreul et qu'il a défini ainsi : « Dans le cas où l'œil voit en même temps deux couleurs contiguës, il les voit les plus dissemblables possible quant à leur composition et quant à la hauteur de leur ton. Le contraste peut porter à la fois sur la nuance et sur le ton. » Deux couleurs voisines s'influencent et ne produisent plus le même effet que lorsqu'elles sont éloignées l'une de l'autre.

716. — *Que nomme-t-on couleurs accidentelles?* — Si l'on regarde pendant quelque temps un corps vivement coloré placé sur un fond noir, ce corps paraît perdre peu à peu de son éclat et si alors on porte rapidement les yeux sur une surface blanche, on aperçoit une tache de même forme que l'objet et de couleur complémentaire. Si l'on a regardé un objet blanc sur fond noir, on voit ensuite une tache noire sur fond blanc. Lorsqu'on regarde une croisée fermée bien éclairée, on voit en fermant les yeux une croisée dont les barreaux sont blancs et les carreaux noirs. C'est Scheffer qui a appelé l'attention sur ces phénomènes, en 1785. Si la surface sur laquelle on porte le regard n'est pas blanche, mais colorée, la nuance que l'on aperçoit est celle que produirait le mélange de la couleur de la surface avec la couleur complémentaire de l'objet que l'on a regardé d'abord. Si, après avoir fixé attentivement la couverture jaune très éclairée d'une brochure, vous l'ouvrez rapidement, les pages blanches paraîtront inondées de lumière bleue ; si la couverture avait été d'un vert brillant, les pages blanches seraient apparues roses ; les couleurs subjectives qui naissent ainsi de la contemplation des couleurs objectives sont complémentaires de ces couleurs. Le P. Scheffer explique les couleurs accidentelles en disant que la rétine, après avoir éprouvé l'action prolongée des rayons d'une certaine couleur, a perdu sa sensibilité pour cette couleur, de sorte que, si l'on regarde un fond blanc, elle n'est plus sensible qu'aux rayons autres que ceux qui l'ont affectée d'abord ; elle perçoit donc la couleur que produit le blanc dépourvu de ces sortes de rayons, c'est-à-dire la couleur complémentaire.

717. — *Qu'appelle-t-on auréoles accidentelles ?* — Quand on regarde fixement un disque coloré appliqué sur un fond blanc, au bout de quelque temps on voit apparaître autour du disque une auréole faible ayant une couleur complémentaire. C'est Buffon qui a étudié ces phénomènes. Léonard de Vinci avait remarqué que les ombres au soleil couchant, dont les rayons sont plus ou moins rougeâtres, paraissent bleues.

718. — *Qu'est-ce que l'expérience de Boyle?* — Boyle, après avoir

Fig. 102. — L'arc-en-ciel.

regardé un instant le soleil, rentra dans l'obscurité, et constata, non sans quelque surprise, que sa vue était comme animée d'un mouvement oscillatoire intense, qui lui faisait apercevoir tour à tour et successivement une image brillante du soleil, puis une image sombre : cette succession d'images brillantes et sombres dura plusieurs jours. Il semble donc : 1° que la rétine écartée de son état normal par la présence d'un objet coloré, puis abandonnée à elle-même, revient d'abord à la position de repos, la dépasse ensuite en sens contraire et oscille ainsi pendant un certain temps ; 2° que ces oscillations en sens contraire donnent l'impression des teintes complémentaires, les ténèbres succédant à la lumière, le vert au rouge, le bleu au jaune, etc.

719. — *Y a-t-il des personnes dont les yeux sont incapables de distinguer les couleurs ?* — Oui, et cette infirmité, assez commune, au moins dans un faible degré, a reçu le nom de *daltonisme*, parce que le célèbre physicien *Dalton* en était affecté.

On explique cette impuissance de l'œil par une insensibilité anomale de la rétine qui lui enlève la faculté de vibrer à l'unisson de tel ou tel rayon lumineux. Tous les yeux distinguent le jaune, aucune rétine n'est donc insensible pour la lumière jaune, et ce fait s'explique par la coloration normale de la rétine en jaune. L'œil qui est insensible à une couleur est aussi insensible à la couleur complémentaire.

720. — *Qu'est-ce que l'arc-en-ciel ?* — Une bande à peu près semi-circulaire, plus ou moins étendue, formée de sept arcs concentriques principaux présentant successivement les couleurs du spectre solaire, depuis le violet en bas ou à l'intérieur, jusqu'au rouge en haut, ou à l'extérieur, bandes qu'on aperçoit ordinairement dans le ciel quand le soleil luit en même temps qu'il pleut.

L'arc-en-ciel résulte, comme l'a prouvé Newton, de la décomposition de la lumière solaire par les gouttes de pluie.

Les cascades, les jets d'eau, les gouttes de pluie ou de rosée déposées sur les herbes, sur les toiles d'araignées décomposent de même la lumière et on les voit revêtues des belles teintes de l'arc-en-ciel. Un rayon solaire SA, qui rencontre une goutte d'eau en A, se réfracte, arrive en B, se réfléchit presque totalement en B sur la surface limite de la goutte d'eau, vient

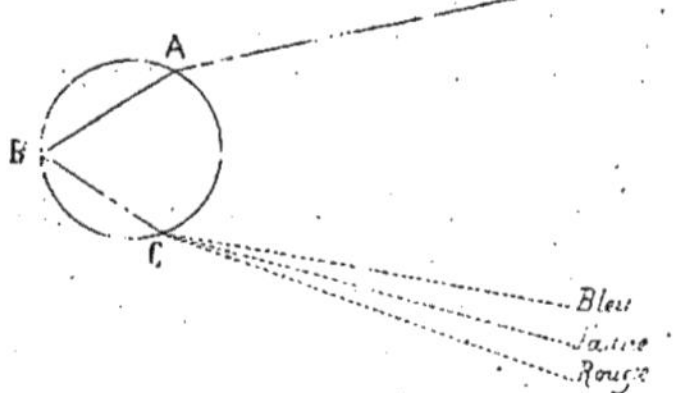

Fig. 103. — Réfraction à travers une goutte d'eau avec réflexion simple.

S, soleil ; — B, goutte d'eau dans laquelle le rayon pénètre en A, se réfléchit totalement en B, et sort en C en se décomposant.

en C, et sort en se réfractant de nouveau en C. Cette réfraction double disperse les rayons composants ou les sépare dans l'ordre de leur réfrangibilité, rouge, jaune, bleu, comme l'aurait fait un prisme.

721. — *L'arc-en-ciel est-il toujours simple ?* — Non ; très souvent on voit à la fois deux arcs, l'un intérieur, dont les couleurs sont plus vives, l'autre extérieur, plus pâle, et dans lequel l'ordre des couleurs est renversé.

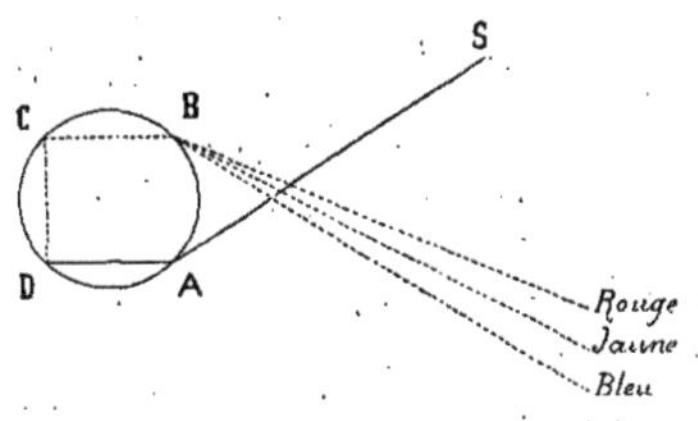

Fig. 104. — Réfraction à travers une goutte d'eau avec réflexion double.

Dans l'arc intérieur ou principal, le rouge est en bas, le violet en haut; dans l'arc secondaire, extérieur, le violet est en bas, le rouge en haut.

722. — *Pourquoi ce double arc-en-ciel ?* — Un rayon blanc SA, pénétrant dans la goutte d'eau, non plus par le haut, mais par le bas, se réfracte en A, se réfléchit d'abord en D, puis en C, se réfracte de nouveau et sort en B. Cette réflexion double et cette réfraction double dispersent les rayons composants dans l'ordre de leur réfrangibilité, mais renversée, à cause de la double réflexion : bleu, jaune, rouge.

723. — *Pourquoi les couleurs de l'arc-en-ciel inférieur sont-elles plus vives que celles de l'arc-en-ciel supérieur ?* — Parce que

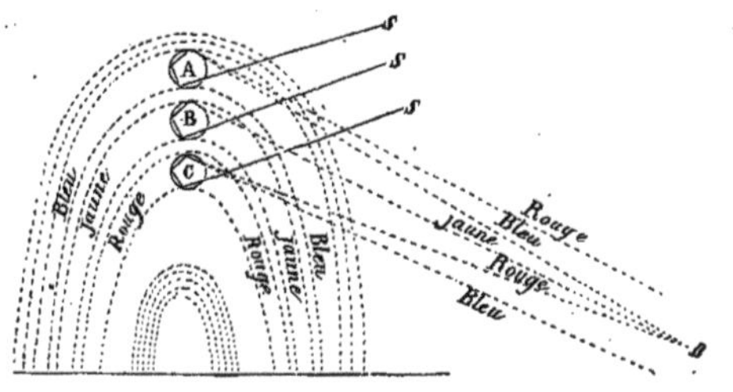

Fig. 105. — Arc-en-ciel intérieur et extérieur.

les rayons qui donnent le premier arc n'ont subi qu'une réflexion, tandis que les rayons qui donnent le second arc en ont subi deux, et que la réflexion affaiblit toujours un peu la lumière.

724. — *Le nombre des arcs est-il borné toujours à deux ?* — Non; on en a vu quelquefois jusqu'à trois ; la théorie indique qu'il peut y en avoir un plus grand nombre ; mais leur lumière est si faible, qu'on ne les aperçoit presque jamais. On voit plus souvent près du violet de l'arc inférieur ou principal des arcs appelés *surnuméraires*, formés chacun de deux bandes, l'une pourpre, l'autre verdâtre, bandes qui proviennent des interférences des rayons voisins de ceux qui produisent l'arc-en-ciel principal.

725. — *Qu'est-ce que l'arc-en-ciel blanc et à quoi faut-il l'attribuer ?* — C'est l'arc-en-ciel qui se forme sur un brouillard au lieu de se former sur un nuage pluvieux. L'absence de couleurs tient uniquement à la petitesse excessive des gouttes. En tenant compte de la grosseur des gouttes ou de leur diamètre, on voit par la théorie comment, à mesure que ce diamètre diminue, l'apparence lumineuse, formée par la réfraction, la dispersion et les interférences, passe de l'arc-en-ciel ordinaire aux arcs surnuméraires, aux couronnes, et arrive enfin à l'arc-en-ciel blanc.

726. — *Qu'est-ce que la lumière diffuse ou la lumière du jour ?* — C'est la lumière du soleil réfléchie, répercutée, transmise par les innombrables molécules de l'atmosphère aérienne. Si l'atmosphère n'existait pas, la surface terrestre ne recevrait que la lumière arrivée directement du soleil ; si on cessait de regarder cet astre ou les objets directement frappés par ses rayons, on se trouverait aussitôt dans les ténèbres. L'atmosphère permet la diffusion de la lumière dans toutes les directions, alors même que le soleil est déjà couché. L'aurore est la clarté qui précède le soleil. Le crépuscule est celle qui suit son coucher. Sans atmosphère, la nuit succéderait brusquement au jour et réciproquement.

727. — *Qu'appelle-t-on réfraction astronomique ?* — La déviation que la lumière venue des astres subit dans son passage à travers les couches successives de l'atmosphère terrestre, et qui nous fait voir ces astres plus élevés au-dessus de l'horizon qu'ils ne le sont réellement. Elle est rigoureusement nulle quand l'astre est au zénith ; elle croît à mesure que l'astre descend vers l'horizon.

Par suite de la réfraction, le soleil, dont le diamètre apparent n'est que de 32′, angle moindre que la déviation produite par la réfraction, peut de même apparaître en entier au-dessus de l'horizon, alors qu'il est en entier au-dessous ; la lune a pu se montrer éclipsée avant son coucher, pendant que le soleil brillait vers l'orient.

Le bord inférieur du disque solaire ou lunaire est plus relevé que le bord supérieur, et les deux astres paraissent aplatis dans le sens vertical.

728. — *Qu'appelle-t-on réfraction terrestre ?* — La déviation que la lumière venue des objets terrestres subit dans son passage à travers les couches qui séparent ces objets de l'œil, et qui a aussi pour effet de les montrer à une plus grande hauteur.

729. — *Qu'appelle-t-on réfraction anomale ou extraordinaire ?* — L'exagération ou le renversement de la réfraction atmosphérique sous l'influence de températures basses et par suite de variations de densité considérables de l'air. Les rayons lumineux, en passant dans des milieux de plus en plus denses à mesure qu'ils s'approchent du sol, se réfractent de plus en plus, de façon à relever les astres, par exemple au-dessus de l'horizon, alors qu'en réalité ils n'y sont pas encore ou sont très bas. On a vu le soleil, dans les régions polaires, se lever jusqu'à dix-sept jours plus tôt que ne l'annonçait le calcul. Cette même exagération fait que, dans certaines circonstances, on aperçoit à des distances énormes, trente ou quarante lieues, des montagnes ou autres objets ordinairement invisibles.

Lorsque le sol est très échauffé par les rayons du soleil, les couches plus basses sont les moins denses ; la déviation des rayons, causée par la réfraction, se fait en sens contraire, les objets paraissent abaissés au lieu de paraître élevés. Ainsi : 1° lorsque la mer est plus chaude que l'air, l'horizon paraît beaucoup plus abaissé qu'il ne devrait l'être relativement à la hauteur d'où l'on observe ; 2° si, au contraire, la mer est beaucoup plus froide que l'air, l'horizon apparent s'élève à une grande hauteur, comme si l'observateur était dans un bas-fond ; 3° des arbres hauts de 20 mètres et plus deviennent quelquefois invisibles et semblent être descendus au-dessous de l'horizon ; 4° par des journées très chaudes, des clochers très élevés disparaissent aussi sous l'horizon, tandis que le soir, quand l'atmosphère s'est rafraîchie, on voit non seulement le clocher, mais l'église et le sol environnant, en apparence soulevés.

730. — *Qu'appelle-t-on mirage ?*

— Des effets de réfraction extraordinaire qui font apparaître au-dessus du sol ou dans l'atmosphère

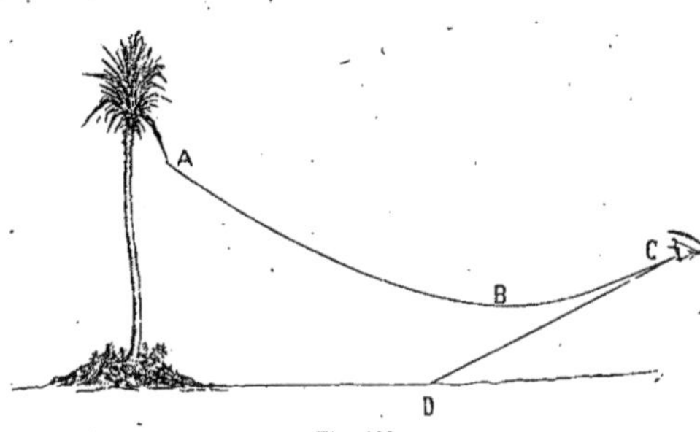

Fig. 106.

CD, direction suivant laquelle apparaît une image renversée du palmier A.

l'image renversée des objets éloignés. Le mirage peut se produire soit verticalement, soit latéralement.

Dans les cas de réfraction extraordinaire, par exemple, lorsque les couches inférieures de l'air sont très chaudes et très raréfiées, les rayons lumineux venant d'un objet, du palmier A, par exemple, et passant sans cesse d'une couche plus dense dans une couche moins dense, se courbent de plus en plus, arrivent aux diverses couches sous des incidences de plus en plus petites, et il peut arriver qu'ils atteignent une couche limite B sous une inclinaison telle, qu'au lieu d'y pénétrer ils se réfléchissent totalement

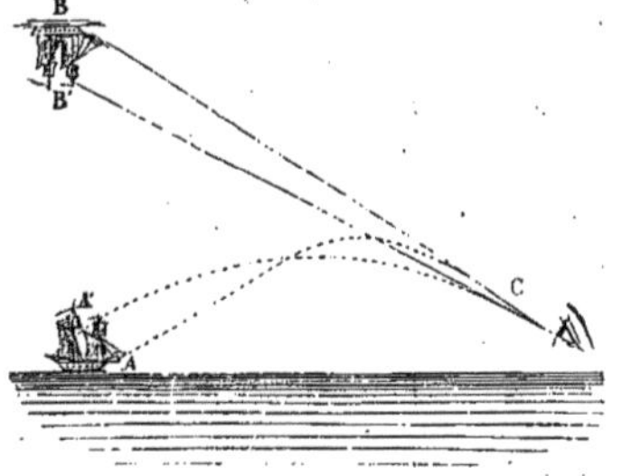

Fig. 107.

BB', image renversée du navire AA', vue du point C.

et reviennent dans le milieu plus dense en suivant une seconde courbe convexe BC. L'œil alors placé en C pourra voir et l'objet A directement à

travers les couches de densité sensiblement uniformes, et l'image renversée
de cet objet dans le prolongement CD de la tangente à la courbe BC.

Fig. 108. — Le mirage au désert.

De même, lorsque, aux couches les plus basses, beaucoup plus denses
que dans l'état normal, par leur contact, par exemple, avec l'eau plus

froide de la surface des mers, sont superposées des couches moins denses, les rayons lumineux émis par le navire AA' s'éloignent de plus en plus de la verticale, arrivent aux couches plus élevées sous des incidences de plus en plus petites, atteignent sous l'angle de réflexion totale une certaine couche limite, se réfléchissent, rentrent dans le milieu plus dense, et arrivent à l'œil en C ; on peut, dans ce cas, voir et le navire AA' directement, et son image renversée B'B, située non plus au-dessous, mais au-dessus. Cette première image, faisant à son tour fonction d'objet, peut donner naissance à une seconde image située au-dessus d'elle, renversée par rapport à elle, mais droite relativement au navire (fig. 107).

Le premier cas de mirage horizontal est très fréquent dans les plaines de la Basse-Egypte, échauffée par les ardeurs d'un soleil de feu. Le second cas est très souvent observé dans les mers du Groënland.

Le mirage latéral a la même origine. Il a lieu lorsque, par une cause quelconque, des couches d'air très chaudes, très dilatées, par exemple, par suite de leur voisinage d'une paroi verticale que les rayons du soleil frappent, sont en contact avec des couches d'air plus froides et plus denses. Les images sont produites de la même manière, droites ou renversées, par suite de la réflexion totale sur une couche limite, latéralement au lieu de verticalement.

731. — *Les phénomènes du mirage sont-ils si rares qu'il faille les classer parmi les phénomènes extraordinaires ?* — Non, les phénomènes de mirage horizontal ou latéral sont au contraire très fréquents et très communs. Si un œil patient et perçant s'exerçait à les retrouver dans l'atmosphère, il les verrait surtout où il existe des surfaces horizontales ou verticales longtemps exposées à un soleil d'été. En se couchant à plat ventre sur le sol revêtu de bitume de la place de la Concorde, par un jour très chaud, on peut voir le mirage horizontal dans des conditions d'éclat et d'illusion tout à fait remarquables.

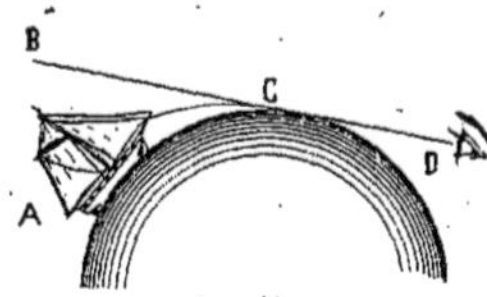

Fig. 109.

A, navire au-dessous de l'horizon CD et dont on voit l'image renversée en B.

On constatera la réalité du mirage latéral en faisant raser à son œil une longue muraille située au midi, et que le soleil a échauffée pendant quelques heures. L'histoire a conservé le souvenir d'un pilote de Bourbon ou de Cayenne qui annonçait à coup sûr l'arrivée des vaisseaux, alors qu'ils étaient encore au-dessous de l'horizon de l'île ; son secret était très probablement l'observation assidue du mirage ; les vaisseaux A ne lui apparaissaient sans doute pas autrement que dans leurs images B, projetées sur le ciel par l'effet des réfractions extraordinaires.

732. — *En outre des mirages réguliers dont il vient d'être question, existe-t-il un mirage irrégulier ?* — Oui. Les couches très basses de l'atmos-

phère, dans les journées de l'été, par suite de la réverbération intense
de la surface des mers et du sol, sont animées de mouvements très
irréguliers. Si on braque alors une lunette vers l'horizon, la vision

n'aura plus rien de
distinct; réfractés et
déviés tantôt dans
un sens, tantôt dans
un autre, les rayons
lumineux ne for-
ment plus d'images
constantes et conti-
nues ; certains points
de l'objet sont invi-
sibles, d'autres appa-
raissent et disparais-
sent tour à tour ; les
contours de l'image
sont d'une mobilité
excessive et les ob-
jets sont considéra-
blement déformés.
Les apparences ma-
giques des *Fata-
Morgana* du détroit
de Messine sont dues
en partie au mirage,
en partie aux réver-
bérations du sol et
de la mer.

Fig. 110. — Spectre du Brocken.

Ainsi appelé parce qu'on l'a observé d'abord sur la montagne de ce nom. Ombre
d'un observateur sur les brouillards, souvent entourée de cercles colorés. Le phénomène se produit à certaines heures quand l'observateur est placé entre le soleil et
un rayon envahi par les brouillards.

733. — *Qu'appelle-t-on couronnes ?* — Des cercles colorés concentriques
au soleil et à la lune, plus ou moins nombreux, dont les diamètres varient
comme les nombres 1, 2, 3, 4, et qui sont nuancés de rouge à l'extérieur,
de violet à l'intérieur.

Ces couronnes sont produites par la diffraction des rayons lumineux
dans leur passage à travers une masse de globules ou petites sphères d'eau
liquéfiées, d'une grosseur sensiblement uniforme. Si l'on regarde le soleil,
la lune ou la flamme d'une bougie au travers d'un verre couvert de poussière de lycopode, on aperçoit de superbes couronnes concentriques qui
rappellent tout à fait celles de la nature.

734. — *Qu'est-ce que l'anthélie ?* — Une sorte d'auréole ou de gloire,
d'une lumière plus ou moins vive, qui apparaît quelquefois autour de la
tête d'un observateur placé en face d'un nuage ou d'un amas de poussière

fine, et qui est due à la réflexion ou à une illumination rétrograde de la lumière.

735. — *Que sont les halos proprement dits ?* — Des cercles colorés de grand diamètre, qui ont le soleil ou la lune pour centre, nuancés de rouge à l'intérieur, de violet à l'extérieur, et qui sont dus à la réfraction des rayons lumineux par des prismes de glace d'un angle de 60 degrés, flottant dans l'atmosphère, avec leur arête horizontale. Le rayon du premier halo ordinaire est d'environ 22 degrés, le rayon du deuxième halo extraordinaire est d'environ 46 degrés ; on en voit quelquefois un troisième distant du soleil de 90 degrés, dans lequel le violet est à l'intérieur et le rouge à l'extérieur.

736. — *Qu'est-ce que le cercle parhélique ?* — Un grand cercle blanc parallèle à l'horizon, dont la circonférence passe par le soleil ou par la lune, et dont la largeur est la même que celle de l'astre illuminant. Il est aussi dû à la réfraction de la lumière par des prismes de glace flottant dans l'atmosphère, mais par des prismes orientés autrement que ceux qui donnent le halo. Le cercle parhélique est quelquefois accompagné de deux autres cercles blancs passant par le soleil, et se coupant sous un angle de 60 degrés.

737. — *Que sont les parhélies ?* — Des images colorées du soleil qui apparaissent à l'intersection des cercles parhéliques avec d'autres cercles analogues appelés cercles circumzénithaux, ou tangents, parce qu'ils ont le zénith pour centre, et qu'ils sont tangents aux halos proprement dits. Les parhélies ont les couleurs du

Fig. 111. — Halo simple de 42 degrés.

Fig. 112.

P'P', parhélies ou faux soleils aux extrémités du diamètre horizontal du petit halo intérieur de 22°, h ; — PP, parhélies, plus rares, aux extrémités du diamètre horizontal du halo extérieur de 40° ; — A, arc tangent circumzénithal.

halo, et souvent une sorte de queue ou prolongement dans la direction du cercle parhélique ; ils sont dus aussi à la réfraction par des prismes de glace.

738. — *Qu'appelle-t-on communément halo ?* — Un phénomène lumineux très compliqué résultant de l'apparition simultanée des halos proprement dits, du cercle parhélique, de cercles tangents, de cercles verticaux, d'un plus ou moins grand nombre de parhélies, d'autres cercles encore passant par les parhélies, etc., et qui a toujours pour cause la réflexion sur des cristaux de glace orientés plus ou moins régulièrement.

739. — *Qu'est-ce que la scintillation des étoiles ?* — Nous avons déjà signalé la scintillation. Suivant François Arago, la scintillation a pour cause unique les interférences des rayons stellaires par suite de leur passage à travers des portions de l'atmosphère plus ou moins denses, plus ou moins humides, inégalement réfringentes, et qui, par conséquent, augmentent ou diminuent inégalement leurs vitesses de propagation. Ces interférences, en supprimant certains rayons, tantôt les uns, tantôt les autres, en éteignant même quelquefois totalement ou presque totalement la lumière émise, donneraient une explication assez naturelle de l'agitation de l'image de l'étoile, de ses changements d'éclat et de couleur.

Messotti et Donati ont expliqué la scintillation par des inégalités dans la réfraction et la dispersion aux surfaces de séparation de masses d'air de densités différentes sans cesse en mouvement.

740. — *Pourquoi la scintillation est-elle beaucoup plus forte à l'horizon ?* — Parce que c'est surtout à l'horizon que sont actives et puissantes les causes de la scintillation, la dispersion, l'agitation de l'air, la présence d'ondes atmosphériques, les irrégularités de transparence, etc., etc.

741. — *Pourquoi les planètes ne scintillent-elles pas ?* — Elles scintillent quelquefois, mais elles scintillent moins que les étoiles, parce qu'elles ont un diamètre apparent, parce que ce n'est plus un rayon très délié, mais un large faisceau de lumière qu'elles envoient à l'œil, et que, dans ces conditions, il y a évidemment moins de chance pour que l'extinction ou l'élimination complète d'une des couleurs puisse se produire.

742. — *Qu'appelle-t-on scintillomètre ?* — Pour apprécier l'intensité de la scintillation, Arago réduisit l'objectif d'une lunette au moyen d'un diaphragme, puis enfonça peu à peu l'oculaire qui était d'abord au point jusqu'à ce qu'il se forme une image dilatée de l'étoile, une tache noire. Par l'effet de la scintillation, cette tache disparaît et reparaît alternativement, et il n'y a plus qu'à compter le nombre de disparitions pendant un temps donné pour apprécier l'activité de la scintillation. Par exemple, Sirius donne en cinq minutes, selon les circonstances atmosphériques, 40, 23, 28, 30 disparitions de la tache noire. Une lunette ainsi disposée est un véritable scintillomètre. M. de Montigny a fait de nombreuses recherches sur la scintillation. Elle semble être en relation avec l'arrivée prochaine de la pluie.

MAGNÉTISME ET ÉLECTRICITÉ

743. — *Qu'est-ce qu'un aimant ?* — La pierre d'aimant est noire ou brune et quelquefois grise. Les meilleures viennent des Indes, de Norvège, de Suède et d'Allemagne. L'île d'Elbe en renferme beaucoup dans ses mines de fer. C'est en effet un oxyde de fer. Suivant Aristote, l'aimant était connu de Thalès de Milet, 600 ans avant notre ère. Son nom grec μαγνητης vient de celui de la ville de *Magnésie*, en Lydie, près du mont

Fig. 113. — Aimant naturel ou pierre d'aimant.
HH, pôles ; — A, ligne neutre.

Sipyle, sur lequel furent trouvés les premiers aimants. Une autre ville du nom de Magnésie, située près du fleuve Méandre, en fournissait également ainsi que les environs de la ville d'Héraclée ; aussi Platon désigne dans le *Timée* l'aimant sous le nom de *pierre d'Héraclée* et Sophocle sous le nom de *pierre de Lydie*. Du mot grec de l'aimant, on a fait le mot *magnétisme* et ses dérivés.

On nomme aussi *aimants artificiels* des barreaux d'acier auxquels on communique toutes les propriétés des aimants naturels.

744. — *Quelles sont les principales propriétés des aimants ?* — 1° Un aimant attire certaines substances, que l'on appelle en conséquence *magnétiques*. Ces substances sont : d'abord, le *fer*, puis, à des degrés inférieurs, le *nickel*, le *cobalt* et quelques autres. — 2° Dans tout aimant se trouvent, vers deux extrémités opposées, deux points dans lesquels semble surtout concentrée la puissance magnétique, comme on peut s'en assurer en recouvrant un aimant de limaille de fer. Aussitôt, des

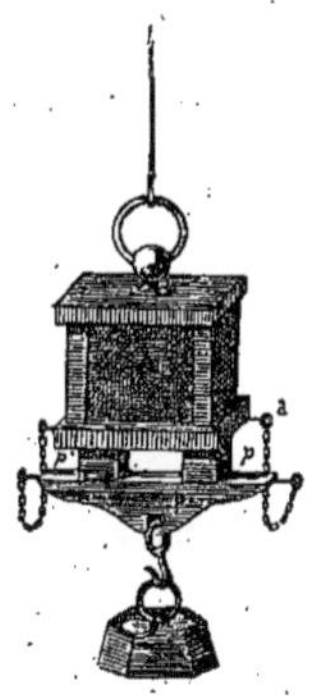

Fig. 114.

A, aimant naturel enserré entre des plaques de fer ; — p, p', armature supportant un poids.

parcelles de limaille s'attachant à l'aimant, d'autres parcelles se collant aux premières, et ainsi de suite, l'aimant se trouve enveloppé de filaments métalliques. qui se disposent de manière à former comme deux houppes, ayant chacune pour centre un des deux points que nous avons signalés et qui s'appellent *pôles*. Les filaments qui composent ces houppes sont moins longs à mesure que leurs points d'attache se trouvent moins rapprochés des pôles, et, vers le milieu de l'aimant, on remarque une ligne où n'adhère aucune parcelle de limaille, et qu'on appelle en conséquence la ligne *neutre*. — 3° Si un aimant se trouve suspendu ou sou-

Fig. 115. — Aimant artificiel.

HH, pôles ; — A, ligne neutre.

tenu par sa partie moyenne de manière à pouvoir se tourner de n'importe quel côté, un de ses pôles, et toujours le même, se dirigera à peu près vers le nord, l'autre vers le sud. Ce fait établit une distinction importante entre les pôles des aimants, ceux qui se dirigent vers le nord étant considérés comme semblables entre eux, et les autres étant censés opposés aux premiers, ou, comme on dit, de *noms contraires*. — 4° Si on met deux aimants en présence l'un de l'autre, on verra les pôles de noms contraires s'attirer mutuellement, et les pôles de même nom se repousser. C'est là une loi fondamentale, dont tous les phénomènes magnétiques sont la continuelle application.

745. — *Comment explique-t-on les phénomènes magnétiques ?* — On a recours à l'hypothèse de deux fluides dont chacun agirait par répulsion sur lui-même et par attraction sur l'autre fluide. Combinés, ils forment du fluide neutre ; mais, lorsqu'une force plus grande que leur attraction mutuelle vient à les séparer, ils agissent dans deux directions opposées, et les deux

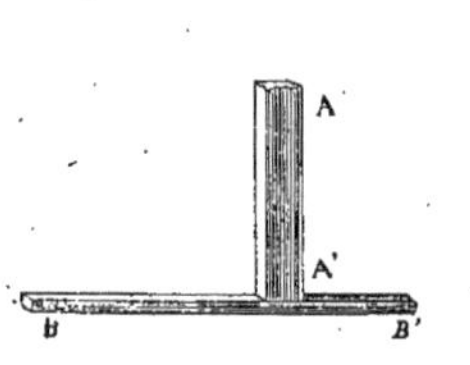
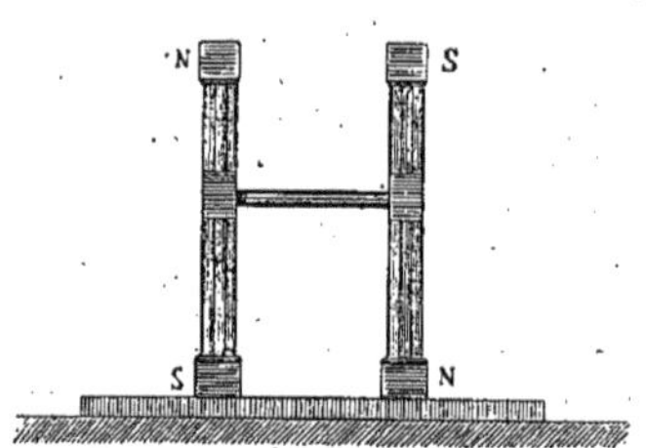

Fig. 116 et 117. — Méthode d'aimantation.

Méthode de la simple touche. On fait glisser plusieurs fois au contact le pôle A' de B en B', toujours dans le même sens jusqu'à aimantation.

Méthode de la double touche (procédé Mitchell). Deux aimants NS et SN assemblés à pôles opposés et séparés par un bras ou cale non magnétique sont promenés sur les barreaux à aimanter.

pôles des aimants sont les points où s'appliquent les résultantes de ces deux actions. Cette hypothèse des deux fluides se prête parfaitement à l'explication de tous les phénomènes ; il est pourtant très probable que ces phéno-

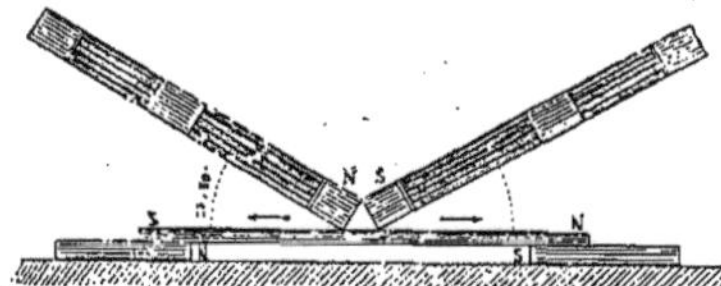

Fig. 118. — Méthode d'aimantation de la touche séparée
(Procédé Duhamel).

Le barreau à aimanter repose à ses extrémités sur les pôles opposés de deux aimants. Deux autres aimants à pôle opposé et inclinés
de 25 à 30° sont placés au milieu du barreau, puis éloignés l'un
de l'autre vers les extrémités du barreau.

mènes tiennent à une autre cause, que nous indiquerons en traitant de l'électro-magnétisme.

746. — *Comment s'opère l'aimantation?* — Pour aimanter un barreau d'acier trempé, on fait porter une de ses extrémités sur un des pôles d'un barreau aimanté et l'autre extrémité sur le pôle contraire d'un autre barreau. Mais, comme ce moyen d'aimantation serait insuffisant ou du moins très lent, on a recours en outre à des passes ou frictions que l'on opère soit avec un seul aimant d'un bout à l'autre du barreau que l'on veut aimanter, soit avec les pôles contraires de deux aimants, en allant du milieu du barreau aux deux extrémités.

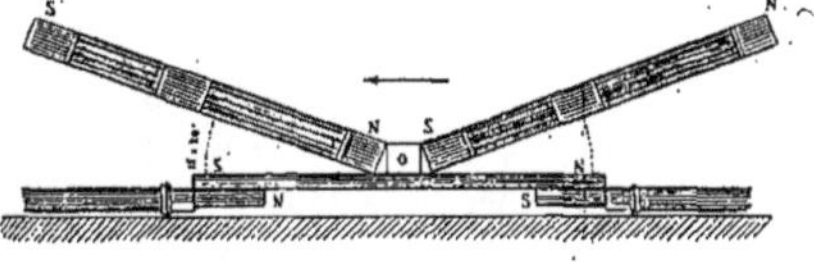

Fig. 119. — Méthode d'aimantation (Procédé d'Æpinus).

Les aimants auxiliaires sont séparés par une cale *o*, comme dans le
procédé Mitchell, ils sont inclinés de 15 à 20°. Le barreau à aimanter repose
sur les pôles opposés des deux aimants.

747. — *En quoi les aimants diffèrent-ils des substances simplement magnétiques ou cédant à l'attraction des aimants, comme le fer ?* — En ce que, dans les aimants, les fluides ne peuvent se mouvoir que très difficilement, soit pour se séparer, soit pour se réunir de nouveau, ce qu'on exprime en disant que les substances dont sont formés les aimants sont douées d'une très grande force coercitive ; tandis que, dans les substances simplement magnétiques comme le fer doux, la force coercitive est à peu près nulle ; d'où il résulte que, sous l'influence d'un aimant, ces substances s'aimantent à l'instant, et que, cette influence cessant, elles retournent tout aussitôt à l'état naturel.

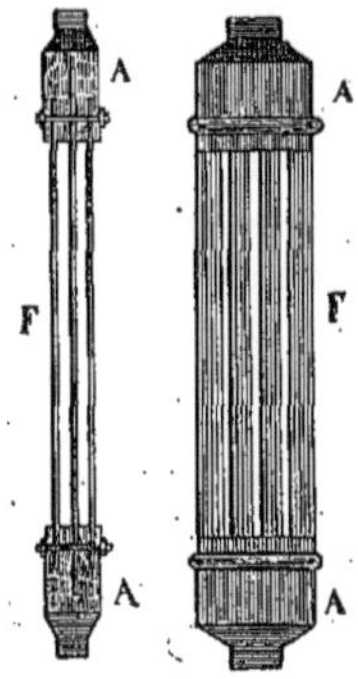

748. — *Quelle forme donne-t-on le plus souvent aux aimants artificiels ?* — Bazin, médecin à Strasbourg, a proposé, en 1753, de donner aux aimants la forme d'un fer à cheval. Un aimant étant ainsi disposé, on le suspend par sa ligne neutre, et, aux deux extrémités, qui se trouvent en bas sur une même ligne horizontale,

Vue de côté.   Vue de face.
Fig. 120.

Faisceaux magnétiques formés des aimants F, réunis aux
pôles AA.

on applique une lame de fer doux appelée *armature*. Cette lame ayant ses deux extrémités sous l'influence des deux pôles du barreau aimanté s'aimante elle-même et adhère fortement à l'aimant, de manière à pouvoir supporter un poids, qui augmente à mesure que la force de l'aimant s'accroît.

749. — *Comment peut-on se rendre compte de l'action du globe terrestre sur les aimants ?* — Gilbert, médecin anglais, considéra, en l'année 1600, le globe terrestre comme un immense aimant, ayant ses pôles magnétiques situés près des pôles astronomiques et sa ligne neutre, appelée aussi l'*équateur magnétique*, inclinée d'un petit nombre de degrés sur l'équateur proprement dit, qu'elle coupe en deux points. D'après ce qui précède, on conçoit qu'un aimant

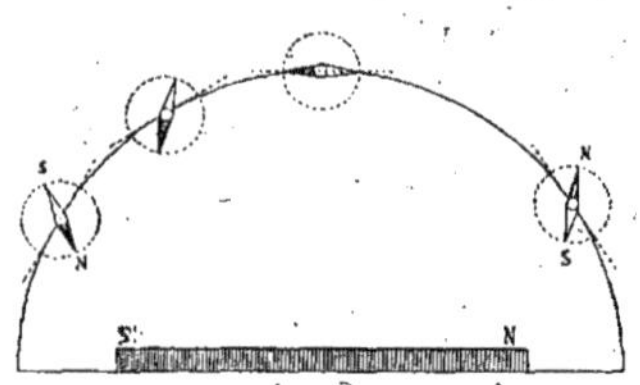

Fig. 121.

Assimilation du globe terrestre à un aimant NS'. Variations de la déclinaison indiquées par la boussole en différents points d'un méridien.

libre de se tourner dans toutes les directions doit toujours se placer de manière à avoir un de ses pôles dirigé vers le pôle magnétique boréal de la terre, et l'autre vers son pôle magnétique austral ; que le premier sera le pôle austral de l'aimant, le second son pôle boréal, puisque chacun d'eux doit porter un nom contraire à celui du pôle terrestre vers lequel il se dirige.

750. — *Qu'est-ce que la déclinaison de l'aiguille aimantée ?* — C'est l'angle que fait, dans un lieu donné, la direction de l'aiguille aimantée avec le méridien astronomique. C'est, dit-on, Christophe Colomb qui, dès 1492, aurait reconnu que l'aiguille aimantée ne pointe pas exactement vers le nord.

751. — *La déclinaison, pour un même lieu, est-elle toujours la même ?* — Elle varie constamment. A Paris, en 1580, elle était de 11°,30' vers l'est ; à partir de cette époque, elle alla diminuant jusqu'à devenir nulle ; puis elle devint occidentale, et s'accrut dans cette direction jusqu'en 1814 ; à cette époque elle atteignit le chiffre de 22°,34'. Depuis, elle a diminué constamment, et, le 1ᵉʳ janvier 1888, elle n'était plus que de 15°,52', 1″.

752. — *Qu'appelle-t-on boussole ?* — Un instrument qui donne la direction de la force magnétique, soit en déclinaison, soit en inclinaison. La boussole marine ou compas de mer était connue, dit-on, des Chinois dès le ıvᵉ siècle de notre ère. Les navigateurs s'en servent pour avoir la direction qu'ils doivent suivre en mer. Le compas de marine est une boussole de déclinaison, suspendue par un système appelé *suspension de Cardan*, de telle sorte que la boussole reste toujours horizontale.

753. — *Qu'est-ce que l'inclinaison de l'aiguille aimantée ?* — C'est l'angle que fait avec l'horizon une aiguille aimantée, suspendue verticalement par son centre de gravité, de manière à pouvoir tourner librement dans un plan vertical. Sous l'équateur magnétique, les deux extrémités de l'aiguille aimantée étant également attirées par les deux pôles magnétiques de la terre, l'inclinaison est nulle; mais, à mesure qu'on s'approche d'un des pôles magnétiques, l'attraction qu'il exerce sur le pôle contraire de l'aiguille augmente, et en même temps l'attraction exercée par l'autre pôle magnétique de la terre sur l'autre pôle de l'aiguille diminue; d'où il résulte que l'inclinaison devient de plus en plus grande. Aux environs du pôle, l'aiguille prend une position verticale. L'inclinaison, comme la déclinaison, varie sans cesse dans un même lieu : à Paris, elle était, en 1671, de 75°; le 1ᵉʳ janvier 1888, elle n'était plus que de 65°, 14′, 7″.

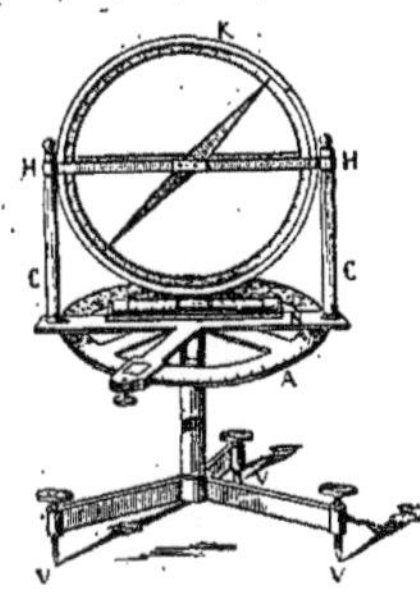

Fig. 122. — Boussole d'inclinaison.

K, cercle vertical portant une aiguille aimantée mobile en son centre autour d'un axe horizontal; — CC, montants verticaux soutenant l'étrier HH; — AA, cercle horizontal gradué; — V, vis calantes.

II

754. — *Qu'est-ce que l'électricité ?* — L'électricité est un agent puissant, qui donne lieu à des phénomènes : *mécaniques*, d'attraction, de répulsion, de transport, etc.; *physiques*, de bruit, de lumière, de chaleur, etc.; *chimiques*, de combinaison, de décomposition, etc.; *physiologiques,* de commotion, de contraction, etc.

755. — *Pourquoi a-t-on donné à cet agent le nom d'électricité qui rappelle celui du succin ou ambre jaune (en grec, électron) ?* — Parce que l'ambre est la première substance que l'on ait vue acquérir, par le frottement, la propriété d'attirer les corps légers, tels que des brins de paille, de la sciure de bois, de la moelle de sureau, etc., etc. Thalès découvrit cette propriété vers l'an 600 avant Jésus-Christ.

Fig. 123.

Attraction des corps légers P par le bâton électrisé C.

756. — *L'électricité ne se présente-t-elle pas dans différents états ?* — On l'observe à l'état de repos et à celui de mouvement; dans le premier cas, on l'appelle électricité *statique;* dans le second, électricité *dynamique.*

757. — *Combien distingue-t-on d'espèces différentes d'électricité sta-*

tique ? — Il y a deux espèces d'électricité : l'électricité vitrée et l'électricité résineuse. Cette distinction, faite pour la première fois par Dufay, en 1733, est plutôt nominale et explicative que réelle et théorique. La dénomination d'électricité vitrée vient de ce qu'elle a été mise en évidence en frottant un bâton ou une surface de verre poli. Le nom d'électricité résineuse vient par opposition de ce que cette électricité s'est montrée d'abord sur un bâton ou surface de résine frottés avec de la laine. L'ambre est lui-même une sorte de résine. On appelle aujourd'hui de préférence l'électricité vitrée, électricité positive, et l'électricité résineuse, électricité négative. C'est Watson qui a, dès 1747, substitué ces appellations aux anciennes.

L'électricité positive s'appelle ainsi parce que, dans une des hypothèses que l'on a faites sur la nature de l'électricité, on admettait que les phénomènes électriques étaient dus à un excès ou à un déficit d'un fluide impondérable, appelé fluide électrique. L'excès du fluide constituait l'électricité positive ou l'état électrique positif ; le déficit, l'électricité négative ou l'état électrique négatif ; enfin parce que les deux électricités semblent produire des phénomènes opposés, l'une attirant ce que l'autre repousse, et réciproquement. Unies ou combinées en quantités égales dans un même corps, les deux électricités se neutralisent et dissimulent leurs propriétés ; le corps est alors à l'état neutre, c'est-à-dire que le fluide électrique dont il est pénétré est à l'état de fluide neutre.

758. — *Quelle est la loi générale qui régit les phénomènes électriques ?* — Les molécules des deux fluides s'attirent mutuellement, et les molécules d'un même fluide se repoussent ; plus simplement : les électricités de noms contraires s'attirent, les électricités de même nom se repoussent. Coulomb a montré que les attractions et les répulsions électriques sont en raison des masses et en raison inverse des carrés des distances.

759. — *Comment se divisent les corps au point de vue de la transmission de l'électricité ?* — Desaguliers (1683-1744) a distingué les corps bons conducteurs et les corps mauvais conducteurs ou isolants. Parmi les bons conducteurs se trouvent d'abord les métaux ; les corps des animaux et celui de l'homme sont des conducteurs médiocres ; les végétaux le sont encore moins. Les corps mauvais conducteurs sont : la résine, le caoutchouc, la gutta-percha, la soie, le verre, etc.

760. — *Quand un corps est électrisé, comment s'y distribue le fluide ?* — S'il s'agit d'un corps mauvais conducteur, l'électricité ne manifeste sa présence que sur les points de sa surface où elle a été développée ou appliquée ; s'il s'agit d'un bon conducteur, l'électricité, bien que développée ou appliquée en un seul point, manifeste sa présence sur toute la surface, du moins dans ses parties planes ou convexes ; mais rien ne révèle sa présence dans l'intérieur du corps ou dans les parties intimes de sa substance. Ajoutons que l'électricité s'accumule principalement sur les parties courbes et avec d'autant plus d'abondance que le rayon de courbure est plus petit. Une pointe pouvant être considérée comme une courbe d'un rayon extrèmement petit, il résulte de ce que nous venons de dire que, si quelque partie d'un corps conducteur se termine en pointe, l'électricité y affluera de tous les points de la surface.

761. — *Comment se fait-il que chacun des deux fluides électriques s'accumule sur un corps, malgré la répulsion mutuelle de ses molécules ?* — Parce qu'il ne peut se séparer du corps sans vaincre la résistance de l'air, qui est un très mauvais conducteur. Mais, lorsqu'un corps est armé d'une pointe, le fluide électrique, par son accumulation sur la pointe, se trouve dans d'excellentes conditions pour s'ouvrir un passage à travers l'air; d'où il résulte qu'un corps conducteur armé d'une pointe perd à l'instant l'électricité qui lui est communiquée, et par conséquent ne parvient jamais à être chargé avec quelque énergie.

762. — *Par quels moyens électrise-t-on un corps?* — Par le frottement, par la pression, par la chaleur, par le contact d'un corps électrisé, qui lui communique une partie de son fluide, par le simple rapprochement d'un corps électrisé, dont l'influence décompose son fluide neutre, etc.

763. — *Pourquoi le frottement produit-il l'électricité ?* — Dans l'état actuel de la science, on admet que la force mécanique exercée et dépensée dans le frottement peut se transformer sous certaines conditions en électricité ou force électrique, comme sous d'autres conditions elle se transforme en chaleur et en lumière. Dans l'ancienne hypothèse on admettait que le frottement séparait les deux électricités unies à l'état neutre, et que, suivant la nature du corps frotté, c'était tantôt l'électricité positive, tantôt l'électricité négative qui devenait prédominante à sa surface, l'électricité contraire étant emportée par le corps frottant.

764. — *Pourquoi un morceau de papier devient-il adhérent à la table, lorsqu'on le frotte avec de la gomme élastique ?* — Parce que le frottement développe dans le papier l'électricité, laquelle lui communique la propriété d'attirer la table, ou mieux d'être attiré par elle, et d'y adhérer. L'attraction est toujours réciproque ou mutuelle, mais c'est celui des deux corps qui a le moins de masse qui cède à l'attraction.

On peut même tirer des étincelles d'une simple feuille de papier écolier séchée au feu et vivement brossée. L'effet est plus net avec une feuille de gutta-percha.

765. — *Quand un vitrier raccommode une vitre et la nettoie avec sa brosse, pourquoi les parcelles de mastic éparses sur les châssis dansent-elles de haut en bas ?* — Parce que le frottement électrise le verre et lui communique la propriété d'attirer des corps légers, tels que des parcelles de mastic. En touchant la partie électrisée de la vitre, ces parcelles se chargent d'électricité de même nom, et sont repoussées ; elles retombent sur le châssis, lorsqu'elles ont perdu leur électricité, reçoivent une charge nouvelle, s'élèvent encore pour retomber ensuite, etc.

766. — *Quelque odeur accompagne-t-elle l'électricité?* — En elle-même l'électricité n'a pas d'odeur ; mais, auprès d'une forte machine électrique en marche, comme dans l'air par certains temps, surtout le matin et le soir, on sent une odeur particulière, *sui generis*, qui est propre à l'oxygène de l'air électrisé, désigné par les chimistes sous le nom d'*ozone*.

767. — *Qu'entend-on par machine électrique?* — La première machine électrique a été imaginée par Otto de Guericke, en 1663. C'était un globe de soufre ou de résine que l'on faisait tourner rapidement en appuyant les mains sur sa surface ; le frottement des mains engendrait l'électricité. En 1741, Boze mit le globe en contact avec un cylindre métallique isolé qui recueillait l'électricité. Winkler remplaça les mains par des coussins de cuir. En 1766, Ramsden remplaça par un plateau en verre le cylindre qui avait été substitué au globe, dès 1705, par Hawksbee, puis par Gordon et Nairne. C'est la machine de Ramsden que l'on voit encore partout dans les cabinets de physique. Elle donne de l'électricité positive. Le plateau de verre tourne entre quatre coussins élastiques. L'électricité positive apparaît sur le verre, l'électricité négative sur les coussins ; celle-ci s'échappe par le sol. Le plateau est entouré à distance, dans un diamètre horizontal, d'un double conducteur métallique armé de pointes, ce sont les mâchoires. Le fluide neutre des mâchoires est décomposé ; le fluide positif est repoussé dans les deux gros conducteurs métalliques latéraux et isolés sur des colonnes de verre ; le fluide négatif est attiré vers les pointes et va neutraliser le fluide positif du plateau de verre. On voit dans l'obscurité les pointes des machines dégager des aigrettes lumineuses.

Outre la machine de Ramsden, on emploie aujourd'hui d'autres générateurs d'électricité statique, plus petits et plus puissants, fondés sur un autre principe que nous indiquerons.

768. — *Qu'est-ce que le tabouret électrique?* — C'est un tabouret à pieds de verre, qui a pour objet d'isoler la personne qui se place dessus. Si cette personne se met en communication avec une source d'électricité, elle deviendra un conducteur électrisé, dont on pourra tirer des étincelles. On pourra aussi électriser la personne isolée et tirer d'elle des étincelles en la frappant avec une peau de chat, qui a la propriété de s'électriser beaucoup par le frottement, et par là même d'électriser en sens contraire l'objet sur lequel on la frotte.

769. — *Qu'est-ce que l'électrophore?* — L'électrophore, la plus simple des machines électriques, imaginé par Wilcke, en 1762, se compose d'un gâteau de résine coulé sur un disque de bois, et d'un plateau métallique ou du moins recouvert d'une feuille de métal. En battant fortement le plateau de résine avec une peau de chat, on l'électrise négativement. Posant ensuite le plateau métallique sur la résine, celle-ci, qui est très mauvais conducteur, conserve son électricité négative ; mais, sous son influence, l'électricité neutre du plateau se décompose, le fluide positif venant se placer sur la face en contact avec la résine, et le fluide négatif sur la face opposée. Touchant alors cette face opposée avec le doigt, on enlève le fluide négatif, et le plateau, soulevé

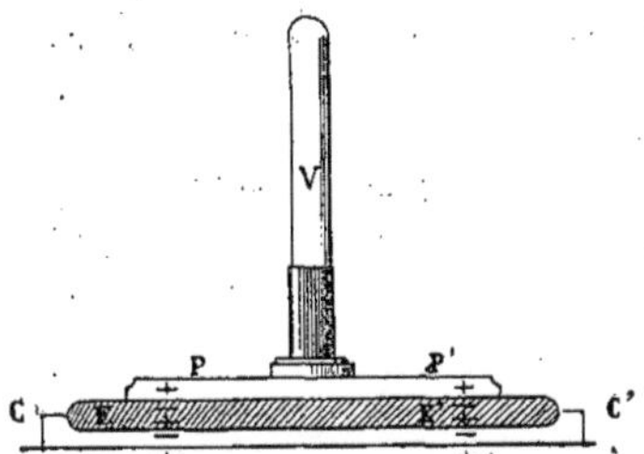

Fig. 124. — Electrophore.

EL', gâteau de résine ; — PP', plateau conducteur supporté par son manche isolant V ; — CC', support en bois.

Fig. 125. — Manœuvre de l'électrophore.

P, peau de chat ; — A, plateau supérieur que l'on touche avec le doigt ; — I, manche isolant.

au moyen du manche de verre, donne des étincelles, et peut fournir de l'électricité positive comme le conducteur de la machine électrique. Mais si on enlevait le plateau sans avoir touché sa face supérieure pour lui enlever le fluide négatif, les deux fluides se recomposeraient et le plateau cesserait d'être électrisé.

7.70. — *Qu'entend-on par multiplicateurs électriques ?* — Des machines électriques fondées sur le principe de l'électrophore et qui avec une source d'électricité très faible donnent des quantités indéfinies d'électricité. Telles sont les machines de Holtz, Piche, Tœpler, Parville, Bertsch, Carré, etc. M. Holtz, de Berlin, a imaginé la première machine de ce genre en 1865. La machine Piche est encore plus simple. Un disque de papier ou mieux de gutta-percha tourne rapidement devant deux peignes métalliques situés aux extrémités d'un même diamètre vertical. Un des peignes termine un conducteur isolé, l'autre un second conducteur ; on peut, à l'aide de deux tiges métalliques mobiles, rapprocher ces conducteurs assez près pour permettre aux étincelles de se produire. Pour faire fonctionner l'appareil, on prend à la main une plaque de caoutchouc électrisée avec une peau de chat et on la met en place devant le plateau. Le caoutchouc joue le rôle du gâteau de résine dans l'électrophore ; la portion du disque tournant qui l'avoisine est électrisée par influence. Entre le peigne situé de l'autre côté du disque et le disque jaillit une étincelle ; le conducteur de ce peigne se comporte comme la personne qui tire la première étincelle du plateau de l'électrophore. Puis cette même partie du disque tournant arrive devant le second peigne : nouvelle étincelle et ainsi toujours. Seulement, dans l'électrophore, l'opérateur n'est pas isolé ; ici au contraire les conducteurs le sont, aussi ils s'électrisent et deviennent une source puissante d'électricité. Avec ce genre de machines, on obtient facilement des étincelles de 10, 15 centimètres et plus.

771. — *Qu'appelle-t-on condensateur électrique ?* — On appelle ainsi un appareil dans lequel on accumule sur un petit plateau métallique une grande quantité de fluide électrique, en le faisant communiquer avec une source d'électricité, et en le mettant en présence d'un autre plateau métallique, séparé de lui seulement par une couche isolante et communiquant avec le sol. A mesure que

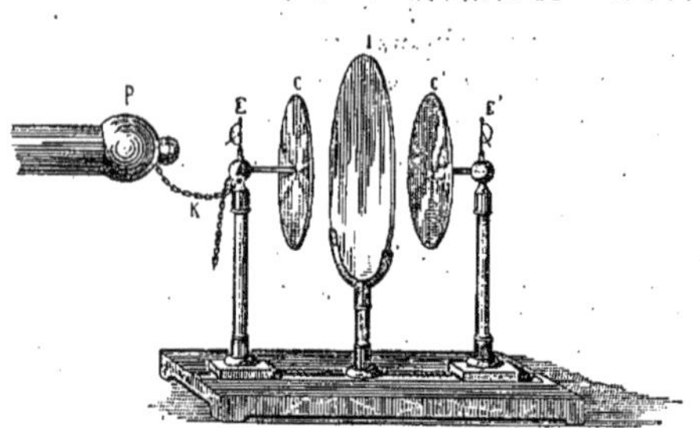

Fig. 126. — Condensateur d'Aepinus.

P, conducteur d'une machine électrique ; — CC', plateaux conducteurs ; — I, plateau isolant ; — EE', électromètres ; — K, chaînette de communication avec la machine ; — C', liaison avec la terre.

le premier plateau reçoit du fluide de la source d'électricité, le second reçoit du sol une quantité correspondante de fluide contraire. L'attraction mutuelle des deux fluides l'emportant sur la tendance qu'ont les molécules de chacun d'eux à se fuir, on arrive ainsi à une très grande tension électrique, et la réunion brusque des deux fluides accumulés produit des effets énergiques. Pour opérer cette réunion sans danger, on n'a qu'à mettre les deux plateaux en contact avec les deux extrémités d'un arc métallique que l'on tient et que l'on manœuvre à l'aide d'un double manche isolé, et que l'on appelle l'excitateur de Henley ; l'électricité suit toujours les métaux de préférence au corps humain, qui est beaucoup moins bon conducteur. Pour plus grande sécurité, on peut se servir d'un conducteur muni de manches de verre.

772. — *Qu'est-ce que la bouteille de Leyde ?* — La bouteille de Leyde, ainsi appelée par Nollet du nom de la ville où son usage se vulgarisa, avait été inventée, dès 1745, par Cuneus, élève de Muschenbroeck.

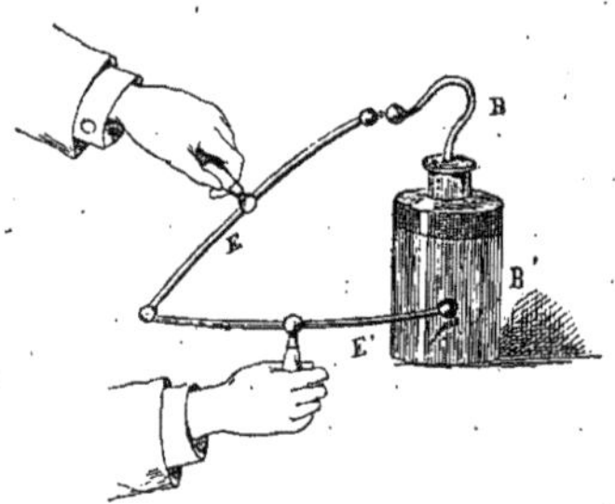

Fig. 127. — Décharge instantanée de la bouteille de Leyde BB'.

EE', excitateur à manettes isolantes.

Cet appareil se compose d'un flacon de verre mince sur lequel se trouve collée extérieurement, jusqu'à une certaine hauteur, une feuille d'étain, et dont l'intérieur est rempli de feuilles métalliques dans lesquelles plonge un conducteur métallique qui traverse le bouchon de la bouteille, et se termine extérieurement par une boule. Si, tenant la bouteille avec la main, on met la boule du conducteur en contact avec une source d'électricité, l'armature intérieure se chargera de cette électricité dont l'influence, s'exerçant à travers le verre, obligera l'armature extérieure à se charger du fluide contraire, l'autre fluide étant repoussé dans le sol par l'intermédiaire de la personne qui tient la bouteille. La bouteille de Leyde est un véritable condensateur, au moyen duquel on obtient des effets énergiques, en déterminant la réunion des deux fluides. Ces effets deviennent bien autrement puissants quand on a recours à une batterie, c'est-à-dire à un ensemble de bouteilles communiquant entre elles par leurs armatures extérieures. Pour donner à cet appareil plus de puissance en augmentant la surface électrisée, on emploie, au lieu de flacons, de grandes jarres dont l'ouverture est assez large pour qu'on puisse coller à l'intérieur des feuilles d'étain, en sorte que la garniture intérieure soit de la même matière que la garniture extérieure.

Fig. 128.
Électromètre
de Henley.

773. — *Qu'est-ce que l'électromètre de Henley ?* — Un petit pendule électrique formé d'une tige en fanon de baleine, terminée par une boule de moelle de sureau et fixée par son sommet mobile au centre d'un cadran d'ivoire divisé. Le tout est porté par un pied qu'on visse sur l'un des conducteurs de la machine. A mesure que la machine se charge, le pendule est repoussé et s'élève le long du cadran ; la division à laquelle il s'arrête est la mesure de la charge de la machine. Quand on cesse de tourner la manivelle, le pendule retombe après un temps plus ou moins long, selon le degré de l'humidité de l'air.

774. — *Qu'est-ce que l'électroscope à feuilles d'or ?* — Cet électroscope a été inventé par Bennet, en 1787. Il consiste en un bocal de verre reposant sur un plateau de laiton, et dont le goulot est fermé par un bouchon recouvert d'un vernis isolant à la gomme laque, ainsi que toute la partie supérieure du bocal. Dans le bouchon passe une tige de laiton terminée à l'extrémité par une boule, et à l'intérieur en bas par deux feuilles d'or battu, très légères, ou par deux pailles très minces. Lorsqu'on approche lentement un corps électrisé, cette électricité agit par influence sur les deux feuilles d'or et les charge d'électricité contraire : ces feuilles alors se repoussent, et leur écart est proportionnel à la charge électrique du corps.

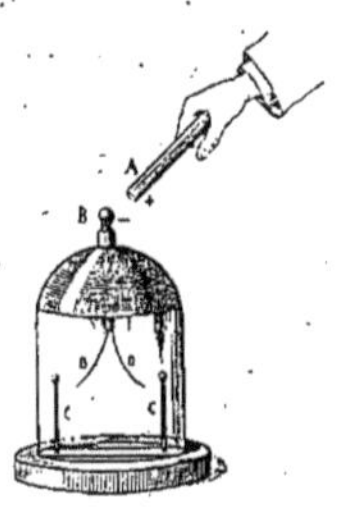

Fig. 129. — Électroscope à feuilles d'or.

B, bouton en communication avec les feuilles d'or OO ; — CC, tiges de cuivre s'électrisant par influence et réagissant sur les feuilles d'or ; — A, corps électrisé que l'on approche de B.

775. — *Qu'est-ce que l'électromètre condensateur de Volta ?* — Un électromètre à feuilles d'or, rendu beaucoup plus sensible par l'adjonction de deux disques ou plateaux recouverts d'un vernis à la gomme laque qui les isole. La tige de cuivre qui porte les deux petites feuilles d'or, au lieu d'être terminée à la partie supérieure par une petite boule de laiton, l'est par un disque du même métal sur lequel s'applique un disque semblable, mais à manche de verre. Pour rendre sensible l'électricité très faible d'un corps, on touche avec lui le disque supérieur, en même temps qu'on appuie le doigt sur le disque inférieur, qui fait alors office de plateau collecteur en communication avec le sol.

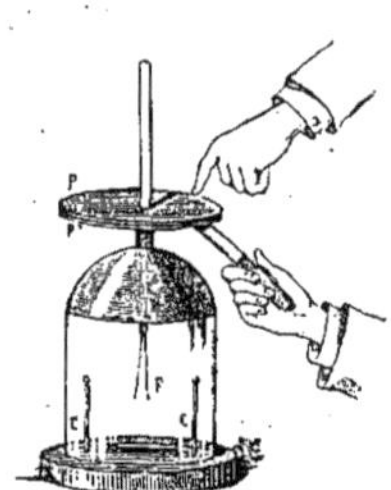

Fig. 130. — Électromètre condensateur de Volta.

PP', plateaux conducteurs séparés par une couche de vernis. On touche le plateau inférieur avec un corps électrisé en maintenant le doigt contre le plateau supérieur ; — F, feuilles d'or ; — CC, tiges de cuivre.

776. — *Que sont le carreau fulminant, le carillon électrique, le tourniquet électrique ?* — Le carreau fulminant est formé d'un carreau de verre ordinaire, entouré d'un cadre de bois. Sur les deux faces du carreau sont collées deux feuilles d'étain ou armatures, en face l'une de l'autre, laissant entre leurs bords et le cadre un intervalle de 6 centimètres environ ; l'une d'elles porte une lame d'étain, métal conducteur, par lequel on la met en contact avec une source d'électricité, l'autre feuille restant isolée. Dans ces conditions, les deux armatures se comportent comme les plateaux d'un condensateur ; l'on peut accumuler à la fois sur l'une et sur l'autre de grandes quantités d'électricité, qu'on décharge comme une bouteille de Leyde, pour produire les même effets.

Le carillon électrique, imaginé par Franklin, en 1752, est un petit appareil composé de trois timbres métalliques A, C, B. Les timbres extrèmes A, B, sont suspendus par des chaines métalliques à une tringle portant un crochet par lequel on la fixe au conducteur d'une machine électrique ; le timbre C, isolé de la tringle par un fil de soie, communique avec le sol par une chaine pendante. Enfin, entre le timbre du milieu C et les timbres extrèmes A et B, sont deux petites boules de cuivre suspendues par des fils de soie et faisant fonction de battants. Si l'on fait tourner le plateau de la

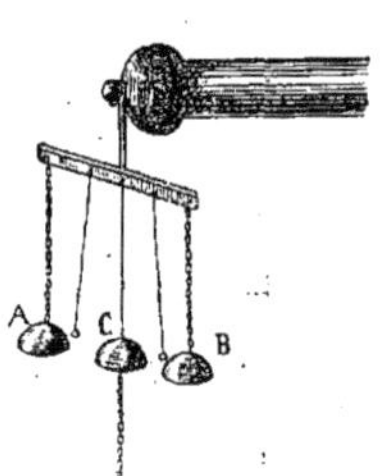

Fig. 131. — Carillon électrique.

A et B, deux timbres en communication avec le conducteur électrisé ; — C, timbre suspendu à un fil isolant et en communication avec le sol.

machine, les timbres A et B seront électrisés positivement, et le timbre C négativement, par influence. L'électricité positive des timbres attire d'abord les boules-battants, puis les repousse ensuite chargées d'électricité positive, en même temps qu'elles sont vivement attirées par l'électricité négative du timbre C qu'elles viennent frapper. Mais bientôt les mêmes boules, chargées d'électricité négative, sont repoussées par le timbre C et attirées par les timbres A et B, qu'elles frappent en continuant le carillon, qui dure aussi longtemps que la machine électrique fonctionne.

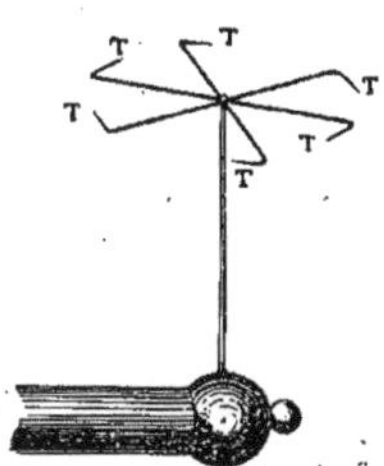

Fig. 132. — Tourniquet électrique.

TTT, pointes recourbées par lesquelles le fluide s'échappe et produit un mouvement du tourniquet par réaction.

Le tourniquet électrique, dû à Hamilton, en 1760, est un petit appareil composé de cinq ou six rayons métalliques horizontaux recourbés tous dans le même sens, terminés en pointe et fixés à une chape commune, mobile sur un pivot. L'appareil étant posé sur le conducteur de la machine électrique, la chape et les rayons se chargent d'électricité, laquelle, en s'échappant par les pointes, fait, par réaction, l'effet du tourniquet hydraulique.

777. — *Quels sont les principaux effets de l'électricité statique ?* — Elle produit des effets lumineux, calorifiques, mécaniques, chimiques et physiologiques.

Il suffit de citer l'étincelle électrique, qui se produit lorsqu'on approche d'un conducteur électrisé un autre conducteur chargé de fluide contraire ou à l'état neutre. Dans ce dernier cas, le fluide neutre se décompose sous l'influence du conducteur électrisé, et l'électricité de celui-ci se réunit avec le fluide contraire de l'autre, en produisant une étincelle.

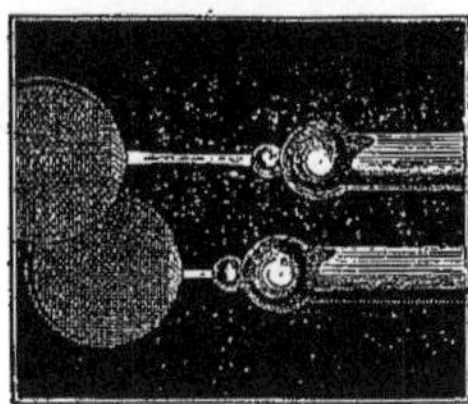

Fig. 133.

Etincelles rectilignes, B.

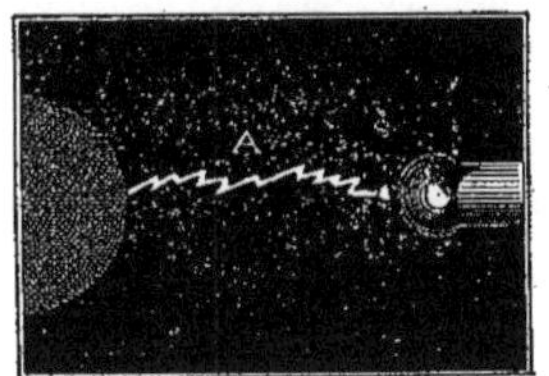

Fig. 134.

Etincelle en zigzag, A.

Une simple étincelle électrique allume de l'esprit-de-vin et d'autres substances. Quant à l'étincelle produite par une batterie électrique, elle rend incandescents des fils d'or ou de platine et brûle des fils d'acier.

Une forte étincelle, produite entre deux pointes métalliques, perce une carte et même une plaque de verre placée entre les pointes.

Une série d'étincelles électriques décompose plusieurs substances, notamment l'ammoniaque, et une seule étincelle suffit pour déterminer des combinaisons, par exemple, celle de l'hydrogène avec l'oxygène. Cette expérience se fait aussi avec le pistolet de Volta, petit flacon métallique dans lequel on introduit de l'hydrogène, qui se mêle à l'air contenu déjà dans le flacon.

Fig. 135.

A, aigrette électrique.

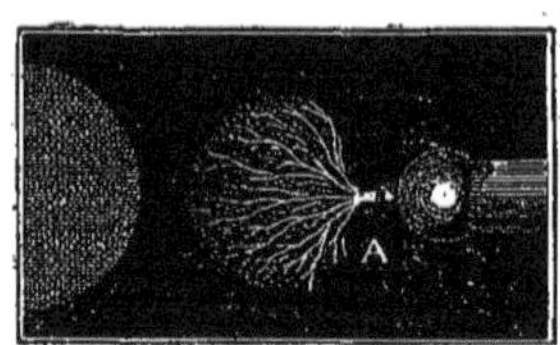

Fig. 136.

A, aigrette électrique ramifiée.

flacon. Par l'effet d'une étincelle électrique qui se produit dans l'intérieur de l'appareil, où deux petits conducteurs se trouvent en face l'un de l'autre, les deux gaz se combinent avec une explosion.

On allume aujourd'hui les becs de gaz avec un allumoir d'origine américaine. Une étincelle jaillit entre les deux pointes de deux tiges métalliques et l'étincelle détermine la combinaison de l'hydrogène protocarboné et de l'oxygène. L'étincelle est obtenue au moyen d'une machine électrique par influence, analogue à un électrophore; c'est tout petit; on pousse un bouton; le mécanisme fait tourner rapidement un cylindre mobile en gutta-percha armé de feuilles d'étain; les feuilles se chargent et l'étincelle éclate.

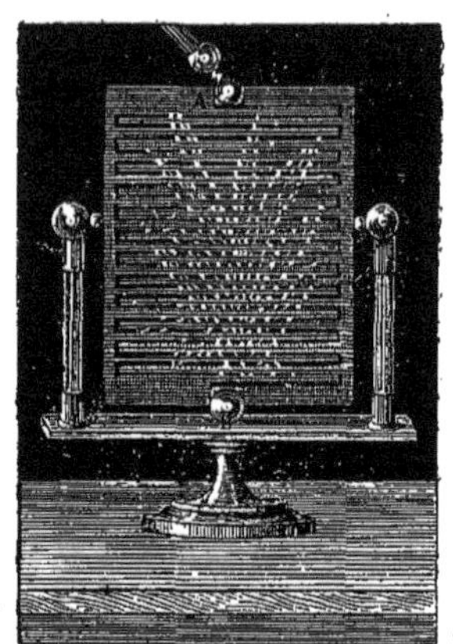

Fig. 137. — Carreau étincelant.

A, point relié à une source électrique; — B, point relié au sol. Les lignes figurées sont des bandes d'étain; l'étincelle éclate partout où elles sont interrompues.

Si l'on soumet à la décharge d'une batterie une feuille d'or isolée entre deux lames de verre ou entre deux rubans de soie, l'or est volatilisé, et l'on a pour résidu une poudre violette, qui n'est autre chose que de la poudre d'or très divisée. C'est ainsi qu'on obtient les portraits électriques.

Si, au lieu d'employer un arc métallique pour réunir les deux fluides d'une bouteille de Leyde ou de tout autre condensateur, on détermine cette réunion en se mettant soi-même en contact avec les deux armatures, on éprouve alors une commotion qui peut être douloureuse. En faisant l'expérience avec une batterie fortement chargée, on peut frapper mortellement des animaux. Au moyen d'une bouteille de Leyde, on peut faire éprouver simultanément une commotion à un grand nombre de personnes formant une chaîne dont une extrémité communique avec l'arma-

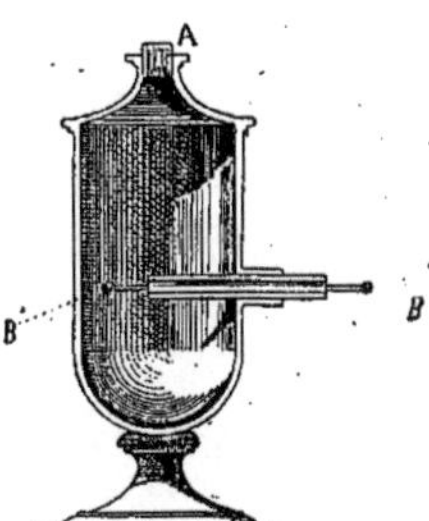

Fig. 138.

DISPOSITION INTÉRIEURE.

B, tige de laiton isolée du récipient métallique par un tube en verre. — B', boule de laquelle jaillit l'étincelle entre la tige et la paroi, au milieu du mélange d'hy-drogène et d'oxygène. — A, bouchon.

Fig. 139.
Pistolet de Volta.

MANŒUVRE DE L'INSTRUMENT.

La boule B du pistolet P est approchée de la boule E du conducteur P d'une ma-chine électrique. L'étincelle jaillit à l'exté-rieur et à l'intérieur, enflamme l'hydrogène et l'explosion chasse le bouchon.

ture intérieure, et l'autre avec l'armature extérieure de la bouteille.

778. — *Quelles sont les principales manifestations de l'électricité dans la nature ?* — L'aurore électrique, le feu Saint-Elme et l'orage, comprenant la foudre, l'éclair et le tonnerre.

779. — *Qu'est-ce que l'aurore électrique ?* — Une lueur ou nuée lumi-neuse qui se montre quelquefois dans le ciel, vers le nord ou le sud, près des pôles magnétiques nord et sud de la terre, c'est-à-dire près des points vers lesquels se dirige la pointe de l'aiguille aimantée ou boussole, dans les deux hémisphères. L'aurore électrique s'appelle aurore boréale quand elle apparaît vers le nord, aurore australe quand elle apparaît vers le sud ; ces deux aurores sont souvent simultanées.

Dans nos contrées, les aurores boréales sont assez rares ; dans le Nord, elles sont très communes ; et, sous le 70° degré de latitude, il est rare qu'une nuit claire se passe sans qu'il y en ait au moins quelques lueurs.

Les aurores affectent soit la forme d'arcs, soit la forme de rayons. L'arc, séparé de l'horizon par un segment de nuance très foncée, est d'un blanc brillant, passant quelquefois au bleuâtre ou au jaunâtre nuancé de vert ; son bord inférieur est nettement dessiné, son bord supérieur se confond avec la lueur qui éclaire tout le ciel. Les rayons sont blancs et montent de l'horizon vers le zénith sous la forme de draperies étincelantes qui parais-sent agitées par le vent. Il se forme quelquefois aussi des couronnes zéni-thales ornées des plus belles couleurs, et d'où les rayons semblent s'élancer.

780. — *Quelle est la cause des aurores électriques ?* — On croit actuelle-

ment que l'aurore boréale ou australe est essentiellement une manifestation électrique du magnétisme terrestre, une sorte d'orage ou de tempète
magnétique.

Fig. 140. — Aurore polaire.

781. — *Quelle est la cause des couleurs si variées des aurores polaires ?*
— La densité diverse et l'état hygrométrique différent des couches de
l'atmosphère à travers lesquelles passe leur lumière, suffisent à leur donner

des aspects variés, lesquels peuvent aussi dépendre de particularités encore inconnues, telles que l'intervention des nuages appelés cirrus, les petits corps ou les nuées de poussière qui flottent dans l'atmosphère à de grandes hauteurs, etc., etc.

782. — *Comment sait-on que les aurores sont un phénomène électrique produit par le magnétisme terrestre ?.* — Parce que : 1° elles exercent une grande influence sur l'aiguille aimantée et la font dévier de sa direction habituelle ;

Fig. 141. — Feux-Saint-Elme au sommet des mâts d'un navire.

2° il y a une relation certaine entre les apparitions d'aurores magnétiques et les variations d'intensité du magnétisme terrestre ; 3° les apparitions périodiques maxima et minima des aurores correspondent aux maxima et aux minima périodiques de l'intensité du magnétisme. Arago, en observant les agitations de l'aiguille aimantée à l'intérieur de l'Observatoire de Paris, a pu annoncer que des aurores magnétiques avaient dû se montrer tel jour et à telle heure dans l'hémisphère nord. Enfin les aurores agissent visiblement sur les courants de la télégraphie électrique, et troublent les communications.

783. — *Comment nomme-t-on les petites flammes qui s'attachent quelquefois aux mâts des vaisseaux ?* — Elles sont appelées en français *feux Saint-Elme* ; les Anglais les appellent *comozants.*

784. — *Les feux Saint-Elme se montrent-ils aussi bien sur terre que sur mer ?* — On les voit assez souvent apparaître aux extrémités de corps métalliques aigus et élevés, tels que les lances des soldats, ou quelquefois même à l'extrémité des branches des arbres, des cheveux, etc., sur les bords des chapeaux, des parapluies, etc. ; sur les vêtements, sur les portions les plus saillantes des corps terrestres, etc.

Quelquefois ces feux ont la forme d'aiguilles ; quelquefois ils sont concentrés sous forme de petits globules, sans aucune trace de jets divergents ; on croit les avoir entendus quelquefois pétiller ou siffler. Quelquefois enfin le feu Saint-Elme prend des proportions effrayantes, jusqu'à illuminer toute une grande forêt, tout un sommet de montagnes.

Pline l'Ancien, l'auteur célèbre de l'Histoire naturelle, fait mention de ce phénomène.

785. — *Quelle est la cause des feux Saint-Elme ?* — Les feux Saint-Elme sont dus à l'influence exercée par les nuages orageux sur les parties saillantes des corps terrestres. Ce sont des aigrettes lumineuses analogues à celles que l'on voit se produire dans les machines électriques.

786. — *Qu'est-ce que la foudre ?* — La foudre est une décharge électrique d'une grande puissance entre deux nuages, ou entre un nuage et la terre. La décharge se fait du nuage ou du corps électrisé positivement au nuage ou au corps électrisé négativement.

787. — *Combien y a-t-il de différentes espèces de foudre ?* — La foudre ou décharge électrique est une ; mais on peut la distinguer en foudre descendante et foudre ascendante, dans le cas où elle a lieu entre la terre et un nuage, suivant qu'elle vient du nuage à la terre ou va de la terre au nuage.

788. — *Qu'est-ce que l'éclair ?* — L'éclair est la lumière, le phénomène lumineux qui accompagne la foudre ou la décharge d'électricité atmosphérique. C'est une longue et puissante étincelle électrique.

789. — *Qu'est-ce que le tonnerre ?* — Le tonnerre est le bruit ou le phénomène acoustique qui accompagne la foudre.

Les mots foudre, éclairs, tonnerre, que l'on confond trop souvent, ont donc une signification différente, nette et précise, et il importe beaucoup qu'on ne les emploie jamais l'un pour l'autre, surtout dans la description des phénomènes. Arago a fait remarquer que les bons écrivains sont loin d'en faire des synonymes. Un grand prosateur a dit : « Le ciel a plus de tonnerres pour épouvanter qu'il n'a de foudres pour punir. »

790. — *Qu'est-ce que l'orage ?* — C'est une tempête électrique, une perturbation plus ou moins violente de l'état électrique de l'atmosphère, qui se manifeste par les phénomènes définis plus haut : la foudre, les éclairs, le tonnerre.

791. — *Quelles sont les sources de l'électricité atmosphérique ?* — Les changements d'état des corps, l'évaporation, les frottements mutuels de l'air, des eaux et de la terre ; les combinaisons et les décompositions chimiques qui surviennent dans la nature, etc. Lorsque le ciel est serein,

Fig. 142. — Expériences à Marly-la-Ville. D'Alibart, en 1752, tire une étincelle d'une tige élevée et terminée en pointe ; il reconnaît ainsi l'analogie entre la foudre et l'électricité.

l'électricité atmosphérique n'est en général sensible qu'aux électroscopes ; c'est en s'accumulant au sein des nuages ou autrement, que l'électricité atmosphérique peut donner naissance à l'orage.

792. — *Comment a-t-on vérifié l'identité de l'électricité et de la foudre ?* — L'abbé Nollet et avant lui le Dr Wall ont clairement énoncé la probabilité de cette identité, ou de la nature électrique de la foudre. Franklin a le premier proposé de soutirer l'électricité des nuages orageux à l'aide d'une pointe unie à la terre par un fil conducteur.

Le 10 mai 1752, D'Alibart dressa à Marly-la-Ville, dans une plaine isolée, une barre de fer de 14 mètres de hauteur terminée en pointe et appuyée sur un tabouret isolant. La barre électrisée par les nuages orageux donnait des étincelles électriques. Cette expérience fut répétée par Delor, puis un peu partout en Europe. Plusieurs observateurs furent renversés violemment par des étincelles parties de barres isolées. Richmann, à Saint-Pétersbourg, paya de sa vie son imprudence. Il avait planté sur un toit une barre de fer isolée par une bouteille percée qu'elle traversait, et communiquant par une chaîne avec une tige aussi isolée fixée au plafond de son cabinet. Cette tige était terminée par une boule dont il tirait des étincelles en approchant un conducteur en relation avec le sol. S'étant trop approché de la boule, il fut frappé à la tempe par une étincelle, à une distance de 30 centimètres, et tomba raide mort.

Franklin conçut l'idée de lancer dans l'air un cerf-volant en soie armé d'une pointe. Il soutira ainsi l'électricité atmosphérique et obtint des étincelles. L'expérience du physicien de Philadelphie date de 1752 ; elle fut reprise en France, un an plus tard, par Romas, qui ignorait d'ailleurs l'essai de Franklin. Il rendit la corde du cerf-volant conductrice en l'entrelaçant avec un fil métallique. Le cerf-volant de Franklin ne fonctionnait que lorsque la pluie rendait la corde conductrice. Romas avait terminé la corde par un cylindre en fer-blanc. Il parvint à tirer des étincelles dont quelques-unes avaient jusqu'à 4 mètres de longueur et 3 centimètres d'épaisseur ; chacune d'elles, en éclatant, produisait le même bruit qu'un coup de pistolet.

793. — *Quand l'éclair est-il simple et rectiligne ?* — Quand la distance que parcourt la décharge électrique est trop petite pour qu'elle ait le temps de subir des déviations, ou quand les zigzags sont trop nombreux, trop serrés pour que l'œil puisse les distinguer ; elle apparaît alors sous la forme de trait, de sillon de lumière très resserrée, très mince, nettement dessiné sur les bords.

Fig. 143. — Éclair simple ; décharge unique.

Fig. 144. — Foudre bifurquée ; décharge multiple.

794. — *Pourquoi l'éclair se bifurque-t-il quelquefois à son extrémité ?* — Parce que la décharge électrique se partage entre deux ou plusieurs objets qu'elle va frapper, ou prend deux routes différentes, également conductrices.

795. — *Pourquoi les éclairs se dessinent-ils ordinairement sous la forme d'une ligne brisée ou en zigzags ?* — L'éclair, comme du reste l'étincelle de nos machines électriques, se dessine sous forme de zigzags, parce que, dans l'intervalle qu'elle doit parcourir, la décharge électrique ne rencontre pas un milieu conducteur homogène, et qu'elle prend le chemin de meilleure conductibilité.

796. — *Pourquoi les éclairs sont-ils quelquefois des lueurs qui embrassent une grande partie de l'horizon et le rendent tout flamboyant ?* — 1° Parce qu'il peut arriver que la décharge électrique se fasse d'une manière diffuse autour de la périphérie des nuages, soit parce qu'elle n'a pas assez de tension, soit parce que l'espace intermédiaire et le second nuage vers lequel elle devrait s'élancer ne sont pas d'assez bons conducteurs ; 2° parce qu'en se réfléchissant sur les nuages qui le cachent, et en les illuminant, l'éclair en zigzags se change naturellement en un amas de lumière diffuse : ce sont là des éclairs sans tonnerre.

797. — *Quelle autre forme la foudre prend-elle quelquefois et qu'entend-on par tonnerre en boule ?* — Il vaudrait mieux dire *globes fulminants.* On a vu quelquefois après un coup de tonnerre apparaître près du sol des globes lumineux qui se meuvent avec lenteur, puis tout à coup éclatent avec fracas. Cette forme de la foudre était connue du temps de Sénèque, mais on n'y croyait pas, quand Aragò en prouva la réalité. Babinet a rappelé l'histoire du tailleur du Val-de-Grâce. Ce tailleur était assis devant sa table ; le châssis de papier qui fermait la cheminée s'abattit doucement et un globe de feu gros comme une tête d'enfant entra et se promena dans la chambre. Puis le globe tourna autour des pieds du tailleur qui, pour en éviter le contact, les déplaça. Le globe se leva ensuite à la hauteur de la tête ; puis il s'allongea, se dirigea vers un trou fermé par une feuille de papier pratiqué à 1 mètre au-dessus de la tablette de la cheminée ; il détacha le papier sans l'endommager, entra dans le tuyau et, arrivé en haut, éclata avec violence, démolissant l'extrémité de la cheminée. Ces globes fulminants n'éclatent pas tous. En 1844, à Milan, on vit pendant un violent orage un globe de feu ayant la grandeur et l'éclat de la lune, poursuivant sa route avec lenteur. Il s'éleva, vint heurter la croix d'une église et là disparut subitement en faisant entendre un bruit sourd semblable à un coup de canon entendu de très loin.

Voici comment on a cherché à expliquer la foudre en boule ; l'explication est très sujette à caution. Si une décharge électrique intense, qui a suivi d'abord un corps bon conducteur, se trouve arrêtée tout à coup, par exemple, parce que le conducteur se replie à angle droit ou aigu, elle se condense ; les atomes dont elle est formée et qui, comme tous les atomes de matière, s'attirent en raison inverse du carré de la distance, devenus alors très rapprochés et pressés l'un contre l'autre, peuvent céder à leurs attractions mutuelles, et prendre momentanément la forme sphérique — qui est la forme naturelle d'équilibre, — en même temps que leur vitesse de translation se ralentit. Mais, en raison de la faible masse de ces atomes, cet équilibre sera très instable ; associés un instant, les éléments de la foudre en boule sont tout prêts à se séparer en éclatant, et c'est ce qui arrive en effet dans la nature. M. le Dr Noath, qui

Fig. 145. — Paysage par un jour d'orage.

avait à sa disposition l'effrayante décharge de l'énorme machine du « Panopticon » de Londres, la forçait à se former en boule en la faisant jaillir par une sphère de très petit diamètre : on l'a vue descendre lentement dans un tube de 6 mètres de longueur, où l'on avait fait un vide partiel. M. Gaston Planté, dans ces dernières années, a beaucoup étudié ce phénomène. Il est arrivé à le reproduire à volonté avec l'électricité à très haute tension obtenue avec ses batteries secondaires.

798. — *Pourquoi la foudre produit-elle de la lumière et du bruit en traversant l'air?* — L'air n'est pas un bon conducteur ; la décharge électrique le traverse donc avec une certaine résistance ; et l'on comprend très bien que l'effort produit pour vaincre cette résistance puisse mettre en mouvement l'éther, de manière à faire jaillir la lumière ou l'éclair, soit les molécules d'air elles-mêmes en faisant naître un bruit ou le tonnerre. A vrai dire, on en est aux hypothèses.

799. — *La foudre ne produit-elle ni lumière, ni bruit lorsqu'elle traverse un bon conducteur ?* — Non, le fluide électrique traverse un bon conducteur sans bruit et sans être vu si toutefois il n'est pas en trop grande quantité ; autrement il échaufferait et rougirait, ou fondrait le conducteur et donnerait, ainsi qu'il arrive quelquefois, une preuve irrécusable de sa présence.

800. — *Quels sont les éclairs connus sous le nom d'éclairs de chaleur ?* — Des éclairs sans tonnerre, qu'on observe dans les beaux soirs d'été. Ce sont des décharges électriques qui se produisent au loin sous l'horizon.

801. — *Dans quelles saisons de l'année les orages sont-ils le plus fréquents ?* — Ils sont plus fréquents en été, puis en automne ; ils le sont moins au printemps et en hiver.

Si nous désignons par cent le nombre total des orages dans l'année, nous aurons la distribution suivante pour les contrées de l'Europe occidentale : été, 53 ; automne, 21 ; printemps, 17 ; hiver, 9.

Les orages sont très communs au sud de l'Europe, en Italie ; mais, dans le nord de l'Europe, ils sont rares. Il est certain pays d'Amérique où il tonne continuellement.

802. — *Pourquoi un orage suit-il généralement un temps sec ?* — Parce que la siccité de l'air est une des conditions essentielles de l'accumulation de l'électricité au sein des nuages.

803. — *Pourquoi l'orage survient-il très rarement après un temps pluvieux ?* — Parce que l'air humide et la pluie conduisent l'électricité et ne la font pas naître. Les nuages sont alors déchargés lentement et sans bruit à mesure que l'électricité tend à s'y accumuler.

804. — *La foudre pénètre-t-elle dans l'arbre qu'elle frappe, ou en suit-elle seulement la surface extérieure ?* — Quelquefois la foudre pénètre au sein même de l'arbre et le divise en éclats ou lattes ; mais, le plus ordinairement, elle passe entre le bois et l'écorce où se trouve l'aubier, là où la sève est plus abondante. La sève est très conductrice.

805. — *Pourquoi un arbre est-il quelquefois brûlé par la foudre comme si* *on y avait mis le feu ?* — Parce que, si l'arbre est très sec, il oppose une grande résistance au passage de l'électricité et chaque fois, comme nous le verrons plus tard, que l'électricité est arrêtée dans son écoulement, elle engendre de la chaleur.

806. — *Pourquoi l'écorce des arbres est-elle quelquefois arrachée par la foudre et les branches brisées ?* — Parce que la foudre, brisant la résistance que lui opposait l'arbre, en arrache l'écorce par sa violence mécanique. En raison de la grande puissance mécanique de la foudre, les branches des arbres, étant des conducteurs imparfaits, se trouvent brisées par la foudre, dans sa lutte contre la résistance qu'elles lui opposent.

807. — *Dans quel cas un homme peut-il être frappé de mort par la foudre ?* — Directement, lorsque son corps se trouve sur le trajet de la foudre et que la décharge électrique l'atteint ; indirectement, par un effet de choc en retour : il faut, en outre, que la décharge soit forte ; une décharge faible blesse et ne tue pas.

808. — *Pourquoi est-il dangereux de se trouver au milieu d'une foule pendant un orage ?* — Parce qu'une multitude de personnes offre à la foudre un meilleur conducteur qu'une personne isolée, la vapeur humide exhalée d'une foule lui ouvre un accès plus facile dans l'atmosphère environnante. Puisque chaque individu est un conducteur de l'électricité, il s'ensuit qu'un grand nombre de personnes fournissent un accès plus facile au fluide électrique que ne saurait le faire un seul individu ; en d'autres termes, la masse des individus peut attirer la foudre qu'un seul individu n'attirerait pas.

809. — *Est-il avantageux, en temps d'orage, d'être couché dans un lit en fer ?* — Oui, parce que la foudre choisirait pour conducteur le lit de préférence au corps humain.

810. — *Pourquoi un matelas, un lit de plume, un tapis de laine, etc., sont-ils autant de garanties contre les effets de la foudre ?* — Parce qu'en leur qualité de mauvais conducteurs ils isolent le corps, et qu'alors la décharge électrique cherche une autre voie d'écoulement.

811. — *Pourquoi les clefs, les montres, les bagues, les joyaux, une paire de lunettes, etc., accroissent-ils le danger que l'on court pendant un orage ?* — Parce que ces objets en métal s'offrent comme conducteurs de la foudre, sans pouvoir néanmoins la conduire jusqu'à la terre ; et qu'après les avoir frappés, la foudre n'a d'issue que par le corps humain.

812. — *Quels sont les endroits les plus dangereux pendant un orage ?* — Il faut éviter de se placer près des arbres isolés, des bastions élevés, etc., car évidemment la foudre va au plus court et d'autant mieux que l'arbre est entouré de vapeur d'eau conductrice et souvent l'édifice d'un courant d'air ascendant qui facilite le passage de l'électricité.

813. — *Pourquoi la foudre s'écarterait-elle d'un arbre pour venir frapper un homme qui serait auprès ?* — Parce qu'elle cherche toujours les meilleurs conducteurs, et que le corps de l'homme conduit généralement mieux, qu'un arbre ou un édifice.

814. — *Dans les campagnes, on sonne les cloches pour éloigner la foudre. Cette habitude rend-elle les orages moins redoutables ?* — Le tonnerre tombe aussi bien sur les clochers où l'on sonne que sur ceux où l'on ne sonne pas ; mais, dans le premier cas, les sonneurs sont plus en danger d'être foudroyés, à cause des cordes qu'ils tiennent dans leurs mains, et qui peuvent conduire la foudre jusqu'à eux. Le mouvement des cloches crée d'ailleurs des courants d'air qu'il convient d'éviter.

815. — *Les églises offrent-elles un abri assuré pendant un orage ?* — Non : car. 1° les clochers, après avoir attiré la foudre sur eux en raison de leur élévation, sans pouvoir toujours la conduire dans le sol, laissent les églises exposées à son action ; — 2° les individus rassemblés forment un amas conducteur sur lequel la foudre se jette de préférence aux objets environnants. La prudence commande donc, tant que les églises ne seront pas armées de paratonnerres, de ne point s'y rassembler pendant un orage.

816. — *Pourquoi est-il dangereux de s'appuyer contre un mur, pendant un orage ?* — Parce que la foudre, si elle parcourait la muraille, pourrait chercher un passage au travers du corps de l'homme, meilleur conducteur.

817. — *Comment arrive-t-il que la foudre détruise quelquefois des maisons et des églises ?* — En général, c'est le clocher ou la cheminée qui sont d'abord foudroyés ; de là, la foudre se jette sur les barres et les crampons de fer employés dans la construction, et en passant d'une barre à l'autre, elle brise les briques et les pierres qu'elle rencontre.

818. — *Pourquoi la foudre se jette-t-elle ainsi d'un endroit à un autre, au lieu de se précipiter en ligne droite ?* — Parce qu'elle suit toujours dans sa route les meilleurs conducteurs, et que, pour les trouver, elle va tantôt à droite, tantôt à gauche.

819. — *Dans quelles parties d'une maison est-il le plus dangereux de rester pendant l'orage ?* — Dans celles qui se relient aux cheminées et à la toiture par une suite continue de substances conductrices ne parvenant pas jusqu'au sol, comme le foyer. L'intérieur de la cheminée, revêtu de suie, matière conductrice, offre un accès facile à la décharge ; et le foyer l'arrête brusquement, parce qu'il est en dalles de pierre ou de marbre qui conduisent mal l'électricité.

820. — *La foudre sauterait-elle du foyer pour venir frapper quelqu'un qui se trouverait auprès de la cheminée ?* — Vraisemblablement, par suite de sa tendance à se porter sur les corps qui la conduisent le mieux.

821. — *Pourquoi le milieu d'une chambre est-il le moins dangereux pendant un orage ?* — Parce que la foudre, s'il arrivait qu'elle frappât la maison, descendrait soit par la cheminée, soit le long des murs et surtout par les gouttières et les tuyaux de descente de la pluie ; par conséquent.

plus on est éloigné du foyer et des murs, plus on est en sûreté.

822. — *Un édifice en fer est-il dangereux pendant l'orage ?* — Non : parce que les murs métalliques conduiraient naturellement la foudre jusqu'au sol sans causer de dommage. Pour mettre à l'abri de toute action électrique un corps quelconque, le meilleur moyen est de l'enfermer dans un réseau de fil de fer en relation avec le sol.

823. — *Lequel vaut mieux d'être mouillé ou d'être sec pendant un orage ?* — Il vaut mieux être mouillé, parce que les vêtements mouillés sont meilleurs conducteurs, et qu'il y aurait plus de chances que la foudre s'écoulât à leur surface, pour atteindre le réservoir commun, sans pénétrer dans le corps. Si l'on se trouve en plein champ, ce qu'on a de mieux à faire, c'est de se tenir isolé, à une distance à peu près égale à celle de la hauteur de quelque grand arbre, et d'y recevoir la pluie, dût-on être tout trempé.

824. — *S'expose-t-on à être foudroyé quand, pendant l'orage, on reste dans un courant d'air, ou que l'on court ?* — Tout ce qui amoindrit la densité de l'air diminue sa résistance, et tend plus ou moins à y attirer la foudre ; or, dans un courant d'air, l'air est moins dense, et l'homme qui court laisse derrière lui un espace où l'air est raréfié ; il n'est donc pas impossible que ces deux circonstances produisent quelque effet fatal.

825. — *Les habitants des campagnes sont-ils plus exposés à la foudre que les habitants des villes ?* — C'est à la statistique de répondre à cette question. Les résultats observés jusqu'ici ne permettent pas de conclure dans un sens ou dans un autre ; ils sont assez contradictoires. A la campagne, les habitations étant rares sont naturellement plus exposées ; car à la ville, les hauts édifices en grand nombre doivent faciliter l'écoulement de l'électricité. Arago est d'avis, en effet, que l'on est plus exposé en rase campagne qu'à la ville.

826. — *Les dangers que fait courir la foudre sont-ils assez grands pour qu'on doive s'en préoccuper ?* — Le nombre des victimes de la foudre est assez restreint pour qu'on puisse regarder comme faible la chance de périr par le tonnerre. Cependant il y a assez d'exemples de morts dues à cette cause pour qu'on ne doive pas négliger de se mettre à l'abri de pareils accidents, par les moyens que la science indique.

Il résulte d'un relevé fait par M. Boudin qu'il y a eu en France 2 238 personnes tuées raides par la foudre en 27 ans, de 1835 à 1862, soit 82 par an. Le maximum est de 144 en 1835 ; si l'on y joint celles qui ont survécu quelque temps à l'accident ou qui n'ont été que blessées, on arrive à plus de 6 700, ou 248 par an en moyenne. Les femmes semblent moins exposées que les hommes, car sur 880 personnes frappées de 1854 à 1863, il n'y a eu que 233 femmes, moins du tiers. Quand la foudre tombe sur des groupes, elle frappe d'abord les chats, les chiens, les animaux, les hommes et en dernier lieu les femmes. C'est ce qui du moins paraît résulter d'un certain nombre d'observations.

827. — *La foudre est-elle accompagnée par quelque odeur particulière ?* — Oui : en temps d'orage, et même sans que la foudre éclate, on sent quelquefois dans l'air une odeur particulière due, sans doute, à la formation de l'ozone ou oxygène électrisé.

En outre de l'ozone, il peut se former dans l'air, en temps d'orage, de l'acide nitreux qui possède une odeur forte et suffocante ; mais cette odeur diffère beaucoup de celle de l'acide sulfureux ou du phosphore que l'on a l'habitude d'attribuer à la foudre.

828. — *La foudre produit-elle quelque effet chimique sur l'air atmos-phérique ?* — Oui : elle détermine quelquefois la combinaison soit de l'azote et de l'oxygène de l'air, en donnant naissance à l'acide azoteux ou à l'acide azotique ; soit de l'hydrogène des vapeurs aqueuses avec l'azote de l'air en donnant naissance à de très petites quantités d'ammoniaque. Les pluies d'orage renferment presque toujours des traces, au moins, d'acide nitrique ou d'ammoniaque.

829. — *Qu'appelle-t-on fulgurites ?* — Des tubes formés dans les sables quartzeux par l'action de la foudre.

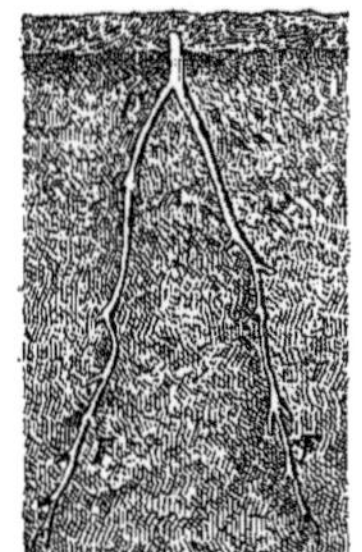

Fig. 146.

FFF, fulgurite ou tube creux produit par le passage d'une décharge électrique dans un sol quartzeux.

Quartzeux, nature du quartz. QUARTZ est un mot emprunté de l'allemand, qui désigne une roche de la nature du caillou ou du cristal de roche, d'où l'on tire du feu avec le briquet. Le mot *fulgurite* est emprunté du latin *fulgur*, éclair.

La foudre fond et vitrifie quelques portions de la matière siliceuse des sables qu'elle traverse, en leur donnant la forme de tubes de verre.

Personne ne peut douter que la foudre n'ait la propriété de se frayer un chemin à travers le sable, de l'amener instantanément à l'état de fusion, et de lui donner, jusque sur des longueurs énormes de 10 à 12 mètres, la forme d'un tube creux vitrifié intérieurement. Les fulgurites ont de 1 à 5 centimètres de diamètre. Beudant, Hachette et Savart ont produit des tubes analogues en déchargeant la grande batterie du Conservatoire des arts et métiers à travers des couches de sable mêlé de sel pour le rendre plus fusible. On trouve des tubes fulminaires en Silésie, dans la Prusse orientale, au Brésil, etc.

830. — *La foudre peut-elle opérer des phénomènes de transport ?* — Il n'est pas douteux que la foudre ait la faculté de transporter, quelquefois au loin, des masses d'un grand poids. On l'a vue lancer des pierres à la distance de plus de 50 mètres, emporter des arbres entiers et même des hommes à plus de 30 mètres.

831. — *Est-il vrai qu'après avoir frappé un objet, un arbre, un fer à cheval, une pièce de monnaie, etc., la foudre puisse tracer une empreinte plus ou moins fidèle de ces objets sur une surface apte à la recevoir, la surface du corps humain, par exemple ?* — Oui ; il est des exemples certains de ce genre d'effet de la foudre, quelque extraordinaire qu'il paraisse. Ce phénomène doit se rapprocher des impressions électriques telles que les physiciens les obtiennent par des décharges de haute tension. L'électricité arrache les molécules des corps ou les vaporise et les transporte sur les surfaces où elle passe. Si l'on applique un ruban de satin blanc sur un fil d'or fixé entre les tiges conductrices d'une machine électrique, l'or est volatilisé et il dépose sur le ruban une bande brune formée par de l'or très divisé. Singer a imprimé ainsi des dessins sur la soie. On découpe des jours dans une carte, de manière à former un dessin, on applique la carte sur un ruban de satin blanc ; par-dessus on étale une feuille d'or qui touche deux lames d'étain, et l'on assujettit le

Fig. 147. — Expérience du portrait de Franklin.

B, A, lames d'étain en communication avec une feuille d'or placée entre le portrait découpé dans du papier et une bande de soie noire sur laquelle la feuille d'or volatilisée reproduit le portrait.

tout au moyen de bandes de carton. On fait passer la décharge à travers l'or. Le métal est volatilisé et se dépose sur la soie à travers les creux de la carte.

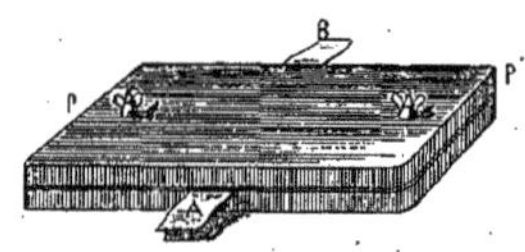

Fig. 148. — Presse employée dans l'expérience du portrait de Franklin.

B, A, lames d'étain sur lesquelles on fait éclater la décharge ; — PP, planchettes de compression.

832. — *Quels sont les effets magnétiques de la foudre ?* — 1° Lorsqu'elle atteint les aiguilles des boussoles, elle peut les aimanter en sens contraire ou renverser leurs pôles, et diminuer ou même détruire leur magnétisme ; 2° on l'a vue communiquer une aimantation à des barres de fer, qui, auparavant, n'en offraient aucune trace ; 3° elle altère quelquefois la marche des chronomètres ; 4° elle empêche le fonctionnement régulier des récepteurs du télégraphe électrique, quelquefois en désaimantant les aiguilles, le plus souvent en faisant naître dans les fils des courants secondaires qui contrarient les courants nés des piles et empêchent les signaux de se produire régulièrement.

833. — *Qu'est-ce que le tonnerre ?* — Le bruit ou le phénomène acoustique qui accompagne la foudre. La décharge électrique, douée, d'une part, d'une grande puissance mécanique, apte, de l'autre, à refroidir une masse de vapeur et à la condenser, comme aussi à la dilater subitement par une élévation de température, formée enfin d'électricité, dont la nature est de déterminer des attractions ou des répulsions successives, possède évidemment en elle-même tout ce qu'il faut pour mettre l'air en mouvement ou en vibration, c'est-à-dire pour engendrer du bruit, et un bruit d'une intensité excessive.

834. — *Quand l'éclat du tonnerre se fait-il entendre comme un roulement ?* — Lorsque la décharge électrique est multiple, que les décharges partielles éclatent successivement, et à des distances de l'oreille suffisamment inégales. La décharge électrique, ou l'éclair, embrasse souvent un arc immense dans le ciel ; aussi est-il des cas où le roulement du tonnerre a duré 30, 40, et même 50 secondes.

835. — *Pourquoi ne perçoit-on le bruit du tonnerre que plus ou moins longtemps après qu'on a vu l'éclair ?* — Parce que la vitesse de la lumière est très grande, qu'elle franchit la distance comprise entre le nuage le plus éloigné et notre œil dans moins d'un millième de seconde ; que nous voyons l'éclair, par conséquent, au moment où il est né. Au contraire, la vitesse de propagation du son est relativement très petite, il lui faut un temps relativement considérable pour arriver à l'oreille ; nous ne percevons, par conséquent, le bruit du tonnerre qu'une ou plusieurs secondes après sa production : on a compté jusqu'à 72 secondes entre l'apparition de l'éclair et la production du bruit.

836. — *En mesurant le temps écoulé entre l'arrivée de l'éclair et celle du tonnerre, l'observateur peut-il évaluer approximativement la distance maximum qui le sépare du point où la décharge électrique a eu lieu ?* — Évidemment ; il lui suffira, pour cela, de multiplier le nombre entier ou fractionnaire de secondes par 340, vitesse du son ; le produit sera la distance maximum cherchée exprimée en mètres. Si, par exemple, le bruit n'arrive, que 5 secondes après l'éclair, le nuage sera au plus à 1 700 mètres.

837. — *Y a-t-il des lieux où il ne tonne jamais ?* — Il n'y a ni tonnerre, ni éclairs à Lima, au Pérou, pays très chauds. Il paraît qu'au delà du 75° degré de latitude nord il ne tonne jamais, soit en pleine mer, soit dans les îles.

838. — *Quels sont les lieux où il tonne le plus ?* — Tandis qu'en France, en Angleterre, en Allemagne, le nombre annuel des jours de tonnerre s'élève au plus à 20, à Rio-Janeiro ou dans l'Inde, il y en a plus de 50. Un observateur placé à l'équateur, s'il était doué d'organes assez sensibles, entendrait chaque jour, ou même constamment, le bruit du tonnerre, car les décharges électriques sont presque continues dans l'atmosphère.

839. — *Des circonstances locales influent-elles sur la fréquence du phénomène ?* — Certainement ; les collines et surtout les montagnes détournent les orages de leur route. La nature du sol joue son rôle, les forêts, les rivières également. Les pays de mines métalliques présentent, dit-on, moins d'orages que les autres.

840. — *Qu'est-ce qu'un paratonnerre ?* — Un paratonnerre est une barre métallique s'élevant au-dessus d'un édifice, en contact avec un conducteur, métallique aussi, qui descend, sans aucune solution de continuité, jusque dans l'eau d'un puits, ou dans un sol humide. La tige du paratonnerre doit se projeter à une certaine hauteur dans l'air, en forme de *baïonnette* ou de pointe conique.

Le paratonnerre a été inventé par Franklin en 1753.

841. — *Quel est le meilleur métal pour un paratonnerre ?* — Le cuivre rouge. Le cuivre est meilleur que le fer parce que : 1° son pouvoir conducteur est plus grand que celui du fer; 2° il est moins sujet à se fondre par l'action de la foudre; 3° il résiste davantage aux injures du temps.

Les chiffres suivants indiquent la conductibilité de divers métaux rapportée à celle du mercure pris pour unité : plomb, 4,90; — étain, 7,20; — zinc, 16,90; — fer, 9,70; — cuivre, 59,52.

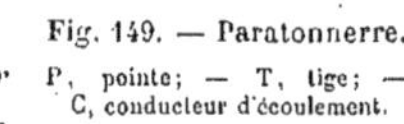

Fig. 149. — Paratonnerre.
P, pointe; — T, tige; — C, conducteur d'écoulement.

842. — *Comment un paratonnerre peut-il exercer une action préventive contre la foudre ?* — Le rôle du paratonnerre est de provoquer la décharge électrique de façon que la foudre tombe sur lui et non sur l'édifice. Le fluide électrique est conduit dans le sol. Le paratonnerre a aussi pour rôle de neutraliser l'électricité des nuages. Celle-ci décompose par influence le fluide neutre du paratonnerre et des corps voisins, refoule dans le sol le fluide de même nom et attire le fluide de nom contraire. Ce dernier s'échappant par la pointe se porte sur le nuage vers lequel il est attiré et neutralise le fluide qui s'y trouve. La sortie de l'électricité par la pointe produit souvent une aigrette visible dans l'obscurité et le flux d'électricité qui descend dans le sol forme quelquefois une lueur qui entoure le conducteur.

On admet, mais c'est sous réserve, qu'un paratonnerre protège un espace circulaire, d'un rayon double de sa hauteur. M. Preece pense que la protection ne dépasse pas un rayon égal à la hauteur.

843. — *Pourquoi ne voit-on pas plus de maisons protégées par un paratonnerre ?* — Parce qu'il est arrivé beaucoup d'accidents occasionnés par des imperfections dans la construction de ces appareils, ou par défaut de la vigilance nécessaire pour les maintenir toujours en bon état. On s'est mis à douter de leur efficacité.

Si le conducteur métallique est rompu, soit par vétusté, soit par toute autre cause, ou si sa communication immédiate avec le sol humide n'existe plus, la foudre, dont le passage se trouve intercepté, peut alors endommager l'édifice; ou bien si encore on n'établit pas suffisamment de points de contact entre les charpentes métalliques et le conducteur du paratonnerre, les étincelles foudroyantes peuvent jaillir entre les pièces métalliques et tuer les personnes qui seraient à proximité.

844. — *Si le conducteur n'est pas rompu, et que la communication avec le sol humide soit bien établie, peut-il arriver des accidents ?* — Non, à moins que la décharge électrique ne soit tellement forte qu'elle ne puisse pas s'écouler par la tige ou par le conducteur. La tige ou le conducteur peuvent être brisés ou fondus, et la foudre alors exercerait de grands ravages. C'est pour cette raison que l'on doit multiplier le plus possible les portes de sortie de la foudre en reliant les masses métalliques d'une maison au sol par différents conducteurs.

845. — *La pointe d'un paratonnerre est-elle essentielle ?* — Non, mais elle agit beaucoup mieux que ne le ferait une boule, par exemple, pour laisser dégager le fluide et neutraliser l'électricité du nuage.

Les pointes déchargent les nuages à une distance plus grande que les boules; ainsi la pointe d'une aiguille tenue à 8 centimètres de la bouteille de Leyde la déchargera sans danger et sans explosion; une boule ne produirait certainement pas le même effet. On décharge presque instantanément et sans danger une batterie électrique, en lui présentant l'extrémité d'une corde en paille communiquant avec le sol, en raison des mille aspérités des brins de paille. Une simple corde de paille descendant de la toiture d'une maison de campagne jusqu'au puits constituerait déjà un gage de sécurité contre la foudre.

Les brins d'herbe, les épis et autres objets terminés en pointe aident à soutirer l'électricité des nuages.

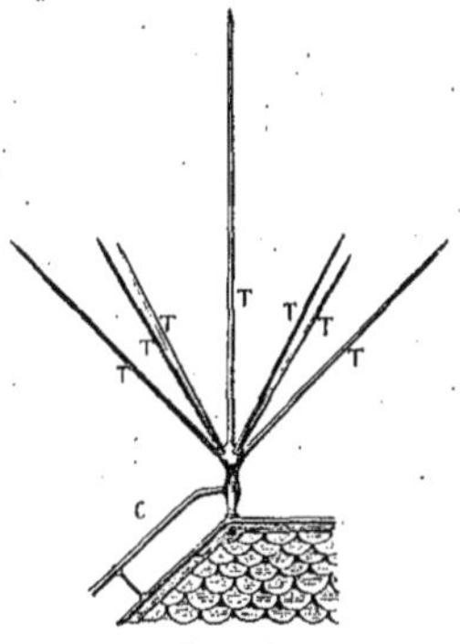

Fig. 150.

TTT, paratonnerre à pointes multiples; — C, chaîne d'écoulement dans le sol.

846. — *Existe-t-il d'autres systèmes de paratonnerres que le système Franklin ?* — Oui; Melsens, de Bruxelles, a imaginé de protéger les édifices au moyen d'un véritable réseau de conducteurs munis de pointes sur les toitures. Il est clair que ce système est excellent, puisqu'il multiplie les voies de communication avec le sol. L'hôtel de ville de Bruxelles est protégé contre la foudre par un réseau Melsens.

M. Grenet a simplifié encore ce système et il a imité ce que l'on fait pour les magasins à fourrages et pour les poudreries. Il relie simplement toutes les parties métalliques d'une toiture par un large ruban de cuivre qui descend le long des tuyaux de pluie jusqu'à un puits. Si la foudre tombe, elle trouve une

issue facile en suivant le large ruban très conducteur. Beaucoup d'églises,
de villas, sont munis de ce paratonnerre éminemment simple.

III

847. — *Comment a-t-on découvert l'électricité dynamique ?* — Jusqu'en
1786 on ne connaissait l'électricité que sous la forme que nous avons exa-
minée précédemment, que l'électricité statique. En 1786, Galvani, professeur
d'anatomie à Bologne, qui étudiait le système nerveux des grenouilles, sus-
pendit à un balcon en *fer* de la terrasse du palais Zambeccari les membres
inférieurs d'une grenouille au moyen d'un crochet en *cuivre* qui traversait
la moelle épinière. Aussitôt les membres de la grenouille s'agitèrent convul-
sivement comme il l'avait déjà observé plusieurs fois sous l'influence d'un
orage, depuis six ans qu'il cherchait à démontrer l'identité du fluide nerveux
et de l'électricité. Les mouvements de la grenouille se produisaient chaque
fois que les pattes venaient accidentellement toucher le fer du balcon. L'expérience fut recommencée en mettant les nerfs de la moelle et les pattes en
communication avec un axe formé de deux métaux. Galvani expliqua le
phénomène en disant qu'il existait dans les nerfs une électricité propre aux
corps des animaux et qui passait des nerfs dans les muscles des membres
inférieurs de la grenouille par l'arc métallique. Cette électricité spéciale a
été désignée longtemps sous le nom de *fluide galvanique* et les phénomènes
qu'elle produit sous le nom de *galvanisme.*

Volta, professeur à Pavie, fut frappé de ce fait que, pour obtenir un résultat, il fallait employer un arc formé de deux métaux. Il admit que c'était
le contact de deux métaux différents qui détruisait l'équilibre du fluide
neutre, l'une des électricités restant sur l'un des métaux, l'autre sur le métal juxtaposé. Les deux fluides se recombinant ensuite à travers les membres de la grenouille y déterminaient des contractions. Galvani répliqua à
Volta qu'un seul métal pouvait produire le même effet; ce qui est vrai,
mais l'action est extrêmement faible. On répondit à Galvani que les métaux
ne sont pas purs et qu'il y en a toujours au moins deux en contact. Ce fut le
commencement d'un débat qui dura dix ans, jusqu'à ce que Pfaff, professeur
à Kiel, et, suivant d'autres auteurs, Volta et Fowler, eussent montré que les
convulsions de la grenouille se produisent aussi bien au moment où l'on
supprime la communication métallique qu'au moment où on l'établit. Ce
résultat inexplicable dans la théorie de Galvani la fit abandonner. On se
rallia à l'opinion de Volta.

848. — *Qu'est-ce que la pile de Volta ?* — Volta, pour défendre ses idées,
imagina un appareil resté dans la science sous le nom de *pile de Volta.* Il
empila les unes au-dessus des autres des rondelles de métaux différents,

zinc et cuivre. Chaque couple zinc et cuivre est séparé du suivant placé dans le même ordre par une rondelle de drap mouillé avec de l'eau acidulée par de l'acide sulfurique. Les extrémités de la pile se nomment les *pôles*. L'extrémité zinc est dite *positive;* l'extrémité cuivre *négative*. On attache aux disques extrêmes des fils métalliques dont les bouts portent aussi par extension le nom de pôles. Ces fils sont les *électrodes* ou *rhéophores* de la pile. Il suffit de les mettre en contact pour voir jaillir de petites étincelles.

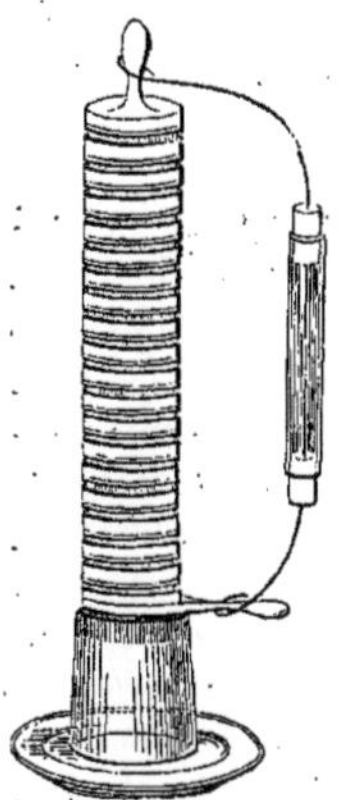

Fig. 151. — Pile de Volta.

Pôles reliés à deux tiges métalliques entre lesquelles éclatent des étincelles.

Volta admettait que le simple contact des disques de cuivre et de zinc séparait le fluide neutre de proche en proche et que les fluides se réunissaient par les fils de communication. Volta n'avait pas tout à fait tort, car le contact de deux métaux hétérogènes suffit pour produire un peu d'électricité ; mais en réalité l'électricité de la pile est due aux actions chimiques, à l'attaque du zinc par l'eau acidulée. Une pile voltaïque ainsi constituée engendre de l'électricité tant que le zinc est attaqué. Aussi, si l'on place le bras entre les deux électrodes, on ressent une commotion d'autant plus forte que le nombre des couples est plus grand. Cette commotion peut se renouveler sans cesse, puisque la pile fonctionne jusqu'à épuisement. L'électricité y est toujours en mouvement aussitôt que les deux électrodes sont en contact.

849. — *Qu'entend-on par pile électrique ?* — Depuis la pile de Volta, on a combiné un très grand nombre de dispositifs de piles, d'abord des variantes de la pile à colonne, ensuite des piles plus puissantes dans lesquelles on a cherché, en accentuant les actions chimiques, à produire beaucoup plus d'électricité. Nous citerons quelques-unes des principales combinaisons qui donnent les meilleurs résultats. Dans toutes les piles, le mécanisme de l'action chimique qui produit le dégagement d'électricité est très simple. L'eau de la pile se décompose, quand le métal est attaqué ; l'oxygène de l'eau oxyde le métal attaquable et l'hydrogène se porte sur le métal le moins attaquable. Quand l'hydrogène s'accumule sur le métal, la pile ne fonctionne plus ; on dit qu'elle est *polarisée*. Aussi toutes les combinaisons faites par les inventeurs ont-elles eu en grande partie pour but de débarrasser la plaque métallique de l'hydrogène à mesure qu'il s'y dépose. On combat la polarisation en plaçant, à portée de la plaque hydrogénée, des substances chimiques avides d'hydrogène.

C'est Becquerel qui, le premier, construisit une pile à deux liquides dans laquelle un des liquides est un dépolarisant. On sépare par une cloison poreuse le liquide polarisant du liquide excitateur, parce que généralement il

attaquerait aussi le métal actif, et l'on se sert en guise de second métal,
pour seconde électrode, de charbon.

Une pile baisse rapidement d'intensité non pas seulement à cause de la
polarisation qui tend à se produire, mais encore parce que le liquide dépolarisant diffuse à travers le corps poreux, pénètre dans le liquide excitateur
et augmente ainsi la résistance intérieure au passage de l'électricité.

850. — *Qu'est-ce que la pile Daniell ?* — C'est une pile à deux liquides.
Chaque couple comprend : 1° un vase de verre rempli d'une dissolution saturée de sulfate de cuivre, dans laquelle plonge un cylindre de cuivre rouge,
ouvert à ses deux bouts et percé latéralement d'un certain nombre de trous,
portant à sa partie supérieure une galerie percée aussi de petits trous, plongeant dans la solution et contenant des cristaux de sulfate de cuivre, qui se
dissolvent à mesure que la pile fonctionne ; 2° à l'intérieur du cylindre de
cuivre un vase poreux en terre de pipe dégourdie, plein d'eau acidulée
avec de l'acide sulfurique ; 3° dans l'acide sulfurique étendu d'eau un cylindre de zinc. Les deux pôles sont deux lames de cuivre ou laiton, soudées
l'une au cylindre de cuivre (pôle positif), l'autre au cylindre de zinc (pôle
négatif) ; dès que les deux pôles ou lames communiquent entre elles, l'action
commence. Cette pile ne s'use pas quand elle est au repos. On lui a donné
beaucoup de formes différentes. La figure 152 reproduit une de ces dispositions. Le sulfate de cuivre sert de dépolarisant. En effet, l'hydrogène se
combine à l'oxygène de l'oxyde de cuivre et l'on voit se déposer du
cuivre pur.

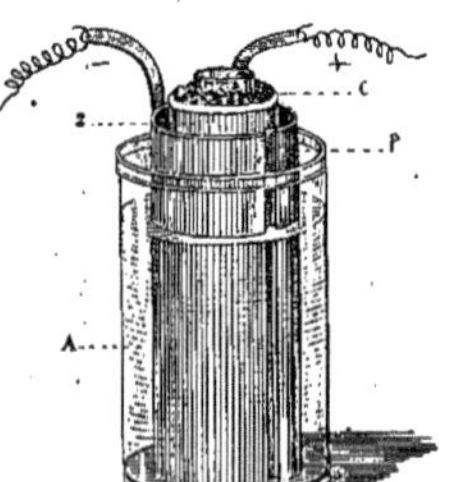

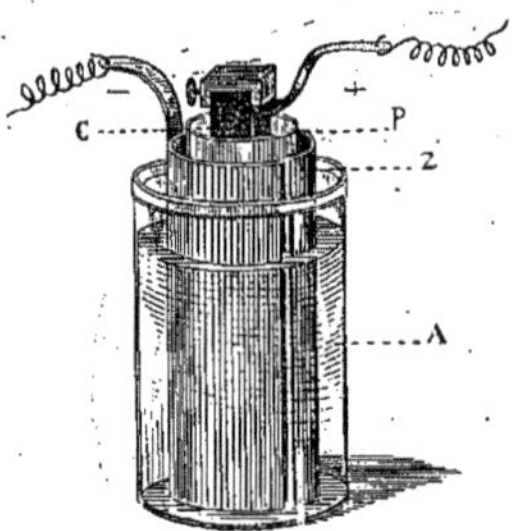

Fig. 152. — Élément Daniell.

A, eau acidulée d'acide sulfurique ; —
P, zinc ; — Z, vase poreux ; — C, sulfate de
cuivre et cylindre de cuivre formant pôle
positif.

Fig. 153. — Élément Bunsen.

A, vase de verre rempli d'eau acidulée à
l'acide sulfurique ; — Z, zinc ; — P, vase poreux renfermant de l'acide azotique ; — C, charbon constituant le pôle positif.

851. — *Qu'est-ce que la pile de Bunsen ?* — Chaque élément de cette pile
comprend un bocal de faïence ou de verre, que l'on remplit d'eau et d'acide
sulfurique. Dans ce bocal plonge une plaque cylindrique de zinc, à laquelle
est fixé le conducteur ou électrode négative. En dedans de ce cylindre se

trouve un vase poreux en terre de pipe, rempli d'acide azotique, dans lequel plonge un cylindre de charbon de cornue très bon conducteur, et auquel est adaptée l'électrode positive. Dès que les deux électrodes sont mises en communication, l'eau acidulée attaque le zinc. L'hydrogène se porte sur le charbon ; il se combine avec l'oxygène de l'acide azotique qui passe à l'état d'acide hypoazotique. L'acide azotique est ici le dépolarisant. La pile de Bunsen émet des vapeurs désagréables d'acide hypoazotique qui provoquent la toux et qui ont empêché son usage de se généraliser en dehors des laboratoires. Pour éviter cet inconvénient, on remplace quelquefois l'acide azotique par l'azotate de soude ; mais c'est coûteux. La pile Bunsen est puissante.

852. — *En quoi consiste la pile au bichromate de potasse ?* — C'est Poggendorff qui a eu l'idée d'employer le bichromate de potasse comme dépolarisant. Le bichromate de potasse associé à l'acide sulfurique est employé pour préparer l'oxygène ; il se forme de l'alun de chrome ; par suite c'est un dépolarisant énergique. Et de fait la pile au bichromate est la plus énergique que l'on connaisse, elle dépasse celle de Bunsen. La proportion du mélange utilisé est, d'après Poggendorff, 100 parties d'eau, 12 parties de bichromate, 25 parties d'acide sulfurique ; quant à la forme de la pile, elle varie beaucoup ; c'est en général celle de l'élément Bunsen que l'on emploie : un vase poreux renfermant le zinc avec de l'eau un peu acidulée ; un vase de grès renfermant un cylindre ou des plaques de charbon avec la solution de bichromate. M. Byrne recommande de préférence au mélange de Poggendorff celui-ci : bichromate 340 grammes, acide sulfurique 425 grammes, eau 2 500 grammes.

La pile Fuller, très employée en Angleterre, n'est que la pile au bichromate dans laquelle, au fond du vase poreux, on place un peu de mercure pour bien assurer l'amalgamation du zinc.

La pile de Radiguet est aujourd'hui une des plus employées en France. Ce constructeur emploie comme zinc de simples déchets de zinc, des morceaux, des billes qu'il jette dans le vase poreux autour d'un tube en cuivre plongeant lui-même dans une petite cuvette pleine de mercure. Le mercure monte le long du tube de cuivre et passe du cuivre sur le zinc pour l'amalgamer. Le charbon placé dans le vase en grès a la forme cylindrique. Quant à la solution de bichromate employée par M. Radiguet, elle est ainsi composée : bichromate de potasse 200 grammes, acide sulfurique 425 centimètres cubes, eau 1 300 centimètres cubes. Dans le vase poreux, on acidifie dans la proportion de 55 centimètres cubes d'acide sulfurique au soufre pour 550 centimètres cubes d'eau. M. Radiguet emploie aujourd'hui le bichromate de soude de préférence au bichromate de potasse. Cette pile est très puissante et s'use peu à circuit ouvert. Avec 8 éléments ainsi chargés on peut maintenir le courant assez énergique pour faire fonctionner une lampe de 4 à 5 bougies pendant 25 heures. Quand on s'en sert pour des usages intermittents, elle peut fonctionner environ deux mois, pourvu que l'on ait le soin de vider avec le siphon du même constructeur (900) le vase poreux tous les 12 jours et remplacer l'eau qui s'est chargée des aluns de chrome par de l'eau nouvelle.

853. — *Qu'est-ce que la pile Leclanché ?* — M. Leclanché a imaginé une pile excellente, la pile dont on se sert partout aujourd'hui pour faire marcher les sonnettes électriques, les téléphones. Le dépolarisant est dans cette pile le peroxyde de manganèse et le liquide actif une solution de chlorhydrate d'ammoniaque. Dans le vase poreux se trouve bien tassé autour de l'électrode un mélange de peroxyde de manganèse et de charbon de cornue. Dans le vase extérieur on place une baguette de zinc au milieu de la solution de chloryhdrate d'ammoniaque. On supprime généralement aujourd'hui le vase poreux et l'on plonge directement dans la solution un aggloméré de charbon et de peroxyde de manganèse. Cette pile est usitée

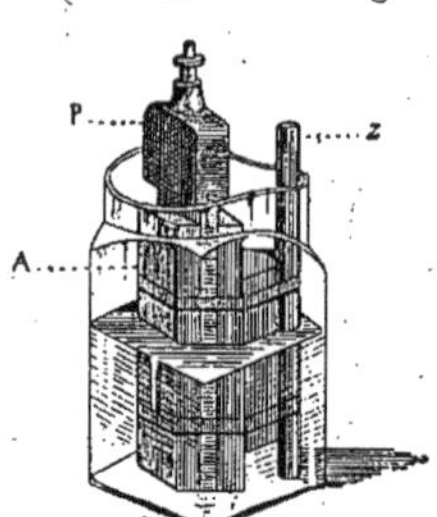

Fig. 154. — Pile Leclanché.

P, pôle positif ; — A, aggloméré de peroxyde de manganèse et de charbon ; — Z, zinc, pôle négatif.

partout ; elle a le grand avantage d'être très économique, de durer longtemps parce qu'elle ne s'use que lorsqu'elle travaille. Il suffit, quand elle

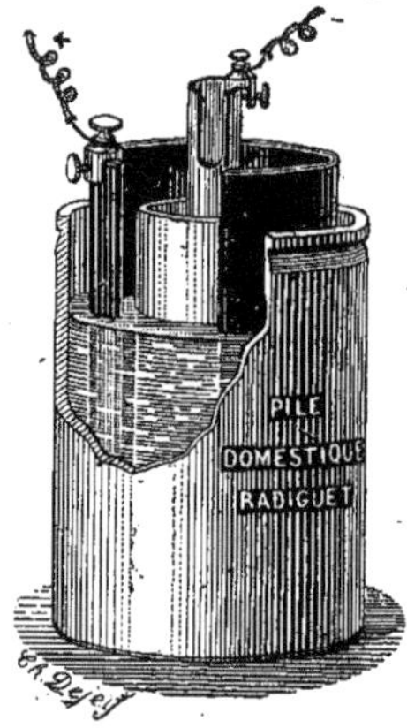

Fig. 153. — Pile Radiguet.

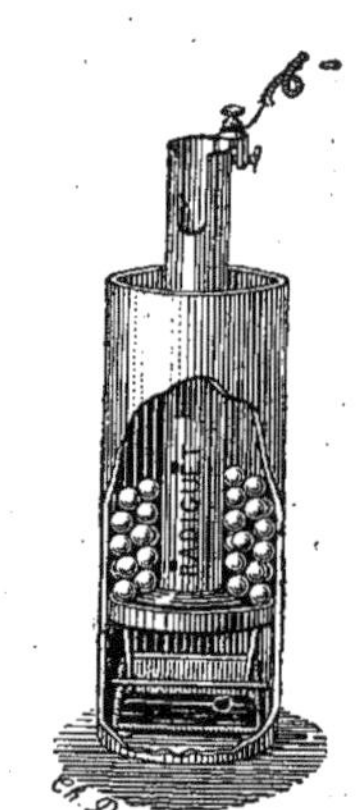

Fig. 155. — Tube amalgamateur.

s'affaiblit, de jeter dans l'eau un peu de sel ammoniac. Elle se polarise, il est vrai, assez vite quand on lui demande un travail soutenu ; mais elle reprend son activité après quelques instants de repos.

854. — *Pourquoi amalgame-t-on le zinc des piles ?* — Kempe a montré, en 1828, que l'amalgame du zinc ne décompose pas l'eau acidulée quand il est simplement enfermé dans un sac de toile. Il faut pour que l'action ait lieu que les rhéophores de la pile soient en contact. Par suite, en amalgamant le zinc des piles, on les empêche de fonctionner à circuit ouvert. Toutefois ce n'est pas absolument exact ; il y a toujours un peu d'usure, mais elle est très réduite. Le zinc du commerce n'est jamais pur ; il renferme d'autres métaux qui forment des couples voltaïques et l'eau se décompose. Et en effet le zinc pur ne décompose pas l'eau. Le mercure en s'alliant au zinc empêche la formation des couples avec les métaux étrangers au zinc. L'amalgamation a aussi pour effet d'augmenter un peu la force électromotrice de chaque élément.

855. — *Qu'entend-on par force électromotrice ?* — Volta a défini la force électromotrice la cause inconnue qui décompose le fluide neutre au contact de deux métaux. Pour les physiciens modernes, c'est toujours la force hypothétique qui tend à maintenir séparés les deux fluides à l'état de tension quand il se produit des actions chimiques. La force électromotrice varie sensiblement avec les actions chimiques, selon la nature des corps en présence. C'est en vertu de la tension spéciale à chaque système de combinaison chimique que se produit le courant électrique, qui va de la tension élevée à la tension la plus faible. On dit aujourd'hui que le courant résulte de la différence de potentiel entre le pôle positif et le pôle négatif. La force électromotrice est comparable à la pression, à la charge dans une conduite d'eau. Elle est liée à la différence des niveaux, à la hauteur de chute, à la différence de potentiel au pôle de sortie et au pôle de rentrée du courant.

856. — *Qu'appelle-t-on volt ?* — Au Congrès international des Électriciens en 1881, il a été convenu que l'on adopterait pour comparer les forces électromotrices une unité déterminée. L'unité de force électromotrice s'appelle le *volt* en souvenir de Volta. La force électromotrice qui équivaut au volt est à très peu près celle que fournit un élément Daniell.

857. — *Que nomme-t-on intensité d'un courant ?* — Il ne faut pas confondre la force électromotrice avec l'intensité. Le mot *intensité* signifie ici quantité, volume débité d'électricité. On peut produire très peu d'électricité sous forte tension ou au contraire beaucoup d'électricité sous faible tension. La force électromotrice dépend dans les piles de l'énergie du travail chimique ; la quantité dépend au contraire seulement de la grandeur des surfaces employées.

858. — *Qu'appelle-t-on résistance d'un conducteur ?* — Il est clair que l'électricité passe plus ou moins facilement à travers un conducteur suivant sa nature, suivant ses dimensions, sa longueur, etc. Chaque conducteur oppose ainsi une résistance propre au passage du courant.

859. — *Qu'est-ce que l'ohm ?* — C'est l'unité de résistance ainsi appelée du nom du physicien allemand Ohm. L'*ohm* correspond environ à la résistance qu'oppose à la propagation de l'électricité un fil de fer de 4 millimètres de section et de 100 mètres de long.

860. — *Qu'est-ce que l'ampère?* — C'est l'unité d'intensité. C'est l'intensité d'un courant qui traverse un conducteur dont la résistance est 1, quand la différence de potentiel est 1.

861. — *Qu'entend-on par loi de Ohm ?* — Une relation établie par Ohm entre l'intensité, la force électromotrice d'un courant et la résistance du conducteur qu'il traverse. L'intensité est toujours égale à la force électromotrice divisée par la résistance. Cette formule est capitale et sert de base à tous les calculs en électricité.

862. — *Que veut-on dire par travail électrique?* — En mécanique, on mesure le travail d'une chute d'eau par exemple, par le débit multiplié par la hauteur de chute. De même, le travail électrique se mesure par le débit multiplié par la force électromotrice ou la différence de potentiel.

863. — *Qu'appelle-t-on loi de Joule ?* — Le travail quel qu'il soit est synonyme de chaleur. Le travail électrique se transforme aussi en chaleur comme le travail mécanique. Joule a montré que la chaleur engendrée par un courant qui traverse un conducteur résistant est proportionnelle à la résistance du conducteur et au carré de l'intensité du courant. La quantité de chaleur produite peut donc s'exprimer par le travail, c'est-à-dire par l'intensité multipliée par la force électromotrice, ou bien encore par l'expression de Joule : la résistance multipliée par le carré de l'intensité. La lumière par incandescence, celle qui a pour cause l'échauffement d'un filament par suite de la résistance au passage du courant, obéit précisément à la loi précédente et l'on s'explique ainsi que l'éclat augmente en raison du carré de l'intensité du courant fourni aux lampes.

864. — *Quelles sont les forces électromotrices des principales piles ?* — L'élément qui donne la plus grande différence de potentiel est l'élément au bichromate de potasse ; la force électromotrice est de 2 volts, par conséquent double de l'élément Daniell. Ensuite vient l'élément Bunsen qui a 1 volt 5. L'élément Leclanché n'a que 1 volt 38 environ.

Lorsqu'on groupe des éléments en tension, c'est-à-dire en joignant les zincs aux charbons, les charbons aux zincs, on multiplie par le nombre des éléments la force électromotrice, sans multiplier l'intensité qui reste la même ; on peut obtenir ainsi des piles ayant 10, 15, 20, 50 volts, etc. On entend dire souvent, quand on applique les piles à la production de la lumière : cette lampe de 5 ou 6 bougies exige 11 volts et 1 ampère 5. Cela signifie qu'elle fonctionne seulement quand on lui fournit un courant ainsi défini. Il faudra par conséquent choisir une pile qui possède au moins une force électromotrice de 12 volts et autant de fois 1 ampère 5 qu'il y aura de lampes à desservir. Pour une seule lampe, par exemple, en prenant des éléments au bichromate, il faudra associer en tension 6 éléments, car 6 fois 2 volts feront 12 volts, et la surface de chaque élément devra être telle qu'elle fournisse une quantité d'électricité équivalente à 1 ampère 5.

865. — *Qu'entend-on par pile thermo-électrique ?* — Dans les piles voltaïques encore appelées piles hydro-électriques, ce sont les actions chimiques entre les liquides et les métaux qui produisent l'électricité ; dans les piles thermo-électriques, ce sont de simples modifications physiques, des différences de température. Seebeck, de Berlin, découvrit en 1821 que lorsqu'on formait un circuit avec un barreau de bismuth soudé à une lame de cuivre, si l'on chauffait la soudure, il y avait production d'un courant. Becquerel a donné les lois du phénomène. On peut même obtenir un courant avec un fil unique continu, quand sa structure est différente dans deux parties de sa longueur, si par exemple l'une est écrouie et l'autre recuite. Un barreau d'acier dont l'une des extrémités seulement est trempée peut donner un courant. On a construit sur ce principe

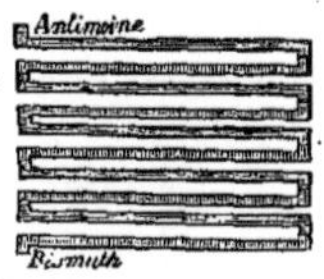

Fig. 157. — Pile thermo-électrique.

différentes piles qui ne sont pas entrées dans la pratique. La force électromotrice de chaque élément, c'est-à-dire d'un double métal soudé, varie entre $\frac{1}{10}$ et $\frac{1}{300}$ de volt. Il faut en grouper un grand nombre pour arriver à constituer une pile un peu énergique.

866. — *Qu'est-ce que la pile Noë ?* — Une pile thermo-électrique constituée par des lames de maillechort et un alliage d'antimoine et de zinc. Un brûleur à gaz chauffe les soudures. Il faut une pile de 20 éléments pour faire environ un Daniell.

867. — *Qu'est-ce que la pile Clamond ?* — Chaque élément est constitué avec un alliage de zinc et d'antimoine d'une part et de l'autre avec un alliage de nickel, zinc et cuivre. Pour une température des soudures chaudes de 360° et une température de 81° des soudures froides, 3 000 éléments fournissent une force électromotrice de 110 Daniell. On en a construit plusieurs de 6 000 couples brûlant 12 kilogrammes de coke à l'heure. Ces piles pourraient servir de calorifère et de générateur de lumière, si l'on parvenait à empêcher la chaleur de les mettre assez rapidement hors d'usage.

868. — *Que nomme-t-on pile secondaire ?* — Ritter, ayant fait passer un courant dans une pile de Volta formée de rondelles de métal séparées par du carton humide, reconnut que la pile ainsi influencée était capable, après la rupture du courant, de produire à son tour un courant temporaire dont le sens était inverse de celui du courant excitateur. Pourquoi ? Parce que l'oxygène de l'eau du carton humide se porte sur une des rondelles et l'hydrogène sur l'autre, sous l'influence du courant primaire. Si l'on réunit ensuite les deux électrodes de la pile, l'oxygène et l'hydrogène séparés se combinent de nouveau en engendrant un courant électrique qui persiste jusqu'à ce que les deux gaz aient fini de reconstituer l'eau décomposée. Ce courant, en quelque sorte l'écho du premier, est dit *secondaire* et la pile qui le produit est dite *pile secondaire.*

Il en est ainsi chaque fois que l'on fait passer un courant dans un voltamètre, c'est-à-dire dans une éprouvette contenant de l'eau acidulée au milieu de laquelle plongent deux lames de platine. Une des lames se charge d'oxygène et l'autre d'hydrogène. En mettant en contact les deux lames par un conducteur, celui-ci est traversé par un courant secondaire résultant de la combinaison de l'oxygène et de l'hydrogène. Ce fait remarquable fut observé pour la première fois, en 1801, par le physicien français Gautherot. M. Gaston Planté, à partir de 1859, a fait de nombreuses recherches sur les courants secondaires et il a trouvé que le plomb est le métal le plus favorable pour produire des courants secondaires. L'élément secondaire Planté se compose d'un vase en verre, de gutta, de caoutchouc durci à l'intérieur duquel sont placées parallèlement deux lames de plomb enroulées en spirale et séparées par deux bandes de caoutchouc. Ces lames baignent dans une solution d'acide sulfurique au sixième. On charge ces éléments avec trois éléments Daniell. Pendant que le courant passe, l'une des électrodes s'oxyde et se couvre de peroxyde de plomb; l'autre électrode se désoxyde et se couvre d'hydrogène. On a ainsi un élément qui, lorsque l'on réunit ses deux pôles, produit un courant énergique

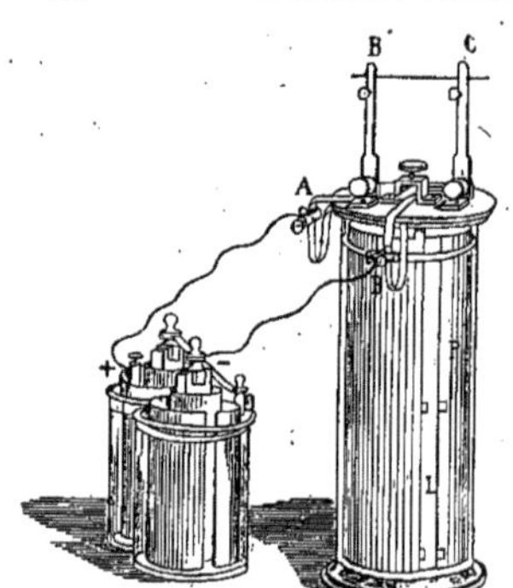

Fig. 158. — Élément ou couple secondaire Planté.

L, P, lames de plomb enroulées en spirale et séparées par des bandes de caoutchouc, elles plongent dans de l'eau acidulée; — B', C, tige servant de rhéophores; — AB, bornes reliant les barres de plomb aux pôles d'une pile Bunsen.

avec une force électromotrice de 2 volts. Ce courant est très constant, ce qui n'a pas lieu avec les piles et ce qui est un grand avantage. On peut rougir un fil de platine, enflammer de l'essence de pétrole, la mèche d'une bougie, etc. M. Planté a réalisé ainsi le premier briquet pratique qui a été reproduit depuis sous différentes formes et qu'il a appelé *briquet de Saturne.* Ces premiers travaux ont conduit M. Planté à la construction de divers appareils d'une extrême énergie. Il a notamment fait une batterie de 800 couples secondaires équivalente à 1 200 éléments Bunsen. Jamais physicien avant lui n'avait pu disposer d'une source aussi puissante d'électricité.

869. — *Qu'appelle-t-on accumulateurs ?* — Les accumulateurs, très ré pandus aujourd'hui dans l'industrie, ne sont au fond que la pile secondaire de M. G. Planté. Ils n'accumulent pas l'électricité, le mot est impropre ; ils restituent en partie le travail électrique qui leur a été transmis pendant la charge. On a produit une décomposition des éléments de l'eau et une combinaison nouvelle avec le courant de charge. Pendant la décharge, la combinaison produite se défait et la première se reconstitue. Un courant avait produit un certain travail ; le travail de décomposition inverse engendre à son tour un nouveau courant. Il y a perte naturellement. La perte d'énergie est d'environ 35 0/0. Le rendement varie entre 65 0/0 et 70 0/0. On donne 100 ; le travail récupéré est de 70 0/0. On a construit un grand nombre de types d'accumulateurs et il s'en construit tous les jours de nouveaux dans l'espoir d'accroître encore le rendement. Quoi qu'il en soit, c'est bien à M. Gaston Planté que revient tout l'honneur des combinaisons adoptées aujourd'hui dans l'industrie électrique ; avant lui on n'y songeait pas. Les accumulateurs sont des magasins commodes et portatifs. Ils fournissent l'électricité à tout moment ; la charge se conserve à peu près intacte pendant des mois. Aussi pour la lumière électrique ils sont très employés ; on s'en sert à titre auxiliaire souvent pour emmagasiner un travail électrique, pour assurer une provision suffisante d'énergie dans le cas où les machines génératrices de courant viendraient à s'arrêter accidentellement, pour régulariser le débit électrique, etc. On les utilise dès maintenant pour faire marcher des tramways, des bateaux, des torpilleurs, des tricycles, etc. L'accumulateur Planté et ses dérivés sont devenus l'un des appareils les plus utiles de l'industrie électrique.

870. — *En quoi consiste la galvanoplastie ?* — C'est une application des actions chimiques produites par les courants électriques. La galvanoplastie est l'art de déposer sur des corps servant d'électrode négative les métaux contenus dans une dissolution traversée par un courant, soit en couche mince adhérente, soit en couche épaisse cohérente, sur un moule servant d'électrode pour en produire les formes et les reliefs. C'est Jacobi, de Saint-Pétersbourg, qui inventa la galvanoplastie. On obtient de très belles reproductions métalliques, des sculptures, bas-reliefs, clichés typographiques, etc. On commence par prendre une empreinte de l'objet que l'on veut reproduire, soit avec du métal Darcet, de la stéarine, du plâtre, de la gutta-percha, etc. Quand la substance employée n'est pas conductrice, on enduit de plombagine l'intérieur du moule. Cela fait, si le fac-similé doit être en cuivre, on suspend le moule dans une dissolution concentrée de sulfate de cuivre, en le fixant à un fil de cuivre qu'on a soin de mettre en contact avec la plombagine et qu'on accroche au conducteur communiquant avec le pôle négatif d'une pile. Au conducteur qui communique avec le pôle positif, on suspend une plaque de cuivre, destinée à fournir les molécules de métal qui devront remplacer celles précipitées de la dissolution.

871. — *Comment s'opère la dorure, l'argenterie et le nickelage électriques ?* — Prenons une dissolution de laquelle, sous l'action de l'électricité, il se précipite de l'or, et suspendons dans ce bain, à l'électrode négative d'une pile, un objet d'argent, de cuivre, de laiton, de bronze ou de maillechort. Les molécules d'or qui se précipiteront par l'effet du courant adhéreront fortement au métal plongé dans le bain, et, quand on jugera que la couche d'or a une épaisseur suffisante, on n'aura plus qu'à brunir. On voit que la dorure électrique emploie les mêmes procédés que la galvanoplastie, dont elle ne diffère que par l'adhésion des molécules d'or au métal sur lequel elles se déposent. Toutefois, cette adhésion n'aurait pas lieu si l'on essayait d'opérer sur du fer, de l'acier ou de l'étain. L'argenture s'opère de la même manière, et ne diffère de la dorure que par la composition du bain. Ce qu'on a trouvé de mieux jusqu'ici, c'est : pour la dorure, 1 gramme de chlorure d'or et 10 grammes de cyanure de potassium, dans 200 grammes d'eau ; pour l'argenture, 1 gramme de cyanure d'argent et 10 grammes de cyanure de potassium dans 250 grammes d'eau. Il importe que la solution employée soit *alcaline ;* autrement le dépôt ne serait pas adhérent. C'est même sur ce point que porte toute l'invention, qui fit tant de bruit, de Ruolz et Elkington.

Le nickelage consiste à recouvrir d'une couche galvanique de nickel la surface des métaux oxydables, le fer, l'acier, etc., pour les défendre de toute altération ; on opère comme pour la dorure. Le meilleur bain est une solution saturée dans l'eau distillée, de sulfate double de nickel et d'ammoniaque pur ; la pièce à nickeler se suspend au pôle négatif, la barre de nickel destinée à restituer au bain le métal disparu est suspendue au pôle positif.

872. — *Comment obtient-on la lumière électrique ?* — Nous avons vu que le courant électrique, quand on opposait à son passage une résistance, engendrait de la chaleur et portait les conducteurs au rouge ; il peut aussi les faire fondre. La lumière électrique a pour origine le calorique qui résulte de la transformation sur place du courant électrique en chaleur. On connaît deux procédés principaux de production de lumière électrique : 1° la lumière par arc ; 2° la lumière par incandescence. L'arc voltaïque, découvert en 1801 par Humphry Davy, se produit quand on fait passer un courant énergique entre deux baguettes de charbon de cornue, qui résiste aux plus hautes températures connues. On écarte les deux baguettes, la résistance au passage du courant devient considérable, les extrémités des baguettes rougissent et entre elles jaillit un arc lumineux d'un grand éclat. Le milieu gazeux très échauffé qui sépare les deux baguettes est légèrement conducteur ; le courant charrie des particules de charbon du pôle positif au pôle négatif ; l'intensité de la lumière est due à ces particules solides incandescentes. Le charbon positif se creuse, le négatif s'effile.

Pour que la lumière conserve un éclat constant, il est indispensable que l'écart des charbons reste lui-même invariable. Pour obtenir ce résultat on

Fig. 159. — Phares.

a imaginé un grand nombre de *régulateurs.* Dans tous ces appareils, c'est le courant lui-même qui règle la distance entre les baguettes. Quand l'usure du charbon agrandit l'écart, le courant diminue d'énergie ; l'appareil régulateur est soumis à deux forces, celle d'un contre-poids, et celle du courant ; la force du courant diminuant, c'est celle du contre-poids qui l'emporte et l'une des baguettes se rapproche de sa voisine. Si le rapprochement est trop grand, l'action du courant l'emporte et les deux baguettes s'éloignent. On est parvenu à faire des régulateurs qui donnent aujourd'hui un arc voltaïque d'un éclat admirable et très régulier : on se sert maintenant d'arcs voltaïques pouvant fournir depuis

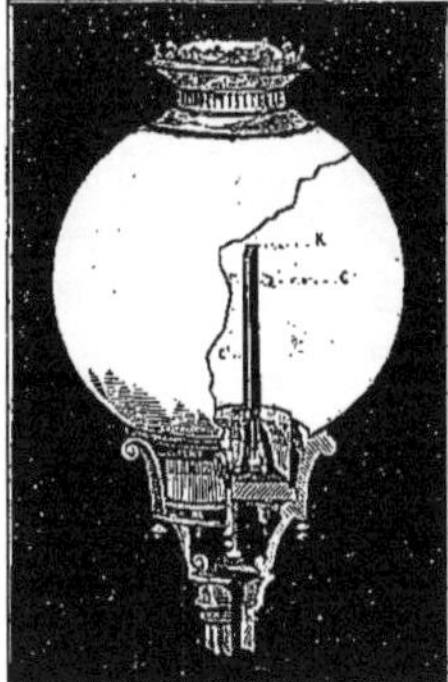

Fig. 160. — Bougie Jablochkoff.

C, C', charbons ; — K, colombin formé d'une substance fusible et légèrement conductrice à chaud (sulfate de chaux et de baryte).

Fig. 161. — Lampe Edison.

V, globe où l'on a fait le vide ; — F, filament de charbon en communication avec les pôles + et —.

25 carcels jusqu'à 10 000 carcels. On réalise des foyers lumineux d'une puissance incomparable.

La lumière par arc est réservée surtout à l'éclairage des grands espaces ; elle est économique, mais, quand il s'agit d'espaces un peu petits, son éclat devient gênant et il faut l'entourer de globes dépolis qui absorbent près de 30 0/0 de la lumière produite. On préfère multiplier les foyers et avoir recours à des lampes d'une intensité moindre. En 1877, M. Jablochkoff imagina la bougie qui porte son nom. Au lieu de mettre les baguettes de charbon bout à bout, il les plaça parallèlement et côte à côte en les isolant seulement par une substance fusible. L'arc jaillit entre les deux extrémités des charbons et les baguettes se consument de haut en bas successivement comme la stéarine d'une bougie ; d'où le nom de *bougies électriques*. Ce système ingénieux évite l'emploi de tout régulateur. Il s'est très répandu pendant plusieurs années ; mais la lumière des bougies varie d'éclat et de couleur par suite de différentes causes. On tend à en revenir le plus souvent aux régulateurs. Les bougies fournissent une intensité de 30 carcels.

L'éclairage par incandescence se répand aujourd'hui de plus en plus. La lumière est plus douce, moins bleuâtre, elle est dorée, d'un bel effet et elle se produit en vase clos, ce qui évite toute viciation de l'air et toute cause d'incendie.

Fig. 162. — Application de la lumière électrique à des travaux sous-marins sous une cloche à plongeur C.

Le courant est obligé de traverser un filament de charbon très ténu ; la résistance qu'il éprouve porte aussitôt le filament à l'incandescence. Le filament est enfermé dans une ampoule en verre dans laquelle on fait le vide ; il ne peut s'oxyder et la lampe peut servir pendant des mois. Une bonne lampe à incandescence dont on ne pousse pas trop l'éclat peut durer 1 000 heures. On en connaît qui sont restées en service pendant 2 000 heures. A la longue, le courant désagrège le filament qui finit par se briser. Les lampes à incandescence ont sur les régulateurs ce grand avantage de n'exiger aucun soin. Avec les régulateurs il faut remettre des baguettes chaque jour, comme une mèche dans une lampe. Avec les lampes à incandescence on ne touche plus à l'installation ; elle est toujours prête à fonctionner. On fait généralement les lampes de 8, 16, 32, 50, 100 bougies d'intensité. On commence à en fabriquer qui atteignent une intensité de 1 000 bougies. C'est à Edison que revient le mérite d'avoir introduit dans la pratique, en 1878, l'usage des lampes à incandescence. Les principaux théâtres ont adopté ce nouveau genre d'éclairage. On ne peut spécifier le prix de revient exact de la lumière par incandescence ; tout dépend des conditions dans lesquelles il est possible de produire le courant.

IV

873. — *Qu'est-ce que l'électro-magnétisme ?* — En 1819, Œrstedt, professeur de physique à Copenhague, découvrit qu'un courant électrique agissait à distance sur une aiguille aimantée, et tendait à lui faire prendre une direction perpendiculaire à celle du conducteur dans lequel passe le courant. On reconnut, bientôt après, que, réciproquement, un aimant agissait d'une manière analogue sur un conducteur mobile parcouru par un courant, et enfin que deux conducteurs mobiles parcourus par des courants exerçaient l'un sur l'autre des actions fort remarquables, dont l'étude amena notre grand physicien Ampère à émettre comme très probable l'idée qu'un aimant doit toutes ses propriétés à des courants électriques qui circuleraient perpendiculairement à son axe. La terre, elle-même, devrait son action sur les aimants à des courants circulant sans cesse autour d'elle de l'est à l'ouest, parallèlement à l'équateur magnétique, courants produits par les variations de température qui résultent de l'action successive des rayons solaires sur les différentes parties de la surface du globe. D'après cela, il suffirait évidemment de faire circuler dans un fil des courants parallèles et de même sens pour fabriquer un aimant. C'est en effet ce qui a lieu.

On enroule en hélice un fil conducteur isolé, par exemple, un fil de cuivre recouvert de soie ou de coton, et, lorsque ce *solénoïde* est parcouru par un courant électrique, il présente toutes les propriétés magnétiques et donne lieu aux mêmes phénomènes qu'un aimant.

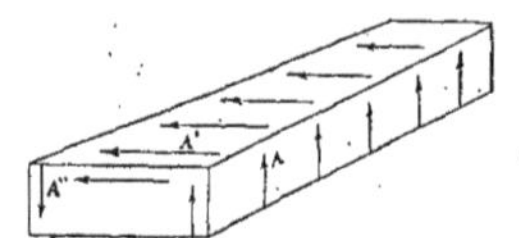

Fig. 163. — Courants A, A', A'', d'Ampère
à la surface d'un aimant.

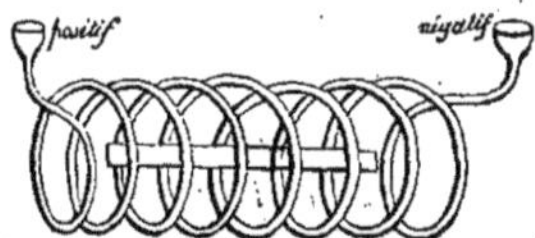

Fig. 164. — Aimantation d'un barreau de fer
par un courant.

874. — *Peut-on avec un courant électrique aimanter un barreau d'acier ?* — Il n'y a qu'à placer le barreau d'acier dans un solénoïde et faire passer le courant. En un instant, le barreau sera parfaitement aimanté, et l'aimantation sera durable, à cause de la force coercitive de l'acier, tandis qu'un barreau de fer doux ne conservera les propriétés magnétiques que tant qu'il sera sous l'influence du courant.

875. — *Qu'appelle-t-on électro-aimant ?* En septembre 1820, Arago reconnut que le fil conjonctif d'une pile plongé dans de la limaille de fer se couvre de limaille en couche unie. De même, il put aimanter de petites aiguilles d'acier trempé en les plaçant en croix sur le fil ; Davy faisait la même expérience à la même époque. Ampère, guidé par ses idées théoriques, fit passer le courant dans le fil enroulé en hélice autour d'une aiguille, l'enroulement était fait sur un tube de verre renfermant l'aiguille. Celle-ci s'aimantait. Sturgeon, en 1825, imagina d'isoler le fil de l'hélice avec de la soie. On appliqua directement l'hélice magnétisante sur l'acier qui s'aimanta. Si, au lieu d'opérer sur de l'acier, on prend du fer doux, l'aimantation est d'autant plus facile que le fer doux ne possède pas de force coercitive. Mais, en revanche, quand le courant cesse de

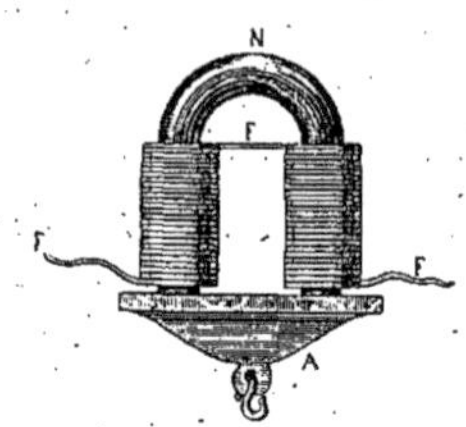

Fig. 165. — Électro-aimant.

N, fer doux recourbé en fer à cheval ; — F F F, fil de la bobine ; —. A, armature.

passer, l'aimantation disparaît ; propriété précieuse, puisqu'on peut aimanter ou désaimanter successivement une pièce de fer à distance. Cette propriété est devenue la base des applications de l'électro-magnétisme.

Ordinairement, on donne à un électro-aimant la forme d'un fer à cheval, et, quand le fil de cuivre en hélice qui l'entoure fait un très grand nombre de tours, la force de cet appareil devient très grande ; elle cesse aussitôt que le courant ne passe plus dans le fil conducteur. On est parvenu ainsi à créer des aimants artificiels qui portent des poids considérables, qui s'aimantent et se désaimantent avec une facilité merveilleuse.

876. — *Que désigne-t-on sous le nom d'induction ?* — En 1831, Faraday découvrit que, lorsqu'on approche ou éloigne d'un fil conducteur un autre fil traversé par un courant, il se produit un courant instantané dans le premier fil. Ces courants générés ainsi par simple influence sont appelés *courants d'induction.* Le courant qui les produit se nomme *courant inducteur.*

Les lois fondamentales de l'induction peuvent se résumer ainsi : 1° un courant qui commence, un courant qui s'approche ou dont l'intensité augmente donnent naissance à des courants induits *inverses* du courant inducteur ; 2° un courant qui finit, un courant qui s'éloigne ou dont l'intensité diminue produisent des courants induits *directs* ou de même sens que le courant inducteur.

Faraday, frappé de l'analogie qui existe entre les propriétés des aimants et des solénoïdes, pensa qu'un aimant pourrait agir aussi par induction, sur une bobine de fils conducteurs. En effet, quand on introduit un aimant au milieu d'une bobine, on détermine dans le fil de la bobine un courant instantané ; quand on retire l'aimant, nouveau courant. Cette observation est devenue le point de départ de nombreuses applications.

877. — *Que nomme-t-on extra-courant ?* — L'induction se produit également sur le fil même qui est traversé par un courant ; ainsi, quand cesse le passage du courant, ou quand il commence, il y a production d'un courant induit. Quand on ouvre le circuit d'une pile même faible, on aperçoit une petite étincelle, elle est due au courant induit instantané. Ce courant induit qui se produit seulement au commencement ou à la rupture du courant ordinaire est dit *extra-courant*. L'extra-courant généré au moment où l'on ferme le circuit se produit en sens inverse du courant, il l'affaiblit ; au contraire, quand on rompt le circuit, il a lieu dans le même sens et l'amplifie. L'extra-courant de rupture est assez puissant pour donner une étincelle.

878. — *Qu'est-ce qu'une machine magnéto-électrique ?* — Le premier appareil de ce genre fut réalisé par Pixii. Nous avons vu précédemment (876) qu'il suffisait d'éloigner ou de rapprocher sans cesse un aimant d'un circuit métallique pour faire naître dans ce circuit une série de courants induits. C'est sur ce principe qu'est fondée la machine de Pixii. Un puissant aimant tourne devant une armature en fer doux entourée de fils conducteurs ; l'aimant agit sur le fer doux et les aimantations et désaimantations successives du fer réagissent sur les fils et produisent des courants que l'on redresse et que l'on recueille. Dans la machine de Clarke, l'aimant est fixe et il y a des bobines qui tournent. C'est vers 1850 que Nollet appliqua ce principe à la construction d'une machine puissante très perfectionnée, vers 1860, par M. Van Malderen. La machine Van Malderen, connue sous le nom de la compagnie qui avait été créée pour l'exploiter, l'*Alliance*, est la première machine industrielle qui

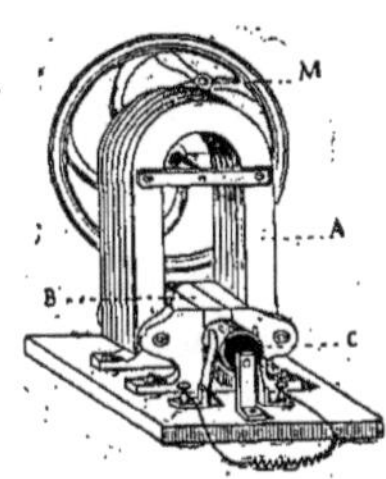
Fig. 166. — Machine magnéto-électrique de Siemens.

A., aimants : — M , manivelle faisant tourner la bobine B et le commutateur C entre les pôles et l'aimant.

ait servi à faire de l'éclairage électrique et de la galvanoplastie. Elle eut certains succès à Paris de 1860 à 1870. Elle était formée par une série d'aimants puissants groupés suivant les rayons d'un cylindre horizontal et devant lesquels tournaient des bobines. Les courants générés dans ces bobines convenablement redressés s'ajoutaient et donnaient beaucoup d'électricité. Une machine à vapeur de quatre chevaux faisait tourner les bobines, et à la vitesse de quatre tours par minute, on obtenait un courant suffisant pour produire une lumière de 180 becs Carcel. Avec une marche plus rapide, et avec trente-deux bobines on obtenait 200 carcels. Cette machine a été employée au phare de la Hève ; elle a été remplacée depuis par un type supérieur, la machine de Meritens.

879. — *Qu'appelle-t-on bobine d'induction ?* — Un faisceau de fil de fer entouré d'une bobine sur laquelle on a enroulé un fil gros et court dont les spires sont bien isolées ; au-dessus de ce fil, on a enroulé un fil plus fin et très long. Il est clair que si l'on fait passer, en l'interrompant constamment au moyen d'un vibrateur, un courant dans le gros fil, à chaque ouverture et rupture du courant, il se produira dans le fil fin qui l'entoure

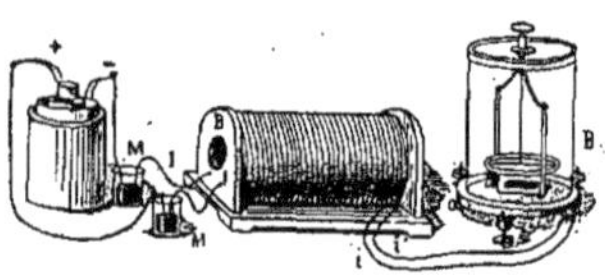

Fig. 167. — Induction par un courant.

Le courant entre en I dans le fil inducteur de la bobine B, y produit un courant induit qui passe par le fil fi' en se rendant dans le galvanomètre dont il fait dévier l'aiguille.

une série de courants induits. Ces courants ont beaucoup de tension et sont utilisés à des usages industriels ou à des usages médicaux.

880. — *Que nomme-t-on transformateurs ?* — Gaugain a montré que l'intensité d'un courant induit obéit à la loi de Ohm ; elle est égale à la force électromotrice divisée par la résistance ; de même il a fait voir que la force électromotrice est proportionnelle au carré de la résistance du circuit et par suite à sa longueur. Il résulte de là qu'en choisissant pour induit un conducteur fin, mais très long, on peut obtenir des forces électromotrices très élevées et que réciproquement, en choisissant pour induit un circuit court et gros, on peut obtenir des courants de faible tension et de grande quantité. Le transformateur n'est au fond qu'une bobine d'induction dans laquelle les circuits inducteurs et induits sont choisis de telle façon qu'avec un courant de tension et de quantité données, on puisse obtenir un nouveau courant sortant de la bobine avec une intensité plus grande et avec une tension plus faible ou réciproquement. Les transformateurs sont entrés dans l'industrie de l'éclairage électrique. Les lampes exigent des courants définis par leur tension et leur quantité. Lorsqu'il faut envoyer le courant d'une station centrale éloignée, il est indispensable de se servir de courants à haute tension. Cette tension serait incompatible avec celle plus petite qu'exigent les lampes. Alors, avec des transformateurs placés à domicile, on réduit la tension à ce qu'il faut qu'elle soit pour ne pas briser les filaments des lampes. Le premier transformateur pratique est dû à un Français, M. Lucien Gaulard. On en a construit depuis d'analogues, par exemple, le système Zipernowski. Les transformateurs ont un rendement qui atteint 96 0/0.

881. — *Qu'est-ce qu'une machine dynamo-électrique ?* — Ce sont des machines magnéto-électriques dans lesquelles les aimants sont remplacés par des électro-aimants. La première de ces machines fut réalisée par Wild. Le courant destiné à exciter les électro-aimants était produit par une petite machine auxiliaire à aimant dite *excitatrice*. Ladd perfectionna cette machine. C'est en 1870 qu'un ancien employé de la compagnie l'*Alliance*, M. Gramme, imagina la machine qui porte son nom. L'ère industrielle de l'électricité date de la machine Gramme. Toute la fécondité de l'inven-

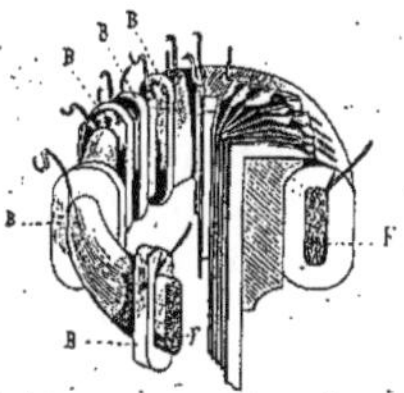

Fig. 168. — Anneau de la machine Gramme.

B, B, B, B, bobines enroulées autour de l'anneau constitué par un faisceau de fils de fer doux F, F', et en relation entre elles par une liaison métallique.

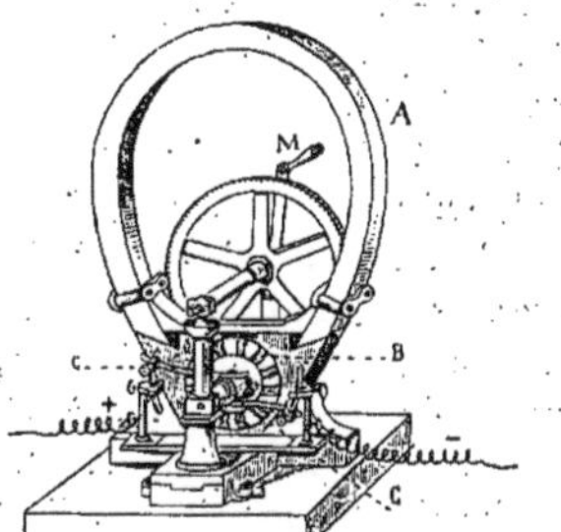

Fig. 169. — Machine Gramme (type de laboratoire).

A, aimant ; — B, anneau ; — C, commutateur à balais ; — M, manivelle destinée à mettre en mouvement l'anneau ; + et — sortie et entrée du courant produit dans les bobines.

tion de M. Gramme repose sur l'emploi d'un anneau de fer doux sur lequel sont enroulées des spires de fil de cuivre. L'anneau tourne devant des électro-aimants et chaque groupe de spires est influencé. Les courants s'en vont aux collecteurs. Dans toutes les machines magnéto-électriques, les courants recueillis étaient *alternatifs,* c'est-à-dire positifs, puis négatifs, et ainsi toujours variaient de sens ; dans la machine Gramme ils sont de même sens ; on obtient donc un *courant continu.* Une très petite machine actionnée par 2 à 3 chevaux-vapeur, quand elle tourne à 900 tours, fournit une lumière équivalente à 1 207 carcels à 10 mètres de distance du

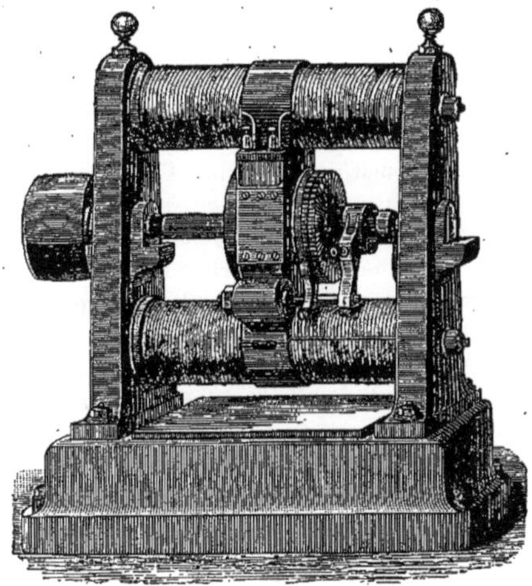

Fig. 170. — Machine Gramme (type d'atelier).

foyer. La machine de l'*Alliance*, qui produisait une lumière de 100 carcels, pesait 800 kilogrammes, occupait un mètre cube et demi et coûtait 5 000 francs.

La machine Gramme de même force pèse 20 kilogrammes, occupe un volume de 1/10 de mètre cube et coûte 300 francs. La machine Gramme transforme en électricité 90 0/0 du travail moteur dépensé sur l'arbre. Depuis le type Gramme, on a combiné un très grand nombre de machines dynamo, par exemple les machines Siemens, Brush, Edison, etc.

882. — *Qu'appelle-t-on réversibilité des machines électriques ?* — Les propriétés qui permettent aux machines dynamo d'engendrer un courant quand on les fait tourner et réciproquement, quand on les fait traverser par un courant, de tourner à leur tour et de reproduire une portion du travail mécanique dépensé pour produire le même courant. En d'autres termes, une machine dynamo est un générateur d'électricité quand on lui fait absorber du travail mécanique pour la faire tourner ; elle est un moteur électrique quand on l'alimente par un courant électrique. Les machines réversibles sont des machines qui transforment le travail en électricité et inversement l'électricité en travail.

883. — *Qu'entend-on par transport électrique de la force ?* — Puisque les machines dynamo sont réversibles, il en résulte qu'en faisant tourner avec un moteur quelconque une dynamo et en envoyant le courant produit par un fil jusqu'à une semblable dynamo établie à distance, la seconde tournera de même et fournira en grande partie le travail dépensé à la station de départ ; on aura transporté électriquement de la force ; on aura à la station d'arrivée un véritable moteur électrique. C'est en 1873, à l'exposition de Vienne, que M. Hippolyte Fontaine eut l'idée d'atteler ainsi à distance deux machines Gramme. Un moteur à gaz actionnait une première machine qui engendrait le courant. Le courant était transmis à travers un câble de 1 000 mètres de longueur à une seconde machine identique. Cette machine *réceptrice*, excitée par le courant transmis par la machine *génératrice*, faisait fonctionner une pompe centrifuge. Si l'on demande à quoi bon ce dispositif, puisqu'il faut toujours en fin de compte un moteur pour actionner la génératrice, et qu'il serait plus simple de faire effectuer directement le travail par ce moteur, on répondra que la machine à vapeur travaille sur place ; et qu'avec les moteurs électriques, l'énergie peut être transmise où l'on en a besoin par un simple fil télégraphique ; on peut la mener, la distribuer, la répartir partout ; on peut faire passer par le trou d'une serrure des douzaines de chevaux de force. On peut conduire, là où l'on ne pourrait avoir commodément un moteur, la force d'une machine à vapeur, la force d'une chute d'eau, du vent, etc. C'est un résultat capital. Déjà on transporte ainsi électriquement la force à des distances de plusieurs kilomètres ; on a été jusqu'à 80 kilomètres. En France, beaucoup d'ateliers, d'usines transportent ainsi la force d'un point à un autre. La distance du transport paraît jusqu'ici limitée en pratique, parce que, pour aller très loin, il faut employer des tensions énormes et il est dangereux pour le personnel de circuler près des machines ou des lignes à haute tension; on peut être tué sur le coup par des courants à haut potentiel. On n'a pas dépassé jusqu'ici l'emploi de tensions de 6 000 volts ; il devient difficile aussi de bien isoler les fils des machines fonctionnant à ces grandes pressions ; mais, même limité au moins jusqu'à nouvel ordre à une distance d'une vingtaine de kilomètres, le transport de la force est une application bien féconde pour l'industrie.

Les transports électriques à grande distance réduisent le rendement par suite des pertes en courant le long de la ligne et par le fait même du système. On n'a pu dépasser jusqu'ici un rendement de 55 0/0 à grande distance. Malgré cet inconvénient, les transmissions électriques se multiplient tous les jours, tant elles répondent aux nécessités de notre époque.

884. — *Quelles sont les principales applications de l'électro-magnétisme ?* — Nous avons cité plusieurs des plus importantes, les machines magnéto et dynamo, le transport de la force, les bobines d'induction, les transformateurs, les régulateurs électriques, il nous reste à signaler brièvement la télégraphie électrique, la téléphonie électrique, l'horlogerie électrique.

885. — *Qu'est-ce que la télégraphie électrique ?* — La première idée de la télégraphie électrique paraît appartenir à plusieurs inventeurs ; on en

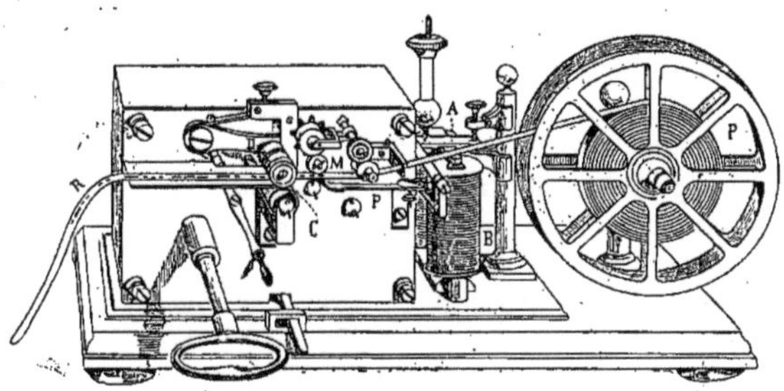

Fig. 171. — Appareil télégraphique Morse.

B, bobines de l'électro-aimant ; — A, armature sur laquelle est montée la palette écrivante P, qui soulève le papier R contre la molette garnie d'encre M, et produit l'impression des signaux ; — C, rouleaux entraîneurs du papier.

retrouve des traces dans plusieurs livres du xvii° siècle. C'est seulement en 1837 que Wheatstone en Angleterre et Steinheil en Allemagne construisirent les premiers télégraphes qui fonctionnèrent à distance. On se servait à l'origine de plusieurs fils. En 1838, on s'aperçut que l'on pouvait se dispenser de réunir le pôle positif au pôle négatif de la pile chargée de transmettre le courant d'un point à un autre, par conséquent ne pas employer un fil d'aller et un fil de retour, et se servir simplement de la terre comme conducteur de retour. Dès lors, une ligne télégraphique ne comporta plus qu'un fil unique. Le télégraphe est le premier exemple de transmission de la force à distance. Le courant est employé à répéter à la station d'arrivée les signaux faits à la station de départ à la main. Le principe est très simple. Le courant émis au départ pénètre à l'arrivée dans un électro-aimant. Cet électro-aimant devient actif tant que le courant passe et attire l'armature ; le courant ne passant plus, l'électro-aimant cesse d'agir, l'armature revient à sa position première rame-née par un ressort. A chaque émission de courant, on produit ainsi un mouvement alter-natif de va-et-vient. Ce mouvement, on le transforme facilement en un mouvement cir-culaire ; par exemple l'armature en appuyant sur la dent d'un engrenage la pousse, l'engre-nage tourne et fait tourner une aiguille qui peut ainsi se placer successivement sur cha-cune des lettres de l'alphabet. Au départ, l'ai-guille de l'appareil manipulateur est placée sur l'A ; à l'arrivée, l'aiguille de l'appareil récep-teur aura progressé comme au départ et s'ar-rêtera sur l'A. Ainsi de suite. On a ainsi le télégraphe à cadran.

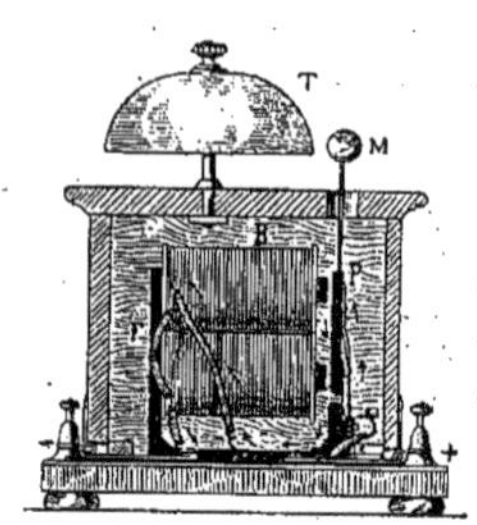

Fig. 172. — Sonnerie à trembleur.

Les flèches indiquent la marche du cou-rant du point + au point — ; — P, arma-ture de l'électro-aimant B ; — M, battant ; — T, timbre ; — F, culasse de l'électro-aimant.

On a imaginé un grand nombre d'appareils, le télégraphe à cadran de Breguet, le télégraphe Morse qui inscrit les si-gnaux d'après un alphabet convenu sur une bande de papier qui se déroule, le télégraphe Hughes qui inscrit les dépêches en caractères d'impri-merie, l'appareil autographique Caselli, etc.

En somme, pour faire de la télégraphie, il faut une pile à la station de départ, un manipulateur pour produire les signaux ; à l'arrivée, un appareil récepteur qui, par le jeu d'un électro-aimant et par des com-binaisons diverses, répète le signal ou l'inscrit et même l'im-prime sur un papier. Ce sys-tème est double, c'est-à-dire que la station d'arrivée ayant à devenir station de départ pos-sède aussi son manipulateur comme la station de départ a également son appareil récep-teur. Une sonnerie électrique

Fig. 173. — Transmission d'un dessin avec un appareil autographique Caselli.

A, dessin original ; — B, reproduction à distance par l'appareil récepteur.

installée dans chaque poste et mise en mouvement par un électro-aimant permet aux employés télégraphistes de s'appeler réciproquement quand ils ont à communiquer entre eux. En général, le courant s'affaiblit trop quand la ligne est très longue pour pouvoir reproduire les signaux. On ne télé-graphie pas par exemple directement de Paris à Marseille ; on télégraphie

à Lyon, puis de Lyon à Marseille. On se sert, pour suppléer à l'insuffisance
d'un courant parcourant une ligne trop longue, d'un appareil auxiliaire
que l'on appelle un *relais*. En route, le courant pénètre dans cet appareil
qui a pour fonction d'introduire dans la ligne le courant d'une nouvelle
pile. C'est ce courant qui prend la place du premier et qui continue la
besogne.

886. — *Qu'est-ce que le télégraphe sous-marin ?* — On est parvenu à poser
des câbles sur le plafond des mers et même à travers les océans. En 1865 et
1866, on a posé le premier câble transatlantique entre Valentia sur la côte
d'Irlande et Saint-Jean de Terre-Neuve sur la côte américaine. La distance est de 2 640 kilomètres ; la profondeur croît de 2 740 mètres en partant de Terre-Neuve jusqu'à 3 660 mètres près de la côte d'Irlande. Il existe
un immense plateau entre les deux continents et une vallée très profonde
du côté de l'Europe. Le câble, à cause des courbures qu'il doit prendre pour
toucher le fond, mesure 4 105 kilomètres. L'opération de la pose échoua
deux fois. La réussite ne fut complète qu'en 1866.

Les signaux transmis à travers les câbles sous-marins se lisent à l'arrivée
dans une chambre obscure sur une grande règle horizontale, le long de laquelle
se déplace un point lumineux. Le courant agit sur un galvanomètre mul-
tiplicateur de Thomson qui fait dévier une légère aiguille portant un petit
miroir. Un faisceau lumineux est dirigé sur le miroir. Quand l'aiguille se
déplace entraînant le miroir, celui-ci projette le point lumineux sur la règle
graduée. Le déplacement du point lumineux à droite ou à gauche se traduit pour le télégraphiste en alphabet Morse. Le déplacement du miroir
sous l'action très faible du courant serait trop faible pour être aperçu facilement ; c'est pourquoi on augmente l'amplitude de ses mouvements en
faisant marquer tout changement de position par un point lumineux projeté à distance sur une règle.

On peut aussi inscrire les signaux transatlantiques directement sur du
papier avec le *siphon recorder* imaginé par M. Thomson. L'aiguille, au lieu
de porter un miroir, supporte un petit siphon très léger plein d'encre. A
l'aide d'une bobine d'induction, on fait éclater à la surface de l'encre une
série de petites étincelles ; et le siphon par cet artifice crache des gouttelettes
d'encre très fines sur un papier qui se déroule à sa portée. Le *siphon recorder*
trace ainsi des courbes que l'on traduit en langage ordinaire.

887. — *Quelle est la vitesse de transmission des dépêches ?* — Par le télégraphe Morse, vingt-cinq dépêches de trente mots par heure ; par le télégraphe Hughes, quarante à cinquante dépêches ; par le câble transatlantique, douze mots par minute.

888. — *Quelle est l'étendue actuelle des lignes télégraphiques ?* — La télégraphie électrique fait aujourd'hui le tour du monde, par Londres, par
New-York, etc., toutes les capitales de l'Europe sont en communication

avec la Chine, le Japon, l'Australie, la Nouvelle-Zélande. Une dépêche partie de Pékin peut arriver à Londres en quatre heures.

889. — *Qu'est-ce que le téléphone électrique ?* — Je viens de voir la merveille des merveilles, s'écriait sir William Thomson en 1876, devant l'Association Britannique en revenant de l'exposition de Philadelphie. Il avait parlé et écouté dans le premier téléphone. On considérait à peu près comme impossible jusque-là de transmettre les sons articulés à grande distance ; la parole est constituée par des vibrations si complexes qu'on mettait en doute qu'on pût jamais les reproduire. Les faits ont démenti

Fig. 174. — Téléphone à ficelle.

AB, fil bien tendu reliant les deux membranes en baudruche des deux cornets téléphoniques.

les prévisions. Dans le téléphone à ficelle qui a été décrit dans l'acoustique (250), ce sont les vibrations de la membrane qui se propagent à travers la ficelle bien tendue jusqu'au cornet récepteur ; les vibrations s'éteignent assez vite. Dans le téléphone électrique, les vibrations de la membrane du téléphone sont transmises électriquement à la membrane du téléphone récepteur absolument comme les signaux du manipulateur d'un télégraphe sont envoyés à l'appareil récepteur. Dans le télégraphe, le courant répète à l'arrivée les signaux ; dans le téléphone, le courant reproduit les vibrations engendrées au départ par la voix sur la membrane du téléphone transmetteur. Dans le télégraphe, on manipule avec le doigt pour déplacer une manette, des touches, etc. ; dans le téléphone, c'est la voix qui agit sur le transmetteur pour déplacer la membrane vibrante, et le courant ne fait que provoquer les mêmes vibrations sur la membrane du récepteur. Ce n'est plus une propagation directe du son, c'est une répétition mécanique à distance des vibrations excitées par la voix.

890. — *En quoi consiste le téléphone magnétique ?* — Plusieurs inventeurs se préoccupaient en même temps de résoudre le problème de la transmission de la parole à distance ; c'est M. Graham Bell qui, au commencement de 1876, réalisa le premier téléphone pratique. Le téléphone Bell est une véritable machine magnéto-électrique. La voix fait osciller une mince feuille métallique devant une bobine d'induction enfilée dans une tige d'acier aimanté. Le mouvement de va-et-vient de la plaque vibrante fait varier le magnétisme de la tige aimantée ; ces variations engendrent un courant dans la bobine (876). Si l'on relie par deux fils les pôles nord et sud de la bobine aux mêmes pôles d'un système récepteur identique, le courant passera dans la bobine du second téléphone ; ce courant augmentera le magné-

tisme de la tige d'acier, qui attirera la plaque vibrante. Par suite, toute
oscillation de la membrane du transmetteur se répercutera sur la membrane
du récepteur. Les deux téléphones associés sont assimilables à deux
machines dynamo réversibles ; on a réalisé ainsi le transport électrique de
la voix.

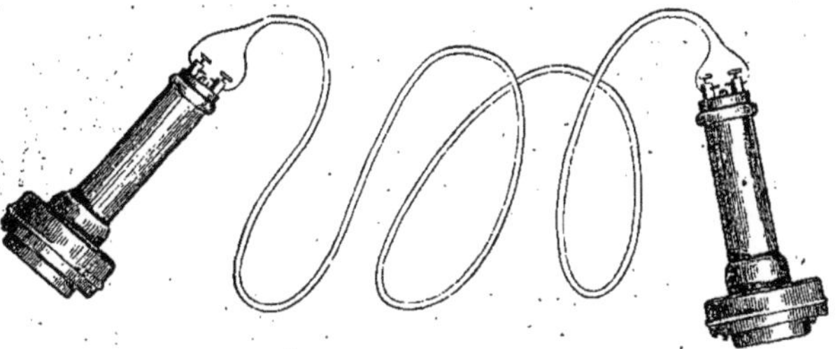

Fig. 175. — Téléphones magnétiques.

En pratique, le téléphone Bell se compose d'un cornet-embouchure en
bois surmontant un cylindre en bois. Au fond de l'embouchure une mince
plaque de tôle ; au delà et presque au contact une petite bobine en bois sur
laquelle on a enroulé un fil fin de cuivre isolé par de la soie ; les deux bouts

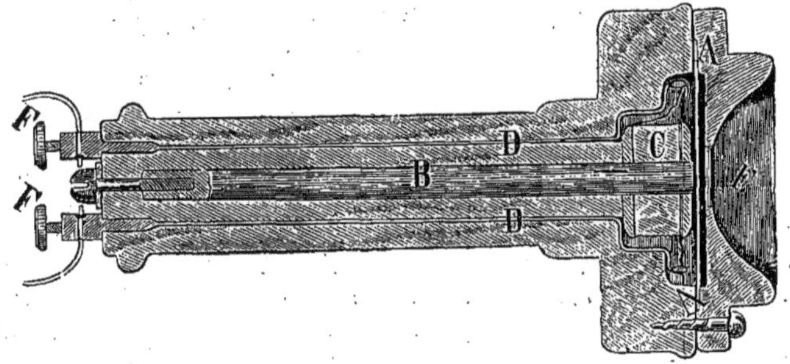

Fig. 176. — Coupe du téléphone magnétique de Graham Bell.

E, embouchure ; — AA, plaque vibrante ; — C, bobine magnétique ; — B, tige d'acier aimantée ; — DD, fils conducteurs se reliant aux vis de serrage FF, où aboutissent les fils de ligne.

du fil vont s'attacher à l'extrémité opposée du cylindre de bois à deux vis
de pression pour établir la communication avec les deux conducteurs de
ligne ; la bobine est enfilée sur une tige d'acier aimanté qui occupe le milieu du cylindre de bois. Tel est tout le système.

Avec deux téléphones magnétiques, on peut très bien converser à plu-

sieurs lieues de distance. Le moindre bruit est transmis ; le téléphone est
le plus sensible de tous les appareils d'induction.

891. — *En quoi consiste le téléphone à pile ?* — Les courants engendrés
dans les téléphones magnétiques sont en somme très faibles, et quand il
s'agit de transmettre la parole soit très loin, soit au milieu d'une ville sil-
lonnée par des réseaux télégraphiques, des conduites d'eau, les fils téléphoniques sont influencés par des courants d'induction de diverses origines, et
le petit courant téléphonique se perd au milieu de toutes ces causes perturbatrices. Il faut avoir recours à un système plus énergique. M. Edison est
l'inventeur du premier *téléphone à pile*. Il a tiré parti d'un fait signalé en
1855 par Du Moncel et déjà utilisé en 1865 par M. Clérac. Quand on fait
passer un courant à travers deux rondelles de charbon conductrices superpo-

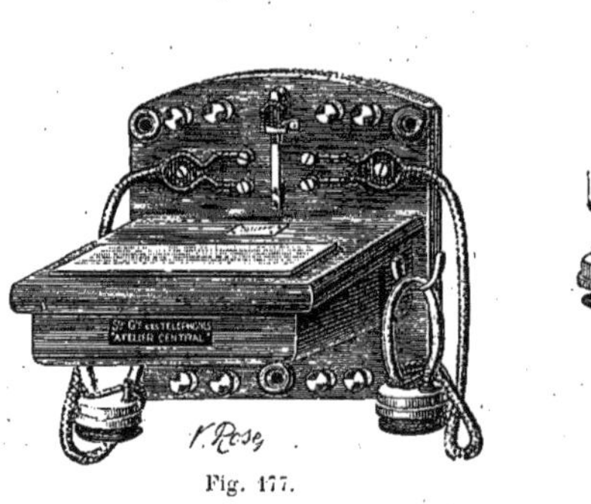

Fig. 177.   Fig. 178.

Transmetteur microphonique.

Système Ader, à baguettes de charbon.   Système Berthon, à poudre comprimée.

sées, le courant circule d'autant mieux que les deux rondelles sont plus
pressées l'une contre l'autre. Par conséquent, si derrière une plaque mince
vibrante, on dispose deux rondelles de charbon demi-conducteur et si l'on
parle devant la plaque, les vibrations agiront de façon à faire varier la
pression et l'intimité du contact des deux rondelles ; il se produira des
variations de résistance correspondantes dans le passage du courant. Si l'on
reçoit ce courant dans un téléphone magnétique, la plaque vibrera comme
elle vibrait avec un transmetteur magnétique et la parole sera transmise.

Le téléphone à pile est donc facile à définir : Une pile génératrice d'un
courant ; le courant passe par deux rondelles de charbon accolées et les
variations d'intensité produites par les vibrations de la voix se répercutent
sur la plaque d'un téléphone magnétique. Ici les deux appareils ne sont
plus réversibles ; le transmetteur diffère du récepteur.

892. — *Qu'est-ce que le microphone ?* — M. Hughes, en 1877, réalisait, quelque temps après les recherches d'Edison sur le téléphone à pile, le *microphone* qui est devenu le point de départ des téléphones usités aujourd'hui dans l'industrie. Le microphone consiste simplement en une petite baguette de charbon verticale maintenue librement entre deux petits blocs de même substance ; le tout est disposé sur une planchette. Un courant électrique traverse les charbons et s'en va par les fils de ligne à un récepteur magnétique. Quand on parle devant la planchette, la baguette de charbon se déplace sur ses supports, les points de contact varient, la résistance au passage du courant varie par conséquent, et ce sont ces vibrations qui provoquent les mêmes vibrations dans la plaque du téléphone magnétique. Le microphone est très analogue aux deux rondelles de charbon Edison. Les rondelles se pénètrent plus ou moins, obéissant aux vibrations de la voix ; de même la baguette en vibrant appuie plus ou moins sur ses supports et dans les deux cas, par le même mécanisme, on obtient les variations de résistance dans le passage du courant qui influencent le téléphone récepteur.

Fig. 179. — Transmetteur microphonique mobile. Système Ader.

893. — *En quoi consistent les transmetteurs microphoniques ?* — Les deux plaques de charbon du téléphone Edison exigeaient un certain réglage dans leur contact. Le microphone évite cet inconvénient ; la construction est simple ; aussi a-t-on substitué partout le microphone aux rondelles Edison. On a donné aux téléphones microphoniques des dispositions très variées. Le plus employé en France est celui de M. Ader. L'appareil a la forme d'un petit pupitre ; sous la planchette en sapin du pupitre sont rangées parallèlement cinq baguettes de charbon encastrées librement dans des encoches ménagées dans des baguettes transversales. La plaque en vibrant fait osciller les baguettes, et l'effet du microphone unique est amplifié. La réception a lieu dans un téléphone magnétique.

Les appareils téléphoniques actuels transmettent la voix avec son timbre et avec beaucoup de netteté. On a communiqué en Amérique à plus de 1 000 kilomètres de distance avec un circuit de fil de cuivre. On a ouvert en France, dans le courant de 1888, une ligne de grande distance entre Paris et Marseille. La transmission est excellente sur cette double ligne en cuivre siliceux de 800 kilomètres.

894. — *Qu'entend-on par horlogerie électrique?* — On s'est proposé de transmettre l'heure électriquement à plusieurs horloges de façon à obtenir le synchronisme parfait de leurs mouvements. Le problème a de l'importance pour assurer une marche constante des horloges le long d'une ligne

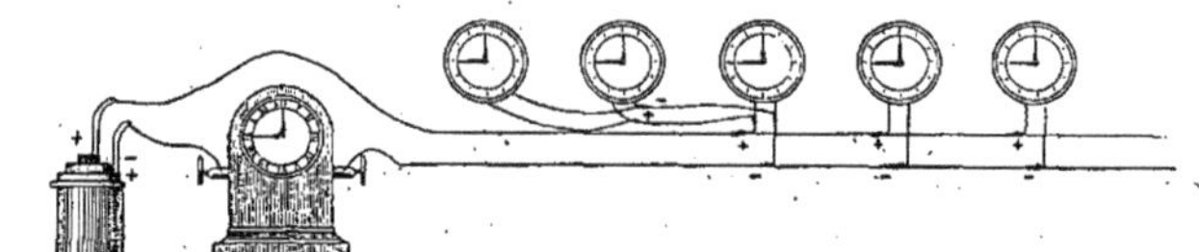

Fig. 179 *bis.* — Liaison télégraphique de l'horloge type et des indicateurs.

de chemin de fer ou dans une grande ville. On a résolu le problème soit en communiquant le mouvement d'une horloge régulatrice aux aiguilles de divers cadrans, soit en rendant solidaires plusieurs horloges ayant chacune leur moteur, de manière qu'elles restent toujours d'accord. On a présenté un grand nombre de solutions de ces deux problèmes. Les cadrans que l'on voit dans les gares de chemins de fer, sur certains réverbères dans plusieurs villes reçoivent l'heure d'une horloge type. Ce sont de simples minuteries, une roue à crochet qui fait progresser l'aiguille sous l'action d'un électro-aimant. Toutes les minutes, la pendule type envoie un courant qui anime l'électro-aimant. Celui-ci attire une armature et l'armature pousse une dent de la roue ; l'aiguille passe ainsi brusquement à la minute suivante. Ailleurs, à Paris notamment, une horloge type de l'Observatoire commande à plusieurs horloges de la ville reliées télégraphiquement. C'est une remise à l'heure périodique que le courant réalise toujours par l'intermédiaire d'un électro-aimant qui agit sur le pendule régulateur. M. Cornu, de l'Académie des sciences, a réalisé dernièrement le synchronisme des horloges par amortissement des oscillations. Le pendule oscille entre un électro-aimant actif qui attire la lentille et entre un électro-aimant amortisseur qui épuise chaque fois l'excès de vitesse acquise. Le synchronisme obtenu ainsi est excellent.

MÉTÉOROLOGIE

I

895. — *A quelle hauteur s'étend l'air atmosphérique au-dessus de la surface de la terre ?* — Par un calcul simple dépendant de la longueur du crépuscule, on estime que la hauteur de l'atmosphère doit être de 81 kilomètres. M. Liais a trouvé beaucoup plus. On a pu déterminer la hauteur des étoiles filantes et des bolides quand ils arrivent dans l'atmosphère ; cette hauteur implique pour l'atmosphère une épaisseur d'au moins 120 kilomètres.

896. — *Quelle est la valeur ou l'expression numérique de la pression atmosphérique ?* — La pression exercée par la colonne atmosphérique sur une surface d'un centimètre carré est à peu près égale à celle que produirait un poids d'un kilogramme placé sur cette même surface.

Le corps humain ayant une surface d'au moins 12 000 centimètres carrés, la pression qu'il supporte est de 12 000 kilogrammes. Mais comme les tissus la supportent en dedans et en dehors, l'équilibre a lieu et nous n'éprouvons aucune sensation de poids ; cependant les mouvements musculaires se font mieux à la montagne, dans un air un peu raréfié.

897. — *Comment l'eau s'élève-t-elle dans les pompes ordinaires ?* — Par l'effet de la pression atmosphérique ; en faisant mouvoir le balancier de la pompe, on soulève le piston ; en soulevant le piston, on augmente l'espace compris entre sa base et la surface de l'eau ; l'air intérieur se dilate pour remplir l'espace devenu libre ; en se dilatant, il diminue de densité et de tension, il presse moins à la surface de l'eau ; l'air extérieur qui a conservé sa tension première exerce donc une pression plus grande sur cette même surface extérieure de l'eau, et la fait monter à une certaine hauteur, jusqu'à ce que le poids de l'eau, s'ajoutant à la pression de l'air intérieur, fasse équilibre à la pression extérieure.

Si l'on prend un tube en U à moitié plein de mercure, et si l'on fait peser sur les deux surfaces liquides des poids égaux, le mercure restera en équilibre; mais, si l'on enlève *un des poids*, le mercure montera dans la branche d'où le poids aura été enlevé. L'air, par rapport aux pompes, peut être comparé à ces deux poids, car l'air dilaté par le soulèvement du piston équivaut à un air plus léger, et l'air extérieur, comparable à un air plus lourd, fait monter l'eau dans le corps de pompe.

898. — *A quelle hauteur la pression atmosphérique peut-elle faire monter l'eau d'un puits dans une pompe?* —Théoriquement, si en soulevant le piston on faisait un vide parfait, l'eau monterait à 10^m,30, car la pression de la colonne atmosphérique est égale à celle qu'exercerait le poids d'une colonne d'eau de 10^m,30 de hauteur. Dans la pratique, on ne donne jamais au tube d'aspiration une longueur de plus de 8 mètres.

La pompe ordinaire dont il vient d'être question est la pompe simplement aspirante.

899. — *Comment fait-on monter l'eau dans un puits à plus de* 10 *mètres de hauteur?* — En refoulant l'eau qui a d'abord été élevée par aspiration. Pour cela, le piston du corps de pompe est muni d'une soupape qui communique avec un tuyau latéral. On soulève le piston; on fait le vide, l'eau monte sous l'action de la pression atmosphérique et emplit le corps de pompe. On abaisse le piston; la soupape s'ouvre de dedans en dehors et donne passage à l'eau du corps de pompe qui, refoulée, monte dans le tuyau ascensionnel. Chaque coup de piston élève ainsi à peu près son volume d'eau à une hauteur qui dépend de la force dépensée. Car, pour soulever le piston, il faut évidemment vaincre un poids qui dépend de la hauteur de la colonne d'eau soulevée.

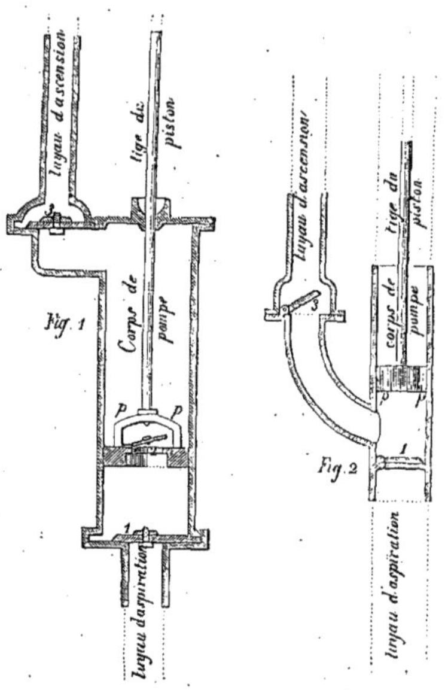

Fig. 180. — Pompes aspirantes et foulantes.

Fig. 1. — Premier modèle. 1, soupape donnant accès à l'eau du tuyau d'aspiration dans le corps de pompe; — 2, soupape s'ouvrant du dedans au dehors permettant à l'eau de passer au-dessus du piston *pp* quand on abaisse celui-ci; la soupape 1 se fermant; — 3, soupape donnant passage à l'eau du corps de pompe dans le tuyau d'ascension quand on élève le piston.

Fig. 2. — Second modèle à piston sans soupape. 1, soupape s'ouvrant de dehors en dedans quand on élève le piston *pp*; — 3, soupape donnant accès à l'eau du corps de pompe dans le tuyau d'ascension lorsqu'on abaisse le piston.

900. — *Qu'est-ce qu'un siphon.?* — Un tube recourbé, en verre ou en métal, dont l'une des branches est plus courte que l'autre, et qui sert à transvaser les liquides, à les faire passer par un mouvement continu d'un vase plus élevé ou supérieur dans un vase plus bas ou inférieur. Une fois le siphon amorcé, c'est-à-dire empli de liquide par aspiration, l'écoulement a lieu de la petite branche à l'orifice de sortie de la grande branche.

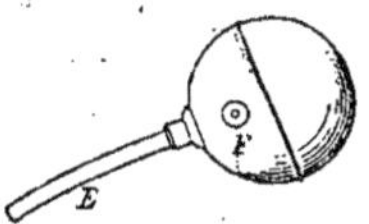

La pression atmosphérique presse davantage sur l'orifice de la petite branche plongée dans le liquide que sur l'orifice de la grande branche, car d'un côté la colonne de liquide qui pèse sur l'orifice est plus courte que la colonne liquide qui pèse sur l'orifice de la grande. L'écoulement se fait en raison de la différence des pressions.

M. Radiguet a imaginé récemment un siphon que l'on n'amorce plus par aspiration du liquide d'une branche dans l'autre, mais au contraire par insufflation. On aspire d'habitude avec la bouche, et cette pratique est dangereuse quand il s'agit de siphonner des liquides corrosifs.

Dans le siphon de M. Radiguet, la petite branche se prolonge verticalement et se termine par une poire en caoutchouc ; la base de la petite branche est fermée et percée seulement d'un trou. On l'enfonce dans le liquide à transvaser ; puis on refoule de l'air à l'intérieur avec la poire en caoutchouc. La pression fait bien sortir le liquide par le trou, mais comme le passage est étroit, presque tout le

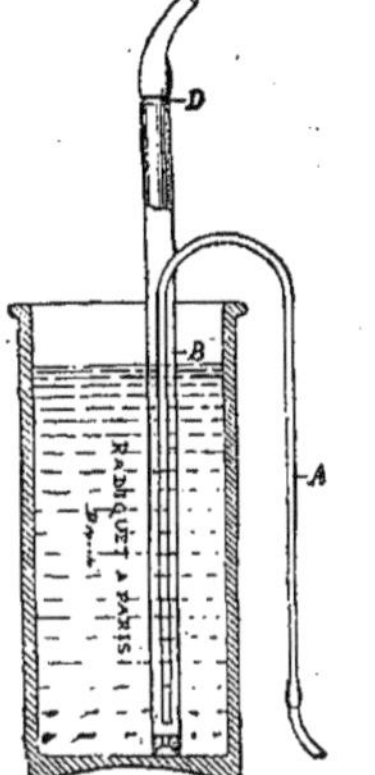

Fig. 181. — Le siphon Radiguet.

liquide est refoulé vers la branche courbe, l'emplit, et le siphon est amorcé.

901. — *Pourquoi les aéronautes ressentent-ils des douleurs aux yeux, aux oreilles et à la poitrine, surtout si leur ballon a monté rapidement à une grande hauteur ?* — Parce que l'air des régions supérieures de l'atmosphère est plus raréfié, dans les premiers instants du moins, que l'air des cavités du corps. La membrane du tympan est poussée de dedans en dehors, d'où pression de nerfs et douleur.

902. — *Pourquoi les personnes qui descendent dans une cloche à plongeur ressentent-elles des douleurs aux yeux, aux oreilles et à la poitrine ?* — L'effet est ici renversé. La pression se fait du dehors en dedans et produit une légère douleur.

903. — *Pourquoi les plongeurs sont-ils souvent sourds ?* — Parce que la pression sur le tympan de leurs oreilles est si forte, qu'elle altère la tension de cette membrane et la rend insensible ; ce qui cause alors la surdité.

904. — *Qu'est-ce que le thermomètre ?* — Un instrument servant à faire connaître et à mesurer la température, ou les différents degrés de chaud et de froid.

Le mot *thermomètre* se compose de deux mots grecs : θερμός, *chaud*, et μέτρον, *mesure*. Le thermomètre fut inventé, dit-on, en 1620, par Corneille Van Drebbel, paysan hollandais.

905. — *Quelle est la différence entre les thermomètres centigrade, Réaumur et Fahrenheit ?* — Le thermomètre centigrade a été imaginé par Celsius, physicien suédois, mort en 1744. Dans le thermomètre de Celsius ou centigrade, usité en France, l'échelle est divisée en 100 degrés, de la division 0 (zéro), correspondant à la température de la glace fondante, à 100 degrés, division correspondant à la température de l'eau bouillante. Le thermomètre Réaumur a été imaginé par le physicien français de ce nom, en 1731. Dans le thermomètre Réaumur, très commun en Allemagne et en Russie, la différence entre les deux points fixes est divisée en 80 degrés ; 80 degrés Réaumur valent 100 degrés centigrades, un degré Réaumur vaut dix huitièmes ou cinq quarts d'un degré centigrade ; pour convertir un nombre de degrés Réaumur en degrés centigrades, il faut ajouter à ce nombre son quart. Réciproquement, un degré centigrade est les quatre cinquièmes d'un degré Réaumur ; pour convertir un nombre de degrés centigrades en degrés Réaumur, il faut retrancher de ce nombre son cinquième. Fahrenheit, de Dantzick, adopta, en 1714, une échelle thermométrique très répandue en Angleterre, en Hollande, dans l'Amérique du Nord. Le thermomètre de Fahrenheit marque 32 degrés à la glace fondante et 212 degrés à l'ébullition.

Fig. 182.

Thermomètre avec échelle centigrade et échelle Réaumur.

Pour avoir le nombre F de degrés Fahrenheit qui correspond au nombre C de degrés centigrades, il faut multiplier C par 9/5, et ajouter 32.

Pour avoir le nombre C de degrés centigrades qui correspond au nombre F de degrés Fahrenheit, il faut retrancher 32 de F et multiplier le résultat de la soustraction par 5/9 ; c'est-à-dire qu'on a les deux formules : $F = 9/5 \, (C + 32)$ $C = 5/9 \, (F - 32)$.

906. — *Qu'est-ce que le baromètre ?* — Un instrument servant à faire connaître et à mesurer la pesanteur de l'air.

Le mot *baromètre* se compose de deux mots grecs : βάρος, *pesanteur*, et μέτρον, *mesure*. Cet instrument fut inventé, en 1643, par Torricelli, élève de Galilée.

907. — *Quelle différence existe-t-il entre le baromètre et le thermomètre ?*

— On entend souvent dans la conversation confondre ces deux mots de
baromètre et de thermomètre ; c'est cependant bien différent. Le baromètre
mesure la pression atmosphérique, le thermomètre mesure la température.
Le baromètre consiste en un tube de verre recourbé fermé à son extrémité

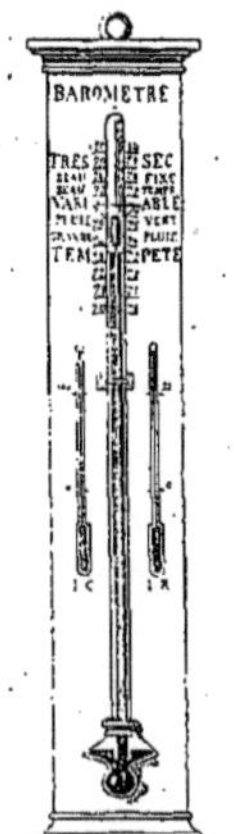

Fig. 183. — Baro-
mètre à cuvette
avec thermomè-
tres centigrade et
Réaumur.

supérieure, ouvert à l'extrémité de sa partie recourbée.
On emplit le tube de mercure ; on le retourne sens dessus
dessous ; le mercure au lieu de s'écouler par la branche
courte ouverte reste suspendu dans la longue branche.
C'est que la pression atmosphérique soutient la colonne.
Au-dessus d'elle dans le tube fermé, le liquide est un peu
descendu laissant un espace vide jusqu'à ce que la hauteur de la colonne de mercure équilibre précisément la
pression atmosphérique qui agit sur la branche ouverte.
Si la pression atmosphérique diminue, il est clair que la
hauteur de la colonne diminuera ; si elle augmente, elle
grandira. Le thermomètre consiste au contraire dans un
petit réservoir en verre auquel on a soudé un tube généralement fermé, mais qui pourrait être ouvert ; avant de
fermer le tube, on y a introduit du mercure ou de l'alcool
coloré en rouge. Quand la température monte, le liquide
se dilate et le mercure ou l'alcool s'élève dans le tube et
d'autant plus que la température s'accuse davantage.

908. — *Qu'entend-on quand on dit que le baromètre
monte ou baisse ?* — On dit que le baromètre monte
quand le mercure s'élève dans le tube, sa surface
est alors convexe et arrondie en dehors ; on dit qu'il baisse quand le
mercure descend dans le tube, sa surface est alors concave en dedans ou
creuse.

909. — *Pour quels usages pratiques se sert-on du baromètre ?* — 1° Pour
déterminer la hauteur des montagnes ; — 2° pour prévoir les changements
de temps.

910. — *Comment peut-on déterminer la hauteur d'une montagne à l'aide
du baromètre ?* — Puisque la pression atmosphérique diminue à mesure
que l'on s'élève dans l'atmosphère, la hauteur de la colonne barométrique diminuera aussi, et d'autant plus que l'on sera monté plus haut.
Il y a ainsi un rapport direct entre la hauteur de la colonne barométrique
et l'élévation au-dessus de la mer du lieu où l'on observe ; de la hauteur
observée, on pourra donc déduire la hauteur du lieu de l'observation,
ou l'altitude.

911. — *Existe-t-il un rapport simple entre la hauteur barométrique et
l'altitude du lieu d'observation ?* — Si la densité de l'air restait la même dans
toutes les couches de l'atmosphère, le rapport simple existerait, un abais-

sement d'un millimètre de la colonne barométrique correspondrait à un accroissement d'altitude d'environ 10^m,50 ; mais, comme la densité de l'air varie suivant une loi assez complexe, ce n'est qu'au moyen d'une formule, ou de tables calculées d'avance, qu'on peut déduire exactement l'altitude de la hauteur barométrique observée. Dès 400 mètres, toute dénivellation de un millimètre ne correspond déjà plus qu'à une différence de niveau de 11^m,40.

912. — *Quelle est la hauteur moyenne du baromètre au niveau de la mer et à Paris ?* — Au niveau de la mer, la hauteur barométrique moyenne mesurant le poids de l'atmosphère est de 760 millimètres ; à Paris, au niveau de la Seine qui se trouve à peu près à 30 mètres au-dessus de la mer, la hauteur barométrique moyenne est d'environ 757 millimètres.

Fig. 184. — Observations barométriques en montagne. Mesure des hauteurs.

BB, baromètre à cuvette.

913. — *Le baromètre ne peut-il donner des indications très différentes dans une même ville ?* — Évidemment, puisque la hauteur de la colonne dépend de l'altitude où est placé l'instrument. Dans un quartier haut, le baromètre marquera moins que dans un quartier bas. Pour une différence de niveau de 10 mètres, il y aura une différence de 1 millimètre dans la hauteur barométrique. Même dans une maison de Paris, l'instrument, s'il n'est pas corrigé, indiquera des hauteurs différentes, car du rez-de-chaussée au sixième, il existe une différence de hauteur de 20 mètres environ. Le baromètre du sixième marquera 2 millimètres de moins que celui du rez-de-chaussée. Si le premier est à 760, le second marquera 762.

914. — *La hauteur de la colonne barométrique est-elle toujours la même en un même lieu ?* — Non ; elle peut varier entre des limites assez grandes, de 730 à 785 millimètres, par exemple, à Paris, de sorte que le déplacement du sommet de la colonne peut atteindre 55 millimètres, quantité considérable.

915. — *Quelles sont les causes qui font varier la pression atmosphérique, et par conséquent la hauteur barométrique ?* — L'humidité ou la quantité de vapeurs aqueuses mêlées à l'air, la direction du vent, etc.

La vapeur d'eau est plus légère que l'air; par conséquent, si un volume de vapeur se substitue à un semblable volume d'air, le poids au total diminuera et le baromètre, qui est assimilable à une véritable balance, indiquera cette variation de poids. C'est pour cela que le baromètre descend en général quand l'air se sature d'humidité. Le vent agit surtout sur le baromètre selon sa direction. Les vents du sud ne parviennent généralement sur l'horizon qu'avec une direction ascendante; ils soulèvent l'air, équilibrent une partie de son poids et font par suite descendre le baromètre. L'effet inverse est produit par les vents du nord. Les grandes dépressions barométriques sont produites par les cyclones ou mouvements tournants de l'air. La giration de l'air développe une force centrifuge, l'air est chassé sur le pourtour du cyclone, où la pression s'élève, et aspiré vers le centre pour remplacer l'air qui s'en va un peu comme dans un ventilateur. Aussi l'air aspiré de bas en haut diminue par sa vitesse ascendante le poids de l'atmosphère, et le baromètre descend d'autant plus que le mouvement giratoire est plus énergique.

916. — *Existe-t-il réellement quelque rapport entre la hauteur barométrique et le temps qu'il fait, beau ou mauvais, serein ou nuageux, sec ou humide, calme ou agité par le vent ?* — Oui; mais cette relation n'est ni constante, ni précise, ni certaine. Les moyennes d'un grand nombre d'observations ou d'un grand nombre de rapprochements établis entre la hauteur du baromètre et l'état actuel du temps ont fait reconnaître qu'on pouvait, avec quelque probabilité, prévoir le temps, à l'aide du baromètre, et écrire sur cet instrument, à côté des diverses divisions ou hauteurs de la colonne barométrique, le temps probable qu'il fera dans l'ordre suivant, en supposant que l'observateur est au niveau des mers, ou dans un lieu qui, comme Paris, est peu élevé au-dessus de ce niveau :

0,730	tempête.
0,740	grande pluie.
0,750	pluie ou vent.
0,759	variable.
0,767	beau temps.
0,775	beau fixe.
0,785	très sec.

En réalité, les divisions 0,730 et 0,785 sont plutôt fictives que réelles; il est très rare qu'à Paris le baromètre descende au-dessous de 735 et monte au-dessus de 780.

917. — *Comment surtout les changements de temps sont-ils indiqués par le baromètre ?* — Pour se former une opinion sur le prochain état du temps,

il ne suffit pas d'observer la hauteur actuelle du baromètre, il faut surtout
examiner la rapidité avec laquelle cette hauteur a varié. La manière
d'osciller du mercure dans ses mouvements de hausse ou de baisse, pendant
les jours ou les heures qui viennent de s'écouler, peut seule faire prévoir
les changements qui doivent survenir.

918. — *Quels sont les pronostics un peu certains que l'on peut
déduire de l'observation du baromètre relativement au temps ou aux divers
états de l'atmosphère ?* — Voici ces divers pronostics :

1° *Beau temps.* Si le mercure monte beaucoup, mais lentement, le beau
temps sera de longue durée ; s'il monte au contraire très rapidement, le
beau temps sera au contraire de courte durée.

2° *Pluie.* Si le mercure descend beaucoup, c'est en général signe de
pluie ; elle sera de courte durée ou de longue durée, suivant que le mercure
sera descendu rapidement ou lentement. La pluie ne vient quelquefois après
la baisse que lorsque l'instrument commence à remonter.

3° *Vent.* La dépression de la colonne barométrique annonce, en général,
du vent, et un vent violent, une tempête, si la dépression est très grande.

4° *Orage.* Les oscillations de la colonne barométrique, qui monte et descend tour à tour, annoncent l'approche de l'orage ; il sera violent si, dans
ses oscillations, la colonne descend beaucoup ; l'orage touche à sa fin quand
la colonne remonte précipitamment.

5° *Neige.* La neige est ordinairement précédée d'une dépression barométrique et elle vient le plus souvent quand le baromètre remonte.

919. — *Comment les observatoires ou les bureaux centraux météorologi-
ques établissent-ils les prévisions du temps qui sont envoyées dans les ports ?*—
On reçoit matin et soir des télégrammes d'Amérique et surtout des côtes
d'Irlande. Comme en général les mauvais temps abordent l'Europe par
l'Angleterre, on peut savoir si une dépression arrive du large. De plus, on
a la pression barométrique non seulement d'Angleterre, mais d'une partie
du continent. On dresse avec ces pressions des courbes dites *isobarométri-
ques,* c'est-à-dire d'égale pression, et de la forme de ces courbes, on déduit
les régions où doit se produire un appel d'air ascendant, par suite, celles qui
sont menacées d'une dépression. Bref, on a le tableau exact de la distribution de la pression atmosphérique sur les côtes et sur les terres. Avec un
peu de pratique, on en déduit le temps probable du lendemain. Les
prévisions ainsi établies et envoyées aux ports réussissent généralement
72 à 80 fois sur 100.

920. — *Existe-t-il d'autre baromètre que le baromètre à mercure ?* — Oui,
le baromètre métallique ou anéroïde inventé par un Français, M. Vidi.

Anéroïde vient de trois mots grecs : à privatif, νηρός, *liquide,* et εἶδος,
forme, et signifie *sans forme liquide.*

Il est formé d'une boîte ou d'un tube hermétiquement fermé, d'une capacité suffisante, au sein de laquelle on a fait le vide et à parois assez minces pour céder sensiblement aux variations de la pression atmosphérique. Ces variations produisent sur les faces de la boîte ou sur le tube des oscillations de va-et-vient que l'on convertit, à l'aide d'un mécanisme approprié, en une force capable de faire mouvoir sur un cadran une aiguille qui indique en millimètres l'état exact de la pression atmosphérique. Le baromètre anéroïde, ou encore appelé holostérique, présente le grand avantage d'être transportable et solide. On en fait qui tiennent dans la poche du gilet. Ces instruments, bien construits, sont d'une marche exacte. Malheureusement on en fabrique aujourd'hui à très bon compte dont la marche est très loin de suivre celle du baromètre à mercure auquel il convient toujours de les comparer.

Fig. 185. — Baromètre anéroïde.

Le vide étant fait dans le tube, ses extrémités se rapprochent plus ou moins selon la pression et font tourner l'aiguille dans un sens ou dans l'autre par l'intermédiaire de la fourchette dentée.

921. — *En outre des variations barométriques accidentelles dont il vient d'être question, existe-t-il des variations régulières diurnes ou périodiques ?* — L'observation a prouvé que le baromètre monte et descend régulièrement chaque jour et deux fois par jour. Il monte d'abord à sa plus grande hauteur, à son premier maximum de 9 à 10 heures du matin, descend ensuite et atteint sa plus petite hauteur ou son premier minimum entre 3 et 5 heures du soir ; il remonte au second maximum entre 10 et 11 heures du soir, et revient au second minimum entre 3 et 4 heures du matin. Il y a donc chaque jour deux sortes de marées atmosphériques mises en évidence par l'élévation et l'abaissement du mercure dans le baromètre. Près de l'équateur ces marées sont très régulières, et l'étendue ou l'amplitude des oscillations diurnes est plus grande.

Cette amplitude va en diminuant à mesure qu'on s'éloigne de l'équateur ou du tropique jusqu'au 54° degré de latitude, où elle disparaît, masquée sans doute par la grandeur, l'irrégularité et l'étendue des variations accidentelles.

922. — *Quelle relation existe-t-il entre la température de l'air, ou les indications du thermomètre et du baromètre ?* — En général, les indications du baromètre et du thermomètre sont inverses. Quand l'un monte, l'autre descend. Evidemment, car si le thermomètre monte, c'est que l'air devient plus chaud et s'élève ; la vitesse ascendante diminue le poids de l'atmosphère et le baromètre descend. Même effet renversé quand la température baisse. La prévision du temps gagne en certitude quand on consulte les deux instruments simultanément.

923. — *Qu'indiquent les variations subites de température de l'air ou des indications du thermomètre ?* — Si le thermomètre monte brusquement, c'est signe de pluie ou d'orage ; s'il descend, c'est signe de beau temps ou de brouillard.

924. — *Pourquoi pleuvra-t-il quelquefois quand l'air se refroidira subitement ?* — Parce que le refroidissement condense les vapeurs que l'air, d'abord chaud, renfermait en grande quantité.

925. — *Pourquoi pleuvra-t-il si l'air s'échauffe subitement pendant le jour ?* — Parce que toute vitesse ascendante de l'air échauffé diminue sa capacité pour la vapeur d'eau ; la vapeur a une tendance à se résoudre en pluie. L'air chaud dissout d'autant plus de vapeur avant de se saturer qu'il est plus chaud.

926. — *Pourquoi l'élévation de température fait-elle que l'air est beaucoup plus humide ou plus saturé de vapeur ?* — Il ne faut pas confondre la quantité absolue de vapeur d'eau contenue dans l'air et son degré hygrométrique. Le degré hygrométrique est le rapport entre la quantité de vapeur de l'air et la quantité qu'il renfermerait s'il était saturé. La quantité absolue se définit d'elle-même. En été, l'air renferme plus d'eau qu'en hiver ; mais il est moins humide parce qu'il est plus éloigné de son point de saturation. Aussi, en général, l'air est-il plus humide de mars en août, où la température va en augmentant, que d'août en mars, où elle va en diminuant.

927. — *Qu'est-ce que le vent ?* — Un courant d'air établi au sein de l'atmosphère dans une direction déterminée.

928. — *Quelles sont les causes qui donnent naissance à ces courants d'air ou aux vents ?* — L'échauffement ou le refroidissement du sol et de l'atmosphère ; la condensation des vapeurs tenues en suspension dans l'air ; l'appel de l'air froid du pôle vers l'air chaud des régions équatoriales, l'afflux de l'air d'un parallèle terrestre sur un parallèle plus élevé, la rotation de la terre, etc.

929. — *Comment l'échauffement du sol et de l'atmosphère peut-il engendrer du vent ?* — Si la température du sol s'élève sur une certaine étendue, l'air en contact avec lui s'échauffe, se dilate, monte et s'écoule vers les régions plus froides. Il y a donc un premier courant d'air ou vent soufflant de la région chaude vers les régions froides. En second lieu, par cette même dilatation, il s'est formé dans les régions chauffées un vide, que l'air froid des régions voisines vient remplir ; il y a donc un second courant d'air ou vent soufflant des régions froides vers les régions chaudes.

930. — *Comment le refroidissement du sol ou de l'atmosphère peut-il engendrer du vent ?* — En déterminant la condensation des vapeurs, il fait naître une sorte de vide. L'air des régions voisines vient remplir ce vide, en donnant naissance à un courant d'air qui souffle des régions chaudes vers la région refroidie.

931. — *Comment la rotation de la terre influe-t-elle sur la direction des vents ?* — L'air qui marche des pôles vers l'équateur possède une vitesse propre dans le sens de rotation qui dépend du parallèle terrestre traversé, puisque la vitesse linéaire de rotation augmente sans cesse du pôle à l'équateur. Donc, en progressant vers l'équateur, l'air arrive avec une vitesse plus petite que celle du parallèle où il parvient ; donc il retarde, et, pour toute personne située sur ce parallèle, l'air fait obstacle, il semble venir en sens opposé au mouvement de rotation. Le globe tournant de l'ouest vers l'est, il y a apparence de vent est. C'est pour cela qu'en général les vents du nord deviennent des vents de nord-est. L'effet est renversé pour les vents qui arrivent du sud. Ils semblent venir du sud-ouest.

932. — *Comment la juxtaposition des terres et des mers peut-elle engendrer du vent ?* — Quand le soleil darde à la fois ses rayons sur la mer et sur la terre, la mer s'échauffe moins que la terre ; l'air, au-dessus de la terre, est plus chaud que l'air au-dessus des mers, cette différence fait naturellement naître un vent qui souffle de la mer sur la terre.

933. — *Pourquoi la mer s'échauffe-t-elle moins que la terre sous l'action des rayons solaires ?* — Parce que l'eau conduit mal la chaleur, parce qu'elle est moins dense que le sol et toujours agitée ; parce que ses eaux se réduisent en vapeur et que la vaporisation est une cause d'abaissement de température.

934. — *La direction, la vitesse et la force du vent sont-elles variables ?* — Elles varient nécessairement avec l'intensité très variable des causes multiples qui les font naître.

935. — *Comment exprime-t-on la direction du vent ?* — On a divisé la circonférence entière de l'horizon en 32 parties aires ou rhumbs de vent par 32 rayons qui forment ce qu'on appelle la *rose des vents*, et qui ont reçu chacun un nom qui rappelle leur position relativement aux quatre points cardinaux, *nord*, *est*, *sud*, *ouest*, etc. On donne au vent le nom du rayon de la rose suivant lequel il souffle ; ainsi le vent *nord-est* est celui qui souffle suivant le quatrième rayon, à partir du nord.

Fig. 186. — Rose des vents à 8 rhumbs et aiguille indicatrice de la girouette.

936. — *Comment évalue-t-on la vitesse du vent ?* — Par le nombre de mètres qu'il parcourt dans une seconde, nombre qui varie depuis 2 jusqu'à 40 et 50 mètres.

937. — *Comment évalue-t-on la force du vent ?* — Par la pression qu'il exerce sur un mètre carré, et qui varie depuis 0 kilog., 5, jusqu'à près de 400 kilogrammes.

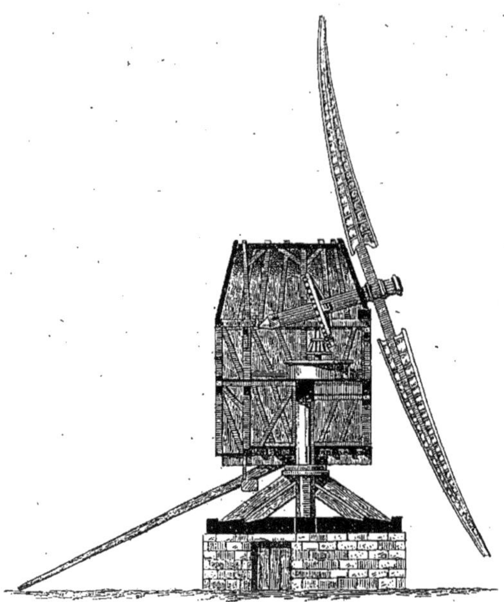

Fig. 187. — Moulin à vent.

Les ailes reçoivent l'action du vent et agissent sur un axe transmettant son mouvement à une meule au moyen d'un engrenage conique (voir n° 62).

938. — *Quelle est la vitesse ou la force des principaux vents ?*

	Vitesse.	Force.
Vent faible.	2 mètres	0$^{kil.}$,54
Vent frais ou brise	6 —	4 ,87
Bon frais.	9 —	10 ,97
Grand frais (fait serrer les hautes voiles)	12 —	20 ,50
Vent très fort.	15 —	30 ,47
Tempête.	24 —	100
Ouragan.	40 —	350

939. — *Le même vent règne-t-il toujours sur toute la hauteur de l'atmos-*

vhère ? — Pas toujours. Ainsi, l'on voit les nuages rester immobiles ou marcher dans une direction contraire à celle qu'indique la girouette.

940. — *A l'aide de quel instrument estime-t-on ou mesure-t-on la direction, la vitesse et la force du vent ?* — A l'aide de l'anémomètre, qui com-

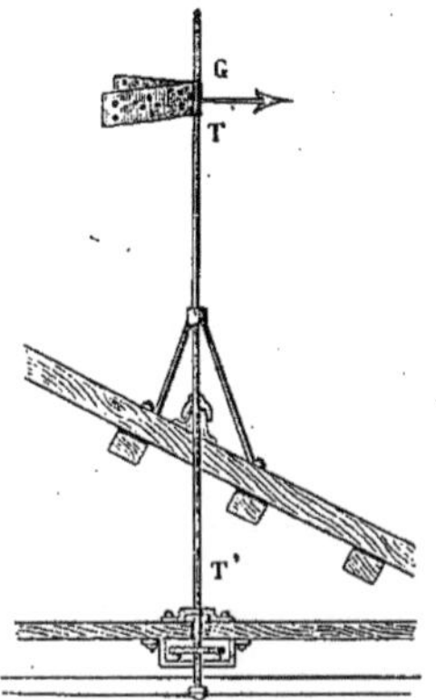

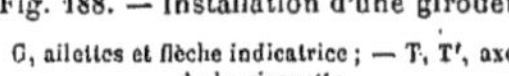

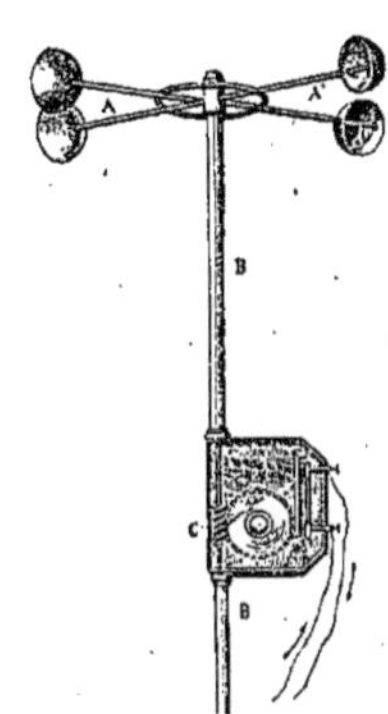

Fig. 188. — Installation d'une girouette.

G, ailettes et flèche indicatrice ; — T, T', axe de la girouette.

Fig. 189. — Anémomètre Robinson.

A, A', hémisphères métalliques du moulinet ; — B, B, axe du moulinet ; — C, compteur.

prend : 1° une girouette qui indique la direction du vent ; 2° un moulinet à ailettes tournant sous l'action du vent, et qui, par le nombre plus ou moins grand de tours qu'il fait dans un temps donné, permet d'évaluer la vitesse et la force du vent.

941. — *Qu'entend-on par vents réguliers ou périodiques ?* — Des vents qui soufflent à des époques, à des jours ou à des heures déterminés, parce qu'ils ont leur cause dans des phénomènes naturels réguliers.

Par exemple : 1° les vents alizés, qui soufflent pendant toute l'année de l'est à l'ouest, dans les régions tropicales ; 2° les moussons, qui règnent chacune pendant six mois, l'une d'avril en octobre, l'autre d'octobre en avril dans l'océan Indien ; 3° les brises, qui se manifestent seulement près des côtes.

942. — *Dans quelle direction soufflent les vents alizés ?* — Les vents alizés soufflent nord-est dans l'hémisphère boréal, sud-est dans l'hémisphère austral, et généralement est très près de l'équateur.

943. — *Quelle est la cause des vents alizés ?* — La chaleur excessive du sol dans la zone torride, où le soleil tombe à plomb. L'air, violemment échauffé, monte et se déverse vers les pôles nord et sud, en donnant naissance à deux courants supérieurs. En même temps, l'air plus froid vient des pôles pour remplir le vide causé par la dilatation de l'atmosphère à l'équateur, et donne naissance à deux courants d'air inférieurs qui sont les vents alizés.

944. — *Si les vents alizés viennent des pôles, pourquoi ne soufflent-ils pas directement nord dans l'hémisphère boréal, sud dans l'hémisphère austral, mais bien nord-est et sud-est ?* — Parce que, comme il a été dit précédemment, le mouvement de rotation de la terre de l'ouest vers l'est modifie la direction des courants d'air froid qui viennent des pôles à l'équateur. La vitesse de rotation de la terre et de l'atmosphère entraînée par elle est moindre aux pôles qu'à l'équateur ; l'air froid venu des pôles retarde donc sur l'air des régions tropicales ; il fait l'effet, par rapport à cet air tropical, d'un courant soufflant de l'est, et voilà comment la direction définitive des vents alizés est nord-est dans l'hémisphère boréal, sud-est dans l'hémisphère austral.

945. — *Les vents alizés soufflent-ils pendant toute l'année ?* — Oui, on les rencontre dès que l'on atteint le parallèle de 30 degrés des deux côtés de l'équateur ; ils approchent d'autant plus de l'est et deviennent d'autant plus faibles que l'on se rapproche de l'équateur. La limite supérieure des vents alizés varie un peu selon les saisons ; elle s'abaisse en hiver et monte en été.

Dans la bande équatoriale située entre deux degrés de latitude nord et deux degrés de latitude sud, les vents alizés perdent de leur force ; cette bande a, en conséquence, reçu le nom de *région des calmes ;* l'équilibre atmosphérique n'y est troublé que par les ouragans, cyclones ou tornados.

Il y a aussi une bande de calmes vers 30° de latitude, dans la région où l'air soulevé à l'équateur retombe à la surface de la terre. Quelques météorologistes, depuis les beaux travaux du lieutenant Brault, admettent non pas des bandes, mais de simples zones de calme assez limitées en étendue.

946. — *Qu'appelle-t-on moussons ?* — Des vents réguliers et périodiques qui, sur la mer des Indes ou dans l'océan Indien, soufflent du sud-ouest pendant six mois, du 15 avril au 15 octobre, et du nord-est pendant six autres mois, du 15 octobre au 15 avril : ces vents sont dirigés vers les continents dans l'été, en sens contraire, ou vers les mers, en hiver.

947. — *Qu'appelle-t-on vents étésiens ?* — Des vents ou moussons de la Méditerranée qui pendant l'été soufflent du sud, pendant l'hiver soufflent du nord, et qui ont pour cause le réchauffement très intense pendant l'été, le refroidissement considérable par radiation ou rayonnement pendant l'hiver du désert si aride du Sahara.

948. — *Qu'appelle-t-on simoun ?* — Un vent violent qui souffle des déserts de l'Asie et de l'Afrique, et qui est caractérisé par sa haute température, par les sables qu'il élève dans l'atmosphère et transporte au loin.

949. — *Qu'appelle-t-on sirocco en Italie et à Alger, chamsin en Egypte ?* — Un vent très chaud qui, depuis la fin d'avril jusqu'en juin, souffle du grand désert du Sahara.

950. — *Qu'appelle-t-on mistral ?* — Un vent de la Méditerranée qui souffle du nord-ouest, très violent en automne et en hiver, surtout après les pluies d'orage.

951. — *Que nomme-t-on foehn?* — Un vent bien connu en Suisse qui souffle du sud et qui est chaud et sec. On pensait qu'il provenait des déserts d'Afrique. On tend à admettre que c'est un vent marin qui se dessèche en s'élevant le long des montagnes et s'échauffe en redescendant dans les vallées par compression de l'air.

952. — *Qu'appelle-t-on brise de mer et brise de terre?* — La brise de mer est un vent qui commence à se faire sentir, vers 9 heures du matin, sur le bord des mers, et souffle de la mer vers la terre. La brise de terre est un vent qui s'élève un peu après le coucher du soleil, et souffle de la terre vers la mer.

953. — *Pourquoi la brise souffle-t-elle de la mer vers la terre pendant le jour?* — Parce que les rayons du soleil échauffent la surface du sol plus que celle de la mer; les couches d'air en contact avec cette dernière, restées plus froides, se dirigent vers la côte.

954. — *Pourquoi la brise souffle-t-elle de la terre vers la mer pendant la nuit?* — Parce que la surface du sol se refroidit plus vite que celle de la mer après le coucher du soleil; les couches d'air qui couvrent le sol, devenues plus froides, se dirigent vers la mer.

955. — *Les vents de France sont-ils réguliers?* — A Paris, les vents généralement dominants sont le vent sud-ouest, et les vents voisins, sud et ouest. Au printemps, les vents nord et nord-est sont presque aussi fréquents que les vents opposés; et, en été, les vents d'ouest dominent : ce sont les résultats les plus certains qu'on ait pu déduire de la discussion de quarante années d'observations.

956. — *Pourquoi le lever du soleil est-il souvent accompagné d'une brise fraîche pendant l'été?* — Parce que l'air en contact avec le sol frappé par les premiers rayons du soleil s'échauffe et s'élève; des couches d'air plus froid se précipitent dans le vide pour rétablir l'équilibre, et donnent naissance à la brise matinale.

957. — *Pourquoi la brise s'élève-t-elle après le coucher du soleil pendant l'été?* — Parce que, après le coucher du soleil, la terre perd sa chaleur par le rayonnement, l'air se refroidit rapidement, se condense, ou diminue de volume; il en résulte une sorte de vide qui donne naissance à un courant d'air ou à la brise du soir.

958. — *Pourquoi les vents de la fin de mars et du commencement d'avril sont-ils secs?* — Parce qu'ils soufflent en général de l'est et du nord-est.

959. — *Que signifie le proverbe : Mars, venu comme un lion, part comme un agneau?* — La France souffle sud-ouest vers la Russie pendant un certain nombre de jours; la Russie à son tour souffle nord-est sur la France, vers la fin de mars et au commencement d'avril; si les commencements de mars ont été très froids, et que les vents violents du nord-est se soient fait sentir, c'est que le contre-courant de Russie a soufflé plus tôt ; on n'a plus rien à redouter pour la fin du mois, qui sera par conséquent plus douce.

960. — *Pourquoi un vieux proverbe français dit-il : Mars hâleux (sec) marie la fille du laboureux ?* — Parce qu'un mois de mars sec est favorable à l'agriculture, tandis que la semence se pourrit s'il pleut beaucoup.

961. — *Pourquoi le proverbe dit-il :*

> *Mars poudreux, avril pluvieux,*
> *Mai joli, gai et venteux,*
> *Présagent un an plantureux* (abondant)?

— Parce qu'un mois de mars sec empêche la semence de périr ; les pluies d'avril fournissent aux jeunes germes l'alimentation, et la chaleur, tempérée par le vent d'un beau mois de mai, est favorable aux boutons et aux bourgeons.

962. — *Pourquoi le proverbe dit-il :*

> *Bourgeon qui pousse en avril*
> *Met peu de vin en baril ?*

— Parce que les bourgeons qui poussent au commencement d'avril sont exposés à être saisis et détruits par les gelées tardives de la fin de ce mois et des premiers jours de mai.

963. — *Pourquoi le proverbe dit-il : Avril froid, pain et vin donne ?* — Parce que, lorsque avril est froid, la végétation ne fait pas de progrès ; les bourgeons, naissant plus tard, n'ont plus à redouter les gelées tardives.

964. — *Qu'est-ce que la ventilation ?* — Le renouvellement de l'air dans les lieux fermés, tels que les salles de réunion ou de spectacle, les églises, les salles d'hôpital, les prisons, les voitures, les vaisseaux, etc.

965. — *L'air d'un appartement est-il toujours en mouvement ?* — Oui : il y a toujours deux courants d'air dans un appartement occupé : l'un d'air chaud, qui se dirige au dehors, et l'autre d'air froid, qui entre dans la chambre.

966. — *Comment peut-on prouver l'existence de ces deux courants d'air ?* — Au moyen de deux bougies allumées, placées l'une au bas et l'autre au haut de la porte de l'appartement ; la direction des flammes fera voir qu'il y a un courant inférieur d'air froid qui entre dans la chambre et un courant supérieur d'air chaud qui en sort.

967. — *Pourquoi la flamme de la bougie placée au haut de la porte aura-t-elle une direction qui l'entraînera vers l'extérieur de la chambre ?* — Parce que l'air chaud de la chambre monte et est chassé, à travers la fente supérieure de la porte, par l'air inférieur, qui est plus dense.

968. — *Pourquoi la flamme de la bougie placée au bas de la porte sera-t-elle dirigée vers l'intérieur de la chambre ?* — Parce que l'air froid extérieur se dirige dans la chambre à travers la fente inférieure de la porte, pour remplir le vide laissé par l'air chaud qui s'échappe.

969. — *Pourquoi un vent coulis se glisse-t-il à travers le trou des serrures, les fentes inférieures et latérales des portes et des fenêtres ?* — Parce que l'air de l'appartement occupé, étant plus chaud que celui du dehors, s'élève et sort, tandis que des courants d'air frais entrent à travers les trous des serrures et les fentes des fenêtres, pour remplir le vide causé par l'ascension et la sortie de l'air chaud de l'appartement.

970. — *Pourquoi les galeries des amphithéâtres, etc., sont-elles plus chaudes que le parterre ?* — Parce que l'air chaud d'une salle de spectacle s'élève, et tout l'air frais qui peut y entrer reste dans les parties inférieures jusqu'à ce qu'il soit échauffé.

971. — *De quelle manière effectue-t-on la ventilation des mines ?* — On creuse deux puits, c'est-à-dire que l'on met le fond de la mine en communication avec l'air extérieur par deux tuyaux cylindriques plus ou moins larges. L'un, le puits d'alimentation d'air, donne accès à l'air froid et pur du dehors ; l'autre, le tuyau de ventilation, donne issue à l'air chaud et vicié des galeries.

972. — *Comment détermine-t-on l'ascension de l'air chaud et vicié dans le tuyau de ventilation ?* — En faisant le vide à son orifice supérieur avec une pompe à air, ou en allumant à son orifice inférieur un bon feu qui raréfie l'air et produit le tirage.

973. — *Quel effet la respiration produit-elle sur l'air d'une chambre ?* — Elle diminue la proportion d'oxygène et augmente celle d'acide carbonique, de vapeur d'eau et de matière organique en suspension.

Un homme consomme par heure 360 litres d'air, et rend irrespirables plus de 4 mètres cubes d'air par jour.

974. — *Comment peut-on diminuer les fâcheux effets d'un air vicié dans un appartement où l'on est obligé de demeurer pendant une grande partie du jour ?* — En disposant dans toutes les chambres un bon système de ventilation ; c'est-à-dire en donnant accès, sans production de courants ou coulis d'air, à l'air frais du dehors, et donnant issue à l'air chaud et vicié du dedans.

975. — *Pourquoi les personnes qui séjournent dans les grandes villes et dans les ateliers sont-elles pâles et blêmes ?* — Parce qu'elles respirent à l'abri de la lumière une atmosphère saturée de miasmes. C'est l'oxygène de l'air pur qui donne au sang sa couleur rouge vermeille ; la lumière est tout à fait nécessaire pour que les fonctions vitales s'accomplissent dans toute leur intégrité.

976. — *Pourquoi les personnes qui séjournent une grande partie de la journée, en plein air, dans la campagne, ont-elles en général un teint frais et coloré ?* — C'est surtout parce qu'elles respirent constamment une atmosphère pure et très éclairée, où abondent l'oxygène et la lumière.

II

.977. — *Que comprend-on sous le nom générique de météores aqueux ?* —
Tous les phénomènes de l'atmosphère dans lesquels l'eau joue un rôle quelconque : à quelque état d'ailleurs qu'elle soit, solide, liquide, gazeux. Les principaux météores aqueux sont les nuages, la pluie, la neige, la grêle, le givre, etc., etc.

978. — *Qu'est-ce qu'un nuage ?* — Quelques météorologistes admettent que les nuages sont constitués par de la vapeur vésiculaire, c'est-à-dire par de petits globules d'air entourés d'une mince pellicule d'eau. Les autres pensent qu'ils sont formés par un amas de molécules d'eau très fines. Si, lorsque la vapeur répandue dans une certaine masse d'air est arrivée au plus haut degré de saturation ou de tension, qu'elle peut avoir à la température actuelle, cette température vient à baisser, les molécules de vapeur d'eau passent à l'état de globules d'eau liquide infiniment petits ; elles passeraient même à l'état de globules solides si le refroidissement était assez considérable. Ces amas de globules

Fig. 190. — Nuages au sommet des montagnes.

d'eau ou de glace nageant dans la masse d'air primitive constituent un nuage.

979. — *Comment expliquez-vous que les nuages flottent dans l'air sans tomber ?* — Les nuages flottent dans l'air à cause de leur faible densité ; ils descendent cependant ou montent selon que les courants d'air les poussent de bas en haut ou les laissent retomber, selon aussi qu'ils s'échauffent ou se refroidissent. Quand les nuages tombent lentement, s'ils pénètrent dans une couche d'air chaud, ils se dissipent. La pression de l'air près du sol augmentant, l'air les dissout plus aisément. Au contraire, quand l'air chargé de vapeurs s'élève, la faculté dissolvante diminue, la vapeur se condense et les nuages apparaissent. La région où se forme un nuage dépend de l'état relatif d'humidité de l'air qui y est entraîné.

980. — *Comment peuvent se former les nuages ?* — 1° Si un courant d'air froid souffle tout à coup sur un pays, il condense la vapeur invisible

Fig. 191. — Cirro-stratus.

de l'air en nuages ; 2° si un vent chaud chargé de vapeur d'eau rencontre un vent froid, il se formera aussi un nuage ; 3° si, au contraire, un courant d'air chaud passe sur la surface des nuages, il les dissipe en absorbant leur vapeur.

981. — *Pourquoi les nuages se forment-ils très souvent le long des chaînes de montagnes ?* — Parce que lorsqu'il se forme des courants ascensionnels, l'air humide des vallons s'élève, perd son pouvoir dissolvant de la vapeur d'eau et l'humidité se condense au contact froid des flancs des montagnes.

982. — *Quelle est la distance des nuages à la terre ?* — Elle varie selon les latitudes depuis 300 à 400 mètres jusqu'à 2 000 mètres au moins. En été, les stratus sont à 800 mètres dans nos régions. D'après des mesures faites récemment à Upsal, les cumulus seraient à 1 800 mètres, les nimbus à 1 500 mètres, les faux-cirrus à 4 000 mètres, les cirro-cumulus à 6 400, les cirrus à 8 800 mètres. Il n'y aurait plus aucun nuage au delà de 12 000 mètres.

983. — *Quelle est la grandeur des nuages ?* — Quelques nuages ont des dimensions énormes, de 30 kilomètres carrés et plus de longueur, de 1 000 mètres de largeur et d'épaisseur et au delà, tandis que d'autres sont très petits.

Fig. 192. — Cumulo-stratus.

984. — *Qu'est-ce qui produit la grande variété de formes dans les nuages ?* — 1° La cause même si variable qui leur donne naissance ; 2° leurs conditions électriques ; 3° leur rapport avec les courants d'air.

985. — *Comment l'électricité peut-elle exercer de l'influence sur la forme*

des nuages? — Par sa force mécanique, son pouvoir de condensation ou
de vaporisation, les attractions et les répulsions qu'elle exerce, les ren-

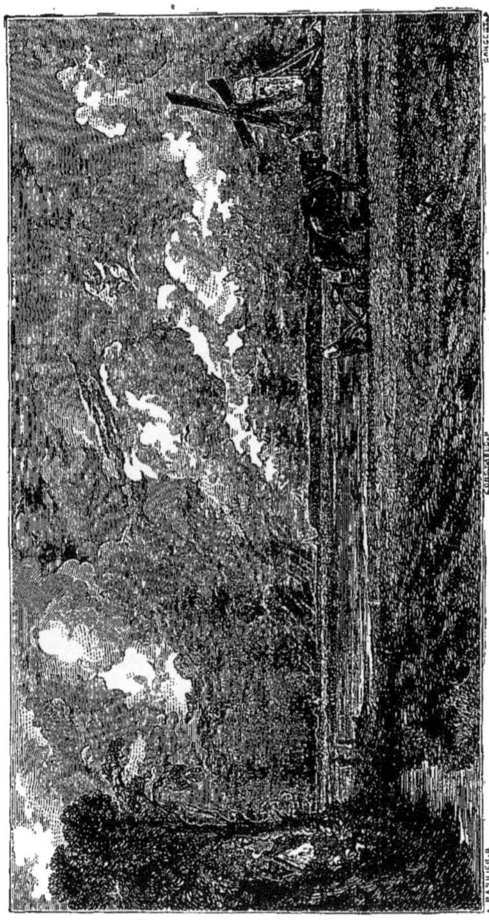

Fig. 193. — Nimbus pluvieux.

contrés et les fusions qu'elle détermine; etc., etc. Les nuages fortement
électrisés sont dans un état de mobilité très grande, et prennent souvent
des formes fantastiques.

986. — *Quelles sont les couleurs générales des nuages ?* — Ils sont blancs et gris plus ou moins noirs quand le soleil est au-dessus de l'horizon ; rouges orangés et jaunes au lever et au coucher du soleil.

987. — *Pourquoi les nuages sont-ils, en général, rouges le soir ou le matin, lorsqu'ils sont vus par transparence, éclairés par les rayons directs du soleil*

Fig. 194. — Nimbus orageux.

levant ou couchant ? — Parce que les rayons autres que le rouge dont se compose la lumière solaire sont arrêtés par l'opacité du nuage. C'est une propriété particulière aux rayons rouges, en raison de leurs vibrations plus courtes et plus nombreuses, d'être moins arrêtés par les masses de vapeurs ou de nuages qu'ils traversent. Après les rayons rouges, ce sont les rayons orangés et jaunes qui s'éteignent le moins, à épaisseurs et à opacité égales du milieu traversé.

988. — *Pourquoi la couleur des nuages varie-t-elle ?* — Parce que leur épaisseur, leur densité et leur position à l'égard du soleil varient continuellement, et modifient la couleur de la lumière transmise ou réfléchie.

989. — *A quoi doit-on attribuer le mouvement et le déplacement des nuages dans le ciel ?* — Aux courants d'air ascendants, aux vents, qui les poussent ou les entraînent ; à l'électricité, qui fait qu'ils s'attirent ou se repoussent, qu'ils sont attirés ou repoussés par la terre, etc.

990. — *Quelles sont les principales formes ou variétés de nuages, et à quels caractères les reconnaît-on ? Qu'annoncent-elles ?* — Les principales formes ou variétés de nuages sont les *cirrus*, les *cumulus*, les *stratus* et les *nimbus*.

Les *cirrus*, mot latin qui signifie touffe, frisure, sont de petits nuages blanchâtres offrant l'aspect de filaments déliés assez semblables à des touffes de laine cardée. Ce sont les plus élevés de tous, et, en raison de la température très basse des régions qu'ils occupent, on peut considérer comme certain qu'ils sont formés de particules glacées ; ils sont souvent orientés dans le ciel, c'est-à-dire rangés parrallèlement, suivant une direction qui paraît dépendre du vent dans les grandes hauteurs ; leur apparition précède et annonce un changement de temps, souvent l'arrivée des vents pluvieux.

Les *cumulus*, mot latin qui signifie amas, sont des nuages arrondis, souvent entassés les uns sur les autres, plus fréquents en été qu'en hiver. Ils apparaissent ordinairement le matin, et se dissipent le soir. S'ils persistent après le coucher du soleil et deviennent plus nombreux, avec des cirrus situés au-dessus d'eux, on doit s'attendre à de la pluie ou à un orage.

Les *stratus*, mot latin qui signifie couches, sont des couches nuageuses horizontales qui se forment au coucher du soleil, sous l'influence du refroidissement de la terre et de l'atmosphère ; ils disparaissent au lever du soleil. Ils sont fréquents en automne et rares en été. Leur hauteur est beaucoup moindre que celle des cumulus, et, à plus forte raison, des cirrus.

Les *nimbus*, mot latin qui signifie pluie, n'affectent aucune forme caractéristique ; ils sont larges, lourds, d'un gris uniforme plus ou moins foncé, passant quelquefois au noir ; leurs bords sont frangés. Ils sont quelquefois très bas. Leur nom indique suffisamment qu'ils annoncent de la pluie ou même qu'ils donnent actuellement de la pluie.

En outre de ces quatre variétés principales, on a donné des noms particuliers à des nuages qui ont quelque chose de commun, par leur apparence et leur position, avec deux des formes que nous venons de décrire, et qui sont comme le passage de l'une à l'autre.

Les *cirro-cumulus* sont des nuages arrondis d'où partent quelquefois des traînées lumineuses semblables à une chevelure épaisse ; lorsqu'ils sont nombreux, on dit que le ciel est moutonné. Leur présence alors annonce un prochain changement de temps, suivant ces deux proverbes : *Ciel mou-*

Fig. 195. — Diverses espèces de nuages.

tonné, fille fardée, ne sont pas de longue durée ; Brebis qui paissent ès cieux font temps venteux et pluvieux.

Les *cirro-stratus* sont formés de bandes ou filaments plus compactes, plus épais que ceux des cirrus, superposés en couches horizontales ; ils se dissipent promptement et pronostiquent le beau temps.

Les *cumulo-stratus* sont des cumulus entassés les uns sur les autres ; ils se montrent surtout à l'horizon ouest dans les beaux jours de l'été ; ils ont de grandes dimensions et prennent des formes fantastiques d'hommes, d'animaux, d'arbres, de montagnes, de tours, etc. S'ils se forment par un ciel couvert, ils annoncent la pluie.

991. — *Pourquoi dit-on quelquefois que le vent amène les nuages ?* — 1° Parce qu'il les amène réellement lorsqu'il les entraîne avec lui comme masse se déplaçant dans l'espace ; 2° parce qu'il les fait naître sur place soit lorsqu'il est chaud et humide, en cédant sa vapeur condensée aux masses d'air plus froides qu'il rencontre, soit lorsqu'il est froid, en condensant les vapeurs des masses d'air chaud qu'il traverse.

992. — *Pourquoi dit-on quelquefois que le vent chasse les nuages ?* — 1° Parce qu'il les chasse réellement ou les dissout quand il est descendant et qu'il augmente le pouvoir dissolvant de l'air, ou encore quand, chaud, il peut vaporiser les gouttes aqueuses qui forment les nuages qu'il rencontre sur sa route.

Fig. 196. — Nuages chassés par le vent.

993. — *Est-il certain que l'eau dans les nuages est quelquefois à l'état de globules solides ou de glaçons ?* — Oui, très certainement ; dans les ascensions en ballon les aéronautes ont souvent traversé des nuages uniquement formés de cristaux de glace. Il est, d'ailleurs, un grand nombre de phénomènes naturels que l'on ne peut expliquer qu'en mettant en jeu la réflexion, la réfraction, la dispersion de la lumière par les cristaux de glace existant dans les nuages : on a précédemment décrit et expliqué, autant qu'on le peut, d'une manière élémentaire, les phénomènes connus sous les noms de halos, de parhélies, de cercles parhéliques, de couronnes de gloire, etc., lorsqu'il a été question d'optique météorologique (733-738).

994. — *Comment explique-t-on la présence de glaçons au sein des cirrus même en été ?* — Par la plus grande élévation de ces nuages dans l'atmosphère, par le froid qui règne à ces grandes hauteurs, en raison de la température très basse des espaces célestes.

995. — *Pourquoi se sent-on plus accablé et plus étouffé en été, pendant les nuits chaudes, lorsque le ciel est chargé de nuages ?* — Parce que la chaleur de la terre, arrêtée par les nuages et comme refoulée vers le sol, ne peut pas se dissiper par rayonnement dans les espaces célestes.

996. — *Pourquoi nous sentons-nous à notre aise lorsque la nuit est belle ou le ciel pur ?* — Parce que la chaleur pouvant s'échapper librement vers les régions supérieures de l'atmosphère, le sol se rafraîchit, et l'air qu'on respire devient frais.

997. — *Pourquoi nous sentons-nous abattus quand l'air est humide et le ciel couvert de nuages ?* — Parce que : 1° l'air humide empêche la perspiration ou l'évacuation de l'eau du corps par la peau et ralentit les fonctions générales de l'organisme ; 2° la lumière, c'est-à-dire un ciel pur ensoleillé, est un stimulant nécessaire à la vie physique et morale. Le spleen, maladie comme endémique dans les climats pluvieux, où le ciel est presque toujours gris et couvert de nuages, est presque inconnu dans les climats secs, où le ciel est généralement bleu d'azur.

998. — *Qu'est-ce que la rosée ?* — Rosée signifie la vapeur aqueuse déposée, pendant la nuit, en plein air, à la surface des corps. Si l'on apporte dans une salle à manger une carafe d'eau très fraîche, l'eau fait réfrigérant et condense sur les parois la vapeur d'eau de la couche d'air avoisinant la carafe.

Si l'on remplit de glace un vase quelconque, ses parois se couvriront en peu d'instants de rosée provenant de la vapeur de l'air qui est condensée par le froid.

999. — *Pourquoi le sol se recouvre-t-il quelquefois de rosée ?* — Parce que la surface de la terre, après le coucher du soleil, se refroidit et détermine par conséquent la condensation des vapeurs aqueuses de l'air en contact avec elle.

1000. — *Pourquoi le sol se refroidit-il davantage et se couvre-t-il plus de rosée par un ciel pur que par un ciel chargé de nuages ?* — Parce que, lorsque le ciel est pur, rien n'arrête le rayonnement vers les espaces célestes, tandis que les nuages forment une sorte d'écran qui empêche le rayonnement, et rend au sol presque autant de chaleur qu'il en reçoit.

1001. — *Pourquoi la rosée est-elle plus abondante dans les lieux les plus découverts ?* — Parce que, le rayonnement s'exerçant plus librement et avec plus d'intensité dans les lieux découverts, le refroidissement est plus considérable.

1002. — *Pourquoi n'y a-t-il que fort peu de rosée sous les arbres feuillus ?* — Parce que les arbres feuillus sont aussi des écrans qui arrêtent le rayonnement et renvoient vers le sol presque autant de chaleur qu'ils en reçoivent.

1003. — *Pourquoi la toile et le paillasson qui couvrent et protègent les* *plantes sont-ils souvent trempés de rosée ?* — Parce qu'ils se refroidissent par rayonnement vers le ciel et vers le sol, et que, refroidis, ils condensent promptement la vapeur de l'air en contact avec leur surface.

1004. — *Pourquoi la rosée ne se forme-t-elle jamais pendant la nuit, lorsqu'il fait du vent ?* — Parce qu'il faut un certain temps pour que la vapeur aqueuse se refroidisse et se condense. Le vent, en la renouvelant sans cesse au contact du corps refroidi, empêche par cela même le dépôt de rosée. Il peut arriver aussi que le vent évapore la gouttelette à mesure qu'elle tend à se former.

1005. — *Pourquoi la rosée se dépose-t-elle plus abondamment sur certains corps que sur d'autres ?* — Parce que certains corps rayonnent plus que les autres et que par conséquent leur température propre s'abaisse davantage. Appréciée au thermomètre, la température de l'herbe est, par exemple, beaucoup plus basse pendant la nuit que celle des métaux; aussi l'herbe et les feuilles des plantes se recouvrent-elles d'une rosée abondante, alors que les métaux restent presque secs.

1006. — *Quelles sont les substances qui perdent le plus promptement leur chaleur par le rayonnement ?* — L'herbe, le bois et les feuilles des plantes. Au contraire, le métal poli, les pierres unies, les étoffes de laine de toutes sortes, rayonnent lentement.

1007. — *Pourquoi une allée de gravier est-elle presque sèche, lorsqu'un gazon est couvert d'une nappe épaisse de rosée ?* — Parce que le gravier se refroidit moins par rayonnement. La rosée est inconnue dans les déserts de l'Asie et de l'Afrique. En pleine mer il n'y a pas de rosée. Les navires sont souvent avertis de la proximité des terres par un dépôt de rosée qui se fait sur les voiles.

1008. — *Pourquoi nos vêtements sont-ils souvent humides après une promenade par un beau soir de fin de printemps ou de commencement d'automne ?* — Parce que le serein se dépose à leur surface.

1009. — *Comment la vapeur de l'air peut-elle se liquéfier sans le contact d'un corps froid ?* — Parce que l'air a son rayonnement et son refroidissement propres; s'il est saturé de vapeur, cette vapeur se précipitera sous forme de gouttelettes ou de pluie très fine, distincte de la rosée, laquelle se dépose au contact des corps refroidis. La première précipitation se désigne sous le nom de *serein*, la seconde est la *rosée* proprement dite.

1010. — *Quand la rosée se forme-t-elle le plus abondamment ?* — Après un jour chaud d'été ou d'automne, surtout si le vent vient de l'ouest.

1011. — *Pourquoi la rosée se dépose-t-elle le plus abondamment après un jour chaud ?* — Parce que l'air chaud est, en général, plus chargé de vapeurs.

1012. — *Pourquoi y a-t-il moins de rosée quand le vent vient de l'est que lorsqu'il souffle de l'ouest ?* — Parce que l'air est plus chargé d'humidité, dans nos climats du moins, lorsque le vent souffle de l'ouest que lorsqu'il souffle de l'est. Dans l'Égypte, placée au sud de la Méditerranée, on ne voit de rosée que lorsque le vent souffle du nord.

1013. — *Pourquoi le serein est-il malsain ?* — Parce que : 1° il refroidit le corps et atténue la transpiration cutanée ; 2° dans le voisinage surtout des eaux stagnantes et des marais, il entraîne, en se précipitant, les germes ou microbes de l'air, les miasmes et autres exhalaisons insalubres.

1014. — *Pourquoi les gouttes de rosée sont-elles rondes ?* — Elles sont rondes lorsqu'elles ne mouillent pas les corps sur lesquels elles se déposent, parce que la forme sphérique est la forme naturelle d'équilibre des gouttes liquides, quand les molécules qui les composent obéissent librement à leurs attractions mutuelles.

1015. — *Pourquoi les grosses gouttes de rosée ne sont-elles plus rondes, mais aplaties ?* — Parce que le poids des grosses gouttes contre-balance l'attraction mutuelle des molécules ; elles cessent alors de prendre la forme sphérique d'équilibre naturel et peuvent même mouiller une surface qu'elles ne mouilleraient pas si elles étaient plus petites.

1016. — *Pourquoi la rosée ne mouille-t-elle pas les feuilles ou les pétales de certaines plantes ?* — Parce que ces feuilles et ces pétales sont recouverts, ou d'un duvet très fin, ou d'une poussière très ténue, ou d'une huile essentielle subtile, qui empêchent qu'ils ne puissent être mouillés par l'eau. On voit souvent les gouttes de pluie, mises en contact avec des poussières excessivement fines, s'arrondir en boules sans les mouiller. Les gouttes d'eau roulent, par exemple, sur du noir de fumée. On voit les oiseaux aquatiques plonger dans l'eau et remonter à sa surface sans être mouillés, parce que leur plumage est comme défendu de l'eau par une sécrétion huileuse.

1017. — *Pourquoi les vitres des fenêtres se couvrent-elles quelquefois d'eau, qui coule à leur surface ?* — Parce que : 1° l'air extérieur s'est refroidi et a refroidi les vitres ; 2° au contact des vitres refroidies, les vapeurs humides de l'appartement se sont condensées à leur surface en gouttelettes très fines ; ces gouttelettes, en descendant par leur propre poids, s'unissent et arrivent à former des gouttes plus grosses ou des filets d'eau qui coulent à la surface des vitres.

1018. — *D'où proviennent les vapeurs humides de l'intérieur des appartements ?* — De l'air atmosphérique, de la respiration, de la transpiration cutanée, sensible ou insensible, des personnes qui y ont séjourné, de tous les liquides qui s'y sont vaporisés, etc., etc.

1019. — *Quelle est la cause des arborescences qui apparaissent quelquefois, pendant l'hiver, à la surface intérieure des vitres des chambres à coucher, et qui sont dessinées par de l'eau congelée sous forme de givre ?* — La congélation, par suite d'un refroidissement plus intense à l'extérieur, des gouttes d'eau ou de la couche liquide résultant de la condensation des vapeurs humides de l'intérieur. Ces arborescences forment souvent des dessins très variés et très élégants.

1020. — *Pourquoi les glaces d'une voiture se couvrent-elles quelquefois de gouttelettes d'eau ?* — Parce que la vapeur d'eau dégagée par les poumons et par la peau des personnes qui s'y trouvent se condense sur les glaces froides.

1021. — *Pourquoi les vitres sont-elles plus froides que les murailles d'un appartement ?* — Parce que, plus immédiatement en contact avec l'air extérieur, et plus minces, elles cèdent plus facilement et plus promptement leur chaleur par rayonnement et par conductibilité.

1022. — *Pourquoi les verres de lunettes se voilent-ils tout à coup lorsqu'on entre, pendant l'hiver, dans un endroit chaud ?* — Parce que les vapeurs de l'appartement se condensent sur les verres froids, et les couvrent d'une couche épaisse de rosée.

1023. — *Pourquoi un verre se voile-t-il si l'on y pose la main ?* — Parce que la transpiration invisible de la main se condense sur la surface froide du verre et le couvre d'une nappe de vapeur visible.

1024. — *Pourquoi notre haleine est-elle visible en hiver et non pas en été ?* — Parce que le froid de l'hiver condense l'haleine humide et la rend visible sous forme de petit nuage.

1025. — *Pourquoi la barbe, la moustache sont-elles souvent couvertes de petites gouttes d'eau, quand nous nous promenons pendant l'hiver ?* — Parce que notre haleine se condense au contact des moustaches sous forme de gouttelettes.

1026. — *Pourquoi la vapeur sortie des cheminées des locomotives forme-t-elle en l'air des nuages, ou même se condense-t-elle en pluie fine ?* — Parce qu'elle se refroidit subitement au contact de l'air plus froid ou plus frais, et que cette condensation a pour effet naturel la formation d'un nuage, ou même la précipitation sous forme de pluie, si le refroidissement est assez subit et assez intense.

1027. — *Qu'est-ce qu'un brouillard ?* — C'est un véritable nuage qui se forme à la surface ou près du sol. La vapeur d'eau atmosphérique refroidie au contact du sol se condense. Le brouillard se forme surtout près des cours d'eau, des étangs, des bois, des lieux humides, quand la température des couches d'eau inférieures s'abaisse.

M. Aitken admet que les brouillards ont pour origine le plus souvent un noyau solide, une particule de poussière qu'enveloppe la vapeur d'eau. Il explique ainsi les brouillards de Londres dans une atmosphère chargée de poussière et de charbon.

1028. — *Qu'appelle-t-on bruine ?* — La petite pluie très fine qui résulte de la précipitation d'un brouillard.

1029. — *Quand le brouillard est-il sombre et qu'annonce-t-il ?* — Le

brouillard est sombre lorsque le ciel au-dessus est couvert d'épais nuages ;
ce qui annonce en général le mauvais temps.

1030. — *Quand le brouillard est-il transparent et que fait-il espérer ?* —
Il est transparent quand le ciel au-dessus est serein ; ce qui permet de pronostiquer un beau temps. Il disparaît vite et l'on a l'habitude de dire :
« Brouillard qui tombe, beau temps. »

1031. — *Pourquoi les brouillards ne se convertissent-ils pas en rosée ?* —
Parce que le brouillard empêche le sol de rayonner ; sa surface reste
chaude, et le brouillard ne peut pas se condenser en rosée.

1032. — *Pourquoi le nuage épais qui constitue le brouillard paraît-il s'élever
de plus en plus, tandis que sa partie inférieure reste en contact avec la terre ?*
— Parce que le refroidissement qui a déterminé la formation du nuage se
propage de plus en plus et que de nouvelles couches de vapeurs, précipitées
en eau, viennent s'ajouter à chaque instant à la surface supérieure du
brouillard ; celui-ci semble alors s'élever, quoiqu'il ne fasse qu'augmenter
d'épaisseur.

1033. — *Quand et comment se dissipent les brouillards formés au-dessus
des rivières et des étangs ?* — Dès que la température de l'air sur la terre
surpasse celle de la rivière, ce qui a lieu plus ou moins longtemps après le
lever du soleil.

1034. — *Pourquoi les brouillards s'évanouissent-ils, en général, au lever
du soleil ?* — Parce que l'air devient alors plus chaud, et que les gouttelettes qui constituent le brouillard passent de nouveau à l'état de vapeur.

1035. — *Pourquoi chaque nuit n'amène-t-elle pas un brouillard ?* —
Parce qu'il peut arriver et qu'il arrive assez souvent, même par un ciel
serein, que l'eau, le sol et l'air soient à des températures assez peu dissemblables pour que le mélange de l'air inférieur avec une couche plus élevée
ne donne pas naissance à la précipitation des vapeurs.

1036. — *Pourquoi le soleil paraît-il rouge pendant un brouillard ?* —
Parce que les rayons rouges ont seuls assez de puissance pour percer le
brouillard et devenir visibles à travers son épaisseur.

1037. — *Si le froid produit les brouillards, pourquoi ne s'en forme-t-il
jamais quand il gèle le matin ?* — Parce que : 1° l'évaporation est très faible
lorsqu'il fait froid ; 2° le sol et la surface de l'eau se refroidissent en même
temps ; 3° la vapeur condensée ne peut pas se maintenir à l'état de gouttelettes, elle passe à l'état solide et se précipite sous forme de gelée blanche.

1038. — *Pourquoi les brouillards sont-ils plus fréquents en automne
qu'au printemps ?* — Parce que, en automne, le sol est plus chaud qu'au
printemps, tandis que dans les deux saisons la température de l'air est
sensiblement la même ; une des causes des brouillards, la différence de
température entre le sol et l'air, est donc plus active en automne qu'au
printemps.

1039. — *Pourquoi les brouillards se forment-ils rarement sur les hautes montagnes ?* — Parce que l'air y est en général sec et froid. Il est cependant certaines gorges ou certains passages sur les montagnes que les courants d'air humide, venus des vallées, ne peuvent pas traverser sans perdre leur transparence, sans se changer en brouillard ou en nuage. Les brouillards en montagne se maintiennent généralement entre 500 et 1500 mètres. C'est la zone humide. Au delà de 2000 mètres, l'air est généralement sec, à moins de temps pluvieux.

1040. — *Pourquoi les brouillards se forment-ils souvent dans les vallées ?* — Parce que l'air, dans les vallées, est souvent voisin du point de saturation de vapeur ; il suffit alors que la température s'abaisse de quelques degrés pour que cette vapeur passe à l'état liquide.

1041. — *Comment les vents dissipent-ils les brouillards ?* — Soit en les déplaçant, soit en les dissolvant.

1042. — *Existe-t-il des brouillards secs et comment les explique-t-on ?* — On observe quelquefois des brouillards très secs. En 1783, un brouillard semblable s'étendit sur toute l'Europe, et persista pendant plus d'un mois. En 1831, un autre brouillard sec a été vu en France, en Afrique et en Amérique. On est porté à attribuer ces brouillards à des poussières impalpables répandues dans l'air, apportées par les vents ou bien provenant encore de cendres volcaniques. Le brouillard de 1783 fut précédé par les éruptions des volcans d'Islande. De même il y a quelques années, après l'éruption du Krakatoa, on observa le brouillard sec dans les Indes. Les poussières et les fumées volcaniques, telle est l'origine probable de ces singuliers météores.

1043. — *Qu'est-ce que la gelée blanche ?* — Il y a trois espèces de gelée blanche : 1° la rosée, qui forme la véritable gelée blanche ; 2° le brouillard gelé, connu sous le nom de givre ; 3° le verglas, ou les petites gouttes de pluie gelées en touchant le sol.

1044. — *Quelle est la cause qui fait geler la rosée ?* — Le sol, dont la température s'abaisse au-dessous de zéro, congèle la rosée qui, se déposant à sa surface, y forme une nappe blanche.

1045. — *Pourquoi la gelée blanche ne se forme-t-elle que pendant une nuit très claire ?* — Parce qu'il faut que la température de la terre descende au-dessous de zéro pour que la rosée se forme d'abord, se congèle ensuite.

1046. — *Pourquoi la gelée blanche couvre-t-elle très souvent le sol et les arbres, tandis que l'eau des rivières n'est pas gelée ?* — Parce que l'eau des rivières se refroidit moins que le sol et les plantes ; celles-ci peuvent être descendues au-dessous de zéro, s'être couvertes de rosée et de gelée blanche, quand la surface de l'eau est encore à un ou deux degrés au-dessus de zéro.

1047. — *Pourquoi la gelée blanche forme-t-elle une couche beaucoup plus épaisse sur l'herbe et sur les plantes peu élevées que sur les grands* *arbres ?* — Parce que l'herbe et les arbustes se couvrent plus facilement de rosée dans les régions basses de l'atmosphère plus humides et se refroidissent par rayonnement.

1048. — *Pourquoi la gelée blanche se forme-t-elle à peine au-dessous des arbustes et des arbres touffus ?* — Parce que la rosée ne s'y forme pas et que la gelée blanche, qui n'est que de la rosée gelée, suppose avant tout la formation de la rosée.

1049. — *Qu'est-ce qui cause le givre ou brouillard gelé et le verglas ?* — Le passage de l'état liquide à l'état solide des gouttelettes d'eau en suspension dans le brouillard et amenées par le froid à l'état de surfusion, c'est-à-dire restées liquides à une température bien au-dessous de zéro. Ces gouttelettes d'eau, venant à rencontrer les branches et brindilles des arbres ou la surface du sol, subissent un léger choc qui détermine leur solidification ou cristallisation subite. Ces gouttes congelées constituent le givre et le verglas. Le verglas prend quelquefois des proportions énormes, comme dans l'hiver de 1879-1880. Une brindille de tilleul du poids de $0^{gr},5$ recouverte de verglas pesait 50 grammes ; une feuille de laurier portait une carapace de glace de 70 grammes.

1050. — *Pourquoi le givre se dépose-t-il plus spécialement d'un seul côté avec une simple crête de glace du côté opposé ?* — Les gouttelettes de brouillard viennent heurter les branches du côté d'où souffle le vent et s'y solidifient : l'air qui passe latéralement, déjà dépouillé de son humidité, ne dépose rien sur les côtés.

1051. — *Comment peut-on préserver les végétaux des effets funestes du givre et des gelées blanches ?* — En les couvrant d'une toile, de paille, de jonc, etc. Un abri quelconque, suffisant à arrêter le rayonnement, empêchera les plantes de geler. Pour mettre à l'abri contre les gelées blanches tardives les jeunes végétaux, les vignes qui commencent à bourgeonner, on répand dans l'air des fumées épaisses en brûlant des huiles lourdes de pétrole. Ces nuages artificiels empêchent les végétaux de rayonner et les défendent contre l'abaissement de température.

1052. — *Pourquoi le givre annonce-t-il souvent un dégel et l'approche de la pluie ?* — Parce qu'il suppose en général une atmosphère très chargée d'humidité, ce qui est une condition favorable à la pluie.

1053. — *Qu'est-ce que la pluie ?* — La pluie n'est que la liquéfaction des nuages, c'est-à-dire la précipitation ou l'abandon par les nuages de l'eau qu'ils tenaient en suspension ; l'agglomération en gouttes plus grosses et plus pesantes, qui tombent par leur propre poids, des gouttelettes infiniment petites qui nageaient dans l'air.

La pluie a pour origine un abaissement de la pression atmosphérique dû à des vents ascendants. L'air dilaté possède un pouvoir dissolvant de la vapeur d'eau beaucoup moindre que l'air comprimé ; la partie qui ne peut se dissoudre se transforme en nuages et finit par se résoudre en pluie. L'abaissement de température, dû à la dilatation de l'air, active encore le phénomène.

1054. — *Pourquoi tombe-t-il généralement une plus grande quantité de pluie sur le flanc des montagnes qu'en plaine et dans les régions voisines de la mer ?* — Parce que l'air est obligé de suivre le versant de la montagne, de s'élever, de se refroidir le long des déclivités, et, par cette double raison, la pluie se forme facilement, surtout dans le voisinage de l'océan, parce que l'air a dissous en chemin beaucoup de vapeurs d'eau. Il pleut davantage sur les côtes que dans l'intérieur des terres et davantage le long des flancs des coteaux élevés qu'en plaine.

1055. — *Pourquoi les gouttes de pluie sont-elles beaucoup plus grosses dans certains temps que dans certains autres ?* — Tout dépend des conditions dans lesquelles se fait la condensation ; quand le temps est calme et surtout par jour d'orage, les gouttes sont très grosses ; en général, ce sont les pluies chaudes qui présentent les plus grosses gouttes, parce qu'un air chaud saturé contient beaucoup plus de vapeur.

1056. — *Pourquoi la pluie tombe-t-elle sous forme de gouttes sphériques ?* — Parce que la forme sphérique est la forme naturelle d'équilibre des liquides.

1057. — *Pourquoi un nuage donne-t-il quelquefois un peu de pluie, qui cesse bientôt après ?* — Parce que le nuage s'est refroidi sous l'influence d'une cause qui a cessé, d'un courant d'air froid, par exemple, qui l'a traversé.

1058. — *La pluie ne tombe-t-elle pas périodiquement dans certains pays ?* — Oui ; la saison des pluies coïncide, pour les pays tropicaux, avec la présence du soleil au zénith. A mesure qu'on s'éloigne de l'équateur, l'alternative régulière de la saison sèche et de la saison pluvieuse disparaît.

En Afrique, près de l'équateur, la pluie commence en avril.

Sur les bords du Sénégal, elle commence en juin, et dure jusqu'en septembre.

En Amérique, les pluies surviennent à Panama au commencement de mars ; à Saint-Vélas de Californie, au milieu de juin.

Dans la presqu'île de l'Inde, la saison des pluies est, pendant la mousson du sud-ouest, sur la côte occidentale ; pendant celle du nord-est, sur la côte orientale.

1059. — *Dans quelles parties du globe la quantité de pluie qui tombe annuellement est-elle la plus grande ?* — Dans les pays tropicaux et les régions voisines des tropiques. La quantité d'eau qui y tombe, pendant la courte saison des pluies, est très supérieure à celle qui tombe chez nous pendant toute l'année.

1060. — *Quelle est la quantité de pluie qui tombe en France pendant toute l'année ?* — La quantité moyenne d'eau qui tombe annuellement est, sur la côte de France, de 670 millimètres de hauteur ; à Paris, d'après les observations comprises entre 1758 et 1888, l'épaisseur moyenne de la couche d'eau est d'environ 570 millimètres.

La quantité d'eau qui tombe à Milan est de 96 centimètres, à Venise de 81, à Londres de 53, à Marseille de 47, à Pétersbourg de 46.

Le lieu le plus pluvieux de l'Angleterre est Kendal, dans le Westmoreland, où la quantité moyenne d'eau qui tombe annuellement s'élève à 150 centimètres.

Bergen, en Norvège, est la ville de l'Europe où la quantité d'eau qui tombe annuellement est la plus grande; cette quantité s'élève à 224 centimètres.

1061. — *Quel vent amène le plus souvent la pluie en France ?* — Le vent du sud-ouest, puis le vent d'ouest; le vent du nord-est est le moins pluvieux.

Si 32 représente la quantité qui tombe par le vent du sud-ouest, 24 représentera celle qui vient avec le vent d'ouest, et 4 celle qu'amène le vent nord-est.

1062. — *Les jours de pluie, à Paris, sont-ils plus fréquents ou moins fréquents que les beaux jours.* — Les jours de pluie, en France, sont moins fréquents que les beaux jours. Le nombre moyen des jours de pluie est de 147, et celui des beaux jours de 218. C'est du moins ce qui résulte d'observations faites en certains lieux; dans d'autres, la proportion est renversée. M. Hervé-Mangon a trouvé en six ans plus de jours de pluie que de beaux jours.

Le nombre moyen des jours de pluie, en Angleterre et dans la partie voisine du rivage occidental de la France, est de 152.

1063. — *Combien durent les pluies à Paris ?* — D'après les observations de M. Hervé-Mangon qui comprennent dix années (1860-1870) on a les résultats suivants :

Dans la période considérée, la plus longue ondée a duré 10 heures, le 16 janvier 1867, de 1 heure à 11 heures du soir. Deux autres ondées ont duré plus de 8 heures, deux plus de 7 heures, trois plus de 6 heures. Deux fois, on a observé 29 ondées en 24 heures le 10 novembre 1868 et le 2 mars 1869. La veille de cette dernière, le 1er mars, il était tombé 19 ondées, soit 48 ondées en 48 heures. Dans la même période, on a constaté 10 jours à 20 ondées chacun, 2 à 21 ondées, 3 à 22, 1 à 23, 1 à 25 et 2 à 27 ondées.

Le plus long intervalle sans pluie a été de 26 jours, du 11 septembre au 6 octobre 1867; on a compté en outre une période de 25 jours sans pluie, une de 20 jours et 2 de 16 jours, etc. Le plus grand nombre de jours pluvieux consécutifs a été de 18, du 3 au 20 octobre 1867; on a compté en outre 3 périodes de 17 jours pluvieux consécutifs, 2 de 13 jours, 2 de 12 jours, 5 de 11 jours et 9 de 10 jours.

En moyenne, on peut compter sur 190 jours de pluie par an, ce qui représente près de 16 jours par mois (15,7); mais les différents mois ne sont pas également pluvieux, et la proportion qui leur appartient s'exprime par les chiffres suivants : janvier, 17,5; février, 14,4; mars, 21,2; avril, 13,3; mai, 14,3; juin, 13,1; juillet, 14,8; août, 14,0; septembre, 14,9; octobre, 16,0; novembre, 17,8; décembre, 17,9. Ainsi, on voit que pendant les six mois d'hiver, le nombre des jours pluvieux est plus grand que le nombre des jours sans pluie; il en est de même de l'année totale.

Toutefois, ce serait une grande erreur de conclure de ce qui précède qu'à Paris, il pleut plus de la moitié du temps, car, s'il pleut dans 190 jours sur 365, il ne pleut pas pendant toute la journée. Aussi le temps de la pluie n'est que les 52 millièmes du temps total, ce qui revient à dire que sur une durée de 1 000 heures il y a 52 heures de pluie.

1064. — *Comment peut-on mesurer la quantité de pluie qui tombe dans le cours d'une année ?* — En la recevant dans un vase qu'on appelle *pluviomètre,* udomètre ou ombromètre ; c'est un cylindre à double fond, dont la partie supérieure fait fonction d'entonnoir, et la partie inférieure fonction de réservoir ; un tube latéral gradué donne la hauteur de l'eau.

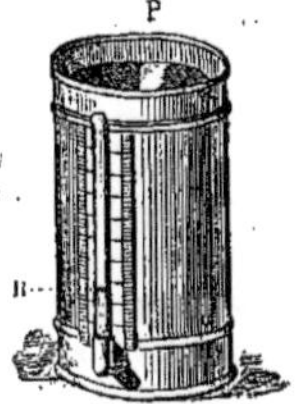
Vue extérieure.

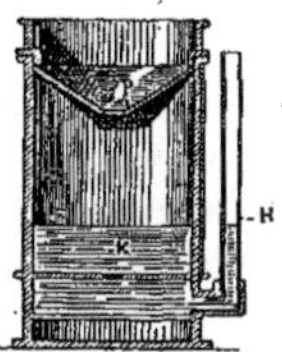
Coupe transversale.

Fig. 197 et 198. — Pluviomètre.

P, collecteur ; — E, eau ; — H, tube de niveau.

1065. — *Pourquoi le proverbe dit-il : Avril pleut aux hommes, mai pleut aux bêtes ?* — Parce que, pense-t-on, la pluie d'avril est propice aux grains qui servent à la nourriture des hommes, et celle de mai propice aux fourrages qui servent à l'alimentation des animaux.

1066. — *A part l'humidité, quelles sont les autres propriétés fertilisantes de l'eau de pluie ?* — Elle renferme un peu d'acide carbonique ; elle contient aussi de l'ammoniaque, et quelquefois des traces d'acide nitrique en dissolution.

1067. — *Pourquoi une ondée de pluie sert-elle à purifier l'atmosphère ?* — Parce que : 1° l'eau précipite les microbes de l'air ; 2° l'ondée mélange l'air des régions supérieures et celui des couches inférieures ; 3° elle lave la surface de la terre et entraîne les résidus stagnants des égouts, des conduits, des fossés, etc.

1068. — *Pourquoi les nuages tombent-ils par un temps pluvieux ?* — Parce que la plus grande quantité d'eau à l'état de gouttelettes qu'ils contiennent les rend plus pesants et devient un obstacle à leur suspension.

1069. — *Pourquoi les portes se gonflent-elles pendant un temps pluvieux ?* — Parce que l'humidité de l'air, pénétrant dans les pores du bois, écarte les fibres les unes des autres, et augmente ainsi les dimensions des portes, au point que quelquefois elles ne peuvent plus se fermer.

1070. — *Pourquoi les portes se retirent-elles dans un temps sec ?* — Parce que l'humidité du bois s'évapore ; les pores se resserrent, et alors le volume de la porte diminue.

1071. — *Pourquoi les fosses d'aisances, les fumiers sentent-ils mauvais à l'approche des orages et des temps pluvieux ?* — Parce que la pression atmosphérique diminue et facilite le dégagement des gaz putrides. Les fermentations sont aussi plus actives par un temps chaud et humide.

1072. — *Pourquoi les fleurs ont-elles une odeur plus forte et plus douce à l'approche de la pluie?* — Parce que : 1° l'humidité de l'air dissout et retient les parties volatiles et odorantes des fleurs, qui se répandent dans les couches inférieures ; 2° certaines des huiles essentielles, qui produisent l'odeur des plantes, demandent la présence d'une grande quantité d'humidité pour se développer.

1073. — *Pourquoi les mouettes volent-elles sur la mer pendant un beau temps?* — Parce qu'elles vivent de poissons qu'elles trouvent à la surface de la mer quand le temps est beau.

1074. — *Pourquoi peut-on compter sur la pluie si les mouettes s'assemblent sur la côte?* — Parce que les poissons, à l'approche du mauvais temps, quittent la surface de la mer, et vont dans les profondeurs hors de la portée des mouettes, qui alors sont réduites à se nourrir des vers et des larves des insectes du rivage.

1075. — *Pourquoi la fumée tombe-t-elle à l'approche de la pluie?* — Parce que : 1° l'air est moins dense, et, par conséquent, la force d'ascension de la fumée devient moindre ; 2° l'humidité de l'air se mêle à la fumée et la rend plus pesante.

1076. — *Quelle est la cause des pluies de cendres ?* — Des poussières volcaniques ou autres apportées par les vents qui ont déterminé la formation de la pluie, ou que la pluie a rencontrées flottantes dans l'atmosphère.

1077. — *Quelle est la cause des pluies de sang ?* — La présence, dans l'air que la pluie a traversé, de poussières minérales, de substances végétales ou d'animalcules colorés en rouge.

1078. — *Quelle est la cause des pluies de soufre ?* — La présence, dans l'air, de poussières, par exemple de pollen ou poussière fécondante jaune des arbres en fleurs que la pluie entraîne dans sa chute. Lorsqu'une pluie se manifeste pendant la floraison des pins et autres arbres résineux, on remarque sur l'eau dans le voisinage des forêts une poudre jaune ressemblant à du soufre, et qui n'est que le pollen des pins.

1079. — *Quelle est la cause des pluies de manne, de pierres, de graines, etc.?* — Les vents violents et les trombes qui, balayant la surface de la terre, emportent quelquefois à de grandes hauteurs des substances diverses qu'ils abandonnent plus tard, et qui retombent ensuite avec la pluie ; quelquefois les volcans lancent de leur cratère, à une grande hauteur, des pierres, de la poussière, des cendres, etc., qui retombent sur la terre.

La pluie de manne qui est tombée en Perse, non loin du mont Ararat, en avril 1827, n'était qu'une chute de petits lichens.

1080. — *Quelle est la cause des pluies de grenouilles, de poissons, de* *vers, etc.?* — Les vents et les trombes ont pu emporter à de grandes hauteurs ou à de grandes distances, ces animaux ou leurs germes près d'éclore, les abandonner ensuite et les laisser retomber avec la pluie.

1081. — *Quelle est la cause de la neige ?* — La neige est formée par la cristallisation tranquille des gouttelettes d'eau des nuages, quand le temps est calme, l'air pur et la température au-dessous de zéro.

Il y a quelques années, des pêcheurs passèrent l'hiver à la Nouvelle-Zemble; après avoir été longtemps renfermés dans leur cabane, quand ils ouvrirent la fenêtre, l'air froid qui y rentra condensa tout à coup les vapeurs chaudes contenues dans la cabane, et ces vapeurs tombèrent *en neige* sur le plancher. Un jet de vapeur ou d'air humide qui, d'abord comprimé, se dilate tout à coup, laisse tomber ou dépose à l'état de neige, à la surface des corps mauvais conducteurs qu'on lui oppose, l'eau qu'il entraînait avec lui.

1082. — *Pourquoi la neige tombe-t-elle en flocons ?* — Parce que le calme de l'atmosphère permet aux molécules de glace des hautes régions de se grouper en flocons, qui retiennent ainsi de l'air emprisonné entre leurs gouttelettes gelées.

1083. — *Quels sont les effets de la neige dans la nature ?* — 1° Elle sert à tenir la terre chaude en hiver et à la fertiliser ; 2° elle tempère la chaleur ardente de l'été dans certains pays, en refroidissant les vents qui passent sur le sommet des montagnes ; 3° lorsqu'elle s'amasse dans les lieux élevés, elle sert, en fondant, à alimenter les rivières, qui se convertiraient en torrents dévastateurs, ou en vastes lacs, si la même quantité d'eau leur arrivait sous forme de pluie, dans un temps trop court.

1084. — *Comment la neige peut-elle tenir la terre chaude ?* — Comme la conductibilité de la neige est très faible, lorsqu'elle couvre d'une couche épaisse la surface du sol, la température de ce dernier ne s'abaisse pas au-dessous du point de congélation, tandis que celle de l'air est beaucoup plus basse.

1085. — *Pourquoi la neige est-elle un mauvais conducteur de la chaleur?* — Parce que : 1° elle renferme entre ses particules une grande quantité d'air, mauvais conducteur ; 2° parce qu'elle se compose de particules très divisées, placées à distance, et elle offre ainsi une grande résistance à la propagation de la chaleur.

1086. — *Pourquoi la neige favorise-t-elle la végétation ?* — Parce qu'elle contient de l'acide carbonique, et même le plus souvent des nitrates et de l'ammoniaque, substances azotées fertilisantes qui, lorsque la neige fond, pénètrent lentement dans le sol, et s'insinuent dans les sillons et les mottes de terre.

1087. — *Pourquoi dans les pays couverts de neige les nuits sont-elles si claires ?* — Parce que la neige est phosphorescente, et qu'elle rend pendant la nuit la lumière qu'elle a absorbée pendant le jour. Si, dès le matin, on

couvre une certaine étendue de neige d'un corps opaque qui empêche l'accès
de la lumière, et qu'on la découvre le soir, cette portion, pendant la nuit,
se détachera en noir sur la neige environnante ; elle ne luira plus.

1088. — *Qu'entend-on par ligne des neiges éternelles?* —. Jusqu'à une

Fig. 199. — Le torrent.

certaine hauteur, la neige qui tombe sur les montagnes est fondue par les
chaleurs de l'été ; mais, passé cette hauteur, la neige ne fond plus. Le nom
de ligne des neiges éternelles est donné à la limite inférieure des flancs ou
sommets de montagnes toujours couverts de frimas.

1089. — *Qu'est-ce qui détermine cette limite?* — L'altitude du lieu ; la

chaleur et la durée dès étés ; la quantité de neige tombée en hiver ; la confi-
guration des chaînes de montagne et la direction des vents élevés.

La limite des neiges éternelles au Chili est à 5 300 mètres; dans l'Himalaya, sur le
versant méridional, à 3 900 mètres; dans les Alpes, à 2 630 mètres; en Norvège, elle
varie de 1 600 à 715 mètres ; au Spitzberg, la limite des neiges éternelles est la surface
même du pays.

1090. — *Quelles formes les flocons de neige prennent-ils ?* — Leurs
formes varient suivant leur densité; mais la forme la plus commune est
celle de cristaux stelliformes et hexagonaux.

Fig. 200. — Formes cristallines de la neige.

La forme d'un flocon de neige est fréquemment celle d'une étoile à rayons formés
de prismes qui s'unissent sous des angles de 60 degrés et du sommet desquels rayonnent
d'autres prismes des mêmes angles.

Quelquefois la neige tombe sous la forme d'une fine poussière, surtout lorsqu'elle
prend naissance près de la surface de la terre.

1091. — *Qu'est-ce qui produit la neige rouge ?* — 1° La neige rouge,
qu'on trouve dans certaines localités, particulièrement sur le mont Saint-
Bernard, doit sa couleur à une plante cryptogamique excessivement petite,
à laquelle on a donné le nom de *Uredo nivalis ;* 2° quelquefois cette teinte
rouge est due à la présence de petits œufs de certains infusoires nommés
Philodina roscola ; 3° quelquefois à de petites algues, l'*Hematococcus
nivalis*, etc.

1092. — *Qu'est-ce que le grésil ?* — Le grésil est un assemblage de petits
grains de glace, de forme en général conique ou en aiguilles, ou de petite
grêle.

1093. — *D'où naît le grésil ?* — Des gouttes de pluie très fines et à l'état de surfusion, c'est-à-dire restées liquides au-dessous de zéro, puis congelées subitement dans leur passage à travers des couches d'air dont la température est au-dessous de zéro.

1094. — *Quand le grésil apparaît-il ?* — En mars et en avril, en général, et pendant les coups de vent ou les rafales.

1095. — *Qu'est-ce que la grêle ?* — Des gouttes de pluie plus ou moins grosses qui se congèlent en traversant, pendant leur chute, des courants d'air très froids ; et qui se recouvrent ensuite de couches successives plus ou moins nombreuses, plus ou moins épaisses de givre ou de verglas, suivant l'état hygrométrique et thermométrique des couches d'air que les gouttes congelées traversent en descendant.

1096. — *A quelles époques de l'année et à quelle période du jour tombe le plus souvent la grêle ?* — La grêle tombe surtout en automne et en été, pendant le jour, et par les temps orageux, ou quand l'atmosphère est chargée d'électricité.

1097. — *Pourquoi la grêle tombe-t-elle surtout en été ?* — Parce que : 1° c'est en été surtout que l'action d'une chaleur intense et la dilatation qui en est la suite peuvent entraîner à une très grande hauteur, et au-dessus de nuages plus froids, les nuages plus chauds qui donneront la pluie transformée en grésil ; 2° c'est pendant l'été, surtout, que l'air est sursaturé de vapeur, que le grésil peut rencontrer dans sa chute de grandes masses d'air chargées d'eau, au sein desquelles il s'entourera de givre ou de glace, et se changera en grêle.

1098. — *Pourquoi la grêle tombe-t-elle surtout pendant le jour et aux moments les plus chauds de la journée ?* — Parce que l'action calorifique du soleil provoque les mouvements ascendants de l'air et les phénomènes orageux. La grêle semble survenir quand se réunissent des conditions de tension électrique déterminées.

1099. — *Comment explique-t-on la formation de la grêle ?* — Les opinions sont partagées à cet égard. Ce qui ne saurait être révoqué en doute, c'est que l'électricité joue un rôle capital dans le phénomène puisqu'il ne tombe jamais de grêle que pendant les temps orageux. De plus, la présence de plusieurs couches de nuages a été généralement observée et c'est en partant de ce fait que Volta, pour expliquer la grosseur des grêlons, avait imaginé qu'ils étaient attirés d'un nuage à l'autre et ballottés, de façon à s'enrichir par des couches successives de glace. Le bruit qui précède la chute de la grêle confirmerait cette manière de voir. D'un autre côté, M. G. Planté a été conduit par ses belles expériences d'électricité à très haute tension à considérer la grêle comme résultant de la congélation dans les hautes et froides régions de l'atmosphère de l'eau des nuages pulvérisée et vaporisée par les décharges électriques.

1100. — *La grêle est-elle précédée ou accompagnée d'un bruit caracté-*

ristique ? — Oui ; on n'a pas encore expliqué ce bruit spécial qui n'est ni celui de la tempête ni celui de l'orage. A l'approche d'un orage, Peltier étant à Ham entendit un bruit tellement fort qu'il pensa qu'un escadron de cavalerie arrivait au galop sur la place de la ville. Il n'en était rien, mais vingt secondes après une averse de grêle épouvantable tomba sur la ville.

1101. — *Comment se propagent les nuées de grêle ?* — Les averses de grêle sont très circonscrites ; souvent la grêle ne couvre qu'une zone longue et étroite, comme le prouvent les *cartes de grêle* dressées à l'observatoire de Paris sur l'initiative de Le Verrier. Il semble que la direction des vents à grêle soit celle des vents provenant de l'Atlantique.

1102. — *Peut-on se mettre à l'abri de la grêle ?* — Comme il paraît certain que la grêle résulte de phénomènes électriques, on a essayé de mettre les champs à l'abri de ses dévastations au moyen de *paragrêles ;* c'est-à-dire d'espèces de paratonnerres constitués par des tiges ou des lattes en bois. On a cru remarquer que les échalas des vignes empêchaient la chute de la grêle. Rien n'est moins certain que cette opinion. Jusqu'ici le meilleur préservatif contre la grêle, c'est l'assurance contre ses ravages.

III

1103. — *Qu'est-ce que la glace ?* — L'eau congelée, ou rendue solide par le froid. Quand l'eau est exposée, sous la pression atmosphérique ordinaire, à la température de zéro, elle passe de l'état liquide à l'état solide.

1104. — *Suffit-il que l'eau soit refroidie à zéro pour qu'elle se transforme en glace ?* — Non, de l'eau refroidie même à 15 ou à 30 degrés, à l'état de surfusion, si elle est à l'abri de tout mouvement, peut rester à l'état liquide. Pour qu'elle se cristallise, il faut joindre au froid un petit mouvement qui fasse sortir les molécules de leur état d'équilibre et leur permette de s'orienter en ligne droite ; cette orientation, comme nous le disons plus bas, est précisément ce qui constitue la solidification, la cristallisation de l'eau, ou la glace. M. Gernez a trouvé que l'on pouvait déterminer brusquement la cristallisation d'eau très refroidie en laissant tomber dans le liquide un tout petit cristal de glace. C'est un fait général découvert par M. Gernez ; par exemple, un petit cristal de sulfate de soude fait cristalliser une solution sursaturée du même sel, etc.

1105. — *Quel effet produit le froid sur l'eau ?* — L'eau exposée à l'action du froid se contracte et devient de plus en plus dense, jusqu'à 4 degrés ; alors elle se dilate jusqu'au moment de sa congélation.

L'eau à zéro augmente environ d'un dixième de son volume, en se congelant. Elle présente ainsi une singulière exception à la loi générale, suivant laquelle les corps acquièrent leur plus grande densité en passant à l'état solide.

1106. — *L'eau ne se dilate-t-elle pas lorsqu'on l'expose à l'action de la chaleur ?* — Oui; l'eau se dilate à partir de 4 degrés jusqu'à l'ébullition, qui arrive à 100 degrés, sous une pression atmosphérique de 76 centimètres.

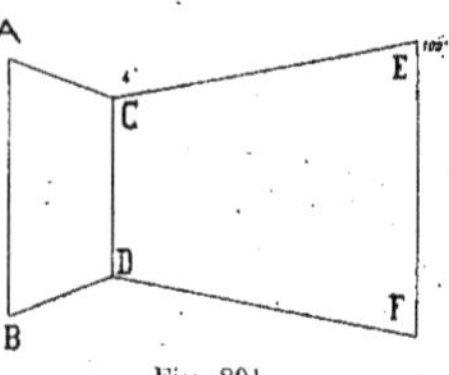

Fig. 201.

Si **CD**, de dimensions linéaires, mesure le volume de l'eau à 4 degrés, **AB** le mesure au point de congélation, et **EF** au point d'ébullition. Quand l'eau, arrivée au point d'ébullition, se convertit en vapeur, son volume est mille sept cents fois plus grand qu'à l'état liquide à 4 degrés. Un litre de vapeur d'eau saturée à 100° et à la pression normale pèse 0ᵍ,592. Un litre d'air dans les mêmes conditions pèserait 0ᵍ,950.

1107. — *Pourquoi la glace est-elle plus légère que l'eau ?* — Parce qu'à poids égal, elle occupe un plus grand volume; le maximum de densité de l'eau, ou son plus petit volume sous un poids égal, correspond à 4 degrés au-dessus de zéro; de 4 degrés à zéro, comme de 4 degrés à 100 degrés, le volume de l'eau augmente; la glace, par conséquent, comme l'eau bouillante, est plus légère que l'eau froide et peut flotter à sa surface.

Un décimètre cube (un litre) de glace ne pèse que 914 grammes, tandis que la même quantité d'eau pèse 1.000 grammes. La densité de la neige est beaucoup plus petite que celle de la glace ; elle varie du reste beaucoup selon les échantillons ; elle est d'autant plus faible qu'elle s'est formée par un temps plus froid. Plus la température est basse et plus la neige est légère. On admet en général que la neige est dix fois plus légère que l'eau. On trouve des échantillons seulement 5 fois plus légers et d'autres même 24 fois plus légers ; dans ce dernier cas, il s'agit de très légers flocons neigeux. On peut prendre pour densité moyenne environ 0,11.

1108. — *Pourquoi l'eau se dilate-t-elle en se congelant ?* — Parce que ses molécules, un peu avant la congélation, s'orientent et prennent un arrangement symétrique; elles sont dans ce nouvel état plus écartées les unes des autres qu'à l'état liquide.

1109. — *Pourquoi les cruches se brisent-elles quelquefois pendant une nuit de gelée ?* — Parce que l'eau, en se solidifiant, augmente de volume, et acquiert une force expansive assez considérable pour briser les parois qui l'enferment.

1110. — *Pourquoi l'eau, en se congelant, ne s'épanche-t-elle pas tout entière à la surface supérieure comme l'eau bouillante ?* — Parce que : 1° la surface supérieure se gèle la première et devient un obstacle à l'épanchement; 2° la congélation se fait presque subitement, et la force expansive qui en résulte s'exerce au même instant dans tous les sens ; il y a effort et épanchement sans doute dans le sens de la surface supérieure libre, mais il y a effort aussi contre les parois latérales de la cruche; celle-ci se brisera, à moins qu'elle ne soit très évasée ou que son ouverture ne soit très large.

1111. — *Pourquoi les pierres, les tuiles des bâtiments, les roches les plus* *dures, les arbres des forêts, etc., éclatent-ils quelquefois pendant les gelées d'hiver ?* — Parce que l'eau qui s'est infiltrée dans les fissures des pierres, des roches, etc., ou interposée entre leurs molécules solides, se congèle et acquiert une force expansive assez considérable pour les fendre en plusieurs éclats.

1112. — *La force que l'eau acquiert en se congelant est-elle très grande ?* — Oui ; l'effet de cette force a été évalué à une pression de plus de 1 000 atmosphères. Des canons de fer très épais, remplis d'eau et exposés à la gelée, ont souvent éclaté.

A Florence, des membres de l'Académie *del Cimento*, dans le xvii° siècle, ont brisé une sphère de cuivre si épaisse que Muschenbroeck évalua à 13 860 kilogrammes la force nécessaire pour la rompre.

1113. — *Pourquoi les pierres des trottoirs de nos rues se détachent-elles à la suite de la gelée ?* — Parce que l'humidité qui se trouve au-dessous de ces pierres se congèle, et, en se dilatant, les soulève. Plus tard la glace fond, et les pierres restent disjointes sous les pieds des passants.

Pour donner une idée de l'énorme énergie que de petites dilatations exercent, on peut signaler ce fait que, pour diviser une masse de granit, il suffit d'y creuser une rainure et d'enfoncer dans cette rainure de petits coins de bois qu'on arrose d'eau. Le seul gonflement des coins de bois causé par l'absorption de l'eau fait éclater la masse de granit.

1114. — *Pourquoi les tuyaux de conduite des eaux se brisent-ils souvent pendant les gelées ?* — Parce que l'eau qu'ils contiennent augmente de volume en se gelant et fait éclater les tuyaux devenus alors trop étroits.

1115. — *Pourquoi entoure-t-on de paille, de sable ou de charbon, les tuyaux de conduite d'eau à l'approche des froids rigoureux ?* — Afin que ces corps, qui sont peu conducteurs de la chaleur, empêchent l'eau de se geler et de briser les conduits.

1116. — *Pourquoi au commencement de l'hiver les maçons couvrent-ils de paille leurs murs inachevés ?* — Pour défendre de la gelée, et de la désagrégation que la gelée amène, les pierres et les mortiers encore humides.

1117. — *Pourquoi les maçons, les plâtriers, etc., ne peuvent-ils pas travailler pendant qu'il gèle ?* — Parce que la gelée ferait prendre ou rendrait solides trop rapidement les mortiers et les plâtres gâchés, et désagrégerait ou disloquerait les matériaux à mesure de leur mise en place.

1118. — *Pourquoi le mortier et le plâtre récemment appliqués tombent-ils quelquefois en poussière après la gelée ?* — Parce que l'eau qu'ils renferment encore se congèle, se dilate et écarte les unes des autres leurs particules constituantes. Lorsque la gelée cesse, l'eau redevient liquide et laisse le mortier plein de fente et de fissures.

1119. — *Pourquoi le sol se gerce-t-il pendant la gelée ?* — Parce que l'eau qu'il contient se dilate en se congelant, écarte les particules de la terre les unes des autres, et laisse entre elles des fissures et des crevasses.

1120. — *Pourquoi une rivière ne se prend-elle pas tout entière et ne devient-elle pas une masse unique de glace ?* — Parce que : 1° la glace forme à la surface de la rivière une couche plus ou moins épaisse qui empêche le froid de pénétrer et de glacer l'eau jusqu'au fond ; 2° l'eau ayant à 4 degrés son maximum de densité, les glaçons ne peuvent pas tomber au fond pour la refroidir de plus en plus ; ce n'est que par la conductibilité que la température de la masse entière pourrait s'abaisser ; or cette conductibilité est faible et, dans nos climats, le froid n'est pas d'assez longue durée pour que le fond des rivières un peu profondes puisse arriver à zéro.

1121. — *Pourquoi l'eau se gèle-t-elle premièrement à la surface ?* — Quand l'eau est immobile dans un vase, et que la température tombe à 1° au-dessous de zéro, on voit le liquide se couvrir d'une mince couche de glace. Si la température descend à plusieurs degrés au-dessous de zéro, tout le liquide peut se congeler en bloc, mais la solidification commence par la surface qui est en contact direct avec l'air froid.

1122. — *Où et comment se forment les glaçons flottants que les rivières charrient ?* — La question est discutée et non tranchée ; la plupart des physiciens admettent que ces glaçons se forment sur le lit peu profond et refroidi de la rivière ou tout au moins à une certaine profondeur, et qu'ils montent ensuite à la surface par leur plus grande légèreté. On les voit surtout prendre naissance sur le bord des cours d'eau.

La congélation aurait lieu du fond à la surface. L'eau de surface en se refroidissant au-dessous de + 4° s'alourdirait et descendrait ; il en serait ainsi jusqu'à ce qu'elle gèle ; puis alors, la densité diminuant, la glace remonterait à la surface.

1123. — *Pourquoi une couche de glace devient-elle de plus en plus épaisse quand la gelée continue ?* — Parce que l'eau qui est immédiatement sous la surface gelée se refroidit à travers la glace, qui reste un peu conductrice de la chaleur.

1124. — *Pourquoi l'eau courante ne se congèle-t-elle pas aussi promptement que l'eau tranquille ?* — Parce que : 1° le mouvement rapide du courant empêche les cristaux de se former ; 2° la chaleur des couches inférieures de l'eau se communique sans cesse aux couches supérieures par le mouvement du courant ; 3° le mouvement par lui-même engendre toujours un peu de chaleur, qui s'oppose au refroidissement de l'eau courante.

1125. — *Lorsqu'on tombe dans une rivière en hiver, pourquoi l'eau paraît-elle chaude comparativement ?* — Parce que l'air, pendant la gelée, est au moins de 4 ou 5 degrés plus froid que l'eau.

La température de l'eau, à l'état liquide et agitée, ne peut pas, généralement, descendre plus bas que zéro, tandis que celle de l'air peut s'abaisser bien davantage.

1126. — *Pourquoi une rivière basse se prend-elle plus promptement qu'une rivière profonde ?* — Parce que le fond de la rivière peu profonde se refroidit beaucoup plus vite ; les glaçons se forment plus tôt et remontent aussitôt formés à la surface qui finit par se prendre.

1127. — *Pourquoi l'eau de mer ne se congèle-t-elle que rarement dans les régions tempérées ?* — Parce que : 1° la masse d'eau est si grande qu'elle exigerait un temps énorme pour que sa température pût se refroidir suffisamment ; 2° le flux et le reflux, les mouvements des vagues, sont un obstacle à la formation de la glace ; 3° l'eau salée ne se gèle que si la température de la surface s'abaisse de 2 ou 3 degrés au-dessous de zéro.

1128. — *Pourquoi certains lacs ne gèlent-ils jamais ?* — Parce qu'étant très profonds, leur masse d'eau est énorme et la chaleur accumulée dans cette eau réchauffe la surface.

1129. — *Pourquoi les empreintes des pas et les traces des roues se couvrent-elles quelquefois d'un réseau ou d'une couche de glace ?* — Parce que le sol foulé et compact n'a pas le temps d'absorber l'eau qui s'y loge avant qu'elle soit gelée.

1130. — *Pourquoi le froid est-il plus sensible au dégel que pendant la gelée ?* — Parce que : 1° la glace en fondant absorbe beaucoup de calorifique qu'elle emprunte en partie à l'air ambiant ; 2° l'air humide, au dégel, est meilleur conducteur que l'air sec des temps froids, et enlève plus au corps de sa chaleur naturelle.

1131. — *Comment explique-t-on que l'air se réchauffe au contact de l'eau qui gèle, de sorte qu'on puisse défendre des plantes de la gelée en faisant congeler de l'eau dans leur voisinage ?* — L'eau, en se congelant, ou passant de l'état liquide à l'état solide, dégage beaucoup de chaleur qui passe de l'état latent à l'état libre : la congélation fait, jusqu'à un certain point, office de calorifère.

1132. — *Pourquoi un mélange de sel et de glace ou de neige fond-il ?* — Parce que le sel a une grande affinité pour l'eau, et que cette affinité l'emporte sur la cohésion qui lie, d'une part, les molécules d'eau congelées, de l'autre, les molécules de sel ; ces deux cohésions sont donc détruites, le sel et l'eau se liquéfient. On emploie aujourd'hui beaucoup le sel pour débarrasser les rues des neiges accumulées. Le sel fait fondre la neige et il n'y a plus qu'à balayer la boue et à la conduire à l'égout.

1133. — *Le sel est-il la seule substance qui fasse fondre la glace en se mêlant à elle ?* — Non ; toutes les substances qui ont une affinité puissante pour l'eau, comme l'acide sulfurique, l'acide nitrique, le vinaigre, etc., etc., la font fondre en se mêlant à elle.

1134. — *Pourquoi la température des mélanges dont il vient d'être question est-elle plus basse que celle de la glace ou de la neige seule ?* — Parce que le sel et la glace ou la neige, en passant de l'état solide à l'état liquide, absorbent de la chaleur ; le mélange sera donc plus froid que la neige ou la glace, et d'autant plus froid que la liquéfaction sera plus prompte. La boue de neige obtenue par l'emploi du sel constitue un mélange réfrigérant. On éprouve une sensation de froid bien plus marquée en marchant dans cette boue que dans la neige.

1135. — *Peut-on faire geler de l'eau par des moyens artificiels ?* — Oui. Nous avons déjà vu que l'on obtenait facilement de la glace par divers procédés (270) : l'eau se congèlera, par exemple, si l'on entoure de coton

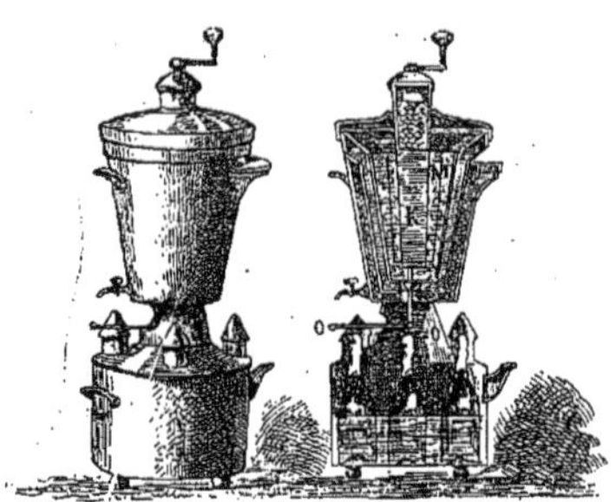

Fig. 202. — Congélateur Villeneuve.

M, mélange réfrigérant. — K, préparation à congéler. — OO, soupape pour laisser s'écouler le mélange qui, finalement afraîchit les bouteilles placées au-dessous.

imbibé d'éther, en quantité suffisante, le matras en verre mince qui la contient, ou si l'on plonge le matras dans un des mélanges suivants :

1° Mélange propre à rafraîchir le vin et à glacer les crèmes.

Eau	10 parties.
Nitrate (*azotate*) de potasse	6
Chlorhydrate d'ammoniaque	6
Sulfate de soude cristallisé	4 1/2

2° Mélange économique pour faire de la glace en été.

Sulfate de soude cristallisé	4 parties.
Acide sulfurique à 41 degrés	3

3° Mélange très froid.

Neige	3 parties.
Acide sulfurique faible	2

4° Mélange de 15 degrés centigrades au-dessous de zéro.

Neige	2 parties.
Sel marin	1

On fabrique aujourd'hui la glace sur une grande échelle avec les machines à glace, ou bien on la récolte en Norvège, en Suisse, aux Etats-Unis, et on l'envoie dans les principales villes européennes. En France, on fait maintenant surtout usage de la glace que l'on récolte dans le Jura. Cette glace est pure. Il ne faudrait pas en conclure cependant que la glace ne renferme pas de microbes. Toutes les eaux renferment des microbes et la glace renferme les mêmes micro-organismes, qui résistent le plus souvent à un froid de plusieurs degrés au-dessous de zéro. On a aussi rencontré dans la glace des microbes pathogènes, le microbe de la fièvre typhoïde, etc. Il est donc prudent de ne pas boire directement de l'eau glacée avec des morceaux de glace, mais bien de faire refroidir l'eau à boire dans des vases entourés de glace.

CHIMIE

———

I

1136. — *Qu'appelle-t-on corps simples et corps composés?* — Un corps simple est celui qui est formé d'une même espèce de molécules, d'une seule matière ou substance ; le corps composé est celui qui est formé de deux ou plusieurs espèces de molécules, matières ou substances, et qui est le résultat d'une véritable combinaison. La combinaison est cette union intime et homogène, dans laquelle deux ou plusieurs corps composants perdent leurs propriétés individuelles, en donnant naissance à un corps composé doué de propriétés toutes nouvelles.

1137. — *Quelles sont les lois qui président aux combinaisons chimiques ?* — 1° *Loi de la conservation de la matière.* — Le poids d'une substance composée est toujours la somme des poids des substances composantes.

2° *Loi des proportions définies.* — Les corps s'unissent ou dans une seule proportion, ou du moins suivant un petit nombre de proportions. Un corps composé quelconque, dans quelques circonstances qu'il se forme, et quelle que soit la cause qui détermine la combinaison, renfermera toujours les mêmes proportions, soit en poids, soit en volume, de ces principes constituants.

3° *Loi des proportions multiples.* — Si un corps A s'unit à un corps B dans plusieurs proportions ou rapports, ces rapports pourront dans tous les cas se déduire les uns des autres par de simples multiplications, dans lesquelles les multiplicateurs seront toujours de petits nombres entiers. Si $a : b$ est le plus petit des rapports dans lesquels le corps A s'unit au corps B, les autres rapports ou proportions seront $ma : nb$, m et n étant pris parmi les premiers chiffres 1, 2, 3, 4 ou 5.

4° *Loi des équivalents.* — Le corps A s'unissant au corps B dans le rapport de a à b, et au corps C dans le rapport de a à c, s'il arrive que les corps B et C s'unissent ou se combinent, ils se combineront souvent dans le rapport de b à c, toujours dans le rapport de mb à nc, m et n étant deux petits nombres entiers. En d'autres termes, deux corps se remplacent ou se déplacent l'un l'autre dans une combinaison, dans la proportion suivant laquelle ils s'unissent entre eux. La loi des équivalents permet évidemment de substituer à chaque corps un nombre que les expériences ou analyses peuvent seules nous faire connaître, lequel exprime la quantité de matière de ce corps qui entre dans les combinaisons chimiques : les nombres ainsi déterminés sont les équivalents chimiques des corps.

5° *Loi des combinaisons composées.* — Le corps A s'unissant séparément au corps B et C dans les rapports de a à b, et de b à c, si la combinaison simultanée de A et B avec C est possible, elle se fera dans le rapport de $m\,(a+b)$ à nc, m et n étant de petits nombres entiers.

1138. — *Ces lois fondamentales des combinaisons ont-elles leur raison d'être facile à formuler ?* — Oui, elles sont la conséquence naturelle et nécessaire du fait capital de la permanence de la molécule de chaque corps dans les combinaisons. En effet :

1° Les composants entrent nécessairement dans les composés par une ou plusieurs molécules ; c'est le principe de la conservation de la matière et des proportions définies ;

2° Dans chaque combinaison on retrouve nécessairement deux, trois, etc., molécules de chacun des composés ; c'est la loi des proportions multiples. Les chiffres qui expriment les nombres de molécules simples qui entrent dans la molécule composée seront nécessairement de petits nombres, parce que la combinaison est un groupement symétrique stable ;

3° Un corps entre nécessairement en combinaison par une, deux ou plusieurs de ses molécules, et, par conséquent, par une quantité égale en poids à une fois, deux fois, trois fois, etc., le poids de sa molécule, ou son poids moléculaire, qui est son véritable équivalent. De même, si un corps en déplace ou remplace un autre, il remplacera chacune des molécules de ce corps par une, deux, trois, etc., de ses molécules ou par un multiple de son équivalent.

1139. — *Peut-on pénétrer encore plus avant dans le secret des combinaisons chimiques ?* — 1° Oui : si au principe que la combinaison se fait entre les molécules on ajoute l'hypothèse très naturelle de l'identité des atomes composants de toutes les molécules, il en résultera, puisque chaque molécule est formée d'un nombre entier d'atomes, que tous les poids moléculaires seront des nombres entiers ou des multiples entiers du poids de l'atome commun : c'est la loi de Proust, qui admet, en outre, qu'au poids de l'atome primitif commun, on peut substituer le poids moléculaire de l'hydrogène, la plus légère des substances matérielles, de sorte que les poids moléculaires de tous les corps simples ou composés seraient des multiples, et des multiples simples, du poids moléculaire de l'hydrogène.

2° La chaleur étant le résultat des mouvements vibratoires des atomes des corps, la quantité de chaleur qui communiquera le même mouvement vibratoire à une molécule sera forcément proportionnée au nombre de ses atomes, à son poids moléculaire ou à son équivalent; c'est, en d'autres termes, la loi de Dulong et Petit : la capacité, pour la chaleur de deux corps, pris en quantités proportionnelles à leurs équivalents ou à leurs poids moléculaires, est toujours la même.

3° Enfin, ces mêmes hypothèses entraînent la loi de Faraday : une quantité donnée d'électricité séparera de chaque combinaison dans l'électrolyse une quantité de la substance représentée par son poids moléculaire : l'électricité spécifique des diverses substances est en raison inverse de leur poids moléculaire.

1140. — *Sous quelles influences se font les combinaisons et les dissolutions ?* — Sous l'influence des forces réelles hypothétiques, qu'on désigne du nom de forces moléculaires, la cohésion, la force dissolvante, l'affinité, groupées ensemble sous le nom d'attraction moléculaire. La cohésion tend à rapprocher et à maintenir unies les molécules de même nature; elle détermine les divers états d'agrégation et produit souvent la cristallisation. La force dissolvante diminue la cohésion des molécules d'un corps au point de les entraîner et de les maintenir dans la sphère d'action du corps dissolvant. L'affinité combine ensemble, pour faire un composé nouveau, les molécules hétérogènes ou de nature différente. L'affinité n'agit qu'entre des corps en contact entre eux; en s'exerçant, elle donne naissance à un dégagement d'électricité, de chaleur, et quelquefois de lumière. L'étude des quantités de chaleur dégagées ou absorbées dans les réactions chimiques a fait naître une science nouvelle, la Thermochimie, qui éclaire dans bien des cas leur mécanisme et fait prévoir leurs résultats.

1141. — *Qu'est-ce que c'est que la cristallisation et un cristal ?* — Un cristal est un corps qui a pris naturellement des formes géométriques soumises à des lois déterminées. La plupart des corps sont susceptibles de cristalliser lorsque, de l'état liquide ou gazeux, ils passent à l'état solide, pourvu que rien n'empêche leurs molécules de s'unir par leurs côtés de plus grande attraction.

1142. — *Comment se fait-il que le même mot de cristal s'applique à tant de corps différents ?* — Un minéral remarquable, mais assez répandu, le quartz hyalin, reçut à cause de sa limpidité le nom de cristal, qui en grec signifie eau congelée ; c'est ce minéral qu'on appelle communément cristal de roche. Plus tard, les naturalistes, s'étant préoccupés des formes géométriques qu'il présente, et ayant remarqué que beaucoup d'autres minéraux ont des formes semblables, étendirent à ceux-ci la dénomination de cristaux. · ·

1143. — *La propriété qu'ont les corps de cristalliser en se solidifiant n'explique-t-elle pas plusieurs faits naturels ?* — Cette propriété explique par.

exemple l'augmentation de volume de l'eau au moment de la congélation : on conçoit en effet que ses molécules ne puissent pas se disposer de manière à former des cristaux réguliers, sans laisser dans la masse bien des interstices. Il résulte de cette augmentation de volume que les vases ou tuyaux dans lesquels l'eau est enfermée éclatent assez souvent, au moment où la congélation s'opère. C'est aussi par la cristallisation de la vapeur d'eau que s'expliquent les formes gracieuses que la loupe nous révèle dans les flocons de neige, ainsi que les dessins que présente la légère couche de glace qui, pendant une nuit très froide, se forme sur la face intérieure des vitres.

1144. — *Qu'entend-on par la matière radiante ?* — Aux trois conditions connues de la matière, solide, liquide, gazeuse, un célèbre chimiste anglais, M. Crookes, a ajouté récemment la matière radiante. Lorsqu'au sein d'un ballon de verre, où l'on avait fait autant qu'on a pu le vide sur un gaz quelconque, les molécules, bien qu'on puisse encore les compter par milliards de milliards, sont devenues assez rares pour ne plus se gêner dans leurs mouvements, et sont en quelque sorte émancipées, elles acquièrent des propriétés étranges, une énergie singulière qui les constitue dans un état tout nouveau, l'état de matière radiante. Projetée en jets rapides, sur le diamant, le rubis, elle les fait resplendir de lueurs intenses, rouges, vertes, etc. ; elle élève de plus de deux mille degrés la température ; le platine, sous leur action, irradie et se fond comme une cire molle ; le verre s'illumine de phosphorescences fulgurantes, etc. ; on dirait que ces molécules sont de véritables boulets d'une petitesse qui épouvante l'imagination, et que leur nombre, qui, dans ce que nous appelons le vide, est encore exprimé par l'unité suivie de vingt-neuf zéros, les rend capables d'effets merveilleux. Il semble, dit M. Crookes, que ces molécules soient presque les derniers atomes des corps; et que nous ayons la limite vers laquelle la matière et la force semblent se confondre : ce serait l'*éther* lui-même qui se montrerait visible et radieux.

Nous mentionnons l'opinion de M. Crookes pour mémoire en faisant connaître surtout ses expériences, mais nous ne prenons pas la responsabilité de ces vues toutes spéculatives.

1145. — *Qu'est-ce que le radiomètre ?* — Un petit instrument inventé par M. Crookes et qui sert à mesurer l'intensité des radiations lumineuses. Deux bras rectangulaires en aluminium portent, dressées à leurs extrémités, des lames minces de mica, noircies sur une de leurs faces, toutes du même côté. Ces bras sont soudés à un petit chapeau de verre porté par une pointe d'acier, qui lui sert de pivot. Le tout est enfermé dans une boule de verre, au sein de laquelle on a fait le vide, autant que possible, pour transformer la matière intérieure en matière radiante. Dès qu'on approche de cet appareil la flamme d'une bougie ou qu'on le porte à la simple lumière du jour, le moulinet commence à tourner, et plus la lumière est intense, plus la rotation est rapide. On a donné plusieurs explications du moulinet de

M. Crookes ; elles semblent sujettes à caution. Qu'il nous suffise de l'avoir signalé. On s'en sert aujourd'hui quelquefois pour apprécier le temps de pose en photographie.

1146. — *Combien connaît-on aujourd'hui de corps simples ?* — Les corps simples connus aujourd'hui sont au nombre de soixante-six, que les chimistes divisent en deux classes, les métalloïdes et les métaux.

Il est très possible que les progrès à venir de la science permettent aux chimistes d'opérer la décomposition de certains corps que nous regardons aujourd'hui comme simples, et qui seront alors rangés parmi les corps composés.

1147. — *Quel est actuellement le nombre des métalloïdes et celui des métaux ?* — Le nombre des métalloïdes est de quinze ; celui des métaux dépasse cinquante et un.

Les métalloïdes sont : 1° l'oxygène ; 2° l'hydrogène ; 3° le nitrogène ou azote ; 4° le soufre ; 5° le sélénium ; 6° le tellure ; 7° le chlore ; 8° le brome ; 9° l'iode ; 10° le fluor ; 11° le phosphore ; 12° l'arsenic ; 13° le bore ; 14° le silicium et 15° le carbone.

Les métaux sont : aluminium, antimoine, argent, baryum, bismuth, cadmium, cæsium, calcium, cérium, chrome, cobalt, cuivre, didymium, erbium, étain, fer, gallium, glucinium, indium, iridium, lanthane, lithium, magnésium, manganèse, mercure, molybdène, nickel, niobium, or, osmium, palladium, pélopium, platine, plomb, potassium, rhodium, rubidium, ruthénium, sodium, strontium, tantale, thallium, terbium, thorium, titane, tungstène, urane, vanadium, yttrium, zinc, zirconium, etc.

II

1148. — *Quelle est la nature des métaux ?* — Les métaux sont tous solides à la température ordinaire, à l'exception du mercure ; quelques-uns sont colorés ; ils sont opaques, excepté l'or en feuilles minces, qui est translucide. Ils sont insolubles dans les liquides, mais fusibles et volatilisables au feu. La plupart cristallisent lorsqu'ils sont placés dans des conditions favorables. Ils conduisent avec une facilité plus ou moins grande l'électricité et la chaleur.

Un métal est malléable quand il peut se réduire en lames ou feuilles sous le choc du marteau ou la pression du laminoir ; l'or et l'argent sont excessivement malléables. Les métaux ductiles sont ceux qui se laissent étirer en fils fins ; l'or est le plus ductile de tous. On obtient les fils métalliques à l'aide de la filière, plaque métallique percée de trous dont les diamètres vont en décroissant. Les métaux soumis au laminage ou à l'étirage finissent par s'écrouir ; ils deviennent durs et cassants : on leur rend leur ductilité première en les recuisant, c'est-à-dire en les chauffant au rouge et en les laissant ensuite refroidir lentement. La ténacité d'un métal est la résistance à la rupture dans l'étirage ; la dureté, la résistance à être rayé ou usé ; l'élasticité et la sonorité varient d'un métal à l'autre.

Les métaux peuvent s'unir entre eux pour former des alliages ; aux métalloïdes pour former avec l'oxygène des oxydes, avec le soufre des sulfures,
avec le chlore des chlorures, etc. Les oxydes métalliques en s'unissant aux
acides produisent des sels.

1149. — *Qu'appelle-t-on métallurgie ?* — L'art d'extraire de leurs minerais les métaux usuels.

Elle comprend : le triage, séparation du minerai des gangues ou matières
étrangères ; le lavage qui débarrasse des parties terreuses ; le grillage pour
brûler le soufre ou l'arsenic des sulfures ou des arséniures ; la fonte dans
des fourneaux à réverbère des oxydes ou des carbonates, seuls ou au contact d'autres corps réducteurs ; l'affinage ou purification par une seconde
fusion. On produit chaque année sur toute la terre 19 millions de tonnes de
métaux dont 9 millions de tonnes de fer.

1150. — *Quelles sont les principales propriétés du fer ?* — Une des plus
précieuses est celle qui fait que deux morceaux de fer, à une haute température, se soudent sans l'interposition d'aucune autre substance. Le fer
possède en outre à un très haut degré la malléabilité, la ductilité, la ténacité, la dureté ; c'est-à-dire qu'il prend aisément, sous le marteau, toutes
les formes ; qu'il s'étend au laminoir en feuilles minces ; qu'il s'étire à la
filière en fils d'une extrême ténuité ; qu'il possède une grande résistance à
la traction ; qu'il est très difficile à rayer, et que, par le frottement, il ne
s'use qu'avec une extrême lenteur. Les avantages qui résultent de cet
ensemble de propriétés se montrent assez d'eux-mêmes, et ils assurent au
fer la première place parmi les métaux usuels. Une autre propriété capitale du fer, c'est d'être éminemment magnétique. Le fer doux français fond
à 1.500° ; sa densité quand il est fondu est de 7,2, et quand il est forgé
de 7,79.

Le fer prend partout la place du bois et de la pierre dans les constructions.
Notre époque est bien vraiment l'âge du fer. C'est que le fer est dix fois
plus résistant que le bois et vingt fois plus résistant que la pierre. La
légèreté relative des constructions en fer donne le moyen de diminuer
l'importance des supports et des fondations. C'est en fer qu'on a décidé de
construire la tour du Champ de Mars ; on aura employé pour faire cette
gigantesque construction plus de 8 millions de kilogrammes de fer à
cinquante-trois francs soixante les cent kilogrammes.

1151. — *Qu'est-ce que l'acier ?* — L'acier est du fer combiné avec une
faible proportion de carbone. Il est plus dur et plus élastique que le fer, et
par conséquent il lui est préférable pour la fabrication d'instruments tran-
chants, de ressorts, de rails, de poutres. Il a pour densité 7,8. Les propriétés de l'acier s'augmentent notablement par la trempe, qui consiste
à plonger l'acier très chaud dans un liquide très froid. Les molécules, qui,
si le refroidissement se fût opéré lentement, auraient repris peu à peu leurs

positions antérieures, se trouvent forcées de rester dans la position où le froid les a brusquement saisies. Mais une trempe excessive aurait des inconvénients, surtout celui de rendre l'acier très cassant ; on la modifie par la recuite, opération qui consiste à chauffer plus ou moins la pièce trop fortement trempée.

1152. — *Qu'entend-on par ces mots fonte, tôle, fer-blanc ?* — La fonte est du fer combiné avec une quantité de carbone beaucoup plus considérable que celle qui est dans l'acier. La fonte est trop cassante pour pouvoir être forgée ; mais elle est plus fusible que le fer (1 200°), et on lui donne, en la coulant, toutes les formes voulues. La tôle est du fer laminé ; on s'en sert surtout pour les tuyaux de poêles et les chaudières des machines à vapeur. Le fer-blanc est du fer en feuilles étamées où qu'on a plongé dans de l'étain en fusion.

1153. — *Comment obtient-on du fer-blanc moiré ?* — L'étain qui s'introduit dans les pores du fer, lorsqu'on fabrique le fer-blanc, forme des cristallisations, qui sont cachées par la couche extérieure d'étain. En enlevant cette couche au moyen d'un acide, on met les cristallisations à nu, et le moiré apparaît.

1154. — *Le fer a-t-il été employé de toute antiquité ?* — Le fer ne se trouvant jamais pur dans la nature, et son affinage présentant d'assez grandes difficultés, n'a dû être employé qu'à

Fig. 203. — La tour Eiffel.

une époque relativement récente. On a trouvé du fer dans la pyramide de Gizeh, la plus grande et la plus ancienne de toutes, et sur plusieurs points du globe on a utilisé même anciennement le fer météorique ou tombé du ciel. Au lieu de fer, on employa d'abord l'airain ou bronze, c'est-à-dire du cuivre plus ou moins pur, puis la fonte, que l'on obtient par un affinage incomplet du minerai de fer.

1155. — *Quelles sont les principales propriétés du cuivre ?* — Le cuivre, qu'on reconnaît aisément à sa couleur rouge, se rapproche du fer par quelques-unes de ses propriétés, notamment par sa malléabilité, sa ductilité, sa ténacité ; et il est plus fusible que le fer. Ce métal ne fond que vers 1 500°. Le cuivre fond à 1 000°. Il a pour densité, lorsqu'il est fondu, 8,85, et 8,95 quand il est laminé.

1156. — *Qu'appelle-t-on bronze, laiton, chrysocale, clinquant, vert-de-gris ?* — Le bronze est un alliage de cuivre et d'étain ; le laiton, ou *cuivre jaune*, un alliage de cuivre et de zinc ; dans le chrysocale ou *similor*, la proportion de zinc est plus faible ; on appelle *clinquant*, des feuilles de cuivre très minces recouvertes de vernis diversement colorés ; le vert-de-gris est un composé vénéneux qui se forme très aisément à la surface du cuivre. C'est pour obvier à cet inconvénient grave qu'on a recours à l'étamage du cuivre par l'étain.

1157. — *Quelles sont les principales propriétés du plomb ?* — Le plomb est beaucoup plus lourd que le fer et le cuivre, puisqu'il a pour densité 11,35. Il est très malléable et facilement fusible, il fond à 325° ; mais il a peu de ductilité, de ténacité et de dureté. On en fait des balles, de la grenaille, des lames pour terrasses et toitures, des tuyaux, etc. Le plomb est attaqué par l'eau distillée ; cependant on peut se servir de tuyaux de plomb pour amener les eaux potables parce qu'il se fait rapidement sur le métal un dépôt de carbonate de chaux et l'eau circule au milieu de cette gaine calcaire. Toutefois, il est prudent, quand on n'a pas fait couler pendant quelque temps de l'eau par un tuyau de plomb, de ne pas se servir des premières eaux qui peuvent renfermer du carbonate de plomb.

Ce métal entre pour une forte proportion dans l'alliage dont on fait les caractères d'imprimerie. L'autre métal qui entre dans cet alliage est l'antimoine, dont on fait en outre usage en médecine, notamment pour la préparation de l'émétique.

1158. — *Quelles sont les principales propriétés de l'étain ?* — L'étain est d'un assez beau blanc, mais il se ternit très vite. Il fond à 235°. Sa fusibilité, jointe à une certaine ténacité et à l'avantage d'être peu attaqué par les acides végétaux, fait qu'on l'emploie pour la fabrication d'un assez grand nombre d'ustensiles. Il sert aussi pour la fabrication du fer-blanc, pour l'étamage des ustensiles de cuivre et de fer, et surtout pour un autre genre d'étamage dont nous parlerons tout à l'heure, celui des glaces. On a cru que les acides végétaux n'avaient pas d'actions sur l'étain ; des expériences récentes tendent à faire admettre qu'il se forme des sels légèrement toxiques.

1159. — *Quelles sont les principales propriétés du zinc ?* — Le zinc, très

malléable à chaud, et beaucoup moins lourd que le plomb (sa densité est 7,19),
l'a remplacé peu à peu dans une grande partie de ses applications. Il fond
à 431°; quoique ses propriétés ne soient connues que depuis assez peu de
temps, il s'en fait déjà une très grande consommation. On le préfère au
plomb pour couvrir les édifices, qu'il ne surcharge pas comme le fait ce
métal; mais comme il est très dilatable, on doit le découper en fragments
analogues aux ardoises, afin qu'il puisse se prêter aux variations de la température. On le substitue surtout avec succès au plomb dans la préparation
des couleurs pour la peinture en bâtiment. On l'emploie aussi fort souvent
à la place de l'étain, dont le prix est plus élevé; mais les acides végétaux
l'attaquent et forment avec lui des composés vénéneux; on doit donc éviter
de s'en servir pour l'étamage des ustensiles de cuisine; on peut cependant
l'employer pour contenir ou pour conduire l'eau. Le zinc entre, comme nous
l'avons vu, dans la composition du laiton; on tend aussi à le substituer au
bronze dans la statuaire et l'ornementation. Le zinc est le combustible
ordinaire dont on se sert le plus pour engendrer de l'électricité dans les
piles électriques.

1160. — *Quelles sont les principales propriétés de l'argent?* — L'éclatante blancheur de l'argent, le beau poli dont il est susceptible et qu'il conserve très longtemps, étant presque inaltérable, sa malléabilité, sa grande
ductilité, la facilité suffisante qu'on trouve à le fondre, enfin son assez grande
rareté, expliquent le privilège qu'il a d'être, après l'or, le signe représen-
tatif de toutes les valeurs. L'argent fondu a pour densité 10,51. Il fond à 945°.
Son prix, à poids égal, est environ le quinzième de celui de l'or. Comme
lui, il est trop flexible et trop aisé à rayer, quand il est pur; mais, allié à un
peu de cuivre, il acquiert la rigidité et la dureté nécessaires. Le soufre,
dans certaines conditions, attaque l'argent et forme avec lui un composé
noir; c'est ce qui rend dangereux pour l'argenterie le contact des jaunes
d'œufs, les émanations des fosses d'aisances et les gaz des poêles mobiles qui
contiennent du soufre. L'argent est dissous par l'acide azotique, avec lequel
il forme l'azotate d'argent ou pierre infernale.

1161. — *D'où vient le nom de vaisselle plate, par lequel on désigne la
vaisselle d'argent?* — Du mot espagnol *plata* qui veut dire argent?

1162. — *Quelles sont les principales propriétés de l'or?* — On connaît
la belle couleur de l'or; sa densité, qui est plus de 19 fois celle de l'eau
(fondu 19,26, laminé 19,36), et qui ne le cède qu'à celle du platine
(fondu 21,45); son aptitude à recevoir un poli remarquable et à le conserver indéfiniment, car il est presque inaltérable. L'or fond à 1 245°. Sa malléabilité et sa ductilité sont si incomparables, qu'avec une quantité d'or
insignifiante, on peut obtenir des fils d'une longueur prodigieuse, ou des
feuilles suffisantes pour couvrir de très grandes surfaces. Toutefois, l'or
manquerait de dureté, s'il n'était allié à un peu de cuivre, dont la loi a-

fixé les proportions à 0,1 pour les monnaies, et un peu plus pour les autres emplois de l'or.

1163. — *Comment peut-on s'assurer qu'un objet d'or ne contient pas un excès d'argent?* — La vérification se fait au moyen de l'acide azotique, qui dissout le cuivre et aussi l'argent, et n'a point d'action sur l'or. Mais, comme l'opération demande du temps, les bijoutiers se contentent de frotter l'objet avec un silex noir, appelé *pierre de touche ;* puis, sur la trace que garde la pierre, on passe une goutte d'acide azotique, qui laisse à l'or sa couleur, mais verdit le cuivre : la nuance plus ou moins verdâtre que présente alors la trace détermine à peu près, pour un œil exercé, les proportions de l'alliage.

1164. — *N'y-a-t-il aucune substance qui attaque l'or ?* — L'or se dissout dans l'*eau régale*, mélange d'acide azotique et d'acide chlorhydrique.

1165. — *Dans quel état trouve-t-on l'or dans la nature?* — Le plus souvent à l'état natif ; c'est ce qui explique pourquoi les peuples qui ne se servaient encore ni du fer ni du cuivre faisaient déjà usage de l'or.

1166. — *Quelles sont les principales propriétés du platine ?* — Le platine, dont la découverte ne date que de l'année 1741, est le plus dense des métaux, le plus difficile à fondre, le plus inaltérable et celui dont le volume se ressent le moins des variations de température. Sa densité est 21,45. Il fond à 1775°. Ces propriétés le rendent précieux pour la fabrication des creusets, des instruments de précision et des pièces délicates de l'horlogerie. Il a en outre l'avantage de se souder directement et d'être inoxydable. Il n'est attaqué que par l'eau régale très concentrée. Si, très divisé ou réduit à ce qu'on appelle de l'éponge de platine, on le met au contact avec de l'hydrogène, il se produit entre ces deux corps une action singulière d'absorption, d'où il résulte que le platine s'échauffe au point d'enflammer l'hydrogène.

On emploie le platine dans les piles galvaniques, parce qu'il est le plus électronégatif des métaux. On en fait des creusets, parce qu'il est le plus infusible et le plus inattaquable par les acides ; mais il faut se garder : 1° de faire fondre dans ces creusets un alcali caustique, soude ou potasse, qui les attaquerait, et 2° de les chauffer au contact du charbon, parce que le carbone attaque le platine chauffé au rouge.

1167. — *Quelles sont les principales propriétés du mercure?* — Le mercure a la propriété unique, dans la classe des métaux, d'être liquide à la température ordinaire ; il se solidifie à — 40°, il bout et se volatilise à + 350° ; enfin il dissout plusieurs métaux, en formant avec eux des combinaisons qu'on appelle *amalgames ;* sa densité dépasse notablement celle du plomb ; elle est de 13,59.

1168. — *Quels sont les principaux usages du mercure ?* — Le mercure est employé pour la construction du baromètre parce que, très dense, il permet d'avoir un baromètre relativement court; avec l'eau, il faudrait un tube de plus de 10 mètres de longueur. Il est aussi très convenable pour la construction du thermomètre, surtout à cause de sa grande dilatation, ce qui permet d'obtenir une échelle de graduation commode séparant le point de congélation de l'eau du point d'ébullition. Le mercure sert en outre à séparer l'or natif des matières avec lesquelles il se trouve mêlé dans les minerais. On agite dans un bain de mercure le sable aurifère ou le minerai pulvérisé; quand l'or est dissous, on place l'amalgame dans une peau de chamois, on comprime, et il reste une balle dans laquelle tout l'excès de mercure s'en est allé par les pores de la peau ; puis on traite la balle par ébullition ; le mercure se dégage et l'or reste seul. Pour l'argent natif on procède de même.

1169. — *Comment se sert-on du mercure pour l'étamage des glaces ?* — Sur une feuille d'étain on étend une couche très mince de mercure, et on met la glace par-dessus, en la chargeant de poids qui l'appliquent fortement contre l'amalgame d'étain. Celui-ci, liquide d'abord, se solidifie dès qu'il est complètement formé, et demeure adhérent à la glace. Aujourd'hui on remplace souvent, surtout pour les miroirs télescopiques, l'étamage au mercure par l'étamage à l'argent précipité de ses solutions par des substances organiques, le sucre, etc.

1170. — *Quels sont les principaux composés du mercure ?* — Un *sulfure* de mercure, moyennant certaines préparations, devient le *vermillon;* le *deutochlorure* de mercure forme le *sublimé corrosif ;* le *fulminate* de mercure est la poudre fulminante dont on charge les capsules employées pour déterminer l'explosion des armes à feu et des substances explosives. Le minium et la litharge sont des oxydes de plomb.

1171. — *Qu'est-ce que l'aluminium ?* — C'est un métal blanc, inaltérable à l'air et à l'eau ; d'une extrême légèreté; sa densité est de 2,56 quand il est fondu et de 2,67 quand il est laminé, mais dur et tenace; il fond à 600°. On est parvenu à le souder directement à la façon du fer. Cet ensemble de propriétés ne permet pas de douter que l'aluminium ne soit appelé à rendre de grands services, et bien qu'il ne soit connu que depuis très peu d'années, il est déjà employé à de nombreux usages ; c'est en 1854 seulement que Henri Sainte-Claire-Deville parvint à l'extraire industriellement de l'alumine. On l'obtient aujourd'hui par fusion électrique sur grande échelle. L'alliage d'aluminium et de cuivre ou *bronze d'aluminium* a une très belle couleur et une dureté très grande qu'on utilise dans l'industrie mécanique ; on en fait aussi des couverts, mais ils sont plus ou moins altérables.

1172. — *Qu'endend-on par alliages ?* — Des combinaisons des métaux entre eux. On nomme amalgames les alliages formés avec le mercure. Les alliages sont comme de nouveaux métaux que l'on peut créer à volonté et

auxquels on donne toutes les propriétés désirables. Ils ne se forment qu'à l'état'
liquide, par fusion ; leur densité est plus grande que celle des métaux alliés ;
quand leur affinité est très grande, ils sont plus fusibles que le moins fusible
des métaux qui les composent ; ils sont aussi généralement plus durs ; leur
ténacité et leur dureté diminuent ; ils sont moins oxydables ; la chaleur
décompose les alliages qui contiennent un métal volatilisable.

1173. — *Quelle est la composition des alliages usuels ?* — On. *Monnaie :*
or 900, cuivre 100 ; *bijoux :* or 920, cuivre 80 ; *or vert :* or 700, argent 300.

Argent. *Monnaie :* argent 835, cuivre 165 ; *vaisselle, médailles :* argent 950,
cuivre 50 ; *bijoux :* argent 800, cuivre 200.

Bronze. *Monnaie :* cuivre 95, étain 4, zinc 1 ; *canons :* cuivre 90, étain 10 ;
tams-tams : cuivre 80, étain 20 ; *cloches :* cuivre 78, étain 22 ; *miroirs :*
cuivre 67, étain 33.

Bronze d'aluminium : cuivre 90 à 95, aluminium 10 à 5.

Chrysocale ou similor : cuivre 90, zinc 10.

Laiton ou cuivre jaune : cuivre 65, zinc 35.

Maillechort : cuivre 50, zinc 25, nickel 25.

Caractères d'imprimerie : plomb 80, antimoine 20.

Alliage fusible Darcet : bismuth 28, plomb 58, étain 14 (fond à 94°,8).

Soudure des plombiers : plomb 2, étain 1.

—   des ferblantiers : plomb 1, étain 1.

Étain. *Vaisselle :* étain 92, plomb 8 ; *mesures :* étain 82, plomb 18.

Métal d'Alger ; étain 69,5, plomb 28, antimoine 4,5 ; ressemble à l'argent.

III

1174. — *Qu'est-ce que l'oxygène ?* — L'oxygène est un gaz incolore, sans
odeur ni saveur, qui rallume les corps en ignition et les fait brûler avec
flamme, qui active grandement la combustion des corps qu'on y plonge, ou
sur lesquels on le fait tomber sous forme de jet. Ce corps est très répandu
dans la nature, puisqu'il est un des éléments de l'air, de l'eau, et de toutes
les matières végétales ou animales. L'air est en effet formé d'un mélange
de 79 p. 100 d'azote et de 21 p. 100 d'oxygène.

Le moyen le moins coûteux de se procurer le gaz oxygène est de mettre un mélange
de chlorate de potasse et de peroxyde noir de manganèse dans une cornue en grès ou
dans une bouteille en fer au col de laquelle on adapte, au moyen d'un bouchon, un
tube abducteur, dont l'extrémité recourbée plonge dans une cuve à eau. On met la
cornue sur le feu jusqu'à ce qu'elle devienne rouge, et en quelques minutes des bulles
s'élèvent de l'eau : ces bulles sont le gaz oxygène. On fabrique aujourd'hui industriellement l'oxygène au moyen du bioxyde de baryum. Chauffé, ce corps abandonne l'oxygène
qu'il renferme. Puis, quand la température s'abaisse, l'oxyde de baryum emprunte l'oxygène à l'air et repasse à l'état de bioxyde qui sert dans une opération subséquente. C'est

au fond l'oxygène de l'air que l'on sépare de l'azote. Par le même procédé, on recueille en même temps l'azote (1257). En dehors des usages médicaux, on n'a pas encore trouvé d'applications importantes de l'oxygène.

1175. — *A qui doit-on la découverte de l'oxygène ?* — Au docteur Priestley, chimiste anglais, qui l'annonça en 1774. A peu près vers la même époque, Scheele, en Suède, et Lavoisier, en France, sans connaître les expériences de Priestley, obtinrent le même gaz par des procédés différents.

Priestley appela ce gaz air dephlogistiqué ou phlogistique ; Scheele, air du feu ; Lavoisier lui donna le nom d'oxygène.

1176. — *L'oxygène se trouve-t-il quelquefois à l'état liquide ou à l'état solide ?* — L'oxygène pur n'a été longtemps connu qu'à l'état gazeux, et jusqu'en 1881 n'avait jamais pu, par aucun moyen, être liquéfié ou solidifié.

En soumettant à la fois l'oxygène à des températures très basses et à des pressions considérables, M. Cailletet à Paris et M. Pictet à Genève ont réussi à le liquéfier et probablement même à le solidifier.

1177. — *Quelle est l'influence du gaz oxygène sur le sang ?* — L'oxygène qui est introduit dans le poumon par la respiration change la couleur du sang en la faisant passer d'un rouge foncé à un rouge vermeil. Il est charrié par les globules sanguins dans toutes les parties de l'organisme.

1178. — *Quelle quantité de gaz oxygène un homme consomme-t-il en un jour ?* — L'homme inspire en moyenne 500 centimètres cubes d'air à chaque inspiration, soit 360 litres par heure ou 9 000 litres en 24 heures. En passant à travers le poumon, cette masse d'air perd environ 5 p. 100 de son volume d'oxygène et gagne 5 p. 100 d'acide carbonique. Dans les 24 heures, l'homme consomme environ 650 grammes d'oxygène et produit près de 800 grammes d'acide carbonique renfermant 210 grammes de charbon. Les poumons dans le même temps exhalent 325 grammes d'eau. En 24 heures, l'homme vicie 50 mètres cubes d'air pur dans la proportion de 1 p. 100 et 500 mètres cubes dans la proportion de 1 p. 1 000. Si l'on évalue la proportion d'acide carbonique dans l'atmosphère à 3 p. 10 000, et celle de l'air expiré à 470 p. 10 000, le corps humain exigerait chaque jour un volume de 700 mètres cubes d'air pour que l'atmosphère ambiante ne contînt pas plus de 1 p. 1 000 d'acide carbonique. Lorsque l'air est vicié par les êtres vivants au point de contenir plus de 1 p. 1 000 d'acide carbonique, les impuretés qui accompagnent cette altération deviennent appréciables à l'odorat. Un homme du poids de 70 kilogrammes doit donc disposer d'un espace bien ventilé d'au moins 27 mètres cubes.

1179. — *Quelle est l'influence du gaz oxygène sur les plantes ?* — Les feuilles absorbent le gaz oxygène, qui passe à l'état d'acide carbonique. Pendant le jour, l'acide carbonique est décomposé, le carbone est fixé par les plantes et converti en leur substance, l'oxygène est mis en liberté ; pendant la nuit, l'acide carbonique est exhalé sans décomposition.

En réalité, il semble que, chez le végétal comme chez l'animal, l'oxygène est absorbé jour et nuit ; seulement le jour la quantité d'oxygène absorbée est au minimum et l'excès accumulé dans les tissus pendant la nuit s'échappe à l'extérieur.

1180. — *Si l'oxygène entretient la respiration, pourquoi l'air n'est-il pas composé exclusivement de gaz oxygène ?* — Parce que l'oxygène pur est toxique. Les expériences de Paul Bert ont démontré que l'oxygène pur se comporte comme un poison. Les animaux ne peuvent vivre dans l'oxygène. Lavoisier l'avait déjà montré en introduisant un oiseau sous une cloche en verre pleine de ce gaz. L'oiseau mourait en quelques minutes.

1181. — *Comment partage-t-on les corps oxygénés ?* — On les partage en deux classes, en raison de leurs propriétés tout à fait opposées : l'une a reçu le nom générique d'acides, l'autre celui d'oxydes.

1182. — *Quels sont les caractères les plus saillants des acides ?* — 1° Ils ont une saveur aigre plus ou moins prononcée ; 2° ils font passer au rouge la couleur bleue du tournesol.

Le tournesol est une couleur bleue végétale qu'on retire de plusieurs plantes, le plus souvent des lichens.

1183. — *Quels sont les caractères des oxydes ?* — Ils ramènent souvent au bleu le tournesol rougi par les acides, et verdissent le plus souvent la teinte bleue des fleurs de violette ; leur saveur est en général âpre et caustique.

1184. — *Le même corps simple peut-il donner lieu à plus d'un seul acide ou d'un seul oxyde ?* — Oui, le même corps peut former plusieurs acides et plusieurs oxydes.

1185. — *Comment désigne-t-on les acides divers, suivant leur degré d'oxygénation ?* — On désigne les acides en donnant la terminaison *eux* au moins oxygéné, et la terminaison *ique* à celui qui contient le plus d'oxygène.

Par exemple, on appelle l'acide formé par la combinaison du soufre avec l'oxygène acide sulfureux, si le composé contient une petite quantité d'oxygène, et acide sulfurique, si le composé en contient une plus grande proportion.

La particule *hypo*, mise avant le nom d'un acide, est un diminutif. Ainsi on désigne les quatre acides formés par la combinaison du soufre avec l'oxygène, de la manière suivante :

1. Hyposulfureux.	2 molécules soufre S,	2 molécules oxygène O.				S^2O^2.
2. Sulfureux.	1 — —	2 — —				SO^2.
3. Hyposulfurique.	2 — —	4 — —				S^2O^5.
4. Sulfurique.	1 — —	3 — —				SO^3;

Hypo (du grec ὑπό, *dessous*) indique un degré inférieur.

1186. — *Comment distingue-t-on les oxydes, suivant leur degré d'oxydation ?* — 1° Quand le corps combustible ne produit qu'un seul oxyde, on ajoute le nom de la substance oxygénée de la manière suivante : oxyde d'argent; 2° s'il y a deux ou plusieurs oxydes du même corps, on les distingue par les épithètes suivantes : *proto* (un atome d'oxygène); — *sesqui* (un atome et demi); — *deuto* ou *bi* (deux atomes). — La particule *per* marque le plus haut degré d'oxygénation dont un oxyde est susceptible.

Ainsi on dit :

1. Le *proto*xyde de manganèse . . . . MnO.
2. Le *sesqui*oxyde de manganèse . . . . Mn^2O^3.
3. Le *bi*oxyde ou *deuto*xyde de manganèse. . . . . . MnO^2.

Ce dernier, étant l'oxyde le plus oxygéné, est ordinairement appelé *peroxyde de manganèse*.

PROTOXYDE (MnO), c'est-à-dire un atome d'oxygène O avec un atome de manganèse Mn.

SESQUIOXYDE (Mn^2O^3), c'est-à-dire un atome et demi d'oxygène avec un atome de manganèse, ou trois atomes contre deux.

BI ou DEUTOXYDE (MnO^2), c'est-à-dire deux atomes d'oxygène avec un atome de manganèse.

PEROXYDE, la plus riche en oxygène de toutes les combinaisons.

1187. — *Qu'est-ce que la chaux?* — La chaux, principe essentiel des mortiers employés dans les constructions, est le protoxyde de calcium, c'est-à-dire une combinaison à parties égales du métal calcium (Ca) et d'oxygène O : (CaO).

Il y a diverses espèces de chaux : la *chaux grasse*, qui provient de la calcination des calcaires les plus purs; la *chaux maigre* provenant des pierres calcaire impures, ou contenant des proportions assez fortes de carbonate de fer et de magnésie; la *chaux hydraulique*, qui, en raison de l'argile qu'elle contient, durcit beaucoup sous l'eau.

Le GYPSE, ou le plâtre qu'on emploie pour couvrir les murs, les cloisons intérieures, les plafonds, etc., est le sulfate de chaux hydraté.

Le STUC est une composition de plâtre choisi, gâché avec une dissolution de gélatine ou de colle forte.

1188. — *Qu'est-ce que la rouille qui s'engendre sur le fer?* — Cette rouille est un oxyde de fer.

La rouille est, pour parler strictement, l'hydrate de sesquioxyde de fer.

1189. — *De quelle manière se rouille le fer abandonné à l'air humide?* — La surface du fer se combine avec l'oxygène de l'air humide et se transforme en une nouvelle substance nommée le sesquioxyde de fer. Cette nouvelle substance se combine, à son tour, avec l'eau répandue à l'état de vapeur dans l'atmosphère, et forme une troisième substance nommée hydrate de sesquioxyde de fer.

Hydrate (du grec ὕδωρ, *eau*) veut dire contenant une portion d'eau dans sa composition.

1190. — *Le fer poli se rouille-t-il exposé à l'air sec ?* — Non : le fer poli ne subi aucun changement à l'air sec, à la température ordinaire.

1191. — *Pourquoi l'air sec ne rouille-t-il pas le fer et l'acier ?* — Parce que l'humidité est essentielle pour mettre en action, à une température ordinaire, l'affinité de l'oxygène pour le fer.

L'air sec à une très haute température oxyde le fer ; ainsi, quand une barre de fer rougie au feu est refroidie, on la trouve couverte d'oxyde.

1192. — *Lorsqu'on laisse refroidir lentement au contact de l'air une barre de fer rougie au feu, pourquoi des pellicules se détachent-elles sous le choc du marteau ?* — Parce que l'oxygène de l'air se combine très promptement avec le fer échauffé de la surface, et le convertit en plusieurs couches ou écailles superposées, formant ce qu'on appelle des *battitures de fer*.

1193. — *De quoi sont formées les battitures de fer ?* — La partie extérieure d'une écaille de battiture est l'oxyde magnétique de fer ; la partie intérieure, ou celle qui était immédiatement en contact avec le métal, est le protoxyde de fer.

L'*oxyde magnétique* (Fe^2O^3) est un oxyde intermédiaire entre le protoxyde et le sesquioxyde de fer. On a donné à cette combinaison le nom d'*oxyde magnétique*, parce qu'elle possède la propriété magnétique à un très haut degré.

1194. — *Pourquoi une aiguille, un tisonnier d'acier et une barre de fer perdent-ils leur poli, et deviennent-ils rouge-brun lorsqu'on les met au feu ?* — Parce que l'oxygène de l'air se combine très promptement avec la surface échauffée du métal, et y forme un oxyde nommé le peroxyde de fer, qui a une couleur rouge foncé.

1195. — *Pourquoi les poêles, les fourneaux, les étuves, etc., se rouillent-ils même soigneusement placés dans une chambre bien fermée ?* — Parce que l'air de la chambre, plus ou moins humide, oxyde à la longue la surface du fer.

1196. — *Comment empêche-t-on le fer de se rouiller en le couvrant d'une couche de graisse ou de peinture ?* — Parce que la graisse et la peinture empêchent le contact de l'humidité de l'air avec la surface du fer.

1197. — *Qu'est-ce qui donne la couleur vert foncé aux bouteilles ?* — Le verre à bouteilles doit sa couleur à la présence du protoxyde de fer, qui colore le verre fondu en vert foncé.

1998. — *A quoi est due la couleur particulière de l'hématite ou sanguine ?* — Elle est due à l'oxyde rouge de fer, ou peroxyde de fer anhydre, qui est d'un rouge intense.

Anhydre, du grec ά-ΰδωρ, *sans eau ;* c'est-à-dire sans eau dans sa composition chimique.

1199. — *Qu'est-ce que l'aimant naturel ?* — Un oxyde de fer, qu'on appelle l'oxyde magnétique : c'est une combinaison intermédiaire entre le protoxyde et le peroxyde de fer (Fe^3O^4).

Cet oxyde se trouve dans les terrains anciens.

1200. — *A quoi les ocres et les terres bolaires qu'on emploie pour la peinture doivent-elles leur couleur brune et rouge ?* — 1° Le rouge de Prusse, le rouge d'Angleterre et le rouge indien, qu'on emploie pour mettre en couleur les carreaux des appartements, les portes, les fenêtres, etc., sont dus à l'oxyde de fer anhydre renfermé dans les ocres et les terres bolaires : — 2° quand les argiles renferment un mélange d'hydrates d'oxydes de fer et de manganèse, elles constituent la terre d'ombre, la terre de Sienne, et d'autres couleurs brunes.

Le protoxyde de fer, en se dissolvant dans les acides, produit des sels colorés en vert émeraude pâle ; le peroxyde donne avec ces mêmes acides des sels colorés en rouge et en brun.

De tous les sels de fer, le plus important est le sulfate de fer, qui porte le nom de vitriol vert, vitriol martial ou romain, couperose verte, etc. Ce sel noircit la décoction de noix de galles et produit ainsi l'encre ; c'est le principal ingrédient de la teinture en noir, en gris, en olive et en violet ; c'est avec lui qu'on monte les cuves d'indigo à froid, qu'on prépare le bleu de Prusse, qu'on obtient l'or en poudre, nécessaire à la dorure de la porcelaine ; il active la végétation ; etc.

1201. — *Pourquoi un chapeau noir tourne-t-il au rouge lorsqu'il est exposé à l'air humide de la mer ?* — Parce que le fer contenu dans la teinture du chapeau et le chlore de l'air humide de la mer se combinent et forment un chlorure de fer, lequel, peu de temps après, se décompose, donnant naissance à l'oxyde de fer hydraté, qui est rouge brun.

1202. — *Qu'est-ce que la croûte blanche qui se dépose sur les parois d'un seau en zinc qui contient de l'eau ?* — Cette croûte est de l'oxyde de zinc ; il se forme au contact de l'eau sur les parois humides du seau.

1203. — *Pourquoi le zinc luisant se ternit-il à l'air humide ?* — Parce que l'air humide oxyde la surface du zinc.

1204. — *L'eau contenue dans un seau en zinc est-elle malsaine ?* — Non, parce qu'une fois que la surface est oxydée, l'oxyde formé préserve le seau de toute altération ultérieure ; l'eau ne contient que des traces insignifiantes d'hydrate et de carbonate de zinc ; on peut par conséquent employer sans crainte aux usages domestiques l'eau conservée dans un seau de zinc.

On ne doit jamais conserver des fruits, des viandes grasses, du sel commun, des acides, même faibles (tels que le vinaigre, le jus de citron, etc.) dans des vases de zinc ou doublés de zinc, parce que le zinc est un des métaux les plus attaquables par les acides ; il se dissout dans presque tous, formant des sels doués de propriétés vomitives et purgatives.

1205. — *L'oxyde de zinc a-t-il des applications industrielles ?* — Il entre dans la composition des chandelles romaines, et communique à leur flamme cet éclat bleu éblouissant qu'elles répandent. L'oxyde ou blanc de zinc est très avantageusement substitué au blanc de plomb ou céruse dans la peinture à l'huile ; il n'offre pas de dangers dans sa préparation, et ne se noircit pas aussi promptement que le blanc de plomb, au contact d'un grand nombre d'agents qui peuvent se répandre dans l'atmosphère.

1206. — *Pourquoi l'étain perd-il son éclat très promptement à l'air humide ?* — Parce que la surface de l'étain s'oxyde en très peu de temps ; mais cette oxydation n'est que superficielle.

L'addition du plomb rend l'oxydation de l'étain beaucoup plus prompte, probablement à cause de l'action galvanique qui s'établit entre deux métaux et qui rend l'étain plus oxydable.

1207. — *Comment peut-on faire disparaître, en quelques minutes, les taches de rouille qui se forment sur le linge ?* — Ces composés ferrugineux disparaissent sur-le-champ et sans altération aucune du tissu par un moyen bien simple, qui consiste à imbiber l'endroit taché d'une faible dissolution acidulée de sel d'étain ; en effet, le sel d'étain est très avide d'oxygène ; sa dissolution, par conséquent, désoxyde le peroxyde de fer de la tache et le réduit à l'état de protoxyde, qui se dissout dans le sel d'étain et s'en va.

Ce sel enlève les taches formées par le peroxyde de manganèse, aussi bien que celles qui sont dues aux oxydes de fer.

1208. — *Pourquoi étame-t-on les vases de cuisine en fer ?* — Parce que l'étain sert à garantir le fer de l'oxydation.

Les vases en fer sont mieux protégés encore par le zingage ou la galvanisation du fer. Le procédé consiste à enduire de zinc le vase en le plongeant dans un bain de ce métal en fusion.

1209. — *Pourquoi les couvercles de cuisine en étain deviennent-ils jaune brun à l'action du feu?* — Parce que l'étain chaud se combine avec l'oxygène de l'air, et forme un oxyde auquel est due cette couleur.

1210. — *Pourquoi la surface du plomb perd-elle son éclat et devient-elle d'une couleur plus foncée à l'air humide ?* — Parce que l'oxygène de l'air humide se combine avec la surface du plomb, et forme un sous-oxyde de plomb qui se manifeste par une couleur gris mat. Si l'air peut se renouveler fréquemment, ce sous-oxyde finit par passer à l'état de carbonate de plomb. L'air oxyde la surface du plomb d'abord, puis cet oxyde se combine avec l'acide carbonique de l'air, et forme un carbonate qui recouvre le vieux plomb d'une couleur blanchâtre.

1211. — *Pourquoi ne doit-on pas conserver longtemps les viandes dans certaines poteries grossières ?* — Parce que les potiers se servent de sulfure de plomb pour vernir ces poteries grossières ; ce vernis est facilement attaqué par les graisses et les acides, les viandes alors se chargent de sels de plomb vénéneux et peuvent déterminer des accidents toxiques.

1212. — *Qu'est-ce que la céruse ou blanc de plomb?* — C'est du carbonate de plomb. Ce carbonate est toxique comme tous les sels de plomb, et toutes les personnes qui font un fréquent usage de la céruse, ou la fabriquent, sont exposées à la maladie cruelle appelée *colique des peintres*. On sait qu'aujourd'hui on tend de plus en plus à substituer à la peinture à la céruse la peinture au blanc de zinc, d'ailleurs plus économique.

1213. — *Pourquoi le vin et le vinaigre conservés dans des vases de plomb deviennent-ils toxiques ?* — Parce qu'il se forme de l'acétate de plomb qui se dissout dans le liquide, et que les sels de plomb possèdent des propriétés toxiques très actives.

1214. — *Pourquoi le cuivre se ternit-il ?* — Parce que l'humidité de l'air l'oxyde assez promptement.

1215. — *Qu'est-ce que la couche verte qui couvre la surface du cuivre exposé au contact de l'air ?* — Cette couche verte est du carbonate de cuivre.

Il ne faut pas confondre cette couche verte qui se forme à la surface des ustensiles de cuivre, des statues de bronze, etc., par la seule action de l'air humide, avec le vert-de-gris ou sous-acétate de cuivre qu'on prépare en dissolvant le cuivre dans du vinaigre ou dans de l'acide acétique.

1216. — *Pourquoi les statues de bronze, qui décorent les jardins publics, se ternissent-elles bientôt à l'air et se couvrent-elles d'une couche verte ?* — Parce que l'humidité de l'air attaque le bronze, et forme cette couche verte qui est l'hydrate de bioxyde de cuivre, ou le carbonate du même bioxyde. En revanche, les piédestaux en pierre ou en marbre de ces statues de bronze sont généralement exempts des moisissures vertes qui végètent sur les autres statues ; les sels de cuivre tuent les moisissures.

1217. — *Si l'on cuit des viandes dans une casserole ou dans une marmite en cuivre, et si on les laisse s'y refroidir, pourquoi les viandes peuvent-elles devenir toxiques ?* — Parce que, sous l'influence des acides ou des matières grasses contenues dans les aliments, il se forme des sels de cuivre toxiques qui se mêlent aux viandes. L'opinion est partagée sur la toxicité des sels de cuivre. Burq, Ducom, le Dr Galippe, etc., ne les condamnent pas comme toxiques. Ils ont absorbé des quantités appréciables de quelques sels de cuivre sans accident. Les expériences poussées à haute dose sur les animaux n'ont déterminé à la longue que quelques dérangements intestinaux. En réalité, les sels de cuivre semblent à petite dose assez peu dangereux. L'acétate de cuivre pourrait sans doute, ingéré à haute dose, amener toutefois des accidents.

1218. — *En admettant que les vases de cuivre communiquent une qualité nuisible aux viandes, pourquoi fait-on cuire les aliments dans des casseroles ou marmites de cuivre ?* — Parce que, dans tous les cas, l'expérience séculaire a prouvé que ces vases ne présentent aucun danger tant qu'on les conserve très propres, et qu'on ne laisse pas refroidir les aliments.

1219. — *Pourquoi étame-t-on presque toujours les vases en cuivre ?* — Parce que l'on pense qu'il est encore préférable, par prudence, de susbtituer l'étain au cuivre. C'est une opinion contestable, bien qu'elle soit très générale. D'abord parce que souvent les étameurs emploient pour étamer de l'étain qui renferme du plomb, et à des sels cuivreux peu toxiques on substitue ainsi des sels plombiques dangereux ; ensuite parce que des expériences récentes ont montré que les sels d'étain eux-mêmes sont toxiques. Des accidents assez graves sont survenus chez des personnes qui ont fait usage de viandes conservées dans des boîtes étamées.

1220. — *Pourquoi voit-on quelquefois, sur les fourneaux, là où les charbons touchent les casseroles, une flamme de couleur verte ?* — Parce que le cuivre, en contact avec la flamme, brûle et lui communique une teinte verte.

1221. — *Qu'est-ce qui produit les étoiles vertes des feux d'artifices ?* — Cette belle couleur est due à l'oxyde cuivreux ; on le produit en ajoutant à la poudre un peu de cuivre pulvérisé très fin.

1222. — *Qu'est-ce qui donne aux verres une belle couleur verte ?* — Le bioxyde de cuivre qu'on fond avec les matériaux du verre.

1223. — *Qu'est-ce qui donne aux vitraux employés à la décoration des églises leur beau rouge ?* — Le protoxyde de cuivre.

1224. — *Qu'est-ce que l'alumine et quelles sont ses principales variétés ?* — L'alumine est de l'oxyde d'aluminium. Plus ou moins mélangée avec la silice et d'autres matières, elle forme l'argile ou terre glaise, substance onctueuse, faisant pâte avec l'eau et servant à fabriquer les tuiles, les briques. la poterie, la faïence. L'alumine domine aussi dans le kaolin, ou terre à porcelaine, et dans plusieurs pierres précieuses, notamment dans le corindon, qui, suivant sa couleur, prend les noms de rubis, de saphir, de grenat, d'émeraude, d'orientale, etc. Des corindons pulvérisés constituent l'émeri, qui sert à tailler et à polir les corps d'une grande dureté. Indiquons encore, parmi les minéraux à base d'alumine, le lapis-lazuli, si recherché pour lui-même et pour la belle couleur bleue qu'on obtient en le pulvérisant, couleur appelée outre-mer. Citons aussi le feldspath, minéral fort dur et d'un aspect chatoyant, l'un des trois dont le mélange forme le granit ; les deux autres sont le quartz et le mica. Une roche plus essentiellement feldspathique est le porphyre, composé d'une masse homogène, dans laquelle sont disséminés des cristaux d'une autre teinte. Dans le porphyre proprement dit, la masse et les cristaux sont deux variétés de feldspath. Une autre roche à base d'alumine est l'ardoise, dont tout le monde connaît les usages. Enfin, parmi les composés de l'alumine, nous devons citer l'alun, qui est un sulfate double d'alumine et de potasse, mais qui ne se trouve point tout formé dans la nature.

1225. — *Qu'est-ce que le verre trempé ?* — Du verre encore à l'état presque pâteux rendu, par un refroidissement brusque, beaucoup plus résistant à toutes les causes de rupture que le verre ordinaire. La trempe se fait ordinairement dans un bain d'huile chauffé environ à 100°.

I V

1226. — *Qu'est-ce que l'hydrogène ?* — L'hydrogène est un gaz 14 fois plus léger que l'air, incolore, inflammable, qui, comme son nom le rappelle, entre dans la constitution de l'eau. Il est toujours gazeux, invisible comme l'air, sans odeur ni saveur ; il s'enflamme au contact de l'air, par l'approche d'une bougie allumée ; il éteint sur-le-champ une allumette en ignition, mais sans flamme. La flamme du gaz hydrogène pur est très peu brillante ; mais, de tous les corps combustibles, l'hydrogène, en se combinant avec l'oxygène, est celui qui produit la plus grande chaleur. La flamme de l'hydrogène est utilisée en chimie par ceux qui font des analyses au chalumeau. L'hydrogène a pu aussi être liquéfié sous l'influence du froid et des hautes pressions.

Le mot *hydrogène* est dérivé de deux mots grecs : γεννάω et ὕδωρ (j'engendre l'eau).

On peut obtenir très facilement le gaz hydrogène en grand, en faisant dissoudre du zinc ou du fer dans de l'acide sulfurique étendu d'eau, de la manière suivante : mettez des morceaux de zinc ou de la limaille de fer dans un vase, versez dessus de l'acide sulfurique étendu dans deux fois autant d'eau ; couvrez ensuite le vase, et une infinité de petites bulles formées de gaz hydrogène se dégageront.

Fig. 204. — Briquet à gaz hydrogène.

A, eau acidulée par de l'acide sulfurique ; — H, cloche de verre dans laquelle pénètre le liquide et au milieu de laquelle plonge le morceau de zinc Z. L'eau est décomposée et l'hydrogène emplit la cloche. A l'aide de la manette R, on ouvre au gaz un passage et il vient heurter l'éponge de platine qui l'enflamme.

1227. — *Qu'est-ce que la lumière Drummond ?* — La lumière du jet enflammé d'un mélange de deux volumes de gaz hydrogène et d'un volume de gaz oxygène projeté sur un bâton de craie. La chaux devenue incandescente produit une lumière excessivement vive.

On emploie cette lumière pour le microscope à gaz et les projections. La découverte de cette lumière est due à Drummond, chimiste anglais.

1228. — *Expliquez la construction d'un briquet à gaz hydrogène.* — On fait arriver un jet de gaz hydrogène sur un morceau d'éponge de platine au contact de l'air. L'éponge de platine devient incandescente, et le gaz prend feu en s'échappant sous pression sous forme de jets lumineux.

1229. — *Qu'est-ce que le gaz qui sert pour l'éclairage ?* — Le gaz qui sert pour l'éclairage est constitué par un mélange en proportions variables d'hydrogène bicarboné, d'hydrogène proto-carboné, avec de petites quantités d'hydrogène, d'oxyde de carbone et d'azote. On l'obtient par la distillation en vase clos du charbon de terre. Le résidu de la calcination est le coke.

1230. — *Qu'est-ce que l'eau ?* — L'eau est un oxyde d'hydrogène ; elle résulte de la combinaison des deux gaz, oxygène et hydrogène ; elle est formée, en volume, de 1 partie d'oxygène et de 2 parties d'hydrogène ; mais, en poids, elle est formée de 1 partie d'oxygène et de 8 d'hydrogène. L'eau à l'état ordinaire, ou aux températures moyennes de nos contrées, est liquide ; elle passe à l'état solide quand la température descend suffisamment, et à l'état gazeux quand la température augmente au delà de certaines limites. Dans l'échelle thermométrique centésimale on a appelé zéro la température de la congélation de l'eau, et désigné par 100 degrés la température de sa vaporisation à la pression de 76 centimètres, au niveau de la mer.

Fig. 205. — Alambic.
A, chaudière ; — BC, serpentin ; — D, entonnoir recevant l'eau qui entoure le serpentin.

1231. — *Qu'est-ce que l'eau distillée ?* — L'eau qui a été convertie en vapeur et qui a repris l'état liquide en se refroidissant ; elle est la plus pure de toutes, parce que la distillation en sépare tous es principes salins qu'elle tenait en dissolution. Ceux-ci n'étant pas volatils restent au fond de l'alambic, tandis que la vapeur aqueuse s'élève pure, et reproduit ensuite, en se condensant, un liquide complètement dépouillé de toute matière étrangère.

En réalité, l'eau distillée n'est pure que lorsqu'on recueille à part les premières parties qui se condensent. Au début de l'opération, la vapeur entraîne les poussières des tuyaux de l'alambic.

1232. — *Quelles matières étrangères contient l'eau ?* — L'eau contient presque toujours des matières salines, souvent des sels calcaires, quelquefois des sels de fer et du sulfate de magnésie, quelquefois aussi de l'acide carbonique et de l'hydrogène sulfuré libre ou combiné, etc.

Les carbonates sont ordinairement tenus en dissolution dans l'eau par l'acide carbonique en excès sous forme de bicarbonate.

1233. — *Pourquoi l'eau distillée ou qui a bouilli passe-t-elle pour n'être pas bonne comme boisson ?* — Parce qu'elle a une saveur fade, et que certaines personnes la digèrent difficilement. Il faut cependant établir une différence entre l'eau distillée et l'eau bouillie. L'eau distillée ne renferme plus aucun sel en dissolution. L'eau qui a été portée à l'ébullition pendant cinq minutes a simplement laissé déposer sur l'intérieur de la bouillotte son excès de sel calcaire, mais elle en renferme encore. Il y a des cas où il peut être bon de diminuer dans l'eau l'excès de carbonate calcaire. L'eau bouillie est très diurétique et réussit très bien à certains tempéraments ; on peut d'ailleurs l'aérer facilement en la transvasant ou en la battant ; elle reprend vite son air quand on l'abandonne dans un milieu froid. Il n'est d'ailleurs pas prouvé que l'air soit toujours nécessaire pour rendre l'eau plus assimilable. Certains estomacs, contrairement à une opinion très répandue, se trouvent bien de l'usage d'une eau à peine aérée. En tout cas, on ne saurait trop recommander, quand on a le moindre doute sur la qualité d'une eau, de la faire bouillir. C'est le seul moyen de lutter contre les germes de certaines maladies contagieuses, telles que la fièvre typhoïde, le choléra. Il n'est pas douteux que l'eau ne soit très souvent le véhicule le plus ordinaire de ces maladies. En portant l'eau à l'ébullition pendant cinq minutes au moins, on tue les microbes dangereux, cause première de ces graves affections.

1234. — *Quelle est l'eau qui passe pour la plus pure après l'eau distillée ?* — L'eau de pluie filtrée : 1° elle ne contient pas ou contient très peu de sels calcaires ; 2° elle dissout le savon sans produire de grumeaux et elle cuit bien les légumes ; 3° enfin, évaporée jusqu'à siccité, elle ne laisse qu'un faible résidu. Elle n'a pas de saveur sensible, parce qu'elle ne contient que très peu de sels et d'air. Cependant l'eau de pluie prise en boisson pourrait offrir des inconvénients. Elle renferme d'abord les poussières atmosphériques qu'elle entraîne avec elle dans les citernes ; on la recueille sur les toits où il peut s'accumuler des détritus de différentes sortes ; on a attribué à l'eau de pluie la cause de certaines épidémies de fièvre typhoïde, d'angine, etc. Certaines maladies semblent transmissibles de l'animal à l'homme, or les microbes, cause de ces affections, peuvent passer ainsi des toits dans les citernes et de l'eau des citernes chez l'homme. Il ne faudrait pas considérer l'eau de pluie, ainsi qu'on le croyait autrefois, comme la meilleure des eaux. Pour éviter tout danger de contamination, il convient de la faire bouillir.

1235. — *Pourquoi les eaux de pluie, des citernes, etc., deviennent-elles presque toujours, au bout d'un certain temps, fades et même fétides ?* — Parce que : 1° les quantités d'air et d'oxygène qu'elles contiennent diminuent ; 2° les matières organiques qu'elles renferment entrent en putréfaction : la désoxygénation de l'eau est produite par les matières végétales et animales, qui, en s'unissant à l'oxygène, se décomposent et pourrissent.

1236. — *Pourquoi l'eau des marais, pendant les grandes chaleurs de l'été a-t-elle presque toujours une odeur désagréable ?* — Parce qu'elle tient alors en dissolution une plus grande quantité de matières organiques qui, par leur décomposition incessante, donnent naissance à des gaz infects et à des émanations délétères.

Ces gaz sont notamment l'hydrogène sulfuré, l'hydrogène phosphoré, et certains produits ammoniacaux.

1237. — *Pourquoi les quais et les ports ont-ils, surtout pendant l'été, une mauvaise odeur lorsque la mer est basse ?* — Parce que la vase contient une forte quantité de matières organiques, dont la putréfraction engendre des gaz nauséabonds.

1238. — *Pourquoi l'eau stagnante se putréfie-t-elle ?* — Parce que les feuilles des arbres, les plantes, les insectes, etc., qui tombent dans l'eau, s'y décomposent et fermentent. Il y a toujours répandus dans l'air des germes de putréfaction.

1239. — *Pourquoi l'eau de mer est-elle saumâtre ?* — Parce qu'elle tient en dissolution une certaine quantité de matières salines, des sulfures et des chlorures, des sulfates, etc. Voici la composition de l'eau de mer :

1,000 grammes d'eau de mer contiennent environ :

> 27 grammes de sel commun (chlorure de sodium) ;
> 7 grammes de sulfate de soude ;
> 1 gramme d'autres matières solides, consistant principalement en chlorure de calcium, chlorure de magnésium, iodure et bromure de magnésium ;
> 964 grammes d'eau.

On trouve aussi des traces de chlorure, d'or, de cuivre, etc.

1240. — *Puisque les nuages sont dus à l'évaporation de l'eau de la mer, pourquoi l'eau de pluie n'est-elle pas salée ?* — Parce que les matières salines ne se volatilisent pas ; et par conséquent, toutes les fois que l'eau de mer se convertit en vapeur, elle abandonne ses matières salines.

MM. Wells et Davies ont inventé, en 1836, et MM. Rocher (de Nantes) ont perfectionné un appareil distillatoire pour la marine, en sorte qu'aujourd'hui les navigateurs sont à l'abri des souffrances qu'entraînait le manque d'eau douce à bord des bâtiments.

1241. — *Pourquoi dit-on de l'eau de pompe qu'elle est dure ?* — Parce que, en filtrant à travers le sol, cette eau s'imprègne généralement de sulfate et de carbonate de chaux, aussi bien que de certaines autres matières empruntées aux terrains et aux minéraux qu'elle rencontre sur son passage : 1° elle est de digestion difficile ; 2° elle ne peut cuire les légumes, ni dissoudre le savon ; 3° elle forme une croûte épaisse sur les parois des vases dans lesquels on la fait bouillir.

Le savon et les matières organiques des légumes forment des sels insolubles avec la chaux de l'eau de pompe.

1242. — *Pourquoi est-il difficile de laver avec de l'eau dure ?* — Parce que : 1° la soude de savon se combine avec l'acide sulfurique du sulfate de chaux de l'eau dure ; 2° l'huile du savon soluble se combine avec la

chaux de l'eau pour former un savon insoluble de grumeaux qui flottent à la
surface.

L'eau dure contient du sulfate de chaux, formé d'acide sulfurique et de chaux.

1243. — *Pourquoi les légumes cuisent-ils moins bien dans l'eau dure ?* —
Parce que l'eau dure cède aux légumes qu'on y cuit sa chaux, qui durcit
considérablement le tissu végétal en se combinant avec lui.

1244. — *Quelles sont les eaux qu'il faut préférer pour boire ?* — Les eaux
de sources bien choisies qui ne possèdent pas une trop grande quantité de
sel calcaire en dissolution. Ces eaux sortant du sol ne renferment que de
très rares micro-organismes et en tout cas aucun microbe pathogène. Leur
température est généralement basse. On doit tendre à les préférer pour l'alimentation en eau des villes.

1245. — *Comment peut-on rendre l'eau dure propre à la cuisine, à la toilette
et au blanchissage?* — En y ajoutant, quelque temps avant d'en faire usage,
un peu de carbonate de soude ou de cendres de bois. Le carbonate de soude
ou de potasse, se combinant avec l'acide sulfurique du sulfate de chaux que
l'eau dure contient, forme : 1° du carbonate de chaux qui se dépose ; 2° du
sulfate de soude ou de potasse qui reste en dissolution dans l'eau, à laquelle
il ne communique aucune fâcheuse propriété.

1246. — *Pourquoi l'eau dure devient-elle plus douce lorsqu'on la fait
bouillir?* — Parce que l'acide carbonique en excès qu'elle contient en est
chassé, et que les carbonates de chaux et de magnésie qui y étaient en dissolution sont précipités.

1247. — *Quelle est la cause des croûtes calcaires qui s'attachent aux parois
des chaudières, des machines à vapeur, des bouilloires, etc.?* — Ces croûtes
calcaires sont un dépôt de carbonate et de sulfate de chaux.

Ces incrustations contiennent pour 100 parties :

Sulfate de chaux	46,29
Carbonate de chaux	52,56
Substances diverses	1,15
	100,00

1248. — *Quels inconvénients présentent ces incrustations?* — 1° Elles retardent la transmission de la chaleur, et obligent ainsi à consommer plus de
combustible pour porter l'eau à l'ébullition ; 2° elles exposent aux explosions ;
3° elles communiquent à l'eau une saveur désagréable.

1249. — *Comment les croûtes calcaires retardent-elles l'ébullition de
l'eau ?* — Elles retardent l'ébullition en empêchant le contact immédiat du
liquide avec le métal.

Faraday a enregistré le cas d'un paquebot frété pour Trieste (Italie), dont le générateur était tellement incrusté que les ingénieurs ne pouvaient pas y faire bouillir l'eau.
Il fut nécessaire d'employer pour combustibles, non seulement tout le charbon, mais

aussi les vergues, les agrès, les cloisons, les câbles, une partie de la cargaison, etc., avant de pouvoir faire entrer le paquebot dans le port.

1250. — *Comment ces croûtes calcaires formées sur les parois d'une chaudière de machine à vapeur peuvent-elles causer une explosion ?* — Lorsque les croûtes épaisses formées au fond des chaudières se rompent, l'eau est tout à coup mise en contact avec le métal chauffé et forme subitement une masse de vapeur telle, qu'elle peut déterminer l'explosion de la chaudière.

1251. — *Comment peut-on empêcher ces incrustations de se former sur les parois des bouilloires ?* — En ajoutant à l'eau un peu de carbonate de soude. Si une bouilloire se trouve encroûtée, il faut y faire bouillir un peu de sel ammoniac dans de l'eau. En ce qui concerne les chaudières, on a indiqué un très grand nombre de matières plus ou moins efficaces ; on les vend sous le nom de désincrustants. On a aussi imaginé d'introduire du zinc dans les générateurs ; le zinc forme un couple électrique avec la tôle ; il y a dégagement d'hydrogène sur les parois et le zinc s'oxyde. L'hydrogène attaque le sel calcaire qui se réduit en boue et tombe au fond de la chaudière.

1252. — *Quelle est la cause des pétrifications ?* — Certains sels de l'eau, comme le carbonate de chaux, etc., sont tenus en dissolution à la faveur d'un excès d'acide carbonique, tant que l'eau coule sous le sol ; mais, aussitôt que la source arrive en plein air, l'acide carbonique s'échappe, et alors les sels se précipitent sur les substances diverses qui se trouvent dans le courant. D'autres eaux, comme celles de la fontaine d'Allyre près de Clermont-Ferrand, sont très chargées de sulfate de chaux qui se dépose sur les objets qu'elles arrosent.

1253. — *Qu'est-ce qu'une pétrification ?* — Une infiltration de matières siliceuses, ou de chaux, en combinaison avec du fer ou avec des pyrites ferrugineuses, dans les pores d'un corps organisé, de manière qu'en très peu de temps ce dernier présente tout à fait l'apparence de la pierre.

1254. — *Quelle est la cause des stalactites et des stalagmites ?* — Lorsque les eaux saturées de carbonate de chaux s'infiltrent dans les fissures de pierres situées à la voûte d'une cavité souterraine, elles laissent, par leur évaporation, des molécules de sel calcaire à sec. Celles-ci se recouvrent incessamment de nouvelles molécules, et bientôt cette agglomération forme des concrétions, etc., qu'on appelle stalactites et stalagmites. On appelle stalactites les concrétions qui se forment à la voûte des cavernes ; et stalagmites celles dont la formation est due à la chute du liquide sur le sol.

Stalactite, du grec σταλάζειν (dégoutter).
Stalagmite, du grec σταλαγμός (une goutte).

1255. — *Quelle est la cause des propriétés particulières des eaux minérales ?* — Quand l'eau s'infiltre à travers les diverses couches minérales du sol, elle se charge de substances salines, ou autres ; elle acquiert ainsi des propriétés médicinales et des saveurs variables, suivant la diversité des terrains qu'elle parcourt.

Les matières principales qui se trouvent dans les eaux minérales sont les sulfates, les carbonates et les hydrochlorates de soude, de chaux et de magnésie ; quelquefois des traces de carbonate et de peroxyde de fer ; quelquefois aussi des traces de silice, de lithine, d'arsenic, qui donnent souvent aux eaux leur efficacité.

Fig. 206. — Stalactites et stalagmites.

1256. — *Pourquoi certaines eaux minérales sont-elles thermales, c'est-à-dire chaudes et quelquefois bouillantes ?* — La chaleur des eaux minérales dépend de la profondeur et de la nature des terrains qu'elles parcourent. Comme la chaleur souterraine augmente progressivement avec la profondeur, les eaux qui jaillissent d'une plus grande profondeur sont les plus chaudes. Voici la température de quelques sources très fréquentées : Aix-les-Bains, 47° ; Vichy, Grande-Grille, 42° ; Bourboule, 51° ; Mont Dore, 44° ; Royat, 35° ; Uriage, 27° ; Bagnères-de-Luchon, de 38° à 50° ; Bagnères-de-Bigorre, de 20° à 52° ; Eaux-Bonnes, 32° ; Loèche, 51° ; Ragatz, 36° ; Wiesbaden, 35° ; etc.

V

1257. — *Qu'est-ce que l'azote ?* — Un gaz incolore, découvert en 1772, par Rutherford, sans odeur ni saveur, qui constitue en grande partie l'air atmosphérique, qui entre aussi dans la composition de plusieurs matières végétales et de la plupart des matières animales.

Il ne brûle point ; il ne peut entretenir seul ni la respiration ni la combustion ; il éteint les corps en combustion ; il forme à peu près les quatre cinquièmes de l'air atmosphérique. On l'appelle gaz nitrogène, parce qu'il donne, avec l'oxygène, l'acide nitrique, acide qui, en se combinant avec la potasse, produit le nitrate de potasse, appelé communément nitre ou salpêtre. On l'appelle aussi azote, parce qu'il prive de la vie ou qu'il n'entretient pas la vie. Un oiseau, par exemple, plongé dans une cloche pleine de ce gaz, tombe asphyxié en moins d'une minute.

1258. — *Le gaz azote est-il véritablement délétère ?* — Non ; il donne la mort seulement parce qu'il prive le sang veineux du contact de l'oxygène, et s'oppose, par conséquent, à la transformation du sang veineux en sang artériel.

Si l'on retire l'oiseau de la cloche presque aussitôt que l'asphyxie a eu lieu, et qu'on l'expose à l'air, il reprend bientôt ses forces premières.

Plusieurs chimistes ont osé respirer une assez grande quantité d'azote pour prouver qu'il n'est pas véritablement délétère comme le gaz hydrogène sulfuré, etc., etc.

1259. — *Comment obtient-on l'azote ?* — On place sur la surface de l'eau d'une cuve un large bouchon de liège sur lequel on dispose une petite capsule de porcelaine. On introduit dans cette capsule un morceau de phosphore auquel on met le feu, et l'on recouvre la capsule d'une grande cloche, dont on enfonce le bord dans l'eau. En peu de temps, l'oxygène de l'air contenu sous la cloche disparaît par suite de sa combinaison avec le phosphore, et l'azote y reste seul.

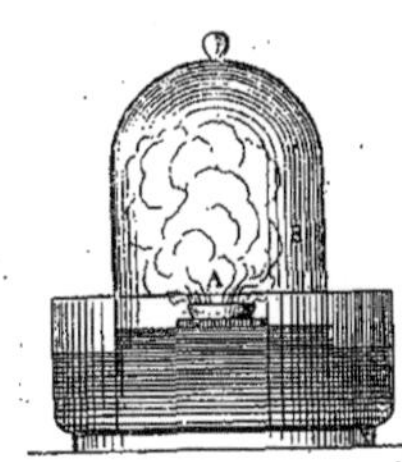

Fig. 207.

Préparation de l'azote au moyen du phosphore A sous la cloche B.

La fumée blanche qui monte dans la cloche pendant cette expérience est de l'acide phosphorique, c'est-à-dire le phosphore en combinaison avec l'oxygène de l'air. Ce gaz se dissout bientôt dans l'eau.

1260. — *Quels sont les éléments de l'air atmosphérique ?* — L'air atmosphérique est essentiellement un mélange d'oxygène et d'azote, dans des proportions constantes et que l'on trouve les mêmes sur tous les points du globe, c'est-à-dire d'un cinquième de son volume d'oxygène et de quatre cinquièmes d'azote.

L'air renferme de plus une proportion d'acide carbonique que l'on a rencontrée sensiblement la même partout; elle est de $\frac{2,3}{10000}$. Dans certains pays à sources thermales ou à mines, il arrive cependant que l'on trouve des proportions notablement plus fortes, par exemple, à Vichy, à Néris, à Liège. Ce sont des anomalies locales. L'acide carbonique s'échappe par les fissures du sol. L'air contient en outre, mais en quantités à peine appréciables, de l'ammoniaque, de l'acide nitrique, etc. Enfin l'air renferme en moyenne une proportion de vapeur d'eau égale à la moitié de celle qu'il renfermerait s'il était saturé. Le thermomètre marquant 10°, l'hygromètre 60°, un mètre cube d'air renferme 3^{gr},4 de vapeur d'eau.

1261. — *Quel est le rôle de l'azote dans l'atmosphère ?* — Il dilue l'oxygène qui, absorbé seul par les animaux, serait impropre à les faire vivre; il entretient aussi la vie végétale. L'azote est le principe actif de beaucoup d'engrais. On se demande même s'il n'est pas fixé directement à l'état de gaz par les plantes. Les expériences faites jusqu'ici sur ce point sont contradictoires. Cependant, depuis ces derniers temps, on incline à penser que, dans certains cas, l'azote peut entrer directement dans la trame des végétaux.

1262. — *L'air est-il incolore ?* — L'air est transparent, mais non absolument incolore. Il a une teinte bleue lorsqu'il est vu en grande masse : si l'air était complètement incolore, le ciel serait comme une voûte noire, sans éclat, ni couleur.

1263. — *Pourquoi le ciel est-il quelquefois d'une couleur bleu foncé ?* — Parce que : 1° il n'y a pas alors dans l'atmosphère de nuages qui puissent diluer sa couleur; 2° quand le ciel est sans nuages, on voit l'air en grande masse. M. John Tyndall soutient, et il appuie ses conclusions sur des expériences ingénieuses, que le bleu de l'atmosphère est dû à la suspension de particules très ténues, très diffuses. C'est la même cause qui rend le lait bleu. M. Tyndall admet que les particules en suspension arrêtent les ondulations de la lumière selon leur degré de grosseur. Les plus grosses particules arrêtent les rayons à longue période et les plus petites les rayons à petite période. Or les rayons les plus forts, à ondulations longues, sont les rayons rouges, jaunes ; les plus faibles, à ondulations courtes, sont les rayons violets, bleus. Aussi au soleil couchant, quand la lumière rase les régions basses de l'atmosphère, elle est arrêtée par les particules les plus grosses ; ces particules réfléchissent alors du rouge et du jaune ; d'où les couchers de soleil splendides qui se produisent. Au contraire, quand la lumière vient du zénith, elle rencontre les corpuscules les plus ténus, c'est seulement le bleu qui est arrêté et réfléchi. Voilà pourquoi le ciel est bleu, d'après Tyndall.

1264. — *Pourquoi le ciel est-il toujours d'un bleu très foncé au sommet* *d'une haute montagne ?* — Parce que, d'après l'explication précédente, plus on monte et moins on a au-dessus de soi des particules réfléchissantes et le ciel tend vers la couleur noire.

1265. — *Pourquoi le bleu du ciel est-il plus foncé pendant l'été, surtout dans les climats chauds ?* — Parce que : 1° les vapeurs ne forment pas de nuages, par conséquent on voit alors une très grande masse d'air atmosphérique ; 2° une grande quantité de vapeur aqueuse est répandue dans l'air par l'évaporation, et cette vapeur augmente beaucoup l'intensité de sa couleur bleue.

De même, la mer aux endroits profonds parait d'un bleu foncé, tandis qu'une petite quantité d'eau est parfaitement incolore..

1266. — *Quel est l'effet de l'air atmosphérique sur la lumière ?* — Il transmet la lumière en la rendant diffuse ; il la réfléchit, il la réfracte, dans toutes les directions. Aussi y voit-on encore un peu alors même que le soleil est déjà descendu à 18° sous l'horizon.

1267. — *Quels sont les principaux composés de l'azote ?* — Le protoxyde d'azote ; un gaz formé de deux molécules d'azote et d'une molécule d'oxygène, Az^2O. Sa saveur est légèrement sucrée ; il entretient la combustion ; il n'est pas délétère et occasionne chez certaines personnes une sorte d'ivresse agréable ; il détermine l'insensibilité et peut remplacer avantageusement pour certaines opérations l'éther et le chloroforme comme agent anesthésique. P. Bert a imaginé d'employer pour produire l'anesthésie sans danger des mélanges d'oxygène et de protoxyde d'azote.

Le bioxyde d'azote, AzO^2, est un gaz qui se produit quand on verse sur de la tournure de cuivre de l'acide azotique, et qui, dès qu'il est en contact avec l'oxygène, se change en acide hypoazotique AzO^4, reconnaissable à ses vapeurs rutilantes ou rouges et suffocantes.

L'acide azotique ou nitrique, AzO^5, est un acide énergique qui forme, avec les bases, des sels appelés azotates; on le prépare en décomposant l'azotate de potasse ou l'azotate de soude par l'acide sulfurique. Dans l'industrie, on préfère l'azotate de soude, dont le prix est moins élevé ; on emploie l'acide nitrique dans l'impression lithographique, la gravure sur cuivre dite gravure à l'eau-forte, la gravure en relief sur zinc appelée gillotypie, dans l'alimentation des piles Bunsen, etc. ; on en dépense en France annuellement plus de 5 millions de kilogrammes.

1268. — *L'azoture d'hydrogène ou ammoniaque ?* — L'ammoniaque, AzH^3, est un gaz d'odeur vive et piquante, qui provoque les larmes ; c'est un alcali ou base puissante, qui verdit le sirop de violette, et neutralise les plus forts acides, en se combinant avec eux. On l'obtient en décomposant par la chaux un sel d'ammoniaque. Elle se forme fréquemment dans la nature par la combinaison de l'azote de l'air et de l'hydrogène de la vapeur d'eau, sous l'influence de l'électricité atmosphérique ou par la décomposition des matières organiques. L'ammoniaque du commerce ou alcali volatil est une solution de gaz ammoniacal dans l'eau. On l'emploie comme l'acide phénique pour cautériser les brûlures, les piqûres de guêpes et d'abeilles, la morsure des vipères et des chiens enragés ; cette pratique est généralement insuffisante ; son odeur forte ranime les personnes asphyxiées ou tombées en syncope ; étendue d'eau, elle enlève facilement les taches d'acide et de graisse.

VI

1269. — *Qu'est-ce que le carbone ?* — Un corps simple et solide, sans odeur ni saveur, le plus souvent d'une couleur noire ; il brûle au feu, et constitue presque en totalité le charbon dont on se sert dans l'économie domestique.

1270. — *Trouve-t-on dans la nature le carbone parfaitement pur ?* — Oui ; il existe pur et cristallisé à l'état de diamant.

1271. — *Où se rencontre le diamant ?* — Dans les terrains d'alluvion provenant de la destruction de roches anciennes, dont les débris ont été transportés par les eaux, et se sont amoncelés dans des vallées et des plaines. M. Claude Collas a fait cette remarque curieuse que la série des gîtes diamantifères formait à la surface du globe une vaste ellipse qui, partant de la Russie, va au cap de Bonne-Espérance, de là en Californie et au Brésil. Pour la première fois, en 1886, on a rencontré dans un aérolithe tombé dans la province de Penza, en Russie, de très petits cristaux de diamant.

L'unité de poids employée pour peser les diamants et autres pierres précieuses est le carat, qui équivaut à 205 milligrammes, 5. Les plus beaux diamants bruts, d'un carat, valent plus de 250 francs. Au delà du carat, leur prix croît comme le carré de leur poids.

Les plus beaux diamants connus ont les poids suivants : le *Régent*, 136 carats 1/4 ; brut, il pesait 410 carats. Dans le dernier inventaire, il a été estimé 12 millions ; il est d'une pureté magnifique ; le *Grand Mongol*, 279 carats 1/2 ; le *Koh-i-noor*, 103 carats ; l'*Étoile d'Afrique*, 128 ; le *Grand Duc de Toscane*, 139 ; l'*Orlow*, 194 ; le *Sancy*, 53 ; l'*Étoile du Sud*, 125, etc. Dans ces derniers temps une société de marchands a fait tailler un diamant exceptionnellement beau qui, brut, pesait plus de 400 carats. Après la taille, le *diamant impérial* pèse encore 186 carats ; il est d'un blanc éclatant, bien qu'il provienne des mines du Cap ; il est considéré comme d'une beauté et d'une eau exceptionnelle. On estime sa valeur à cinq millions de francs.

1272. — *Qu'est-ce que le charbon de cornue ?* — Une variété de carbone qui s'engendre dans la fabrication de la fonte et du gaz d'éclairage. C'est du charbon volatilisé qui s'est condensé à la voûte, ou dans les coudes des appareils ; il est très dur. Il est assez bon conducteur de l'électricité ; on s'en sert pour les électrodes des piles et pour façonner les baguettes de charbon employées dans les régulateurs électriques ou les bougies Jablockhoff.

1273. — *Comment la fonte peut-elle produire le graphite ?* — Lorsque la fonte est liquide, à une très haute température, elle peut dissoudre une proportion de carbone plus grande que celle qu'elle peut retenir à une température plus basse, et elle en abandonne, par conséquent, pendant le refroidissement, une portion qui prend une forme quasi-cristalline et qu'on appelle graphite.

1274. — *Qu'est-ce que la plombagine ou le graphite naturel ?* — Une variété de carbone qu'on trouve à Borowdale, dans le Cumberland (en Angleterre), en Sibérie, et dans quelques autres terrains d'ancienne formation.

La plombagine, appelée improprement mine de plomb, est la substance avec laquelle on fait des crayons.

1275. — *En quoi la plombagine diffère-t-elle du diamant ?* — Ces corps sont tous deux formés de carbone ; mais, tandis que la plombagine se présente sous la forme de masses d'un brillant métallique, d'un gris noirâtre, facile à rayer et à couper, le diamant offre une transparence, un éclat et une dureté incomparables.

1276. — *Qu'est-ce que la houille ou charbon de terre ?* — On appelle houilles des masses noires, brillantes, à texture schisteuse, qui résultent de la combustion lente des anciens végétaux des terrains de transition. On trouve encore dans les mines des empreintes de fougères presque intactes. Il n'est peut-être pas superflu de faire remarquer que la chaleur produite de nos jours par la combustion de la houille n'est que de la chaleur solaire restituée et qui avait été emmagasinée par les plantes aux époques géologiques. La houille est une parcelle de la chaleur solaire rayonnée sur la terre il y a des millions d'années. Les houilles, selon leurs qualités, se subdivisent en houilles grasses dures, en houilles grasses à longue flamme, en houilles maigres à longue flamme. Ces dernières ont une température de combustion inférieure aux autres. Les houilles renferment souvent entre leurs feuillets de la pyrite de fer ; ces houilles pyriteuses ont l'inconvénient de corroder les foyers par le soufre qu'elles dégagent. Voici la quantité moyenne de produits immédiats fournis par un poids donné d'une bonne houille de Mons :

Poids de la houille.	1 200 kilogrammes.
Gaz	270 mètres cubes.
Coke.	20 litres.
Coke menu.	1 hectolitre.
Eaux ammoniacales.	100 litres.
Sulfate d'ammoniaque	7 k., 2.
Goudron.	68 kilogrammes.

1277. — *Pourquoi la houille est-elle un combustible excellent pour le chauffage domestique ?* — Parce que : 1° elle contient une grande quantité de carbone et de gaz hydrogène, sous une forme très compacte et commode ; 2° elle répand en brûlant une flamme agréable ; 3° elle n'est pas d'une combustion difficile comme le coke ; 4° son pouvoir rayonnant étant bien supérieur, elle renvoie dans les appartements une plus grande quantité de chaleur que les autres combustibles.

1278. — *Qu'est-ce que l'anthracite ?* — Du charbon provenant des végétaux de l'étage inférieur des terrains de transition. Il est dur, compact, brûle avec une flamme courte et sans fumée en produisant beaucoup de chaleur. On l'utilise beaucoup depuis quelques années pour alimenter les poêles mobiles.

1279. — *Qu'appelle-t-on lignites ?* — Des bois fossiles, qui brûlent avec une flamme longue et peu chaude. Le jayet ou jais est une variété de lignite.

1280. — *Qu'est-ce que la tourbe ?* — La tourbe semble avoir une origine analogue à celle du terreau. Elle est le résultat de la décomposition de certains végétaux herbacés enfouis. Elle se fait pour ainsi dire sous nos yeux. La décomposition des végétaux enfouis a pour origine la double action de l'eau et de l'oxygène. La tourbe brûle lentement et constitue un assez bon combustible. On peut la comprimer et en faire des briquettes qu'on emploie pour la fabrication des fers doux. Les gaz que l'on extrait de la tourbe sont très éclairants et servent aussi au chauffage sans donner ni acide sulfureux, ni fumée. Un bec de gaz de houille donnant à Paris 6 bougies, le même bec avec le gaz de tourbe en donne 23.

1281. — *Qu'est-ce que le bitume ?* — Un combustible dont le gisement est analogue à celui des lignites. On pense que les bitumes proviennent de la décomposition que la chaleur fait éprouver à d'autres combustibles, lignites ou houille au sein de la terre. Ils sont extrêmement riches en hydrogène. Ce sont des hydrogènes carbonés.

Les bitumes qui semblent se rattacher à la formation lignitique sont désignés sous le nom générique de cires fossiles. L'ozokérite si répandu en Moldavie est une cire noire dont on fait des bougies. C'est un bon isolant de l'électricité ; aussi s'en sert-on maintenant pour faire des condensateurs. Ces substances ne distillent que vers 200° et donnent de la *paraffine* et des liquides huileux combustibles. Les bitumes de la formation houillère sont nombreux. Ceux qui sont liquides portent le nom générique de *pétroles*. Leur composition varie. Ces bitumes huileux jaillissent souvent du sol avec des gaz combustibles. Les sources les plus abondantes de pétroles se trouvent en Amérique, en Perse, dans les environs de Bakou (Caucase), etc. Les huiles volatiles que l'on appelle surtout pétroles et que l'on extrait au moyen de puits forés sont soumises à des rectifications ménagées. Les parties les moins volatiles sont dites *pétroles;* les plus légères, celles dont le point d'ébullition est compris entre 30° et 60° sont connues sous le nom d'*essence minérale*.

1282. — *Que produit la distillation du goudron de houille?* — Un grand nombre de produits, benzine, phénol, naphtaline, brai et acide picrique. Par un traitement convenable, on retire du goudron de houille les matières colorantes modernes, un grand nombre de remèdes à la mode, la saccharine, etc.

1283. — *Qu'est-ce que le mâchefer?* — Les scories vitreuses et ferrugineuses qui restent avec les cendres comme résidu de la combustion du coke ou du charbon de terre dans les industries du verre ou du fer.

1284. — *Pourquoi le mâchefer ne brûle-t-il pas ?* — Parce que la plus grande partie du carbone et de l'hydrogène qu'il contenait a été consumée, et que le résidu qui forme le mâchefer n'est pas combustible.

1285. — *Qu'est-ce que le noir de fumée ?* — C'est la fumée des résines ou du goudron, lorsqu'on les brûle dans une chambre fermée.

On obtient un dépôt de cette espèce lorsqu'on pose une plaque de verre sur la partie supérieure de la flamme d'une chandelle. Le noir de fumée est un carbone mêlé de matières huileuses.

1286. — *Qu'est-ce que le charbon de bois ?* — Le bois qu'on a soumis en vase clos ou à l'abri de l'air à une haute température, jusqu'à ce qu'on en ait expulsé tous les gaz et les matières volatiles.

1287. — *Si l'on met des charbons poreux réduits en poudre dans un vase qui contient du vin rouge et qu'on agite le vase, pourquoi perd-il sa couleur ?* — Parce que les pores du charbon s'emparent des matières colorantes du vin et le rendent clair et incolore.

Tous les sucs des plantes, les vinaigres, les bières, les sirops bruns, etc., agités pendant quelques instants avec la poudre de charbon, perdent aussi leur couleur. Le charbon de bois s'empare de même des principaux sels toxiques, sels de plomb, etc.

1288. — *Pourquoi carbonise-t-on les parois intérieures d'une pompe en bois et des tonneaux dans lesquels on conserve l'eau ?* — Parce que : 1° le charbon absorbe les matières putrides qui pourraient donner à l'eau de l'odeur et du goût ; 2° il empêche l'eau de pourrir le bois.

1289. — *Comment peut-on enlever l'odeur et la saveur désagréables du poisson, du gibier et des viandes qui commencent à se putréfier ?* — Il faut les entourer de charbon en poudre ou de braise, les faire bouillir pendant quelques minutes, et les laver ensuite dans de l'eau fraîche ; on s'apercevra bientôt que les viandes auront perdu toute odeur et pourront être employées comme aliments.

1290. — *Pourquoi le charbon désinfecte-t-il les viandes qui ont commencé à se putréfier ?* — Parce qu'il absorbe les gaz odorants.

1291. — *Comment peut-on conserver les viandes sans qu'elles se pu-

tréfient, même pendant les fortes chaleurs et les temps orageux ? — En les couvrant de charbon de bois pulvérisé : on peut alors les conserver pendant quelques jours sans qu'elles se corrompent. Lorsqu'il s'agit de les faire cuire, on les débarrasse aisément de cette poussière en les arrosant d'eau fraîche.

1292. — *Pourquoi la poudre de charbon empêche-t-elle les viandes de se putréfier ?* — Parce que : 1° elle empêche le contact de l'air et l'introduction des germes de putréfaction ; 2° elle absorbe l'humidité.

1293. — *Pourquoi carbonise-t-on les bois des pilotis ou les pieux qui sont exposés à l'humidité ?* — Parce que l'air et l'eau n'ont pas sur le charbon l'action destructive qu'ils ont sur le bois ; aussi les pieux carbonisés durent-ils plus longtemps.

1294. — *Pourquoi doit-on carboniser un pieu plus haut que la partie qu'on plonge sous terre ?* — De peur que la partie du pieu qui s'élève au-dessus de la terre ne pourrisse par l'action de la pluie et de l'humidité qui règne à la surface du sol.

On doit carboniser un pieu jusqu'à 30 centimètres environ au-dessus de la partie qu'on plonge sous terre.

1295. — *Qu'est-ce que l'oxyde de carbone ?* — Un gaz découvert par Priestley qui éteint les corps en combustion, et brûle lui-même avec une flamme bleue ; il est si toxique qu'un centième de ce gaz rend l'air mortel ; c'est lui qui produit les empoisonnements qu'on attribue à la vapeur de charbon. Il se forme toutes les fois que le charbon brûle en présence d'une quantité d'oxygène insuffisante. On l'emploie dans l'industrie pour enlever l'oxygène aux oxydes métalliques, principalement à l'oxyde de fer. On l'obtient en décomposant l'oxyde oxalique par l'acide sulfurique.

1296. — *Qu'est-ce que l'acide carbonique ?* — Un gaz formé d'oxygène et de carbone. Le docteur Black, chimiste anglais, désigna ce gaz, en 1755, sous le nom d'air fixe.

Bewdly appela ce gaz *air méphitique*, parce qu'il ne peut servir à la respiration. Ce fut Lavoisier qui lui donna le nom d'*acide carbonique*.

Le carbone forme avec l'oxygène plusieurs combinaisons. Les trois plus importantes sont :

L'acide carbonique.	CO^2
L'oxyde de carbone.	CO
L'acide oxalique.	$C^2O^3, HO.$

Le procédé le plus simple pour obtenir le gaz acide carbonique consiste à attaquer avec un acide fort le carbonate de chaux, comme les pierres calcaires, la craie, le marbre, etc. Dans l'industrie des eaux de Seltz on emploie le carbonate de soude.

1297. — *Quelles sont les sources principales du gaz acide carbonique ?* — L'acide carbonique existe dans l'air : 1° en très petite quantité, il est vrai, mais en proportion constante ; 2° il est un des résultats de la combustion des substances qu'on emploie à la production de la chaleur et de la lumière ; 3° il s'en développe de grandes quantités par la respiration des animaux ; 4° c'est l'un des principaux produits de la décomposition des matières organiques ; 5° les volcans en activité lancent dans l'atmosphère des torrents de ce gaz ; 6° il existe à l'état de combinaison solide dans toutes les variétés de pierre calcaire, aussi bien que dans les marbres, les craies, les marnes, etc.

1298. — *Quels gaz sont engendrés par la flamme d'une bougie ou celle du feu ?* — L'acide carbonique, qui se forme par la combinaison du carbone de la cire ou des combustibles avec l'oxygène de l'air, et au point où la combustion est imparfaite, au bas de la flamme, de l'oxyde de carbone.

1299. — *Quel effet produit l'acide carbonique sur les animaux ?* — Il agit d'une manière négative, en suspendant la respiration par défaut d'oxygène. En peu d'instant, l'animal qui le respire est asphyxié.

* *Asphyxie*, privation du pouls, de la respiration et du mouvement (du grec ἀ-σφυξία, *sans pouls*).

1300. — *Pourquoi éprouve-t-on parfois dans les appartements du mal de tête pendant les soirées d'hiver ?* — Parce que le feu, les bougies, et les personnes assemblées consument peu à peu l'oxygène de l'appartement qui est peu à peu remplacé par de l'acide carbonique.

1301. — *Pourquoi s'assoupit-on et sent-on du malaise dans les lieux de réunion, les églises, les amphithéâtres, les spectacles et les salles d'assemblées nombreuses ?* — Parce que l'air ne peut se renouveler que très imparfaitement, et qu'on ne respire qu'une atmosphère viciée.

1302. — *Pourquoi l'air des lieux de réunion est-il vicié ?* — 1° Par la présence d'une grande quantité d'acide carbonique, produit de la respiration ; 2° surtout par les matériaux de la respiration et de la transpiration cutanée ; 3° par la température plus élevée de l'air et son état hygrométrique.

MM. Brown-Séquard, d'Arsonval, Wurtz fils pensent avoir démontré que l'air qui sort des poumons renferme une substance essentiellement toxique, une *ptomaïne;* inoculée à des animaux, elle les tue rapidement.

1303. — *Pourquoi s'évanouit-on quelquefois dans un salon très chaud et trop plein de monde ?* — Le manque d'air pur et l'élévation de la température provoquent chez certaines personnes des syncopes.

On a l'habitude de citer à l'appui de l'action dangereuse de l'air confiné ce qui s'est passé dans le cachot de Calcutta en 1757.

Le rajah, ou roi du Bengale, voulant chasser des Indes les Anglais, marcha tout à coup sur Calcutta. Cette attaque si imprévue réduisit ceux-ci à se soumettre ; le rajah alors incarcéra cent quarante-six d'entre eux dans un petit souterrain appelé en anglais *the black hole of Calcutta* (la caverne noire de Calcutta). Cent vingt-trois moururent d'asphyxie pendant une seule nuit, et tous les autres tombèrent malades de fièvres putrides après leur délivrance.

1304. — *Existe-t-il des grottes qui renferment de l'acide carbonique en abondance ?* — La *grotta del Cane* (grotte du Chien), dans les environs de Naples, est la plus célèbre ; mais on trouve sur le territoire de Naples, en France et dans d'autres pays, plusieurs autres grottes qui contiennent ce gaz. Près de Royat, existe une grotte à acide carbonique très fréquentée par les touristes.

1305. — *Pourquoi la grotte du lac d'Agnano s'appelle-t-elle la grotte du Chien ?* — Parce que les habitants, pour faire voir l'influence mortelle du gaz acide carbonique, qui y forme une couche de 20 ou 30 centimètres d'épaisseur, y font entrer un chien, qui perd bientôt l'usage de ses sens, et meurt si l'on ne le remet promptement à l'air libre.

1306. — *Pourquoi un chien qui entre dans la grotta del Cane meurt-il, tandis qu'un homme peut s'y promener sans danger ?* — Parce que le gaz acide carbonique a une densité deux fois plus grande que celle de l'air atmosphérique ; par conséquent, il n'occupe jamais que la partie inférieure de cette caverne, où il forme une couche délétère dans laquelle un chien se trouve plongé tout entier, mais au-dessus de laquelle s'élève la tête de l'homme.

Le lac Averne, que Virgile regarde comme l'entrée des régions infernales, a la forme d'un puits profond d'où il sortait autrefois une énorme quantité de gaz acide carbonique funeste aux oiseaux qui venaient chercher leur nourriture sur ses bords. Le lac se nommait à cause de cela *A-verno* (du grec ἀ-ὄρνις, c'est-à-dire *sans oiseaux, qui le fuient*). Il n'exhale maintenant que très peu de vapeurs méphitiques.

1307. — *Pourquoi les fourrés épais de Java et de l'Hindoustan sont-ils funestes à ceux qui y entrent ?* — Parce qu'une énorme quantité d'acide carbonique s'y dégage continuellement des végétaux pourris ; et, comme le vent ne peut pas pénétrer dans les bois fourrés pour renouveler l'air, le gaz carbonique forme une couche épaisse dans laquelle périssent les hommes et les animaux qui s'y aventurent.

La *vallée de mort*, à Java, est couverte de squelettes d'animaux et d'êtres humains qui ont été asphyxiés.

1308. — *Pourquoi est-il dangereux de pénétrer sans précaution dans les mines, les carrières, les marnières, et dans les puits profonds ?* — Parce que le gaz acide carbonique existe très souvent au fond des puits, dans l'intérieur des mines et des carrières, dans toutes les cavités des terrains calcaires et les excavations d'où l'on tire la marne.

Les mineurs nomment ce gaz *mofette asphyxiante*, en anglais *chokedamp*.

1309. — *Pourquoi les personnes qui se penchent imprudemment sur* *une cuve de brasseur sont-elles quelquefois asphyxiées ?* — Parce que les cuves à bière contiennent une grande quantité d'acide carbonique, dégagé par la fermentation ; lorsqu'on se penche sur la cuve, on respire le gaz et l'on peut être asphyxié.

1310. — *Pourquoi les vignerons sont-ils quelquefois asphyxiés, lorsqu'ils descendent dans les cuves pour presser le marc du raisin et ranimer la fermentation ?* — Parce que la fermentation vineuse des raisins dégage une grande quantité d'acide carbonique, que les vignerons sont exposés à respirer lorsqu'ils foulent le raisin avec leurs pieds.

1311. — *Pourquoi, lorsqu'on s'aperçoit du danger, ne se retire-t-on pas sur-le-champ avant d'être asphyxié ?* — Parce que l'effort à produire, pour escalader la cuve d'où l'on veut sortir, amène à respirer plus fortement, et, comme le gaz qu'on respire est de l'acide carbonique, la suffocation et l'asphyxie augmentent, et l'on se trouve dans l'impuissance absolue de remonter.

1312. — *L'acide carbonique n'est-il pas employé en médecine ?* — Cet acide agit sur la peau ; il possède des propriétés excitantes. Aussi prend-on souvent des bains gazeux d'acide carbonique, par exemple à Vichy. Respiré à petites doses et par intermittence, l'acide carbonique semble exercer une action excitante sur le système nerveux, comme l'a montré M. Brown-Séquard. Aussi est-il employé quelquefois par les médecins.

1313. — *Pourquoi les égouts fermés ont-ils une odeur très désagréable ?* — Parce que la grande quantité de matières organiques en putréfaction qui y sont accumulées dégage, en outre de l'acide carbonique, des sels ammoniacaux, de l'hydrogène sulfuré.

1314. — *Pourquoi un feu de braise dans une chambre close peut-il donner la mort ?* — Parce que le carbone de la braise ardente, se combinant avec l'oxygène de l'air de la chambre, le convertit en acide carbonique, en oxyde de carbone et en azote.

Les asphyxies de ce genre sont très fréquentes.

Pour sauver une personne intoxiquée par l'oxyde de carbone, il faut se hâter de la retirer de l'endroit où l'accident a eu lieu, et lui faire respirer le grand air. Dans l'incendie de l'Opéra-Comique de 1887, on a constaté qu'un grand nombre de victimes étaient mortes ou asphyxiées par l'acide carbonique ou empoisonnées par l'oxyde de carbone.

1315. — *Si le gaz acide carbonique est plus pesant que l'air atmosphérique et occupe la partie inférieure de la chambre, comment peut-il asphyxier une personne couchée sur un lit élevé de plusieurs centimètres au-dessus du plancher ?* — Par le fait de la diffusion des gaz : tous les gaz se mêlent ensemble, comme une goutte d'encre avec l'eau dans laquelle elle est versée : par conséquent, dans l'espace de quelques heures, le gaz fatal se sera assez répandu pour asphyxier le dormeur.

1316. — *Comment peut-on savoir si une mine, un puits, une cave, etc., contiennent du gaz acide carbonique ?* — En s'y faisant précéder par une chandelle allumée. Si la flamme brûle tranquillement, il n'y a aucun danger ; mais, si elle se rétrécit ou s'éteint, l'endroit contient plus ou moins d'acide carbonique.

1317. — *Pourquoi un ouvrier fait-il descendre une chandelle allumée dans un puits avant de descendre lui-même ?* — Parce qu'un homme peut vivre là où une chandelle brûle tranquillement ; au contraire, le gaz qui éteint la flamme d'une chandelle est mortel pour l'homme.

1318. — *Pourquoi les ouvriers versent-ils quelquefois une certaine quantité de chaux dans un puits avant d'y descendre ?* — Parce que la chaux absorbe le gaz acide carbonique, et le convertit en carbonate de chaux.

1319. — *Quelle précaution faut-il prendre avant de pénétrer dans un lieu envahi par l'acide carbonique ?* — Il faut se munir des scaphandres employés aujourd'hui qui permettent d'emporter une provision d'air enfermée dans un récipient, d'inspirer cet air au lieu d'inspirer celui du milieu méphitique.

1320. — *Quelle est l'action de l'eau sur l'acide carbonique ?* — Elle le dissout facilement. C'est sur ce principe que sont fondés les siphons d'eau de Seltz. On comprime quatre à cinq volumes d'acide carbonique dans l'eau. Si l'on ouvre le siphon, le gaz s'échappe en projetant le liquide.

1321. — *Pourquoi l'air des grandes villes est-il beaucoup moins salubre que l'air de la campagne ?* — Parce que : 1° il y a à égalité de surface, dans les grandes villes, un nombre bien plus considérable d'habitants dont la respiration vicie l'air ; 2° les égouts fermés, les ordures, les cloaques, aussi bien que les foyers, les lumières et les émanations fréquentes de vapeurs pestilentielles d'une grande ville, souillent l'atmosphère ; 3° les rues étroites et tortueuses, ainsi que les bâtiments élevés et agglomérés, empêchent la circulation de l'air et surtout l'action vivifiante de la lumière ; 4° les arbres et les plantes d'une ville sont en trop petite quantité pour restituer à l'atmosphère une proportion suffisante d'oxygène pur comparable à celui qui existe en rase campagne.

1322. — *La diffusion continuelle d'acide carbonique ne détruit-elle pas la constitution normale de l'air ?* — Non ; parce que : 1° les végétaux, absorbant une partie de ce gaz, qui est pour eux un véritable aliment, fixent le carbone et dégagent l'oxygène qu'il contient ; 2° les vents diffusent le gaz dans l'atmosphère.

M. Schlœsing a montré que la constance de la proportion de l'acide carbonique dans l'air était principalement due à l'action des océans. Les océans absorbent l'excès d'acide carbonique des continents. Si la tension de ce gaz diminue dans l'air, les mers en laissent dégager une proportion convenable pour rétablir l'équilibre.

1323. — *Pourquoi l'air de la campagne est-il plus pur que celui des grandes villes ?* — Parce que : 1° dans les campagnes, l'agglomération des habitants est moindre ; 2° il y a une plus grande quantité d'arbres et de plantes ; 3° la circulation de l'air et de la lumière est plus libre.

1324. — *Pourquoi l'air est-il plus pur là où il n'y a qu'un petit nombre d'habitants ?* — Parce que : 1° la consommation de l'oxygène de l'air est moindre ; 2° l'oxygène absorbé n'y est pas remplacé par l'acide carbonique et surtout par les miasmes putrides, qui s'accumulent dans l'air stagnant des rues d'une grande ville.

1325. — *Pourquoi les plantes et les arbres purifient-ils l'air ?* — Parce que : 1° ils décomposent l'acide carbonique et l'enlèvent à l'air ; 2° ils exhalent, sous l'influence de la lumière solaire, une quantité d'oxygène qui tend à compenser celle qu'absorbent les êtres vivants.

1326. — *Comment les plantes et les arbres peuvent-ils décomposer l'acide carbonique de l'air ?* — Les parties vertes des végétaux ont la propriété d'absorber et de décomposer l'acide carbonique sous l'influence de la lumière solaire. Elles s'emparent du carbone de ce gaz, et rejettent de nouveau dans l'atmosphère la plus grande partie de l'oxygène qui en provient.

1327. — *Pourquoi l'eau de pompe, l'ale, la bière, etc., pétillent-elles lorsqu'on les transvase vivement ?* — Parce que : 1° ces liquides contiennent de l'acide carbonique qui s'échappe ; 2° lorsqu'on transvase vivement un liquide, il s'y mêle une certaine quantité d'air qui augmente la mousse du liquide.

1328. — *Pourquoi le bois se pourrit-il surtout dans une atmosphère humide ?* — Parce que : 1° l'oxygène humide s'empare d'une partie du carbone et de l'hydrogène du bois, et les convertit peu à peu en acide carbonique, en eau et en humus ; 2° cette destruction est accélérée par les alternatives d'air sec et d'air humide, en ce sens que l'air sec ouvre les pores du bois à de nouvel oxygène dont l'humidité subséquente fait un agent destructeur ; 3° les piqûres des insectes y font un grand nombre d'ouvertures, par où entrent l'air et la pluie ; 4° certaines plantes de la famille des cryptogames croissent à la surface, et pénètrent quelquefois dans l'intérieur du bois. La putréfaction ou la fermentation putride n'est au fond qu'une combustion lente, dont l'agent est l'oxygène humide.

La matière azotée contenue dans le tissu ligneux sert à la fois de nourriture aux insectes et d'engrais aux champignons qui croissent sur le bois.

Les cryptogames sont des plantes dont les organes sexuels sont cachés, comme les champignons, les fougères, les algues, les mousses, etc. ; ce nom se compose de deux mots grecs : κρυπτός γάμος (*mariage caché*).

1329. — *Comment la chaleur intense d'un four à chaux peut-elle convertir les pierres calcaires en chaux vive ?* — Parce que la chaleur du four fait dégager l'acide carbonique et l'eau ; la chaux alors n'est plus neutralisée, elle devient apte à s'emparer de nouvelle eau et à se combiner avec de nouvel acide carbonique, ce qui la constitue à l'état de chaux vive. Elle happe fortement à la langue, et dégage beaucoup de chaleur et de vapeur d'eau lorsqu'on la met subitement en contact avec une petite quantité d'eau.

1330. — *Qu'est-ce que le mortier ?* — Un mélange de sable, d'eau et d'hydrate de chaux.

Les proportions varient : on mêle quelquefois une partie et demie de sable avec une partie de chaux, et quelquefois quatre ou cinq parties de sable avec une partie de chaux. Quand les pierres à chaux contiennent beaucoup de silice et d'alumine, elles forment la chaux hydraulique : on fait un usage considérable de cette chaux, unie au ciment romain, pour le maçonnage des fondations, des caves, des citernes, des aqueducs, des môles, etc.

1331. — *Pourquoi le mortier se durcit-il lorsqu'il sèche ?* — Le durcissement du mortier est un effet complexe de l'évaporation de l'eau, de l'absorption de l'acide carbonique, de la combinaison chimique de la silice avec la chaux, et d'une cristallisation lente. Le mortier, à la longue, se transforme en une masse pierreuse et compacte. Lorsque l'acide carbonique se dégage de la chaux, les pierres calcaires se conver-

Fig. 208. — Four à chaux.

tissent en une poudre qui, mêlée avec l'eau et le sable, forme une substance adhésive et molle. Plus tard, cette substance absorbe de nouveau à l'air beaucoup d'acide carbonique, se durcit et reforme une pierre calcaire qui soude entre eux les matériaux de la construction.

1332. — *Pourquoi les feuilles en putréfaction dégagent-elles de la chaleur ?* — Parce que la putréfaction est le résultat d'une oxydation déterminée par des micro-organismes et l'oxydation engendre de la chaleur. L'oxygène se porte sur le carbone et il y a production d'acide carbonique.

1333. — *D'où vient la chaleur du fumier ?* — De la fermentation qui se produit au sein de la masse. Les micro-organismes sont l'origine du phénomène et l'entretiennent jusque vers 40°, température à laquelle, comme l'a montré M. Schlœsing fils, ils sont tués. Ensuite la combinaison directe de l'oxygène avec la matière combustible peut élever la température jusqu'à 100°. On fait chauffer de l'eau, on la fait presque bouillir en la plaçant dans un récipient au milieu d'un tas de fumier. L'acide carbonique et l'ammoniaque se dégagent en abondance des tas de fumier. Le fumier, produit d'une fermentation putride, est par là même le produit d'une combustion lente, du carbone et de l'hydrogène des pailles par l'oxygène humide ; or il est de la nature des combustions et des fermentations d'engendrer de la chaleur.

1334. — *Qu'est-ce qui fait pétiller et mousser le vin de Champagne, le cidre, l'eau de Seltz (soda-water), et l'eau gazeuse lorsqu'on débouche la bouteille ?* — C'est l'excès de gaz acide carbonique, dont ces liquides sont saturés, et qui s'échappe avec promptitude, dès que cesse la pression qui le maintenait dans son sein.

Si l'eau a été saturée sous la pression de dix atmosphères, elle renferme une quantité d'acide carbonique dix fois plus grande que dans les circonstances ordinaires.

1335. — *Pourquoi les bouchons qui ferment les bouteilles d'eau gazeuse, etc., sautent-ils avec bruit lorsqu'on coupe les ficelles qui les retenaient ?* — Parce que l'excès d'acide carbonique, introduit artificiellement dans le liquide, tend à s'échapper, presse le bouchon et le fait sauter avec violence lorsque les ficelles ne le retiennent plus.

1336. — *Pourquoi l'effervescence du vin de Champagne, etc., recommence-t-elle lorsqu'on laisse tomber dans le liquide un peu de biscuit ?* — Parce que : 1° le vin, même lorsque la mousse a disparu, conserve encore environ 2 volumes d'acide carbonique de plus qu'il n'en doit retenir sous la pression atmosphérique ; 2° l'attraction capillaire exercée sur le liquide par le biscuit contre-balance l'affinité de dissolution exercée par ce même liquide sur le gaz acide carbonique ; celui-ci est donc moins retenu qu'il ne l'était avant l'introduction du biscuit, et il peut se dégager de nouveau.

1337. — *Pourquoi les bulles de gaz partent-elles toujours des parois du verre ou du corps étranger qu'on introduit dans le liquide ?* — Parce que l'attraction capillaire exercée sur ce liquide par les parois ou par le corps étranger doit intervenir pour contre-balancer le pouvoir dissolvant du liquide et rendre le gaz à la liberté. Dans les verres à champagne de forme conique très allongée, c'est vers la pointe, ou le fond, qu'il se dégage le plus de gaz, parce que c'est là que l'action des parois est le plus intense.

1338. — *Qu'est-ce qui produit l'acidité agréable de l'eau gazeuse, du ginger-beer, du champagne, du cidre, etc.?* — L'acide carbonique engendré par la fermentation de ces liquides. Ce gaz a une saveur aigrelette qu'il communique au liquide dans lequel on le dissout. Plusieurs de nos boissons contiennent en outre de petites quantités d'acides malique, citrique, acétique, formique, tartrique, tannique, etc., qui contribuent à les rendre agréables par la légère acidité qu'ils y développent.

1339. — *Si l'on verse sur de la craie, du marbre, de l'albâtre, etc., quelques gouttes de vinaigre, ou de tout autre liquide acide, pourquoi se produit-il une effervescence ?* — Parce que : 1° l'acide liquide, en raison de sa plus grande énergie, enlève l'acide carbonique à la chaux et prend sa place ; 2° les bulles d'acide carbonique, devenues libres, s'entourent d'une pellicule liquide, et moussent ou font effervescence.

1340. — *Lorsqu'on laisse tomber par mégarde de l'acide sur le marbre d'une cheminée, pourquoi s'y fait-il aussitôt une tache ?* — Parce que l'acide, en se combinant avec le marbre, détruit la partie qu'il a touchée ; le poli de la surface disparaît.

On ne peut enlever cette tache qu'en faisant repolir le marbre.

1341. — *Pourquoi un peu de carbonate d'ammoniaque ou d'alcali volatil, dissous dans l'eau, rend-il aux étoffes leur couleur mangée par un acide ?* — Parce que l'alcali du carbonate, se combinant avec l'acide répandu sur l'étoffe, le neutralise et fait disparaître la couleur rouge de la tache.

Le carbonate d'ammoniaque dissous dans l'eau enlève aussi les taches grasses des vêtements, parce que l'ammoniaque se combine avec les acides du corps gras et forme avec eux un savon soluble.
L'acide carbonique du sel est mis en liberté pendant cette combinaison.

1342. — *Qu'est-ce que le gaz hydrogène protocarboné ?* — Une combinaison de 200 parties d'hydrogène avec 50 parties de carbone (C^2H^4). Il brûle avec une lumière bleuâtre.

1343. — *Qu'est-ce que le gaz hydrogène bicarboné, gaz oléfiant ou éthylène ?* — Un gaz très combustible, formé de 200 parties d'hydrogène et de 100 parties de carbone (C^4H^4). Il brûle avec une flamme très lumineuse, et forme la partie brillante du gaz d'éclairage, qu'on extrait de la houille.

1344. — *Quel est le gaz qu'on rencontre dans la vase des marais ?* — Le gaz hydrogène protocarboné, mêlé d'azote et d'acide carbonique.

1345. — *Quel est le gaz qui remplit les galeries des mines de houille ?* — C'est le gaz hydrogène protocarboné, ou grisou, presque toujours mêlé à un peu d'azote et d'acide carbonique.

Ce gaz est connu des mineurs sous les noms de *grisou* ou *mofette*.

1346. — *Quelle est la cause des explosions fréquentes dans les mines de houille ?* — Elles viennent de ce qu'on introduit une lumière dans une galerie où le grisou s'est accumulé ; le gaz alors prend feu et détermine une explosion.

1347. — *Comment les mineurs peuvent-ils voir dans les galeries sans s'exposer à mettre le feu au grisou ?* — Avec la lampe de sûreté inventée par Humphry Davy.

1348. — *Quelle est la construction particulière de la lampe de sûreté ?*
— C'est une petite lampe à huile entourée d'une enveloppe en gaze ou toile métallique.

Cette gaze doit contenir cent quarante-quatre mailles ou ouvertures rectangulaires par centimètre carré de surface.

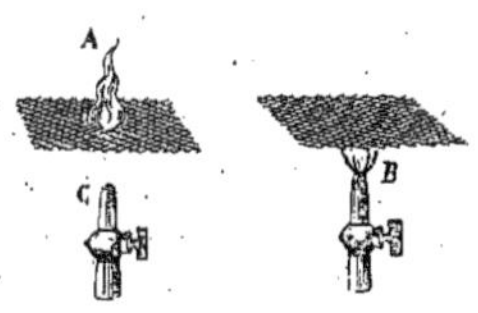

Fig. 209. — Effet des toiles métalliques sur les flammes.

A, vapeur inflammable venant du tuyau C, et allumée au-dessus de la toile ; — B, flamme éteinte dans son passage à travers la toile.

1349. — *Pourquoi cette toile métallique empêche-t-elle l'inflammation du gaz ?* — Parce que, en sa qualité de métal bon conducteur, elle absorbe assez de chaleur et refroidit assez la flamme pour qu'elle ne puisse plus enflammer le grisou extérieur. Lorsqu'une semblable toile est interposée entre un feu de cheminée et la main, le feu ne brûle plus la main, même lorsqu'elle touche la toile.

1350. — *Une petite quantité de grisou de la mine peut-elle pénétrer à travers l'enveloppe de la lampe ?* — Oui, le gaz s'enflamme souvent en dedans de l'enveloppe, et cette combustion intérieure peut indiquer au mineur l'état de l'atmosphère de la galerie.

1351. — *Comment la flamme du gaz qui brûle au dedans de l'enveloppe de la lampe peut-elle indiquer au mineur l'état de l'air de la galerie ?* — Si le grisou se mêle à l'air dans de petites proportions, le volume seul de la flamme augmente ; mais, quand le gaz forme le douzième du volume de l'air, alors le cylindre se remplit d'une flamme pâle, et le mineur doit sortir sur-le-champ. Car la flamme échaufferait au rouge l'enveloppe métallique avec laquelle elle est alors en contact ; l'enveloppe rougie enflammerait le gaz de la galerie, et causerait une explosion.

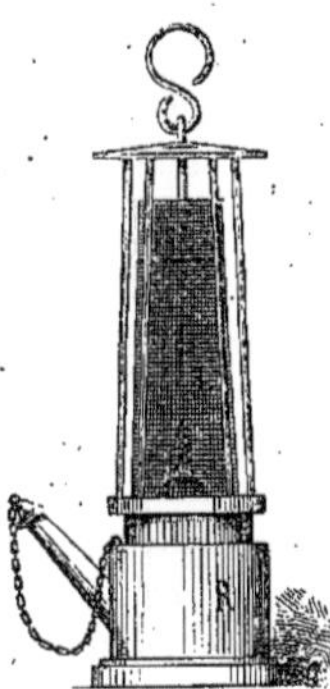

Fig. 210. — Lampe de sûreté de Davy.

R, réservoir d'huile ; — L, toile métallique.

1352. — *Lorsque le gaz d'une mine s'enflamme, quel danger courent les mineurs ?* — Ils peuvent être ou asphyxiés par l'acide carbonique qui se forme alors dans la mine, empoisonnés par l'oxyde de carbone ou renversés par la violence mécanique de l'explosion ou brûlés par l'inflammation du gaz.

1353. — *Qu'est-ce que le cyanogène ?* — Un gaz d'une odeur pénétrante d'amandes amères qui brûle avec une flamme pourpre, en dégageant de l'acide carbonique et de l'azote ; qui se comporte dans les combinaisons comme un corps simple.

1354. — *Qu'est-ce que l'acide cyanhydrique ?* — Un liquide volatil, d'une odeur pénétrante, qui existe tout formé dans les feuilles et les amandes du laurier-cerise. C'est le poison le plus violent et le plus rapide qu'on connaisse. Une goutte de cet acide pur et non décomposé, déposée sur la langue d'un chien vigoureux, le fait tomber foudroyé.

VII

1355. — *Qu'est-ce que le phosphore ?* — Un corps simple qui, à l'état de pureté et sous sa forme ordinaire, a toutes les apparences de la cire blanche. Il possède une odeur d'ail caractéristique.

Le nom du phosphore se compose de deux mots grecs : φῶζ φέρω (*porte-lumière*).

1356. — *Pourquoi a-t-on donné à cette substance le nom de phosphore ou porte-lumière ?* — Parce qu'elle est toujours lumineuse quand, dans l'obscurité, elle est en contact avec l'air.

1357. — *Lorsque, dans l'obscurité, on trace sur un mur des traits ou des caractères avec un bâton de phosphore, ou lorsqu'on frotte une allumette phosphorique sur une surface rugueuse, pourquoi aperçoit-on alors une lueur blafarde ?* — Cette lueur est la fumée blanche d'une combustion lente dans laquelle le phosphore se combine avec l'oxygène de l'air.

Le produit de cette combinaison lente est l'acide phosphoreux ; quand le phosphore brûle à une température voisine de son point de fusion, il produit l'acide phosphorique, qui est un degré supérieur d'oxydation.

1358. — *Pourquoi un bâton de phosphore, exposé à l'air, est-il toujours enveloppé d'une fumée légère ?* — Parce que le phosphore a une grande affinité pour l'oxygène, et subit au contact de l'air une combustion lente.

1359. — *Comment doit-on conserver un bâton de phosphore ?* — Il faut le conserver dans un flacon rempli d'eau pour le mettre à l'abri du contact de l'air, et placer le flacon dans un lieu obscur pour que l'action de la lumière ne le noircisse pas en modifiant son état moléculaire, ou l'envelopper d'un morceau de laine.

1360. — *Comment peut-on obtenir le phosphore ?* — Le phosphore s'extrait des os des animaux, par la distillation de ces os en vase clos à une température élevée et au contact du charbon.

Les os des animaux sont en très grande partie formés de phosphate de chaux, combinaison d'acide phosphorique avec la chaux. Sous l'influence de la chaleur, le charbon s'empare de l'oxygène du phosphate, et le phosphore, devenu libre, se dégage à l'état de vapeurs que l'on condense.

1361. — *Comment utilise-t-on cette facile combustibilité du phosphore ?* — On l'utilise dans la fabrication des allumettes chimiques.

1362. — *Pourquoi ces allumettes phosphoriques s'enflamment-elles par *une simple friction contre un corps dur et rugueux ?* — Parce que la friction dégage assez de chaleur pour déterminer la combinaison du phosphore avec l'oxygène de l'air, et l'enflammer : le phosphore, en brûlant, enflamme le soufre, et celui-ci met le feu au bois de l'allumette, aidé de l'oxygène dégagé du chlorate ou du nitrate de potasse qui entre dans la composition de l'allumette.

1363. — *Pourquoi certaines allumettes s'enflamment-elles avec bruit, tandis que certaines autres s'enflamment sans détonation ?* — Les allumettes détonantes contiennent du chlorate de potasse, qui s'enflamme avec bruit, tandis que les allumettes non détonantes contiennent, au lieu de ce sel, une certaine quantité de nitrate de potasse ou salpêtre raffiné.

1364. — *Les allumettes chimiques sont-elles un danger qu'il faille conjurer en empêchant leur fabrication ?* — Le danger existe ; les allumettes chimiques ont souvent servi à des empoisonnements et à des incendies ; mais il faut passer sur ces exceptions en raison de l'extrême utilité des allumettes.

1365. — *Comment peut-on remédier, en très grande partie, aux dangers des allumettes chimiques ?* — En substituant au phosphore ordinaire le phosphore sous une autre forme, le phosphore rouge ou amorphe, qui n'est pas toxique. On fabrique aussi des allumettes amorphes qui ne prennent feu que lorsqu'on les frotte sur un papier convenablement préparé.

1366. — *Qu'appelle-t-on phosphates naturels et quel emploi peut-on en tirer ?* — Les phosphates qu'on trouve en abondance dans les Ardennes, dans l'Ain, aux environs de Bellegarde, dans le Lot-et-Garonne, en Picardie, etc., sont des nodosités formées en grande partie de phosphate de chaux d'origine animale, qui, pulvérisé et converti en superphosphate soluble par un traitement à l'acide sulfurique, constitue un excellent engrais minéral, approprié à un grand nombre de cultures, particulièrement à la culture du froment.

1367. — *Qu'est-ce que le gaz hydrogène phosphoré ?* — Une combinaison gazeuse de phosphore et d'hydrogène, répandant une odeur fétide, spontanément inflammable à l'air à la température ordinaire, et brûlant avec une flamme blanche très vive.

1368. — *Quelle est la cause de l'odeur qu'on sent quelquefois dans les cimetières ?* — Le dégagement d'un mélange de gaz hydrogène phosphoré, gaz hydrogène sulfuré et gaz ammoniac, produits de la décomposition des cadavres.

1369. — *Pourquoi les viandes et le poisson à l'état de décomposition ont-ils une odeur extrêmement désagréable ?* — Parce que les matières animales en putréfaction engendrent des gaz hydrogène phosphoré, hydrogène sulfuré et ammoniac, qui donnent une odeur fétide.

1370. — *Quelle est la cause des feux follets, qui apparaissent fréquem-*

ment en été dans les marais et dans les grandes fondrières ? — Ces vapeur.

Fig. 211. — Feux follets.

lumineuses sont dues probablement à du gaz hydrogène phosphoré, qui sort du corps des animaux et des poissons à l'état de décomposition, et s'enflamme au contact de l'air.

1371. — *Pourquoi les feux follets fuient-ils la personne qui les approche ?* — Parce qu'en marchant la personne produit dans la même direction un courant d'air qui suffit pour pousser en avant le gaz léger.

1372. — *Pourquoi les feux follets poursuivent-ils la personne qui les fuit ?* — Parce qu'elle laisse derrière elle une sorte de vide, ou espace rempli d'air moins dense, qui suffit pour attirer le gaz dans la même direction.

1373. — *Où les feux follets se montrent-ils le plus souvent ?* — Dans les marais sillonnés de crevasses et renfermant des débris organiques enfouis depuis longtemps.

1374. — *Pourquoi la mer est-elle quelquefois lumineuse ?* — Cette phosphorescence est due à des myriades de petits animaux, mollusques et autres, qui émettent de la lumière, comme les vers luisants.

Il est probable que la décomposition de ces animaux morts produit très souvent ces lueurs.

Ces animaux sont : 1° les acalèphes (orties marines), de la famille des méduses et des cyanies ; 2° quelques mollusques ; 3° un nombre infini d'infusoires.

1375. — *Pourquoi le sillage d'un navire est-il quelquefois lumineux ?* — Parce que le navire, dans sa course, déplace les mollusques et les infusoires qui flottent à la surface de la mer ; ceux-ci émettent de la lumière.

1376. — *En quoi consistent les peintures lumineuses qu'on trouve aujourd'hui dans le commerce ?* — Ce sont des dissolutions dans l'huile ou dans l'eau de substances phosphorescentes comme le sulfure de baryum. Leur couleur, au jour, est blanche ; mais la lumière phosphorescente qu'elles émettent est, en général, colorée : appliquées sur une grande surface, elles éclairent assez pour qu'on puisse se passer de l'éclairage artificiel ordinaire. Elles trouvent leur application dans les magasins à poudre ou à alcools, dans les mines de houille, pour éclairer les wagons et les cadrans d'horloge.

1377. — *Qu'est-ce que le soufre et ses combinaisons ?* — Le soufre est un corps simple, solide, jaune et insipide ; électrique par frottement, insoluble dans l'eau ; chauffé à 111°, il forme un liquide très fluide, très léger, d'une belle couleur citron ; vers 206°, il devient visqueux ; à une température plus élevée il reprend sa fluidité ; à 446°, il entre en ébullition et se réduit en vapeur qui brûle avec une flamme bleue et se transforme en acide sulfureux, d'une odeur suffocante. Il est très répandu dans la nature, où on le rencontre quelquefois cristallisé en beaux octaèdres ; il forme des dépôts considérables dans le voisinage des volcans éteints. On l'emploie en médecine, dans le traitement des maladies de la peau ; en horticulture pour arrêter le développement de divers parasites, entre autres de l'oïdium de la vigne ; dans l'industrie pour faire des allumettes et fabriquer divers produits chimiques.

1378. — *Quels sont les principaux composés du soufre ?* — 1° *L'acide sulfureux* SO². Il se forme quand on brûle du soufre à l'air. C'est un gaz qu'on liquéfie assez facilement ; liquéfié, l'acide produit, en se vaporisant, un froid qui peut atteindre 168°. Il décolore presque toutes les matières colorantes. Il est employé pour blanchir les matières animales telles que la laine, la soie, la baudruche, les plumes, les chapeaux de paille, etc. C'est un désinfectant très recommandé pour tuer les microbes dans les appartements où sont mortes des personnes atteintes de maladies contagieuses.

2° *L'acide sulfurique* ordinaire SO³HO. C'est un liquide incolore, qui coule comme l'huile, ce qui lui a fait donner le nom d'huile de vitriol (de vitriol, sulfate de fer) ; deux fois aussi lourd que l'eau, acide des plus énergiques, ayant pour l'eau une très grande affinité ; carbonisant le bois et détruisant les tissus organiques. Il s'obtient dans l'industrie en combinant ensemble, dans des chambres de plomb, le soufre, l'oxygène et la vapeur d'eau ; il n'est aucun acide dont les usages soient plus nombreux.

3° *L'hydrogène sulfuré.* C'est un gaz d'une odeur forte et très fétide, rappelant les œufs pourris ; il éteint une bougie allumée, brûle lui-même à l'air avec une flamme bleue : c'est un poison. En contact avec un métal, il se décompose, abandonne son hydrogène et forme un sulfure métallique souvent noir. Il prend naissance dans la décomposition des matières organiques ; on le rencontre dans les eaux sulfureuses.

4° *Le sulfure de carbone.* C'est un liquide incolore avec odeur infecte de chou pourri, qui prend feu à l'approche d'un corps enflammé et brûle avec une flamme bleue. On peut le débarrasser de son odeur en le traitant par l'acétate de plomb. Sa propriété la plus importante est de dissoudre le soufre, le phosphore, les corps gras, et le caoutchouc qu'il vulcanise. On l'obtient par la combinaison directe du soufre et du carbone à la température du rouge clair. Insecticide puissant, on l'a employé en très grande quantité et avec succès contre le phylloxera. Il est employé aussi pour éteindre les feux de cheminée. Il empêche la combustion de continuer.

VIII

1379. — *Qu'est-ce que le chlore ?* — Le chlore est un gaz jaune verdâtre, d'une odeur forte, suffocante et caractéristique. Il provoque la toux, et peut produire une inflammation des bronches ; il se liquéfie sous une pression de 5 atmosphères, se convertissant en un liquide jaune intense. Il se combine à l'hydrogène avec énergie en produisant beaucoup de chaleur et une sorte de combustion très vive en raison de sa très grande affinité pour le gaz ; il est à la fois désinfectant par la destruction des miasmes infects et dangereux, et décolorant. On l'obtient en l'enlevant à l'acide chlorhydrique ou au sel marin.

1380. — *Quels sont les principaux composés du chlore ?* — 1° *Le chlorure de sodium* ou sel marin ; l'hypochlorite de potasse avec du chlorure de potassium ou eau de Javel pour blanchir et laver le linge ; l'hypochlorite de soude avec du chlorure de sodium ou liqueur de Labarraque, principalement employé en médecine ; le chlorure de chaux, qui sert à décolorer et blanchir en grand les fils et les tissus de chanvre, de lin et de coton, la pâte de papier, etc.

2° *Acide chlorhydrique ;* il est d'une odeur piquante, d'une saveur très acide, répandant dans l'air d'épaisses fumées blanches. L'eau en dissout cinq cents fois son volume ; cette solution est l'acide chlorhydrique ou muriatique, très employé dans l'industrie et les laboratoires. L'acide chlorhydrique est un produit que l'on obtient quand on met en présence le sulfate de soude avec le sel marin pour fabriquer la soude.

3° *Eau régale.* L'eau régale est un mélange de 3 parties d'acide chlorhydrique et 1 partie d'acide azotique ; ce liquide attaque presque tous les métaux et les transforme en chlorures.

1381. — *Qu'est-ce que le brome ?* — Le brome, découvert par Balard en 1826, est le seul métalloïde liquide à la température ordinaire. Il est d'un rouge foncé, très volatil, d'une odeur irritante et désagréable ; c'est un poison énergique.

1382. — *Qu'est-ce que l'iode ?* — L'iode, découvert par Courtois en 1811, est un corps solide, sous forme de paillettes d'un gris bleuâtre, tachant la peau et le papier en jaune ; ses vapeurs ont une teinte violette riche et intense ; il bleuit l'amidon qui lui sert de réactif. On extrait le brome et l'iode des algues (goémons ou varechs) que la mer rejette sur les côtes ; desséchées et incinérées, on en tire, par dissolution, le bromure et l'iodure de potassium dont on extrait le brome et l'iode. La médecine utilise le brome et l'iode contre le goitre, les scrofules, les maladies de poitrine, l'épilepsie. L'iodure de potassium est un dépuratif puissant, le bromure de potassium un calmant très énergique du système nerveux.

La photographie en emploie de son côté de grandes quantités. L'iodure d'argent, qui se produit quand on expose une plaque d'argent aux vapeurs d'iode, est très sensible à la lumière. Les plaques de verre avec lesquelles les photographes font leurs clichés sont recouvertes d'une couche de collodion contenant du bromure ou de l'iodure de sodium soluble, qui, lorsqu'on trempe la plaque dans une solution d'azotate d'argent, se changent en bromure et iodure d'argent insolubles et très sensibles à la lumière.

1383. — *Qu'est-ce que le fluor ?* — Le fluor, qui a été isolé seulement en 1887 par M. Moissan, professeur à l'École de pharmacie, est une substance

analogue au brome et à l'iode. L'acide fluorhydrique est un liquide incolore, qui répand à l'air des fumées épaisses, excessivement corrosif, qui
attaque et détruit le verre. On le prépare en chauffant dans une cornue
de plomb du fluorure de calcium ou spath-fluor qu'on trouve dans la nature.
On l'utilise pour graver sur verre. Le dessin est naturellement opaque ;
pour qu'il soit transparent, il faut entourer la partie vernie et dessinée de
cire ou de mastic, et la recouvrir d'une légère couche d'acide fluorhydrique
étendue de la moitié de son volume d'eau.

1384. — *Que sont le bore et le silicium?* — Le bore et le silicium sont
des corps solides qu'on obtient en poudre. Ils brûlent facilement et se transforment en acide borique et en acide silicique. L'acide borique est un corps
solide blanc. Il existe en dissolution dans l'eau de plusieurs lacs de Toscane et d'Amérique ; on l'en retire par évaporation ; la plus grande partie
est convertie en borax ou borate de soude. Il entre dans le vernissage
des poteries et dans la confection des verres qui imitent le diamant et les
pierres précieuses. Les mèches tressées des bougies stéariques sont imprégnées d'une solution d'acide borique qui les fait courber en dehors, et dispense de les moucher. L'acide borique enfin est un agent puissant de purification et de conservation des matières animales.

1385. — *Qu'est-ce que la silice et quelles sont ses principales variétés?* —
La silice, le plus abondant des minéraux, est de l'oxyde de silicium. Pure
et cristallisée, elle forme le quartz hyalin ou cristal de roche, dont une variété
colorée en violet porte le nom d'améthyste. Cristallisée en masse confuse,
la silice forme le silex, qui nous présente dans ses variétés la pierre à feu
ou silex pyromaque, la pierre meulière, l'agate, l'opale, etc. Les cailloux
sont généralement des fragments de silex que les eaux ont entraînés et dont
les angles se sont arrondis par l'effet du frottement. La silice agglutinée
forme le grès, dont la pierre à aiguiser est une variété. Parmi les minéraux
dont la silice forme la base, nous citerons l'amiante ou asbeste, et le mica.
L'amiante se compose de filaments qu'on prendrait pour des fils de coton, et
dont on peut faire des tissus parfaitement incombustibles. Le mica est translucide et feuilleté : une de ses variétés peut se décomposer en lames assez
grandes pour servir de vitres et de verres de lampe.

1386. — *Que sont les verres ?* — Des corps transparents, doués d'un éclat
particulier appelé éclat vitreux, fondant à une température élevée, se laissant même étirer en fils qui ont la ténuité des fils de soie et dont on peut
faire des tissus. L'élément essentiel des verres est la silice, laquelle, dans
l'acte de la fusion, jouant le rôle d'acide, donne naissance à des silicates
doubles de chaux, de soude, de potasse, de zinc, de plomb et constitue ainsi
les principales sortes de verre.

Le verre de Bohême est un silicate de potasse et de chaux, il est parfaitement transparent, léger et le plus brillant de tous les verres connus.

Le *crown-glass* a la même composition que le verre de Bohème; il est préparé avec le plus grand soin pour les instruments d'optique.

Le verre à glace et à vitre est un silicate double de soude et de chaux : on le prépare avec du sable blanc, du sulfate de soude et de la craie; la soude lui donne une teinte verdâtre. Les glaces s'obtiennent en coulant le verre fondu sur des tables de fonte bien planes et chauffées. Le verre à bouteille est très fusible, très altérable, et coloré par du silicate de fer. On le fabrique avec du sable ferrugineux, de l'argile, des cendres de varechs ou de bois, de la charrée.

Le cristal est du silicate double de potasse et de plomb; il est d'une limpidité parfaite. Le *flint-glass* ou verre pesant sert à la fabrication des verres des grandes lunettes achromatiques. Le stras, qui contient encore plus de plomb, coloré avec des oxydes métalliques, s'emploie pour imiter le diamant et les autres pierres précieuses.

L'émail est du cristal rendu opaque par de l'oxyde d'étain.

Parmi les verres colorés, les uns le sont dans leur masse, les matières colorantes ayant été ajoutées à la pâte en fusion; les autres le sont superficiellement.

1387. — *Qu'appelle-t-on verres solubles ?* — Des silicates de potasse ou de soude dont la découverte est due à Nicolas Fuchs, de Munich, et qui reçoivent aujourd'hui, indistinctement, de très nombreuses applications dans la préparation des peintures ou revêtements incombustibles, dans la fabrication des ciments, des pierres, des marbres artificiels, dans la préparation d'une sorte d'écume de mer, etc.

1388. — *Qu'est-ce que l'arsenic ?* — L'arsenic est un corps simple, gris d'acier; il brûle avec une flamme livide en donnant de l'acide arsénieux. Il est très répandu dans la nature, à l'état de sulfure, à l'état natif, à l'état d'arséniure métallique.

L'acide arsénieux (arsenic blanc, mort-aux-rats) se trouve dans le commerce, à l'état de poudre blanche, insipide, inodore, semblable à de la farine ou à du sucre : à très petite dose, c'est un médicament précieux recommandé dans certaines anémies, dans l'asthme, etc.; à haute dose, c'est un poison dangereux. En Styrie, beaucoup de paysans mangent de l'arsenic; ils prétendent que cette substance leur donne de la force. Ils s'habituent peu à peu à ingérer le poison. On donne aussi aux chevaux qui ont à faire un grand effort de travail de petites doses d'acide arsénieux.

IX

1389. — *Que sont les sels ?* — On appelle sels les corps qui résultent de l'union d'un acide et d'une base ou oxyde, se combinant de manière à se neutraliser plus ou moins.

1390. — *Comment désigne-t-on les sels ?* — Par l'acide et l'oxyde qui les forment, en ajoutant au nom de l'acide la désinence *ite* s'il était terminé en *eux*, la désinence *ate* s'il était terminé en *ique* : sulfite de potasse, sulfate de potasse. Quand le même acide et la même base s'unissent dans des proportions différentes, l'un d'eux, celui dans lequel les propriétés de l'acide et de la base sont le mieux neutralisées, s'appelle neutre ; les autres sont des sels acides, sursels ou des sels basiques, sous-sels ; on appelle sels doubles ceux qui sont composés de deux sels différents, sulfate double de potasse et d'alumine.

1391. — *Quelles sont les propriétés générales des sels ?* — Les sels sont solides à la température ordinaire et plus denses que l'eau. Ils cristallisent quand on les met dans des conditions convenables. La plupart sont solubles dans l'eau et lui communiquent une saveur métallique âcre et excitant le dégoût. Une solution saline, saturée à une température plus élevée, abandonne en général, par le refroidissement, une partie de son sel, qui cristallise ; cette cristallisation se fait presque subitement quand on projette dans la solution saturée un fragment cristallisé du même sel, et l'on constate en même temps un dégagement de chaleur.

Certains sels très avides d'eau sont déliquescents ; d'autres sont efflorescents, ils abandonnent leur eau à l'air et se désagrègent. Quelques sels subissent une double fusion : aqueuse, dans leur eau de cristallisation ; ignée, quand on élève la température. Soumis à l'action des courants électriques, les sels se décomposent : l'acide va au pôle positif, le métal au pôle négatif.

1392. — *L'or donne-t-il naissance à quelques sels usuels ?* — Le perchlorure d'or, solide, rouge foncé, dissous dans l'éther, constitue l'or potable. On l'emploie pour préparer le *pourpre de Cassius*, matière colorante en rose et en rouge des verres et des porcelaines.

1393. — *Quel est le caractère principal des sels d'argent ?* — Le chlorure, l'iodure, le bromure et le nitrate d'argent se décomposent et noircissent à la lumière.

1394. — *Qu'est-ce que la pierre infernale ?* — Le nitrate ou azotate d'argent. C'est un sel blanc, soluble dans l'eau ; chauffé, il fond sans se décomposer ; on peut le couler dans des cylindres qu'on laisse ensuite refroidir, et obtenir ainsi les bâtons connus sous le nom de pierre infernale, employés par les médecins pour cautériser ou ronger les chairs.

1395. — *Pourquoi la pierre infernale produit-elle sur la peau une tache brune, qui devient complètement noire au bout de quelques heures ?* — Parce que le nitrate d'argent se décompose très promptement en présence des matières organiques exposées à l'influence de la lumière solaire ; dans l'acte de cette décomposition, une partie de l'oxyde se réduit à l'état métallique, et le métal prend une couleur brun foncé, à cause de son extrême division.

1396. — *De quelle manière marque-t-on le linge avec le nitrate d'argent?* — On trempe dans un peu d'empois rendu alcalin par du carbonate de soude la partie du linge où l'on veut mettre la marque, puis on écrit avec une dissolution de nitrate d'argent épaissie par un peu de gomme; bientôt, sous l'influence des rayons du soleil ou celle d'un bon feu, les caractères paraissent, et deviennent d'autant plus noirs que le linge sert plus souvent.

Il faut dissoudre 2 parties de nitrate d'argent dans 7 parties d'eau distillée, et y ajouter une partie de gomme arabique.

1397. — *Pourquoi trempe-t-on la partie du linge où l'on veut placer la marque dans du carbonate de soude ou dans un peu de savon?* — Pour rendre cette partie plus ferme et pour neutraliser l'acide nitrique, qui sans cette précaution détruirait le linge.

1398. — *Pourquoi rend-on les caractères plus noirs en exposant le linge au soleil ou au feu?* — Parce que la lumière et la chaleur augmentent la réduction de l'argent ou sa précipitation à l'état de poudre métallique noire, très divisée, et que c'est cette poudre noire qui dessine les caractères.

Le procédé le plus simple pour marquer le linge est le suivant : on prend un cachet en fer portant en relief le nom, et l'on chauffe fortement. On couvre avec un peu de sucre blanc bien pulvérisé la partie du linge où l'on veut mettre la marque ; on appuie fortement le cachet, et la marque ne pourra plus s'enlever.

1399. — *Quel est le principal emploi des sels d'argent?* — Le parti vraiment étonnant qu'on en a tiré dans la photographie.

1400. — *Sur quel principe est fondée la photographie ?* — Sur le noircissement spontané des sels d'argent, le chlorure et l'iodure exposés à la lumière. Très probablement ce noircissement s'explique par la décomposition du sel d'argent avec dépôt de l'argent à l'état de division extrême : les métaux en poudre très divisée, l'argent, l'or, le platine, etc., sont noirs. Aujourd'hui on emploie surtout le gélatino-bromure, qui est d'une impressionnabilité extraordinaire. C'est avec ce sel qu'on obtient les images instantanées.

Fig. 212. — Appareil photographique.

O, tube de laiton renfermant l'objectif; — C, châssis contenant la glace sensibilisée et exposée dans la chambre noire aux rayons qui pénètrent par l'objectif.

1401. — *En quoi consiste essentiellement la photographie ?* — On braque l'objectif d'une chambre obscure sur un objet quelconque, nature vivante ou morte, un paysage, un dessin, et l'on reçoit son image nette

sur une glace dépolie ; on substitue ensuite à la glace dépolie une glace
de verre, ou une feuille de papier enduite d'un sel d'argent. Les parties
lumineuses de l'image noircissent le sel d'argent et impriment par conséquent sur la surface plane une image renversée de l'objet. On fait apparaître l'image en plongeant la plaque dans un bain spécial ; on la fixe, on
la lave, on la renforce au besoin ; puis, par une seconde opération à peu
près semblable, on convertit cette image renversée ou négative en image
directe et positive, dans laquelle les blancs correspondent aux lumières et
les noirs aux ombres, et l'on obtient ce qu'on appelle la photographie ou
l'image exacte de l'objet, dessiné par lui-même.

Fig. 213. — Épreuve photographique
négative.

Fig. 214. — Épreuve photographique
positive.

1402. — *Quels sont les principaux genres de photographie ?* — La daguerréotypie sur plaque d'argent ; la talbotypie sur papier chloruré et sensibi-
lisé ; la niepçotypie sur plaque de verre collodionée d'abord ou albuminée,
puis chlorurée ou sensibilisée ; la photographie au charbon ou aux encres
grasses, etc.

La photographie en général a été inventée par un Français, Nicéphore
Niepce, vers 1828 ; la daguerréotypie par un Français encore, Daguerre,
peintre de dioramas ; la talbotypie par un Anglais, M. Fox Talbot ; la niepçotypie par Niepce de Saint-Victor, neveu de Nicéphore. Les photographies
sur papier perdent de plus en plus de leur vigueur avec le temps, ou passent et s'effacent : on leur a substitué des impressions photographiques au
charbon, aux poudres colorées ou aux encres grasses qui ne s'altèrent plus.
On est aussi parvenu à faire des émaux photographiques inaltérables.
Citons encore pour mémoire la photographie microscopique. Sur une petite

surface large comme la pointe d'une épingle on voit nettement un tableau tout entier ; l'image est à la base d'un petit cylindre de verre dont l'autre extrémité arrondie en boule fait l'office de microscope grossissant. Ce sont des photographies microscopiques reproduisant des lettres et des journaux entiers que les pigeons voyageurs emportaient sous leur aile pendant le siège de Paris pour donner des nouvelles à la province.

Jusqu'ici on a employé comme bain révélateur une dissolution de sulfate de fer. On a trouvé en 1888 un révélateur plus commode, c'est une dissolution à saturation de 90 grammes de sulfate de soude et de 180 grammes de carbonate de soude dans 900 grammes d'eau ; à laquelle on ajoute à chaud une dissolution de 10 grammes d'hydroquinone dans 100 grammes d'eau. On lave ensuite l'image dans l'eau pure et on la fixe en la plongeant dans une dissolution d'hyposulfite de soude.

La photographie est aujourd'hui très employée en astronomie physique. M. Rutherfue a obtenu de belles épreuves de la Lune, M. Janssen de très belles épreuves du Soleil, etc.

MM. Henry frères, de l'observatoire de Paris, sont parvenus à photographier des nébuleuses invisibles dans les plus forts instruments. Le Congrès international d'astronomie de 1887 a résolu de procéder au levé complet de la carte du Ciel à l'aide des méthodes photographiques des frères Henry.

1403. — *Pourquoi le sel humide noircit-il une cuiller d'argent ?* — Parce que le chlore du sel humide se combine avec l'argent et forme du chlorure d'argent, qui noircit très promptement sous l'influence de la lumière. On enlève la tache avec de l'ammoniaque liquide dans lequel le chlorure d'argent est très soluble.

1404. — *Pourquoi les œufs colorent-ils les fourchettes et les cuillers d'argent en jaune doré ou en bleu foncé ?* — Parce qu'ils contiennent une petite quantité de soufre qui se combine avec l'argent, et qui noircit la surface du métal.

Le blanc et le jaune d'œuf contiennent tous deux du soufre, il s'en trouve plus dans le jaune. L'odeur désagréable des œufs qui ne sont pas frais est due à la présence de l'hydrogène sulfuré.

1405. — *Comment peut-on enlever facilement les taches que le soufre fait sur l'argent ?* — En frottant la surface de l'argenterie avec un peu d'huile et de blanc d'Espagne, de craie, de cendres de bois, de savon, ou avec une toile imbibée d'ammoniaque liquide.

1406. — *Quels sont les principaux sels du mercure ?* — Le chlorure mercureux, mercure doux ou calomel, est blanc, insoluble et insipide. Il forme une pommade efficace contre quelques maladies de la peau ; il est administré à l'intérieur comme purgatif doux et vermifuge.

Le chlorure mercurique ou sublimé corrosif est blanc, d'une saveur âcre et désagréable; c'est un poison très énergique. Il est néanmoins employé à conserver les matières organiques, les pièces d'anatomie et différents objets d'histoire naturelle.

1407. — *Quels sont les propriétés et les usages des sels de plomb ?* — Les sels de plomb ont une saveur sucrée, ils sont toxiques, même à petites doses, et provoquent des coliques appelées saturnines, fréquemment accompagnées de paralysie.

Le sel de saturne, avec lequel on prépare l'eau blanche, est l'acétate de plomb.

La céruse, blanc de plomb, blanc d'argent, est du carbonate de plomb ; elle est la base de presque toutes les peintures à l'huile, sur pierre et sur bois ; elle couvre beaucoup, c'est-à-dire qu'elle s'étend aisément sous le pinceau, en couches très minces. Mais, comme elle noircit par l'action de l'acide sulfhydrique, on conseille de la remplacer par le blanc de zinc, oxyde et carbonate de zinc.

1408. — *Quels sont les propriétés et les usages des principaux sels de cuivre ?* — La plupart des sels de cuivre sont bleus ou verts ; ils ont une saveur métallique désagréable.

Le vitriol bleu, ou couperose bleue, est le sulfate de cuivre ; il forme de beaux cristaux efflorescents ; il est employé en agriculture pour chauler les blés ; dissous dans l'eau, on l'injecte au sein des bois dont on veut empêcher l'altération ; il sert à la teinture, à la composition de plusieurs piles électriques, et dans la galvanoplastie, pour reproduire en cuivre des modèles et des objets d'art. L'azurite et la malachite sont des carbonates de cuivre ou cuivres carbonatés.

1409. — *Quel est le plus usuel des sels de zinc ?* — Le vitriol blanc, couperose blanche, sulfate de zinc. Il s'emploie dans les maladies des yeux comme caustique léger ; dans le traitement des plaies comme desséchant ou cicatrisant ; dans quelques opérations de teinture, dans la peinture, avec le blanc de zinc, pour rendre l'huile siccative ; mêlé à la sciure de bois, il défend les cadavres contre la putréfaction.

1410. — *Quels sont les principaux sels de fer ?* — Le sulfate de fer, vitriol vert, couperose verte, en cristaux d'un vert émeraude, est la base de toutes les couleurs noires, grises ; il sert à fabriquer l'encre, l'acide sulfurique anhydre, ou de Nordhausen, le bleu de Prusse, etc. Les sulfures de fer, pyrites blanche et jaune, remplacent aujourd'hui le soufre dans la fabrication de l'acide sulfurique ; signalons encore les prussiates jaune et rouge de potasse, ou ferro-cyanures, et le bleu de Prusse ou cyanure de fer, que l'on trouve dans le commerce en masses légères et insolubles.

1411. — *Quels sont les principaux sels de magnésium, de manganèse, de calcium, de sodium, de potassium ?* — Le carbonate de magnésie constitue la magnésie blanche, usitée contre les aigreurs de l'estomac et autres dérangements chroniques des fonctions digestives. Le sulfate de magnésie, sel d'Epsom, est employé comme purgatif à la dose de 20 à 40 grammes; il est remplacé quelquefois par le citrate de magnésie ou limonade gazeuse. Le talc employé à la fabrication des crayons pastel et comme fard, l'amiante incombustible, l'écume de mer, dont on fait des pipes très estimées, la serpentine, qui lutte avec les plus beaux marbres, sont des silicates de magnésie, plus ou moins mélangés.

Le permanganate de soude ou caméléon minéral, naturellement vert, mais qui passe, en se décomposant, par toutes les nuances du violet et du rouge, quand on l'étend de beaucoup d'eau, et le permanganate de potasse, sont très utiles dans l'art du blanchiment par la facilité avec laquelle ils cèdent leur oxygène.

Le sulfate de baryte, très abondant dans la nature et complètement insoluble, sert dans la peinture, dans la glaçure des cartes sous le nom de blanc de baryte ou blanc fixe. On utilise dans les feux de Bengale la belle flamme verte du nitrate de baryte, et le composé appelé *colombin,* pour séparer les charbons des bougies électriques, dans lequel il est allié au sulfate de chaux.

Le spath d'Islande, qui cristallise en cristaux rhomboèdres, d'une transparence parfaite, et produit la double réfraction ; l'aragonite, le marbre, la pierre lithographique, la craie, avec laquelle on prépare le blanc d'Espagne ou blanc de Meudon, la pierre à chaux et la pierre à bâtir, sont des carbonates de chaux plus ou moins purs, plus ou moins mélangés. Le gypse, ou sélénite, ou pierre à plâtre, ou plâtre cru, est un sulfate de chaux. On emploie le plâtre en agriculture pour activer la végétation et le rendement des prairies ; dans l'industrie, cuit et gâché par le moulage, et mélangé avec des oxydes métalliques, pour faire le stuc. Le spath-fluor ou fluorure de calcium sert à la préparation de l'acide fluorhydrique, et s'emploie comme fondant. Le phosphate de chaux constitue la majeure partie des os ; on le trouve en grande quantité dans la nature à l'état de phosphate fossile, et, après un traitement convenable, il est vendu pour engrais.

Le chlorure de chaux, mélange de chlorure de calcium et d'hypochlorite de chaux, poudre blanche, soluble dans l'eau et répandant une légère odeur de chlore, est un agent puissant de décoloration, de blanchiment et de désinfection.

Les sels blancs de potassium communiquent aux flammes une teinte violette. Le cyanure de potassium est une des substances les plus toxiques ; il rend de grands services dans la galvanoplastie et la photographie, par la propriété qu'il a de dissoudre facilement la plupart des oxydes et des cyanures métalliques. Le chlorate de potasse est un oxydant énergique ; on a cherché à l'introduire dans la poudre, mais il la rend trop brisante ; il entre seulement dans la pâte de quelques allumettes chimiques ; sous le nom de sel de Berthollet, il est employé en médecine contre les maladies de gorge. L'azotate ou nitrate de potasse, nitre, salpêtre, est très répandu dans la nature. Dans nos climats tempérés, il se produit dans tous les lieux habités, bas et humides, où se rencontrent à la fois des matières organiques azotées et des bases alcalines, surtout dans les écuries et les caves. Dans les pays froids, on favorise la formation du salpêtre en entassant des débris de démolition que l'on mélange avec du fumier et que l'on arrose avec du purin. Le salpêtre qui se forme dans le sol active la végétation, en fournissant aux plantes de l'azote et de la potasse; on peut en retirer de l'acide nitrique, mais il est surtout employé dans la fabrication de la poudre; les médecins l'ordonnent comme diurétique. Les lieux d'où on le retire, et où l'on provoque sa formation, s'appellent des nitrières.

Le chlorure de sodium, sel de cuisine, sel gemme, sel marin, est blanc, d'une saveur particulière et agréable; il cristallise en petits cubes qui se superposent de manière à former une pyramide creuse à quatre faces. Le sel gris doit sa couleur à une petite quantité d'argile; il contient des sels de magnésie qui lui donnent une saveur amère. Le sel est très abondant dans la nature; on le trouve en dissolution dans les eaux de la mer; on l'en retire en faisant évaporer l'eau, et il est alors appelé sel marin. On le trouve aussi dans la terre en masses solides; il porte alors le nom de sel gemme. La plus célèbre mine de sel gemme est celle de Wieliczka en Galicie; exploitée depuis plus de six cents ans, elle présente l'aspect d'une grande ville souterraine. La mine de Cardona, en Catalogne, forme au contraire une montagne qui a environ 160 mètres de haut. Le sel existe aussi en dissolution dans les lacs ou des marais qui ont été autrefois en communication avec la mer, et dans des sources dont l'eau s'est trouvée en contact avec des dépôts souterrains de sel gemme.

Le sel s'extrait des eaux de la mer à l'aide des marais salants, bassins très larges et peu profonds, creusés sur le bord de la mer et rendus imperméables. L'eau, entrée à la marée haute et dirigée dans une série de bassins secondaires, s'évapore et se condense de plus en plus, abandonnant d'abord les sels les moins solubles, puis enfin le chlorure de sodium. Dans les pays froids on retire le sel marin par la congélation de l'eau. Le sel est une partie importante de la nourriture de l'homme et des animaux; il excite l'appétit et active la digestion; il sert à conserver les viandes et les poissons (salaisons).

Le sulfate de soude, sel de Glauber à la dose de 20 à 40 grammes, est un bon purgatif, préférable au sulfate de magnésie; il sert aussi à la préparation de l'acide sulfurique.

L'hyposulfite de soude s'emploie en photographie à cause de la propriété qu'il a de dissoudre l'iodure et le chlorure d'argent.

Le nitrate ou azotate de soude, salpêtre du Pérou et du Chili, exporté

par plusieurs millions de quintaux, sert à la fabrication de l'acide azotique,
et, mêlé à l'acide sulfurique, sert à remplacer quelquefois l'acide nitrique
dans la pile de Bunsen.

Le sesquicarbonate de soude est employé à Marseille pour la fabrication
du savon dur.

Le carbonate de soude sert à la fabrication des eaux gazeuses; broyé et
mélangé avec de la gomme et du sucre, il forme les pastilles de Vichy.

L'hypochlorite de soude mêlé au chlorure de sodium forme la liqueur
de Labarraque, employée surtout pour désinfecter les plaies.

Le borate de soude ou borax facilite la soudure et la fusion des métaux;
il rend de grands services dans la conservation des matières animales, viandes, poissons, etc.

Le silicate de soude forme, comme le silicate de potasse, la liqueur des
cailloux et le verre soluble.

1412. — *Quels sont les principaux sels ammoniacaux ?* — L'azotate
d'ammoniaque, que l'on rencontre dans les eaux pluviales, sert à préparer le
carbonate d'ammoniaque. — Le sesquicarbonate d'ammoniaque, sel volatil
d'Angleterre, s'emploie comme stimulant; on le fait respirer aux personnes
en syncope; il enlève les taches des tissus de soie. — Le sulfate d'ammoniaque, qui entre dans la préparation des engrais chimiques artificiels. —
Le sel ammoniac; on l'utilise dans les arts pour décaper les métaux.

1413. — *Que sont les aluns et à quels usages servent-ils ?* — Les aluns
sont des sulfates doubles d'alumine et de potasse, ou d'alumine et de soude.
L'alun de potasse est un sel blanc qui cristallise en octaèdres réguliers :
soumis à l'action de la chaleur, il subit d'abord la fusion aqueuse, perd
toute son eau, s'épaissit et forme l'alun calciné, utilisé comme caustique. Il
est employé en quantités énormes, en médecine comme astringent, en teinture comme mordant, pour fixer les couleurs sur les tissus.

L'alun à base d'ammoniaque tend à remplacer l'alun de potasse, en raison de la rareté de la potasse et de l'abondance de l'ammoniaque.

X

1414. — *Qu'appelle-t-on pierre ?* — Les minéralogistes donnent le nom
de pierres à toutes les substances minérales autres que les sels, les métaux
et les combustibles, qui se présentent sous la forme de corps durs, sans
éclat métallique, plus pesants que l'eau et moins pesants que la plupart
des métaux. Par exemple, les pierres les plus communes sont :

La pierre à aiguiser ou à affiler, grès siliceux. — La pierre d'aimant,
deutoxyde de fer. — La pierre d'azur, ou lapis-lazuli. — La pierre à bâtir,

pierre calcaire. — Pierre de Bologne, baryte sulfatée qui, chauffée, devient phosphorescente. — Pierre à détacher, argile marneuse. — Pierre à filtre, lias de Paris, variété calcaire. — Pierre lithographique, calcaire compacte jurassique. — Pierre meulière, siliceuse, servant à faire les meules. — Pierre à plâtre, gypse. — Pierre ponce, très poreuse, roche volcanique. — Pierre à rasoir, ou novaculite, pierre jaune, composée de silice, d'alumine et d'oxyde de fer. — Pierre de touche, siliceuse, d'un beau noir, employée pour les essais d'or. — Pierre travertine, travertin concrétionné compacte et celluleux. — Pierre de Volvic, lave gris bleu, etc.

1415. — *Qu'appelle-t-on pierres artificielles ?* — Des pierres fabriquées pour la construction avec des mortiers ou ciments comprimés ; mortiers de chaux, mortiers mélangés de sable, de craie, de laitier de forges, etc., d'hydro-silicate de soude (pierre de Ransome). Le similipierre, le béton aggloméré, le similimarbre, sont des produits de ce genre.

1416. — *Qu'appelle-t-on pierres précieuses ?* — Les pierres fines employées dans la joaillerie. Les principales, au nombre de dix, sont : le diamant, le rubis, la topaze, l'émeraude, la chrysolyte ou topaze orientale, l'améthyste, le grenat, le hyacinthe, le béryl ou aigue-marine.

1417. — *Que désigne-t-on sous le nom générique de terre ?* — En chimie, certains oxydes déjà définis, tels que la chaux, la strontiane, la baryte, l'alumine, la zircone, la glycine, etc. ; en agriculture, les matières meubles qui constituent le sol cultivable ou arable ; en peinture, des argiles fines colorées ou oxydes métalliques.

1418. — *Quelles sont les principales terres arables ?* — Les terres argileuses ou terres fortes, quand les argiles dominent ; terres légères quand le sable est en excès. La terre de bruyère est composée de sable siliceux et de débris de végétaux ; elle est due exclusivement à la végétation de certaines plantes. Le terreau, terre franche, est aussi formé de débris organiques, que la nitrification a rendus très riches en azote. On donne le nom commun d'humus à une matière noire, fine, qui constitue le sol fertile de toutes les contrées du globe.

1419. — *Comment s'opère la nitrification du sol ?* — MM. Müntz et Schlœsing ont démontré que la nitrification s'opère dans l'humus par l'intermédiaire d'organismes microscopiques ou microbes, qui oxydent la matière organique et la transforment, comme la levure de bière en opérant sur les matières sucrées les oxyde et détermine la fermentation alcoolique.

1420. — *Quelles sont les principales terres colorées et colorantes ?* — La terre d'Italie, espèce d'ocre brune colorée par l'oxyde de fer ; la terre d'Ombre, d'un brun foncé ; la terre de Sienne naturelle, d'un brun jaunâtre, ou brûlée, d'une teinte rougeâtre ; la terre de Vérone ou terre verte ; la terre de Sinope, rouge ; la terre d'Arménie, espèce d'ocre rouge.

1421. — *Quelles sont les principales terres employées dans l'industrie ?*

— La terre à foulon, argile onctueuse employée au dégraissage de la laine ; la terre de pipe ou terre anglaise, argile d'un gris foncé, qui devient blanche par la cuisson ; la terre à porcelaine ou kaolin, la terre glaise ou terre à tuile, servant, suivant son degré de pureté, à la fabrication des poteries, des tuiles ou des briques ; la terre sigillée, terre ou bol de Lemnos, employée autrefois en médecine, comme astringent ; la terre pourrie, espèce de tripoli très fin, employée au polissage des métaux ; les terres de Cologne, de Cassel, terres brunes, formées d'argiles et d'un charbon fossile pulvérisé, qui brûlent sans flamme et qu'on emploie en peinture ; les tripolis, roches siliceuses pulvérisées, qui servent au polissage des métaux, du verre, des pierres dures ; rouges à polir, peroxydes de fer naturels ou obtenus par la crémation.

1422. — *Qu'appelle-t-on terrains ?* — Les masses ou couches plus ou moins épaisses, dans lesquelles sont réparties les roches diverses qui composent l'écorce solide du globe. On distingue : les terrains sédimentaires, qui se sont formés au sein de l'eau, de nature stratifiée ou disposés en couches parallèles ; les terrains ignés plutoniens, épanchés à la surface de la terre, comme les laves modernes, par les bouches des volcans ou d'immenses fissures ; les terrains métamorphiques, ou terrains sédimentaires tellement modifiés au contact des terrains ignés, qu'ils ont maintenant une composition presque identique à la leur.

1423. — *Quelle est, en général, la succession des couches ou terrains du globe terrestre ?* — On a assez généralement partagé l'écorce de la terre en quatre grandes divisions : terrains primitifs, terrains de transition, terrains tertiaires et terrains quaternaires.

Les *terrains primitifs*, dits aussi *azoïques* (de ά, sans, ζωή, vie), parce qu'ils ne présentent aucune trace de vie, et qu'ils semblent avoir été déposés à une époque où la vie n'existait pas encore à la surface de la terre, comprennent trois étages ou séries de roches granitiques : l'étage des gneiss, l'étage des micaschistes, l'étage des talcoschistes.

Les *terrains de transition* embrassent les terrains *palézoïques* avec les trois étages cambrien, silurien et dévonien ; les *terrains carbonifères* avec deux étages, calcaire carbonifère et houiller ; le terrain *permien* avec deux étages, pséphite et zechstein.

Les *terrains secondaires* comprennent : les terrains du *trias* avec trois étages, des grès bigarrés, des muschelkalk et des argiles brisées, le *terrain jurassique* avec ses quatre étages, du lias, de l'oolithe inférieure, oxfordien, corallien, de l'oolithe supérieure ; le *terrain crétacé* avec ses cinq étages, néocomien, gault, glaucomien, craie marneuse, craie supérieure.

Les *terrains tertiaires* forment trois étages : 1° *Eocène inférieur* (sables blancs, marnes lacustres, sables marins inférieurs, argiles et lignites, sables supérieurs) ; *Eocène supérieur* (calcaires grossiers, sables moyens, calcaires à nummulites, calcaires lacustres, moyens gypses et marnes gypseuses ; 2° *Étage miocène inférieur* (marnes marines, calcaires de Brie, sables de Fontainebleau, argiles à meulières) ; *Miocène supérieur* (molasses marines, faluns de la Touraine, des Landes et de Vienne) ; 3° *Étage pliocène* (craies d'Angleterre et de Belgique, marnes subalpines).

Les *terrains quaternaires* comprennent des terrains de transport dont la stratification, souvent très désordonnée, accuse une ère d'abord de froid ou période glaciaire, puis d'inondations formidables ; des alluvions anciennes, lehm ou lœss ; les cavernes à ossements, les brèches osseuses, les dépôts erratiques, les limons des pampas, etc.

Les terrains modernes comprennent tous les dépôts qui se sont formés depuis les grandes inondations de la période quaternaire, et se poursuivent actuellement : alluvions marines, alluvions d'eau douce, éboulis, bancs de sable, bancs de limon, amas de galets, conglomérats, tufs et travertins, stalactites et stalagmites ; concrétions calcaires, siliceuces, gypseuses, ferrugineuses, etc. ; efflorescences salines ; îles et récifs madréporiques, guanos ; tourbe de marais ; humus ou terreau végétal, déjections volcaniques récentes.

1424. — *Qu'appelle-t-on fossiles ?* — Les divers terrains sont caractérisés par des fossiles. Les fossiles sont des restes ou des traces de corps organisés, végétaux et animaux, qui se rencontrent dans les dépôts sédimentaires antérieurs aux temps modernes. Ces restes ou traces sont : le moule, l'empreinte, la contre-empreinte, les débris d'animaux ou de plantes. Les principaux fossiles sont : les coquilles, les mollusques, les polypiers et les parties dures des animaux et des végétaux.

1425. — *Qu'appelle-t-on flore ou faune fossile ?* — L'ensemble des animaux ou des végétaux qui ont existé dans une circonscription géologique à une époque quelconque.

1426. — *Quelles sont les principales roches du globe terrestre ?* — Basalte, roche à pâte compacte et noirâtre, composée de feldspath et de pyroxène avec un peu de fer et quelquefois de péridot. — Brèches : roche formée de fragments anguleux, calcaires ou quartzeux liés par un ciment. — Calcaire, roche composée de carbonate de chaux : variétés nombreuses ; grossier, pierre à bâtir ; lumachelle, incrusté de débris de coquilles ; oolithique en globules arrondis ressemblant à des œufs de poisson ; pisolithique en grains gros comme des pois ; craie, formée de calcaire blanchâtre précipité. — Dolomie, roche cristallisée, composée de chaux carbonatée et de magnésie. — Faluns, roche plus ou moins meuble, formée de sables calcaires et de détritus de coquilles. — Gneiss, roche schisteuse cristalline, formée de feldspath grenu et de mica en paillettes. — Grès, roche formée de grains de sable ; grès siliceux ou quartzeux, s'il est pur ; grès calcarifère, si les grains de sable sont cimentés par la chaux. — Gypse, sulfate de chaux à texture cristalline ou compacte. — Lave, roche volcanique à texture celluleuse, comprenant le basalte, l'obsidienne, la pierre ponce, la pouzzolane. — Marne, roche terreuse, composée de calcaire et d'argile. —

Fig. 215. — Volcan en activité.

Ponce, roche formée de feldspath vitreux en grains microscopiques, à texture poreuse et fibreuse. — Porphyre, roche composée de feldspath compact, avec cristaux de la même substance. — Poudingues, calcaires ou quartzeux, roche formée de fragments calcaires ou siliceux. — Pouzzolane, argile ferrugineuse volcanique. — Schiste, silicate d'alumine plus ou moins mélangé de fer ; schiste ardoisier, se présentant sous forme de masses faciles à diviser en feuillets minces, solides et droits. — Trachyte, roche à texture poreuse, composée de feldspath vitreux en grains microscopiques. — Trapp, roche dure et sonore, composée de feldspath et de pyroxène. — Travertin, roche formée de calcaire compacte, plus ou moins cellulaire et vermiculé. — Tuf, roche formée de calcaire concrétionné, fréquemment spongieux et mamelonné, etc.

1427. — *Qu'existe-t-il, sous les couches terrestres, au centre même du globe ?* — L'épaisseur de l'écorce terrestre est estimée à environ 25 à 30 kilomètres. Cette enveloppe solide et élastique enfermerait des masses de matière fluide encore incandescente ou pâteuse. Le calcul mathématique conduit à admettre que tout le centre du globe est à une température d'au moins 3 000 degrés, que la matière sous pression s'y trouve à l'état igné ; il n'y aurait autour de cette masse centrale en fusion, tout près de l'écorce et sapant la base des assises terrestres, qu'une couche assez mince de matière liquide incandescente ; ce serait la couche qui alimente- rait de lave les volcans ; ce qu'il y a de certain, c'est que la température s'élève d'environ 1° par 30 mètres quand on descend dans les profondeurs du globe.

1428. — *En quoi consistent les volcans et les phénomènes volcaniques ?* — Les matières en fusion à l'intérieur de la terre, trouvant une issue par les crevasses du sol ébranlé, s'épanchent au dehors et donnent naissance à un monticule conique ou volcan, dont le sommet creusé en forme d'en- tonnoir s'appelle cratère. Le plus souvent, des torrents incandescents cou- lent par-dessus les bords du cratère et se répandent sur les flancs du cône à une distance plus ou moins grande de sa base, sous forme de laves. Quel- ques géologues pensent que la cause efficiente des volcans est de l'eau par- venue en plus ou moins grande abondance jusqu'aux masses très chaudes de l'intérieur du globe et qui se réduit spon- tanément en vapeur. D'autres géologues admettent que ce sont les mouvements in- térieurs de la mer ignée qui sapent les masses terrestres et font jour à la lave.

1429. — *Qu'appelle-t-on produits madré- poriques ?* — Des masses calcaires résultant, au sein des océans, du travail moléculaire ou excrétionnel de myriades d'animaux micros- copiques appelés polypes ; le plus précieux de ces produits est le corail, polypier d'un beau rouge, ou d'un rose tendre, ayant la forme d'un petit arbre sans feuilles.

Fig. 216. — Corail.

1430. — *Qu'appelle-t-on failles, dykes, filons ?* — Les failles sont des fractures larges et profondes causées par les commotions violentes de l'écorce terrestre. Les dykes sont des fentes ou crevasses du sol remplies de matière d'origine ignée. Les filons sont des fentes ou fissures remplies par des substances métalliques en grains, en rognons ou en veines.

XI

1431. — *Que sont les matières ou substances organisées ?* — Celles qui sont élaborées sous l'influence de la vie, et qu'il est impossible aux chi- mistes de reproduire artificiellement, une graine, un grain de blé, la cellu- lose, l'albumine, etc.

1432. — *Qu'appelle-t-on matières organiques ?* — Celles qui, reproduites par les organes, servent à leur développement ou sont rejetées à l'extérieur ; la chimie peut en reproduire un assez grand nombre par des procédés artificiels.

1433. — *Quelle est la composition des matières ou composés organiques?* — Elles ne contiennent que quelques-uns des corps simples : l'oxygène, l'hydrogène, le carbone, l'azote, et accessoirement, du soufre, du phosphore, du chlore, quelques métaux. Et, cependant, elles sont excessivement nombreuses ; on en a isolé ou préparé plus de dix mille.

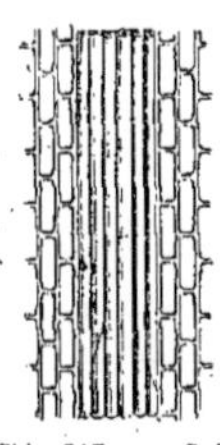

Fig. 217. — Cellulose.

1434. — *Qu'appelle-t-on principes immédiats ?* — Certaines substances, entrant dans la plupart des composés organiques, dont la composition et les propriétés sont toujours identiques, par exemple, la cellulose, l'amidon, le gluten, etc.

1435. — *Qu'est-ce que la cellulose?* — Une matière solide, blanche et translucide, insoluble dans les dissolutions ordinaires, soluble dans la liqueur bleue (oxyde d'ammonium et de cuivre). C'est la substance la plus abondamment répandue dans les végétaux dont elle forme comme le squelette, elle est presque pure dans la moelle du sureau, dans certains papiers et dans les tissus de coton, de lin, de chanvre.

1436. — *Qu'est-ce que le bois ?* — Le bois est de la cellulose dont chaque paroi de cellule, chaque tube fibreux, s'est épaissi en vieillissant, et s'est rempli d'une substance dure et cassante, appelée ligneux ou matière incrustante. Plus riche en carbone et en hydrogène, il forme un meilleur combustible que la cellulose.

1437. — *Le bois s'altère-t-il et comment le conserve-t-on ?* — Soumis à l'influence simultanée de l'air, de l'humidité, des substances azotées qu'il contient, le bois subit la fermentation putride, dégage du gaz et donne pour résidu une matière noire nommée terreau ou humus. Pour conserver le bois, on le recouvre de plusieurs couches de peinture, ou l'on injecte dans ses fibres des matières antiseptiques, du goudron, du sulfate de cuivre, etc.

1438. — *Comment arrive-t-on à colorer les bois ?* — En les injectant de matières colorantes ou de liquides qui, par leurs réactions mutuelles, fournissent des précipités colorants.

1439. — *Dans quelles circonstances l'injection des bois est-elle plus facile ?* — Quand on l'opère sur un arbre récemment abattu. On étend l'arbre sur le sol ; on enveloppe son extrémité inférieure d'un sac en toile imperméable, communiquant par un tube avec un réservoir placé à une certaine hauteur et qui contient le liquide antiseptique ou préservateur. La pression exercée

par la colonne liquide pénètre dans l'arbre, en expulse l'air et se diffuse
dans tous les vaisseaux. C'est le procédé Boucherie.

Fig. 218. — Injection des bois.

L., réservoir plein de liquide antiseptique ; — T, tuyau par lequel le liquide pénètre sous pression dans les tissus
de l'arbre BB' par la calotte C.

1440. — *Comment s'opèrent la carbonisation et la distillation du bois, et
quels sont leurs produits ?* — Chauffé à l'abri de l'air dans des meules, le
bois se transforme en charbon, donnant naissance à divers liquides, le goudron, acide pyroligneux, alcool de bois (alcool éthylique), et en gaz hydrogènes carbonés. La dis-
tillation du bois est la
carbonisation en vase
clos, cylindre ou caisse
de fonte fermée qui per-
met de recueillir les
produits de la décom-
position.

1441. — *Qu'est-ce
que le papier et comment
le fabrique-t-on ?* — Le

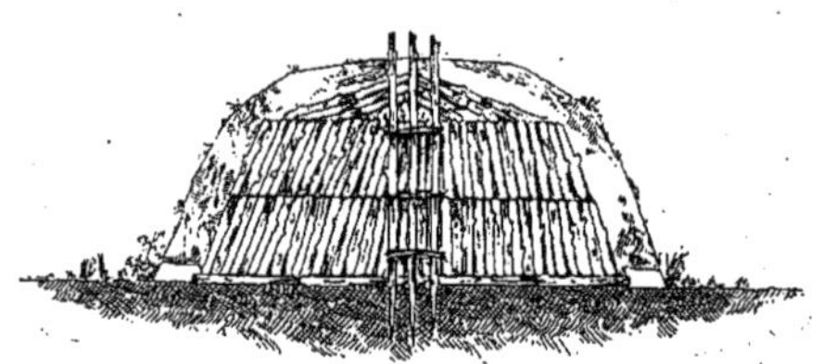

Fig. 219. — Construction d'une meule en bois pour la carbonisation.

papier est formé de cellulose pure, empruntée, si l'on veut qu'il soit de
bonne qualité, à des chiffons de lin et de chanvre, bien triés et lessivés,
divisés à l'aide de machines spéciales, et délayés dans l'eau de manière à
former une pâte plus ou moins fine ; cette pâte blanchie par le chlore, puis
lavée, est rendue plus fine, plus homogène ; la mise en feuille se fait à la
main ou à la mécanique. Pour avoir le papier à la main, l'ouvrier plonge
dans la pâte la forme, châssis en bois dont le fond, garni d'une toile métallique très serrée, se recouvre d'une couche uniforme et mince de pâte,
laquelle, séchée, devient la feuille de papier. S'il s'agit de papier à écrire, on le
collera et on le rendra imperméable à l'encre, en le plongeant dans une
solution de gélatine et d'alun. Dans la fabrication mécanique, la pâte en
bouillie laiteuse tombe sur une toile métallique sans fin qui l'entraîne avec

elle, l'étend, la fait égoutter, la sèche et la coupe en feuilles. On fait aujourd'hui beaucoup de papier avec du bois, du sparte, etc.

1442. — *Quelles sont les principales sortes de papier ?* —. Le papier Joseph, étoffe faite de soie usée, ou de soie non filée ; le papier de Chine fait avec la deuxième pellicule de l'écorce du bambou ; le papier de riz, pour la confection des fleurs artificielles, fait avec la moelle de l'*Eschynomone paludosa*. Le papier à calquer ou papier végétal, fabriqué avec de la filasse de lin ou de chanvre ; on le prépare aussi avec de la gélatine ajoutée à la pâte ; le papier gris, le papier d'emballage ; le papier buvard, le papier brouillard, etc., sont des papiers faits avec des pâtes plus communes et non collés. Le papier parchemin est du papier plongé un instant dans l'acide sulfurique, étendu, puis lavé à l'eau.

1443. — *Quels sont les principaux dérivés de la cellulose ?* — 1° Dextrine. Il suffit d'une ébullition prolongée de la cellulose (vieux linge, bois, sciure de bois, paille) dans de l'eau contenant quelques centimètres d'acide sulfurique pour la convertir en dextrine, substance blanche, insipide, soluble dans l'eau qu'elle rend mucilagineuse, et qui a reçu de nombreuses applications dans les apprêts, l'encollage, l'impression des couleurs. 2° Pyroxyle, fulmicoton, ou coton-poudre. On plonge du coton cardé, du papier ou linge dans l'acide azotique fumant, ou dans trois volumes d'acide azotique ordinaire, auquel on ajoute cinq volumes d'acide sulfurique ; après quinze minutes, on le retire, on le lave à grande eau et on le sèche avec précaution ; la cellulose est alors convertie en coton-poudre et constitue une substance très explosible. 3° Collodion. Le coton-poudre, insoluble dans l'eau, l'éther et l'alcool séparés, se dissout dans l'éther additionné d'alcool, formant un liquide appelé collodion, très employé en photographie, dont on se sert aussi pour préserver les plaies du contact de l'air, réunir les bords des blessures et les cicatriser.

Fig. 220.

Extraction de l'amidon B de la farine par malaxation de la farine A sous un mince filet d'eau.

1444. — *Que sont les farines ?* — Des poudres ou poussières obtenues en broyant les graines des céréales (blé, froment, seigle, riz, maïs, blé noir), après que, par le tamisage, on en a séparé le son formé par des débris de la cellulose qui enveloppait les grains. La poudre blanche qui traverse le tamis, mêlée à son poids d'eau, réduite en pâte, pétrie dans le creux de la main sous un mince filet d'eau, laisse entre les doigts le gluten, matière gluante très azotée du grain. L'eau entraîne une matière blanche, qui se dépose peu à peu : c'est l'amidon ou matière amylacée blanche, douce au toucher, en petits grains arrondis. La matière amylacée est répandue dans tous les organes des plantes, depuis la racine jusqu'aux graines. On nomme plus spécialement amidon celui que l'on retire des graines des céréales ; on

Fig. 221. — Grains de fécule.   Fig. 222. — Grain de fécule gonflé par l'eau.

nomme fécule celle obtenue des pommes de terre, et en général des parties cachées des plantes.

1445. — *A quoi sert le gluten?* — A faire un pain sans amidon, à l'usage des personnes atteintes du diabète ; à améliorer les farines dont on fait les pâtes alimentaires, semoule, vermicelle, macaroni, petites pâtes à potage.

1446. — *Comment s'obtient la fécule ?* — On râpe les tubercules ou les racines, bien nettoyés, et on lave la pulpe à grande eau ; les grains de fécule entraînés par l'eau sont tamisés pour les séparer des débris de cellules, et recueillis dans de grandes cuves au fond desquelles ils se déposent : reste à égoutter la fécule et à la dessécher à l'air libre d'abord, puis dans une étuve ; elle sert à coller le papier, à

Fig. 223. — Extraction de la fécule de pomme de terre.

préparer l'empois, à apprêter les tissus, à faire des cataplasmes émollients, etc.

1447. — *Comment fabrique-t-on le pain ?* — On fait une pâte avec de la farine, de l'eau, un peu de sel, une petite quantité de pâte ayant déjà fermenté (levain), ou de levure de bière. On la pétrit avec soin, tant pour distribuer partout le levain que pour l'aérer ; on la divise ensuite en pâtons qu'on met dans des corbeilles, pannetons, et on l'abandonne à elle-même à une température de 15 à 20 degrés. Sous l'influence du ferment, une partie de la dextrine et de la glucose se convertit en alcool et en acide carbonique qui, se disséminant dans la pâte, la rend spongieuse et légère. Il ne reste qu'à soumettre la pâte à la cuisson d'un four chauffé à environ 300°. La température à laquelle s'élève l'intérieur du pain, ou la mie, ne dépasse pas 100 degrés; l'extérieur, la croûte, se dessèche, se caramélise et durcit. Lorsque la pâte n'a pas levé, elle constitue le pain azyme ou sans levain.

1448. — *Comment et pourquoi le pain est-il un aliment si recherché ?* — Parce qu'il contient les quatre classes de principes (azotés, respiratoires, gras et minéraux), qui constituent les aliments complets dans les proportions et l'état le plus convenable à leur assimilation et à la nutrition.

1449. — *Pourquoi le pain s'aigrit-il si l'on prolonge trop la fermentation ?* — Parce que la fermentation panaire continue jusqu'à la fermentation acétique, c'est-à-dire jusqu'à ce que l'alcool produit par la première se transforme en vinaigre.

1450. — *Quel effet produit l'enfournement de la pâte de farine ?* — La chaleur du four dilate les gaz, arrête la fermentation, vaporise une partie de l'eau, et donne par la cuisson une certaine consistance au gluten et à la matière amylacée.

1451. — *Pourquoi l'intérieur du pain est-il blanc et mou, tandis que l'extérieur en est dur et brun ?* — La mie du pain a subi l'action d'une température de 100 degrés à peine, à cause du dégagement continuel de la vapeur, tandis que la croûte a été cuite à 200 degrés.

1452. — *A quel caractère reconnaît-on que le pain a été bien fabriqué?* — A la présence, dans son intérieur, d'un grand nombre d'yeux ou petites cavités qui ont été remplies par le gaz acide carbonique dans l'acte de la fermentation ; le pain alors est léger, plus divisé et d'une digestion plus facile.

1453. — *Qu'est-ce que la gomme ?* — Un principe végétal très répandu dans la nature, qui découle de plusieurs arbres, naturellement ou par incision ; de composition analogue à celle de l'amidon et de la dextrine, blanche ou rougeâtre, soluble dans l'eau, formant alors un liquide épais et visqueux.

1454. — *Quelles sont les principales gommes ?* — La gomme arabique ou du Sénégal, que l'on retire de plusieurs acacias, employée en médecine comme adoucissante, qui entre dans beaucoup de sirops et de pâtes.

1455. — *Qu'appelle-t-on mucilages?* — Des liquides gommeux qui se gonflent dans l'eau sans se dissoudre et qu'on retire, par décoction dans l'eau, de la guimauve, de la graine de lin, des oignons de lis.

1456. — *Qu'est-ce que la pectine ?* — Un principe immédiat analogue à la gomme, et répandu dans toutes les parties des plantes, principalement dans les racines charnues (betteraves, groseilles, carottes, navets), dans tous les fruits mûrs (pommes, poires, groseilles, cerises) : elle donne à leur jus la propriété de se prendre par le repos en masse tremblante, constituant essentiellement les gelées de fruits.

XII

1457. — *Qu'appelle-t-on sucre en général?* — Diverses substances d'une saveur douce et agréable susceptibles de fermenter, et se transformant par la fermentation en alcool et en acide carbonique.

1458. — *Quelles sont les principales espèces de sucre ?* — Le sucre ordinaire ou cristallisable de canne ou de betterave ; le sucre incristallisable de l'amidon et des fruits ou glucose.

1459. — *Quels sont les caractères et les propriétés du sucre ordinaire ?* — Le sucre ordinaire est solide, blanc, très soluble dans l'eau, peu soluble dans l'alcool. Il cristallise soit en gros prismes incolores, sucre candi, si la cristallisation s'opère lentement, soit en petits cristaux fortement agglomérés, comme dans les pains de sucre ordinaire. Chauffé à 180 degrés, il fond en un liquide visqueux, et se prend par le refroidissement en une masse translucide, sucre d'orge. Chauffé à 210°, il se change en une masse brune et amère, caramel, employée à colorer les bouillons et les autres préparations culinaires. Chauffé plus encore, le sucre se décompose et laisse un résidu de charbon noir, léger, et boursouflé.

1460. — *Comment s'extrait le sucre de canne?* — On écrase la canne entre des cylindres : le jus qui découle (vesou) est cuit et concentré dans des chaudières chauffées avec la bagasse (résidu ligneux des cannes écrasées), décoloré au charbon animal, et mis à cristalliser ; on obtient ainsi le sucre brut ou cassonade ; le liquide ou sirop qui échappe à la cristallisation, la mélasse, sert à la préparation des liqueurs alcooliques, rhum et tafia.

1461. — *Comment s'extrait le sucre de betteraves?* — Les racines, nettoyées et lavées, sont soumises à l'action d'une râpe mécanique qui les réduit en pulpe très fine. Le jus extrait de cette pulpe, comprimé dans des sacs de laine, chauffé dans une chaudière, au contact d'un lait de chaux, subit l'opération de la défécation ; il est passé ensuite sur des filtres de noir animal qui le décolorent, puis concentré ou cuit et versé dans des formes ou moules coniques, en terre ou en zinc, dressés sur leurs pointes, bouchés par un tampon, où il cristallise, en se séparant d'un liquide ou mélasse qui ne cristallise pas, et qu'on laisse écouler. Les pulpes comprimées, réduites en gâteaux, servent à la nourriture des bestiaux.

1462. — *Comment obtient-on les sucres blancs du commerce?* — Par le raffinage. On dissout les sucres bruts de nouveau dans l'eau ; on les mélange avec du noir animal et du sang de bœuf (albumine), pour les décolorer; on filtre ensuite sur le noir animal, et l'on chauffe jusqu'à ce que la cristallisation commence ; on verse alors le sucre dans les formes, où il se solidifie ; on lave avec du sirop de sucre, et on fait sécher hors du moule.

1463. — *Quels sont les caractères et les qualités de la glucose ?* — La glucose, sucre du raisin, des fruits, de l'amidon ou des fécules, se solidifie difficilement en petits grumeaux blancs, mal définis : il a une saveur farineuse, moins sucrée que celle du sucre ordinaire ; il fond à 100° et se transforme en caramel à 150°. Il existe tout formé dans les fruits, dans le miel, dans le foie et dans l'urine des personnes atteintes du diabète. Il est aussi le produit de la fermentation ou de l'inversion subie par le sucre ordinaire sous l'influence des acides affaiblis.

1464. — *Comment constate-t-on la présence du sucre dans une liqueur et détermine-t-on sa nature et sa qualité ?* — Chimiquement, par l'addition d'un liquide bleu, réactif de Fehling ou de Fromherz, solution de tartrate double de cuivre et de potasse. Le sucre cristallisable ne subit aucune réaction ; la glucose décolore le réactif et donne un précipité jaune rougeâtre d'oxyde de cuivre. Physiquement, à l'aide du saccharimètre, avec lequel on fait la double analyse très exacte, qualitative et quantitative, de tous les sucres. Le saccharimètre est aujourd'hui définitivement prescrit par la loi dans tous les essais de sucre.

1465. — *Qu'est-ce que le miel ?* — Le miel est presque en totalité constitué par du sucre liquide associé à de la glucose, de la cire, des principes aromatiques et colorants. Les abeilles récoltent sur les fleurs le nectar, suc visqueux, et le transforment dans un de leurs estomacs en cire et en miel.

1466. — *Qu'appelle-t-on boissons alcooliques ?* — Des liquides sucrés, qui ont éprouvé la fermentation alcoolique, et qui, comme le vin, le cidre et la bière, doivent leurs propriétés enivrantes à la présence de certains alcools.

1467. — *En quoi consiste la fermentation alcoolique ?* — Dans la transformation du sucre en alcools et en acide carbonique, sous l'action d'un ferment, dans certaines conditions de température (de 10 à 30°), en présence de l'eau et de l'air.

1468. — *Qu'appelle-t-on ferments ?* — Certaines substances organiques azotées, très altérables, telles que : la levure de bière, la pâte aigrie, la lie de vin, le sang décomposé, le fromage pourri, qui déterminent la décomposition d'autres substances organiques.

Les immortels travaux de M. Pasteur ont mis hors de doute que les anciennes idées qui avaient cours dans la science sur la fermentation étaient erronées. L'acte de fermentation est toujours corrélatif de l'existence et du développement de petits êtres. C'est la vie de ces micro-organismes qui engendre la fermentation. Chaque ferment est une espèce végétale ou animale, un germe de plante ou un petit être vivant, qui, en se développant, se nourrissant, se reproduisant dans le milieu fermentescible, fait en quelque sorte choix de quelques-uns de ses principes constituants, leur fait subir une décomposition spéciale, s'assimilant les uns, mettant les autres en liberté, et détermine la fermentation. Comme ces petits êtres désignés généralement sous le nom de microbes se multiplient avec une effrayante rapidité, on comprend qu'une très petite quantité de ferment puisse déterminer l'altération ou la fermentation d'une immense quantité de substance fermentescible.

La levure, vue au microscope, se montre composée de globules transparents, accolés les uns aux autres, et contenant des granules. Ces globules, qui sont en réalité une plante inférieure, se reproduisent avec une étonnante rapidité. — Quelques botanistes classent la levure dans la famille des champignons, d'autres dans la famille des algues. Il en existe plusieurs espèces.

1469. — *Faut-il distinguer ou admettre plusieurs genres de fermentation?* — Oui; la fermentation varie avec la nature de la substance organique et du ferment, et elles se distinguent en outre les unes des autres par la nature des produits auxquels elles donnent lieu. Les principales sont : 1° la fermentation saccharine, avec production de sucre, comme dans l'action de la diastase, orge germée, sur la fécule; 2° la fermentation alcoolique, qui convertit le sucre en alcool et en acide carbonique, sous l'influence de la levure de bière; 3° la fermentation acide, qui convertit en vinaigre le vin envahi par le *mycoderma aceti*, mycoderme, champignon du vinaigre ; 4° la fermentation lactique ou butyrique, qui convertit la fécule en ces acides sous l'action d'un microbe spécial ; 5° la fermentation putride ou la putréfaction, dans laquelle un micro-organisme bien connu aujourd'hui produit la décomposition des matières organiques en dégageant des gaz infects, tels que l'acide sulfhydrique ou l'ammoniaque.

Fig. 224.
Orge germée agissant comme ferment sur la fécule dans la fermentation saccharine.

1470. — *Qu'est-ce que le vin ?* — La boisson obtenue par la fermentation alcoolique du jus de raisin. Le ferment alcoolique est apporté par le raisin lui-même, adhérent au grain et aux petites branches de la grappe.

1471. — *Comment se fait le vin rouge ?* — Les raisins écrasés au contact de l'air sont jetés dans de grandes cuves et foulés par des hommes qui les piétinent : le jus, amené dans de nouvelles cuves, entre en fermentation : le sucre se transforme en alcool, qui reste dans la liqueur; l'acide carbonique, en se dégageant tumultueusement, soulève les matières solides sous forme de croûte épaisse, appelée le chapeau, qui défend le vin du contact de l'air et l'empêche d'aigrir. Après huit jours, on soutire le vin dans des tonneaux à bonde ouverte; on presse le résidu ou marc pour en extraire le liquide, qu'on ajoute au vin; la fermentation s'achève lentement et le vin s'éclaircit par le dépôt des matières en suspension.

1472. — *Qu'appelle-t-on collage du vin ?* — Une opération qui consiste à verser dans le tonneau des blancs d'œuf, du sang, de la gélatine ou de la colle de poisson pour précipiter ce qui trouble la limpidité du vin.

1473. — *En quoi le vin blanc diffère-t-il du vin rouge ?* — En ce que le jus a fermenté sans la peau, dont on l'a séparé en filtrant après le pressurage.

1474. — *Comment fait-on les vins de Champagne et en général les vins mousseux ?* — En ajoutant au vin qu'on met en bouteilles de 3 à 5 p. 100 d'une liqueur préparée avec du sucre candi. Une partie du sucre se conserve et donne au vin le goût sucré ; l'autre fermente en produisant de l'alcool et de l'acide carbonique, qui se dissout dans le vin en raison de la pression qu'il subit. Reste à faire le dégorgeage pour enlever le dépôt.

1475. — *Quelles sont la composition générale et les propriétés des vins ?* — Le vin est composé de 8 à 12 parties d'alcool, 85 à 90 parties d'eau, un peu de tanin, 2 à 5 parties d'un résidu formé de matière colorante, de tartre et de sels à base de chaux. Le bouquet des vins semble dû à la présence d'un principe volatil qu'on a isolé et que l'on appelle éther œnantique. La saveur et les vertus des vins varient selon le sol ou cru qui produit le raisin, et c'est généralement par le pays de provenance qu'on les désigne.

1476. — *Quelles sont les principales maladies ou altérations des vins ?* — L'acide, quand une partie de l'alcool se change en vinaigre ; le gras, matière laiteuse et filante qui se développe dans les vins blancs ; l'amer, quand les vins ont perdu leur matière sucrée ; les fleurs ou moisissures qui naissent dans les vins mal bouchés. M. Pasteur a démontré qu'en chauffant à 50 degrés le vin mis en bouteilles on l'améliore, on le vieillit, on assure sa conservation.

1477. — *Qu'est-ce que le vinaigre?* — Un vin qui a subi la fermentation acide. Lorsqu'on a fait naître au sein d'un tonneau les mycodermes, ou ce qu'on appelle la mère du vinaigre, membrane plus ou moins épaisse qui flotte à la surface du liquide, il suffit d'y jeter tous les restes de boissons alcooliques pour les convertir sans frais en très bon vinaigre. M. Pasteur a proposé le procédé suivant de fabrication du vinaigre : Semez le mycoderme à la surface d'un liquide formé de 2 p. 100 d'alcool, 1 p. 100 d'acide acétique, et quelques dix-millièmes de phosphates alcalins terreux pour nourrir le mycoderme.

1478. — *Qu'appelle-t-on cidre ou poiré ?* — Les jus de pommes ou de poires qui ont subi la fermentation alcoolique. Les meilleures pommes à cidre sont les pommes aigres ou âpres au goût. La pulpe écrasée est exposée à l'air pour donner au cidre une coloration rougeâtre. Lorsqu'on tient à ce que le poiré soit blanc, on presse la pulpe sans l'avoir exposée à l'air. Si on le verse dans des tonneaux soufrés, le cidre reste doux, et mousse. Sans cette précaution, la fermentation s'achève peu à peu, le sucre disparaît, le cidre *paré* prend une saveur légèrement aigre et amère, recherchée dans les pays où il est la boisson principale. On est parvenu récemment à empêcher le cidre de durcir pendant un certain temps. On le chauffe à 50°, ce qui arrête ses transformations et, quand on veut le boire, on y ajoute un peu de cidre non chauffé. Celui-ci provoque de nouveau les transfor-mations suspendues par l'action de la chaleur. On peut avoir ainsi du cidre doux pendant plusieurs mois.

1479. — *Qu'est-ce que la bière ?* — Une boisson légèrement alcoolique, résultant de la fermentation du sucre d'amidon ou glucose de l'orge, et dont la fabrication comprend quatre opérations successives : 1° Maltage : on trempe l'orge dans l'eau ; on l'étend sur le sol d'un cellier pour la faire germer, et produire la diastase; après 10 ou 12 jours, on dessèche, on sépare au crible les radicelles, on broie grossièrement et l'on obtient le malt. 2° Brassage ou saccharification : le malt est introduit dans de grandes cuves en bois; on fait arriver l'eau d'abord à 60°, puis à 90° ; on brasse, on laisse en repos pendant trois heures environ ; l'amidon de l'orge se trans-forme en dextrine, puis en glucose ; le liquide soutiré prend le nom de moût; le malt resté dans la cuve peut être traité de nouveau et donner la petite bière ; le résidu, drèche, sert à la nourriture des bestiaux. 3° Fermen-tation alcoolique. Le moût refroidi est versé dans une cuve avec un fer-ment appelé levure de bière et porté à 20°; après deux jours, la liqueur est soutirée et versée dans de petits tonneaux où la fermentation s'achève en donnant une écume épaisse qui constitue la levure de bière. 4° Hou-blonnage. On transvase le moût dans des chaudières closes, et on le fait bouillir avec des fleurs de houblon qui cède à la bière un principe amer et l'huile essentielle auxquels elle doit sa saveur et son odeur agréables.

1480. — *Quelles sont les qualités spéciales de la bière?* — Par la forte proportion d'eau qu'elle contient, elle apaise la soif ; par son alcool elle est stimulante, par son acide carbonique elle est agréable ; les principes du houblon la rendent tonique et excitante; d'autres principes en font une boisson très nourrissante.

1481. — *Qu'est-ce que l'alcool ?* — L'alcool ou esprit-de-vin, qui se produit partout où le sucre subit la fermentation alcoolique, est un liquide volatil, plus léger que l'eau, doué d'une odeur stimulante et enivrante, inflammable et brûlant à l'air avec une flamme pâle, peu éclairante, et sans fumée. C'est le meilleur dissolvant des résines et des médicaments avec lesquels il forme des teintures ou alcoolats. On l'utilise dans les arts et l'industrie pour la préparation des vernis, des eaux de senteur, des liqueurs, etc., pour la conservation des fruits et des préparations anatomi-ques, etc. Pris en petite quantité ou étendu d'eau, il aide à la digestion et ranime les forces, mais à plus haute dose il les détruit, produit l'ivresse et amène l'abrutissement.

1482. — *Comment obtient-on l'alcool du commerce ?* — Par la distil-lation ou l'évaporation dans un vase clos, appelé alambic, des liquides sucrés ayant subi la fermentation alcoolique : les vins, les cidres, les vi-nasses de mélasses, de pommes de terre, de betteraves, de grains, de bois même.

1483. — *Qu'est-ce que l'alcool absolu ?* — L'alcool anhydre, privé d'eau aussi complètement qu'il est possible, produit de distillations souvent répétées, avec le soin de le laisser digérer à chaque fois un ou plusieurs jours avec des substances très avides d'eau, carbonate de potasse rougi au feu, chaux vive,. baryte caustique, chlorure de calcium.

1484. — *Comment différencie-t-on les alcools ?* — Par la quantité ou proportion d'alcool absolu qu'ils contiennent, déterminée au moyen de l'aréomètre ou alcoolomètre centésimal de Gay-Lussac qui marque 0° dans l'eau et 100° dans l'alcool absolu, à 15° de température. L'alcool du com-merce ou trois-six marque 85°.

1485. — *Qu'est-ce que l'eau-de-vie ?* — Un mélange contenant autant ou plus d'eau que d'alcool. L'eau-de-vie potable ordinaire appelée preuve de Hollande est faite à volume égal d'eau et d'alcool du commerce. Les eaux-de-vie les plus estimées sont celles de Cognac (Charente), d'Arma-gnac ou de Montpellier. Le tafia se retire par distillation de la mélasse de canne à sucre fermentée, le kirsch et le marasquin de cerises sauvages fermentées avec leurs noyaux ; le gin et le genièvre de graines de céréales fermentées avec ou sans genièvre, etc.

1486. — *Existe-t-il d'autres alcools ?* — Oui ; en dehors de l'alcool ordi-naire ou éthylique, il existe une classe de corps appelés alcools, qui ont pour caractère général de former des acides sous l'action de l'oxygène, et des éthers sous l'influence des acides. Les principaux sont : 1° l'alcool méthylique ou esprit de bois, qui dissout les mêmes corps que l'alcool ordinaire, brûle comme lui, et, parce qu'il est moins cher, le remplace dans un grand nombre de ses applications ; on le retire des produits de la distillation du bois en vase clos ; 2° l'alcool amylique ou huile de pommes de terre, etc.

On trouve dans tous les alcools industriels, c'est-à-dire obtenus avec des grains, la pomme de terre, la betterave, etc., des alcools dits supérieurs, non parce qu'ils sont de meilleure qualité, mais parce qu'ils ont un point d'ébullition plus élevé que l'alcool éthylique. Ces alcools exercent une action nuisible sur l'organisme. Tels sont les alcools isopropylique, iso-butylique, iso-amylique, etc. Dans les alcools se trouvent encore beaucoup d'autres substances douées d'un certain degré de toxicité. On a rencontré ces substances, notamment avec les acides propylique, amylique, les aldéhydes et le furfurol, même dans des eaux-de-vie de Cognac très vieilles.

1487. — *Que sont les éthers ?* — Des liquides très subtils, très volatils d'un parfum particulier et d'une saveur aromatique, nés de la combinaison d'un alcool et d'un acide avec élimination d'eau ; voici les principaux : 1° l'éther sulfurique, que l'on prépare en chauffant l'acide sulfurique avec de l'alcool ; il bout à 35°, brûle avec une flamme blanche, se vaporise très rapidement en produisant un froid considérable ; agit comme calmant, et produit l'insensibilité ou anesthésie. Sa forte odeur rappelle à elles les personnes tombées en syncope ; 2° l'éther chlorhydrique bout à 15° ; sa vapeur, d'une très forte tension, a une odeur vive et agréable.

1488. — *Qu'est-ce que le chloral ?* — Une espèce d'aldéhyde ou alcool déshydrogéné ; liquide incolore, d'un aspect huileux, d'une odeur pénétrante particulière, que l'on emploie en médecine pour calmer le système nerveux et provoquer le sommeil.

1489. — *Qu'est-ce que le chloroforme ?* — Un liquide plus dense que l'eau, très volatil, d'une odeur vive et agréable, qui rappelle celle de la pomme reinette ; il bout à 60°, et brûle avec une flamme verte ; respiré en petite quantité ; il produit l'anesthésie, c'est-à-dire l'insensibilité et la suspension du mouvement ; on l'obtient en distillant l'alcool de vin ou de bois mélangé de chlorure de chaux et de chaux éteinte.

XIII

1490. — *Que sont les acides organiques ?* — Des substances acides, c'est-à-dire ayant une saveur aigre, rougissant le papier de tournesol, et s'unissant aux bases ou oxydes pour former des sels cristallisables. Ils sont composés de carbone, d'hydrogène et d'oxygène en proportions variables ; beaucoup existent dans les organes des êtres vivants, dans la chair des fruits, dans presque tous les liquides de l'organisme animal ; d'autres résultent de la décomposition des matières organiques, ou se produisent artificiellement par des réactions chimiques. On en compte aujourd'hui plus de trois cents ; les plus importants sont : les acides acétique, tartrique, oxalique, tannique, malique, citrique, lactique et urique.

1491. — *Qu'est-ce que l'acide acétique ?* — L'acide acétique ou vinaigre radical est solide, volatil, d'une odeur pénétrante, fond à 17° et brûle avec une flamme bleue ; il sert en photographie. A l'état concentré, il forme le sel anglais ou sel de vinaigre, que l'on fait respirer dans les défaillances. Etendu de beaucoup d'eau, il prend une odeur et une saveur agréables et forme le vinaigre de table qui sert d'assaisonnement. Il se produit en grande quantité dans la carbonisation du bois en vase clos. L'industrie utilise quelques acétates : l'acétate neutre de cuivre ou vert-de-gris ; l'acétate de plomb, ou sel de Saturne ; le sous-acétate de plomb, ou extrait de Saturne ; les acétates de fer et d'albumine, employés surtout dans la teinture.

1492. — *Qu'est-ce que l'acide tartrique ?* — Un acide qu'on extrait du tartre déposé au fond des tonneaux de vin, lequel, purifié, prend le nom de crème de tartre ou bitartrate de potasse, employé en médecine comme calmant. L'acide tartrique est blanc, d'une saveur acide et agréable ; il sert en teinture et à la préparation de plusieurs sels : le tartrate double d'antimoine et de potasse, l'émétique ordinaire ou tartre stibié, poison à la dose de 3 à 4 décigrammes, employé en vomitif à la dose de 3 à 4 centigrammes ; le tartrate double de potasse et de soude, ou sel de Seignette, employé comme purgatif.

1493. — *Qu'est-ce que l'acide oxalique ?* — Un acide qui se trouve dans l'oseille, *oxalis acetosella*, à l'état d'oxalate de potasse ou sel d'oseille ; sa saveur est piquante ; il est vénéneux à la dose de 10 à 15 grammes ; il est employé en teinture comme rongeant ; il sert à enlever les taches d'encre et de rouille sur le linge et le papier, et pour nettoyer les cuivres sous le nom d'eau de cuivre.

1494. — *Qu'est-ce que l'acide tannique ou tanin ?* — Une poudre jaunâtre, soluble dans l'eau, d'une saveur astringente, que l'on extrait du tan ou écorce de certains arbres, chêne, châtaignier, sumac, etc. On le trouve presque pur dans la noix de galle, que la piqûre d'un insecte développe sur les tiges et les feuilles du chêne ; doué de la propriété de former, en se combinant avec la peau des animaux, un composé imputrescible, il sert surtout à la préparation des cuirs ; c'est aussi pour la thérapeutique un astringent précieux, qui raffermit les tissus et coagule le sang.

1495. — *Qu'appelle-t-on encres ?* — Des liquides colorés et colorants. L'encre ordinaire se compose essentiellement de tannate ou gallate de peroxyde de fer, en suspension dans une eau gommeuse : on lui donne du brillant en ajoutant un peu de sucre ou de sulfate de cuivre. Le tannate de fer est remplacé : dans l'encre bleue par l'indigo, dissous dans l'acide sulfurique ou le bleu de Prusse ; dans l'encre verte par l'acétate de cuivre ; dans l'encre rouge par une décoction de bois du Brésil.

On fait beaucoup d'encres aujourd'hui avec des couleurs d'aniline, encres violettes, vertes, rouges, etc.

On entend par encres sympathiques des encres qui n'apparaissent que sous l'action de réactifs convenables ou sous l'influence de la chaleur. Le jus de citron, par exemple, n'apparaît pas sur le papier, mais si l'on chauffe, les caractères se montrent en brun. Une solution étendue de chlorure de cobalt donne une écriture invisible ; chauffée, elle apparaît en bleu.

1496. — *Qu'est-ce que l'acide gallique, l'acide malique, etc. ?* — L'acide gallique s'obtient en faisant bouillir le tanin avec l'acide sulfurique ; l'acide pyrogallique est préparé avec l'acide gallique qui, vers 200 degrés,

se décompose en acide carbonique et en acide pyrogallique, acide réduc-
teur très énergique, qui enlève l'oxygène aux sels d'argent, et sert en photographie à développer les images sorties invisibles de la chambre obscure;
l'acide malique, qui doit son nom à la pomme, s'extrait surtout du sorbier
des oiseaux. L'acide citrique, qu'on retire du jus des citrons, est employé
en teinture et pour faire des limonades ; le citrate double de magnésie et
de fer, limonade de Roger, est employé en médecine comme purgatif.
L'acide lactique se retire du petit-lait, sérum, ou lait séparé du caséum ;
le tartrate de fer est employé en médecine. L'acide butyrique, d'une odeur
très pénétrante, se développe dans le beurre rance et les fourrages. L'acide
formique, liquide, d'une odeur piquante, se trouve chez certaines fourmis,
dans les orties et les feuilles de pin. C'est à l'action de l'acide formique
qu'on attribue la douleur produite par la piqûre des orties.

1497. — *Qu'appelle-t-on corps gras ?* — Des substances douces au toucher, laissant sur le papier des taches transparentes, insolubles dans l'eau
et plus légères que l'eau, formées surtout de carbone et d'hydrogène, se
décomposant vers 300 degrés en plusieurs gaz combustibles, brûlant à l'air
avec une flamme très éclairante, répandues en abondance dans les végétaux et les animaux.

1498. — *Quels sont les principaux corps gras ?* — Les huiles liquides, à la
température ordinaire ; les graisses molles et fusibles de 15 à 45° ; les suifs
ne fondant qu'à 38° ; les beurres, mous à 18°, fondant à 36° ; les cires, dures
et cassantes, se ramollissant à partir de 35°, ne fondant qu'à partir de 60°.

1499. — *D'où extrait-on les huiles, quelles sont les principales et
quels sont leurs usages ?* — Les huiles existent surtout dans les végétaux,
les fruits, les graines, à la surface des feuilles. On les extrait par la pression, soit à froid, soit au contact de plaques chauffées, par l'ébullition des
semences, etc. Les unes sont siccatives ou s'épaississent à l'air ; on les emploie pour préparer les vernis et les couleurs; d'autres huiles restent
liquides et inaltérables à l'air, elles s'emploient pour la table ou l'éclairage;
d'autres enfin rancissent à l'air et prennent une odeur désagréable. L'huile
d'olive est la plus importante, la meilleure ; l'huile vierge verdâtre est
exprimée à froid au moment de la récolte ; les huiles de noix, de colza,
d'œillette sont aussi des huiles de table. Des résidus solides des fruits et
des graines ou tourteaux on retire encore des huiles qui servent à la fabrication des savons. L'huile de foie de morue s'exprime des foies de morue
putréfiés à l'air; celles de baleine et de pied de bœuf s'obtiennent en faisant
bouillir dans l'eau le lard de la baleine ou les pieds de bœuf séparés de leurs
sabots.

1500. — *Quelles sont les principales graisses ?* — Le suif, graisse des
herbivores; l'axonge ou saindoux, graisse du porc; le blanc de baleine,
graisse qui remplit les cavités de la tête des baleines; le beurre, qu'on retire

du lait, ou plutôt de la crème fortement battue; les beurres végétaux, extraits du coco, du cacao, de la muscade, etc.

1501. — *Qu'est-ce que la cire ?* — La plus connue des cires est celle que sécrètent les abeilles et qui leur sert à construire les cellules dans lesquelles elles renferment le miel. On soumet les gâteaux à la presse pour en extraire le miel et on jette le résidu dans l'eau bouillante; la cire monte à la surface et se fige, c'est la cire vierge jaune ; on l'expose à l'air et au soleil, pour que l'ozone ou oxygène naissant de l'atmosphère la blanchisse. Plusieurs arbres et quelques minéraux donnent aussi de la cire.

1502. — *Quelle est la constitution intime des corps gras ?* — Ce sont comme des sels organiques formés d'une base commune, la glycérine, et d'un acide gras, l'acide oléique, l'acide margarique ou l'acide stéarique. On donne le nom de saponification aux opérations chimiques par lesquelles on dédouble un corps gras naturel en glycérine et en acide gras ; on obtient plus rapidement ce résultat en faisant bouillir le corps gras dans l'eau additionnée d'un acide énergique et d'une base forte.

1503. — *Qu'est-ce que la glycérine et la nitro-glycérine ?* — La glycérine ou principe doux des corps gras est un liquide sirupeux, d'une saveur sucrée, qui brûle à l'air avec une flamme très lumineuse. On la livre au commerce sous la forme d'un liquide incolore ; elle sert aux parfumeurs pour les savons de toilette, aux pharmaciens comme liniment, aux mouleurs pour donner de la souplesse à leur terre, aux naturalistes, additionnée d'acide phénique pour conserver les pièces d'anatomie.

La nitro-glycérine est le résultat du traitement de la glycérine par un mélange en parties égales d'acide azotique et d'acide sulfurique ; c'est une huile jaunâtre, très instable, qui détone avec violence, et que l'on mélange avec la silice pour constituer la dynamite.

1504. — *Qu'est-ce que l'acide oléique et l'oléine ?* — L'acide oléique est un liquide oléagineux, se solidifiant à 4°, qu'on obtient en saponifiant de l'huile avec de la litharge, qui dissout les corps gras et s'altère à l'air. L'oléine est un oléate de glycérine, liquide jaunâtre, soluble dans l'alcool et l'éther. La margarine sert à préparer un beurre artificiel, d'un très grand usage dans les pays où le beurre naturel est trop cher : on l'emploie trop fréquemment et frauduleusement pour falsifier ou adultérer le beurre avec de la crème.

1505. — *Qu'est-ce que la margarine et l'acide margarique ?* — La margarine (de *margarita*, perle) est blanche, d'un aspect perlé, molle comme de la cire, fusible à 47° ; elle constitue avec l'oléine la graisse dont on l'extrait. Quand l'huile d'olive se fige, la matière qui reste liquide est l'oléine, celle qui se solidifie est la margarine. L'acide margarique solide fond à 60°. Pour le préparer, on saponifie la margarine et on décompose le savon par l'acide chlorhydrique.

1506. — *Qu'est-ce que la stéarine et l'acide stéarique ?* — La stéarine, blanche, dure comme de la cire, fondant à 62°, se trouve dans toutes les graisses solides, et dans plusieurs huiles végétales ; on l'extrait du suif de mouton, en la chauffant avec 8 ou 10 fois son poids d'éther et laissant précipiter par refroidissement. L'acide stéarique solide et quelque peu perlé fond à 70°, et brûle avec une flamme blanche ; on le retire de la stéarine pure.

1507. — *Que sont les chandelles ?* — Des mèches en coton recouvertes de suif purifié et séché, suif en branches, graisse des herbivores et surtout du mouton. On distingue les chandelles moulées, faites dans des moules de verre ou de métal, et les chandelles à la baguette, que l'on fabrique en plongeant à plusieurs reprises dans du suif fondu des séries de mèches suspendues parallèlement à des baguettes horizontales d'osier. Les chandelles ont l'inconvénient d'être trop fusibles, de tacher, de répandre une odeur désagréable, de ne fournir qu'une lumière rougeâtre ou fumeuse.

1508. — *Que sont les bougies ?* — Des chandelles dans lesquelles le suif est remplacé par des corps moins fusibles, et brûlant avec moins d'odeur désagréable. Les premières ont été faites avec la cire des abeilles, mais elles sont trop chères. Les bougies au blanc de baleine sont diaphanes, très belles, mais un peu trop fusibles. Celles faites à la

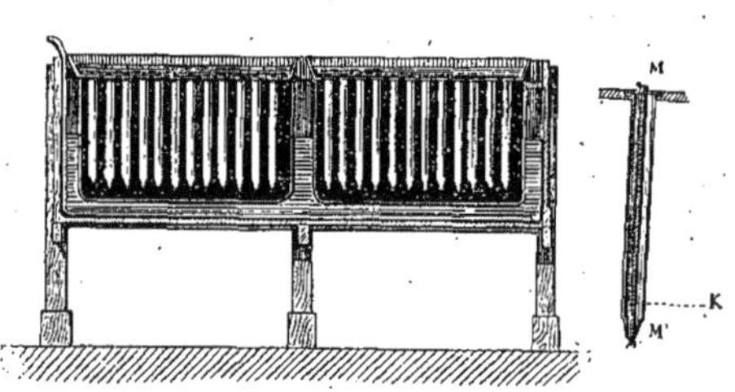

Fig. 225. — Fabrication des bougies stéariques.
MM', moule muni intérieurement d'une mèche K.

paraffine que l'on extrait du goudron sont d'excellente qualité. Les plus communes, les bougies stéariques, sont faites avec un mélange d'acide stéarique et d'un peu d'acide margarique. Pour faire la bougie stéarique, on refond les acides gras et on les coule dans des moules traversés par des mèches en coton, tressées et imprégnées d'acide borique. Au sortir du moule, la bougie est blanchie par l'exposition à la lumière et à l'air humide. On polit ensuite la surface en la frottant avec du drap.

1509. — *Que sont les savons ?* — Des sels formés par la combinaison des acides gras avec les bases minérales, la potasse, la soude, les oxydes de plomb. Les savons durs sont à base de soude, les savons mous à base de potasse. Ils s'emploient pour blanchir les tissus, parce qu'ils agissent à la manière des alcalis faibles, et peuvent encore dissoudre les graisses. Les savons insolubles, notamment ceux à base de plomb, appelés emplâtres ou onguents, se préparent en faisant bouillir un mélange d'huile, de litharge et d'eau.

1510. — *Comment se fabriquent les savons ordinaires ou du commerce ?*
— Avec des lessives caustiques de soude et de l'huile d'olive, de sésame ou
d'arachide de qualité inférieure, c'est le savon blanc ; le savon marbré
s'obtient par l'addition à la pâte du savon de sulfure de fer, c'est le meilleur de tous, parce qu'il ne peut pas contenir plus de 35 p. 100 d'eau.
Les savons mous, verts ou noirs se fabriquent avec des huiles de graines,
lin, chanvre, œillette, colza, et des lessives de potasse, avec addition d'indigo pour le vert, de sulfate de fer et de noix de galle pour le noir. Les
savons de toilette sont des savons à la pâte desquels on ajoute des essences
ou des poudres odorantes. Aux savons résine, plus solubles et plus mousseux, on ajoute 30 p. 100 de résine.

1511. — *Qu'appelle-t-on alcalis organiques ou alcaloïdes ?* — Des
substances azotées douées de toutes les propriétés des bases alcalines minérales. Les unes, qui renferment ordinairement de l'oxygène, sont solides ;
les autres, qui n'en renferment pas, sont liquides. Leur saveur est amère,
et leur action sur l'organisme animal très énergique, surtout quand elles
ont été rendues solubles par leur union avec les acides sulfurique, chlorhydrique, acétique, etc. Quelques-unes sont des poisons violents et constituent les principes actifs des plantes vénéneuses ou médicinales ; on les
trouve dans les végétaux en combinaison avec les acides organiques ; le
règne animal en fournit plusieurs, créatine, urée, etc. On a réussi à en
reproduire un grand nombre, l'aniline, la benzine, etc.

Le corps humain fabrique, comme M. A. Gautier l'a prouvé récemment,
de véritables alcaloïdes toxiques, que l'on appelle *leucomaïnes*. On a appelé
de même *ptomaïnes* les alcaloïdes toxiques rencontrés dans les tissus morts
en désorganisation.

1512. — *Quels sont les principaux alcalis organiques ?* — 1° La quinine
(extraite du quinquina) blanche, volatile, très soluble dans l'eau, l'alcool
et l'éther ; le sulfate de quinine cristallise en aiguilles soyeuses ; la cinchonine et le sulfate de cinchonine proviennent de l'écorce des quinas, arbres
originaires d'Amérique ; ils sont employés comme fébrifuges. Le plus sûr
et le plus précieux de ces médicaments est l'écorce même de quinquina.

2° La strychnine, extraite avec la brucine de la noix vomique, baie des
strychnos, arbres de l'Inde, est le plus puissant des poisons végétaux : quelques centigrammes suffisent pour foudroyer un animal de forte taille ; on
l'emploie à dose très faible pour combattre la paralysie. Le curare, poison
très actif avec lequel les Indiens de l'Amérique du Sud empoisonnent leurs
flèches, est aussi préparé en général avec le jus des strychnos.

3° L'opium, si précieux par ses propriétés calmantes, mais qui peut
causer l'ivresse, et, si l'on en abuse, l'abrutissement physique et moral, est
le suc épaissi du pavot blanc, que l'on obtient en incisant les capsules et les
tiges de cette plante : son odeur est vireuse, sa saveur âcre et amère ; il

sert à la préparation du laudanum de Sydenham ou de Rousseau, du sirop diacode, etc. On en extrait la morphine, base énergique et poison violent, ainsi que ses sels que l'on emploie à petite dose, soit par déglutition, soit par injection sous-cutanée, mais non sans danger, pour calmer et apaiser les douleurs ou procurer le sommeil, la narcotine, la codéine, etc.

4° La nicotine, liquide huileux, volatil, d'une odeur vireuse et étourdissante, est retirée du tabac ou des feuilles fermentées et séchées de la nicotiane, plante de la famille des solanées. L'usage habituel et exagéré du tabac, sous quelque forme que ce soit, fumé, mâché, prisé, paraît exercer une certaine influence sur la santé. Le fumeur absorbe non seulement de la nicotine, mais beaucoup d'oxyde de carbone. L'abus du tabac produit certains désordres notamment sur le cœur.

5° La caféine ou théine est une base faible, qui se trouve dans le café, graine d'un petit arbre originaire de l'Arabie et dans le thé, feuille d'un arbrisseau cultivé surtout en Chine. Il ne faut pas confondre la caféine employée en médecine et la caféone. La caféone prend naissance pendant la torréfaction du café. C'est un principe très subtil, très volatil, une huile essentielle très toxique. C'est à elle que l'on attribue les accidents connus sous le nom de caféisme.

1513. — *Qu'appelle-t-on essences?* — Les essences nommées aussi huiles volatiles ou essentielles sont généralement des liquides plus légers que l'eau, onctueux, tachant le papier, volatils, d'une odeur pénétrante et agréable, d'une saveur âcre et irritante, brûlant avec une flamme fumeuse, formées de carbone et d'hydrogène, avec adjonction quelquefois d'oxygène, d'azote et de soufre. Elles sont abondamment répandues dans les plantes et dans les fleurs, auxquelles elles donnent leur odeur. On les extrait par simple expression ou par distillation au bain-marie. La médecine les emploie comme excitants et caustiques ; elles servent à préparer des liqueurs, des eaux aromatiques, des pommades, etc.

1514. — *Quelles sont les principales essences ?* — Les essences de citron, d'orange, de rose, de menthe, de mélisse, d'amandes douces et amères, de moutarde, de térébenthine (liquide incolore, très mobile, d'une odeur forte), etc. ; leurs noms indiquent assez leur origine. Le camphre, extrait par distillation de l'eau des racines d'un laurier qui croît en Chine et au Japon, est solide et volatil ; il est employé en médecine, dissous dans l'alcool ou dans les huiles sous le nom d'*eau sédative ;* on utilise sa vapeur, introduite dans les poumons à l'aide des cigarettes Raspail, dans les cas d'asthmes, de bronchites, etc. Cette même vapeur, mortelle pour les petits insectes, rend le camphre propre à la conservation des étoffes et des objets d'histoire naturelle.

1515. — *Qu'appelle-t-on résines?* — Les résines proprement dites sont des sucs épaissis de certains végétaux, principalement de la famille des conifères ; elles coulent des incisions faites dans les tiges de ces plantes, dissoutes dans l'essence qui se volatilise ou se résinifie. Les principales résines sont : la colophane ou brai sec, résidu de la térébenthine dont on a extrait l'essence ; la résine copal, la sandaraque, la résine laque, qui sert à fabriquer les cires à cacheter et les vernis ; le succin, ambre jaune, ou électrum, est une résine fossile, très recherchée pour divers ornements.

1516. — *Qu'appelle-t-on gommes-résines ?* — Des matières très diverses, qui exsudent aussi de certains arbrisseaux, comme la gomme-gutte, l'encens, la myrrhe, etc., mais qui contiennent souvent des huiles essentielles qui leur donnent de l'odeur.

1517. — *Qu'est-ce que le caoutchouc ?* — Le caoutchouc ou gomme élastique est le suc épaissi à l'air de certains arbres de l'Amérique méridionale ; il est mou et élastique à la température ordinaire, dur et non élastique à 0°, insoluble dans l'eau, soluble dans l'éther, les essences et le sulfure de carbone ; il se soude à lui-même par le simple rapprochement, se moule en tubes et s'étire en fils. Vulcanisé, c'est-à-dire combiné avec du soufre en très petite quantité, plongé dans du soufre fondu à 150° ou dissous dans le sulfure de carbone, il acquiert une élasticité permanente à toutes les températures, mais en perdant la propriété de se souder à lui-même. Si la proportion du soufre s'élève à un cinquième de son poids, il devient dur comme l'ivoire, il peut prendre un beau poli et recevoir toutes les formes. Les usages du caoutchouc mou ou dur sont innombrables : c'est un des meilleurs isolants de l'électricité, et, par son isolement même, le caoutchouc durci ou ébonite est éminemment propre à engendrer par frottement l'électricité statique.

1518. — *Qu'est-ce que la gutta-percha ?* — Le suc épaissi d'arbrisseaux, de la famille des Saponinées, de la presqu'île de Malacca, analogue au caoutchouc par son extraction, son aspect et sa composition. Elle se ramollit dans l'eau bouillante, et se laisse mouler aussi facilement que la cire ; refroidie, elle conserve la forme qu'on lui a donnée, et devient aussi dure que le bois. Ses usages sont nombreux. On en fabrique des courroies, des enveloppes pour les fils télégraphiques souterrains ou sous-marins, des moules pour la galvanoplastie, des cuvettes pour des chimistes et les photographes.

1519. — *Qu'appelle-t-on baumes ?* — Des résines liquides ou concrètes, d'origine végétale, qui contiennent de l'acide benzoïque ou de l'acide cinnamique (extrait du Laurier cinnamomum), quelquefois tous les deux, avec des huiles essentielles. Les principaux sont : le benjoin, le baume du Pérou, le baume de Tolu, le storax, le styrax, etc.

1520. — *Qu'appelle-t-on huiles minérales ?* — Des liquides très riches en carbone et en hydrogène, que l'on retire, par des distillations et rectifications successives, des bitumes et des schistes bitumineux : quand elles sont légères ou très peu denses, et que leur point d'ébullition est très peu élevé, on les appelle essences. Elles sont employées à dissoudre les résines et les corps gras, et aussi dans le chauffage et l'éclairage, car elles dégagent en brûlant une grande chaleur et une vive lumière.

1521. — *Que sont les goudrons?* — Les résidus de la distillation ou de la décomposition par la chaleur, à l'abri de l'air, de la houille, du bois et autres matières organiques. Leur composition est très complexe ; ils contiennent des huiles ou carbures d'hydrogène que l'on sépare par des distillations fractionnées, c'est-à-dire faites à des températures de moins en moins élevées.

1522. — *Quels sont les produits ou résidus utilisables de la distillation des goudrons?* — 1° Le brai gras, employé pour agglomérer des menus de charbon, à faire des briquettes pour le chauffage, à calfater et à enduire (uni à la résine) la coque des navires, etc. ; 2° les huiles lourdes, servant à l'éclairage extérieur dans des lampes alimentées d'air ou d'oxygène, à dissoudre le caoutchouc, à préparer la glu marine, à graisser les voitures et les machines, à produire le noir de lampe, dont on extrait enfin la paraffine, matière blanche et brillante, qui fond à 44°, brûle avec une belle flamme et sert à faire des bougies très belles et translucides ; 3° les huiles légères, appelées essences ou naphtes quand leur point d'ébullition est au-dessous de 150°, et qui sont surtout constituées par la benzine. D'autres résidus, bouillant de 150 à 200°, donnent l'aniline, l'acide phénique et la créosote.

1523. — *Qu'est-ce que la benzine ?* — Un liquide incolore, qui se solidifie à 0°, et entre en ébullition à 80° ; il est très inflammable, d'une odeur éthérée, le meilleur dissolvant des résines, du caoutchouc et des corps gras, très efficace pour dégraisser les étoffes.

1524. — *Qu'est-ce que la nitro-benzine ?* — Un liquide azoté, oléagineux, d'une odeur prononcée d'amandes amères, employé en parfumerie sous le nom d'essence de mirbane. On l'obtient en traitant la benzine par l'acide azotique ; elle sert aussi à enlever les taches de graisse.

1525. — *Qu'est-ce que l'aniline ?* — Un liquide incolore, volatil, d'une odeur désagréable, dérivé de la nitro-benzine, qui, en se combinant avec les acides, produit des sels d'une belle coloration : violet rouge, bleu, violet, rouge, noir intense. L'industrie prépare ainsi des matières colorantes d'une pureté et d'un éclat incomparables, adhérant sans mordant à la soie et à la laine, mais altérables au soleil et à l'air.

1526. — *Qu'est-ce que l'acide phénique ou phénol?* — Un extrait solide, déliquescent, peu soluble dans l'eau, volatil, d'une odeur caractéristique et peu agréable. Par la propriété qu'il a de coaguler l'albumine et d'empêcher les ferments de se développer, sans toutefois les détruire, il est très en vogue en médecine comme antiseptique. Ce que l'on appelle phénol dans le commerce n'est que du phénate de soude.

1527. — *Qu'est-ce que l'acide picrique ?* — L'acide picrique ou carba-zotique est un solide jaune citron, peu soluble dans l'eau, d'une odeur très amère ; il forme avec les bases des sels cristallisables colorés en jaune, et qui, le picrate de potasse surtout, détonent avec une violence extrême quand on les chauffe. On le tire de l'acide phénique traité par l'acide azotique ; il donne naissance à des jaunes employés sans mordant à teindre les matières animales.

1528. — *Qu'est-ce que la créosote ?* — La créosote vraie (celle du commerce est souvent de l'acide phénique), extraite des huiles lourdes du goudron de bois, est un liquide oléagineux, d'une action toxique, intermédiaire entre les acides et les alcools, qui coagule instantanément l'albumine et conserve les matières animales ; de là son nom (conservatrice de la chair). C'est elle qui communique ses propriétés antiputrides à l'eau du goudron, à l'acide pyroligneux, etc.

1529. — *Qu'appelle-t-on matières colorantes ou pigments ?* — Des substances douées de la propriété de ne réfléchir qu'une partie des rayons qui composent la lumière blanche. On peut les considérer comme des sels, acides combinés avec des bases. La plupart sont empruntées aux végétaux ; les unes y préexistent, les autres s'y développent sous l'action de l'air et de quelques agents chimiques. Les unes sont dites solides ou de grand teint, parce qu'elles résistent à l'action de l'air humide, du soleil et des divers agents atmosphériques ; les autres sont dites faux teint ou de petit teint, parce que leur altération par ces mêmes agents est plus ou moins rapide. Les bases et les acides les modifient presque toutes ; bien peu résistent à l'action de l'acide sulfurique. Quelques pigments sont simples, les autres sont composés ou résultent du mélange des pigments simples.

1530. — *Comment s'appliquent les couleurs ?* — Directement lorsque, dissoutes dans l'eau ou l'alcool, elles ont assez d'affinité pour les fibres ou tissus, pour y adhérer d'elles-mêmes ; par l'intermédiaire, si l'affinité est trop faible, d'un mordant, c'est-à-dire d'une substance ayant la propriété de se combiner avec les fibres, et en même temps avec la matière colorante, qui se précipite sur le tissu à l'état insoluble ou de laque. Les mordants les plus usités sont : l'albumine, les oxydes de fer et d'étain rendus solubles par leur combinaison avec un acide saturé, l'acide acétique, par exemple, qui les cède facilement aux fils ou tissus.

1531. — *Quels sont les principaux modes d'application des couleurs ?* — 1° La teinture, qui donne à la masse entière des fils ou tissus une teinte uniforme : on les plonge, mordancés préalablement s'il est nécessaire, dans le bain de teinture, maintenu à la température convenable ; 2° l'impression qui n'applique que par parties, sur une des faces du tissu, des dessins de couleurs variées.

1532. — *Quels sont les moyens principaux d'impression en nuances di-*

verses ? — 1° L'étoffe étant déjà teinte uniformément, on attaque certaines portions avec un rongeant qui détruit la couleur ou la modifie ; 2° on mordance l'étoffe en des points déterminés qui fixeront seuls la matière colorante du bain ; 3° on fait en certains points des réservés au moyen de substances qui s'opposent à la fixation de la couleur ; 4° on fait usage de matières colorantes épaissies, et, à l'aide de rouleaux ou de planches, on les applique sur les parties de l'étoffe qu'on veut teindre de cette nuance.

1533. — *Quelles sont les principales matières à l'aide desquelles on obtient les couleurs primitives du spectre ?* — Sans les spécifier autrement, on peut indiquer les matières tinctoriales suivantes :

VIOLET : orseille tirée des lichens ; *bois de campêche* ou bois d'Inde ; *aniline*, mélange bleu et rouge.
INDIGO : feuilles d'indigotier, de pastel, acide picrique.
BLEU : *bleu de Prusse, indigo, tournesol* tiré des lichens, *aniline.*
VERT : VERT DE CHINE (très cher) ; mélange bleu et jaune, *aniline.*
JAUNE : *gaude, écorce de quercitron, bûche de bois jaune*, genêt, safran, curcuma, acide picrique.
ORANGÉ : *rocou* ou écorce de cocoyer ; rouge et jaune, aniline.
ROUGE : racines de garance, bois de campêche du Brésil, de santal, la cochenille et kermès (insectes), aniline.
NOIR : sulfate de fer et noix de galle ; campêche, sumac, aniline.

XIV

1534. — *Que sont les matières organiques neutres ?* — Des substances complexes, formées de carbone, d'oxygène, d'hydrogène et d'azote, auxquels s'associe souvent un peu de soufre, et que l'on nomme matières albuminoïdes, parce qu'elles ont toutes la composition de l'albumine. Elles se présentent tantôt à l'état soluble, tantôt à l'état insoluble. Dissoutes, elles sont précipitées à une température inférieure à 100 degrés par l'alcool, les acides minéraux, le tanin. A l'état insoluble, elles sont rendues solubles à chaud par l'acide chlorhydrique qui les colore en bleu. Séchées, elles s'offrent en plaques creuses, transparentes, et se conservent sans altération ; dissoutes et humides, elles se putréfient promptement et répandent une odeur infecte. Elles sont élaborées au sein des végétaux d'où elles passent dans l'organisme des herbivores, qui les transmettent aux carnivores dans un état convenable pour être assimilées ; elles sont éminemment nutritives.

1535. — *Qu'est-ce que l'albumine ?* — Une matière visqueuse blanc jaunâtre, d'une saveur un peu salée, qui se distingue surtout par la propriété qu'elle possède de se coaguler par la chaleur. Elle constitue presque en totalité le blanc d'œuf ; on la trouve dans le sérum du sang, dans tous les autres liquides de l'économie animale et aussi de l'économie végétale.

On l'emploie : en médecine, dans le cas d'empoisonnement par des sels minéraux et aussi contre les brûlures, battue et mêlée avec de l'huile ; dans l'industrie, pour coller les vins, pour clarifier les liquides salins et sucrés.

1536. — *Que sont les œufs ?* — Les œufs, ceux des oiseaux principalement, constituent un des aliments les plus nourrissants et les plus sains. Ils sont formés : 1° de la coquille, composée presque en totalité de carbonate de chaux ; 2° d'une membrane ou tissu corné collée à la coquille ; 3° du blanc ou albumine ; 4° du jaune, composé de matières grasses, de matières albuminoïdes, de sels minéraux.

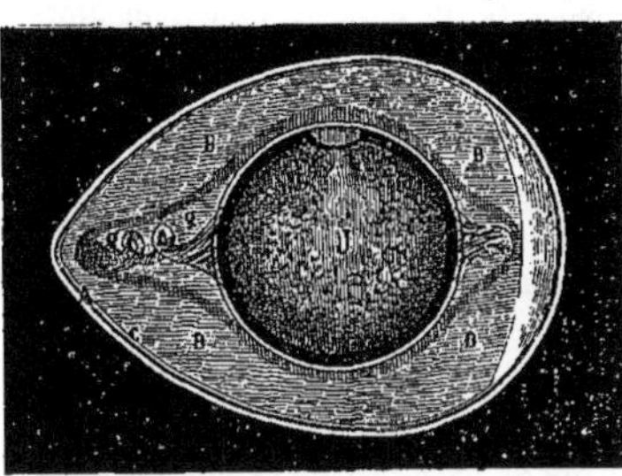

Fig. 226. — Coupe verticale de l'œuf de la poule.
A, coquille; — B, blanc ou albumine; — J, jaune; — C, chalaze; — C, membrane qui entoure l'albumine.

1537. — *Qu'est-ce que la caséine ?* — Une matière albuminoïde qui se retire spécialement du lait ; elle forme le coagulum qui se sépare, quand on ajoute au lait de l'acide acétique, du caille-lait (*galium verum* de la famille des rubiacées) ou la présure (principe acide de l'estomac des jeunes veaux) ; le précipité ainsi obtenu est le caséum, riche en azote et très nutritif, qui forme la partie essentielle des fromages. On s'en sert dans la peinture en détrempe (couleur délayée dans l'eau et la colle).

1538. — *Qu'est-ce que la fibrine ?* — Une matière solide, blanche, inodore, insipide, molle, élastique, plus pesante que l'eau. Elle se trouve dans la chair et le sang des animaux ; on la prépare en battant avec des baguettes du sang sortant de la veine de l'animal ; la fibrine s'attache au bois en filaments rougeâtres, on la purifie par des lavages, elle se prend en gelée dans l'eau acide, sans se dissoudre. La musculine, fibrine de la chair, est très assimilable, la fibrine du sang ne l'est pas.

1539. — *Qu'est-ce que le lait ?* — Le liquide sécrété par les glandes mammaires des femelles des mammifères ; c'est un aliment complet principalement formé d'eau, 80 à 90 p. 100, de substances azotées, caséine et albumine ; de matières sucrées, sucre de lait ; d'une substance grasse, la crème.

1540. — *Qu'est-ce que la crème ?* — La portion du lait qui monte à la surface, par le repos, dans un lieu frais et tranquille, et qui y forme une couche légèrement jaunâtre, onctueuse, plus ou moins épaisse.

1541. — *Qu'est-ce que le beurre ?* — La partie grasse du lait et de la crème de vache ; elle est essentiellement formée de margarine, d'oléine, de butyrine et d'une matière colorante, plus abondante en été quand les vaches se nourrissent d'herbe fraîche, moins abondante, ou presque nulle en hiver, quand les vaches se nourrissent de fourrages secs.

1542. — *Pourquoi la crème et le lait donnent-ils du beurre quand on les agite dans la baratte ?* — Parce que l'agitation groupe les globules de beurre en suspension dans la partie aqueuse du lait ; ils s'unissent alors, s'agglomèrent, et forment une masse isolée qui constitue le beurre.

1543. — *Pourquoi le beurre rancit-il à l'air ?* — Parce que, sous l'influence du ferment butyrique, il s'acidifie en donnant naissance à de l'acide butyrique, qui communique au beurre rance son odeur, sa saveur âcre et désagréable.

1544. — *Comment empêche-t-on le beurre de rancir aussi vite ?* — En le salant ou le fondant ; en y ajoutant une petite quantité d'une substance qui, comme l'iodure de potassium, ou le bicarbonate de soude, empêche ou suspend son oxygénation ou son acidification.

1545. — *Comment empêche-t-on le lait de s'acidifier ou de tourner quand on le fait bouillir ?* — Par l'addition d'une petite quantité de carbonate de soude, qui neutralise l'acide lactique à mesure de sa formation.

1546. — *Comment conserve-t-on le lait ?* — M. Mabru le mettait dans des bouteilles munies d'un col en plomb, élevait sa température à 100 degrés au sein d'une atmosphère de vapeur d'eau, chassait ainsi tout l'air qu'il contenait, et fermait les bouteilles en pressant fortement le col en plomb, alors qu'il était encore plein de lait chaud. M. de Lignac soumettait à la chaleur le lait sucré de manière à l'amener à la consistance d'un sirop ou crème épaisse, qu'on gardait dans des boîtes en fer-blanc fermées hermétiquement et soudées comme les boîtes de conserves alimentaires. On prépare à Cham, dans le canton de Schwitz, par la concentration et la saccharification, des conserves de lait enfermées dans des vases de fer-blanc, que l'on peut transporter au loin et qui peuvent rivaliser, quelquefois avec avantage, avec le lait froid, parce qu'elles sont beaucoup plus pures, plus riches en matière grasse, et qu'on donne en outre au lait préparé avec elles le degré de richesse que l'on veut.

1547. — *Qu'est-ce que le fromage ?* — En grande partie de la caséine coagulée. Pour le fabriquer, on fait cailler le lait, on l'égoutte sur une toile ; le petit-lait passe et le fromage reste. Il est ensuite salé, moulé, comprimé et gardé dans des cuves, jusqu'à ce qu'il ait acquis le degré de fermentation, l'odeur et la saveur propres à chaque espèce. Les fromages gras sont faits avec le lait naturel ; les fromages maigres avec le lait écrémé.

1548. — *Qu'est-ce que le sang ?* — Le liquide nourricier qui circule à travers l'organisme, dans un système de vaisseaux artériels et veineux, appelé système circulatoire. — Chez l'homme et chez tous les animaux mammifères, les oiseaux, les reptiles, les poissons, le sang artériel est rouge vermeil, et le sang veineux rouge brun. — Chez presque tous les animaux inférieurs, le sang est un liquide aqueux, tantôt complètement incolore, tantôt légèrement teinté en jaune, en vert, en rose ou en lilas : par exemple,

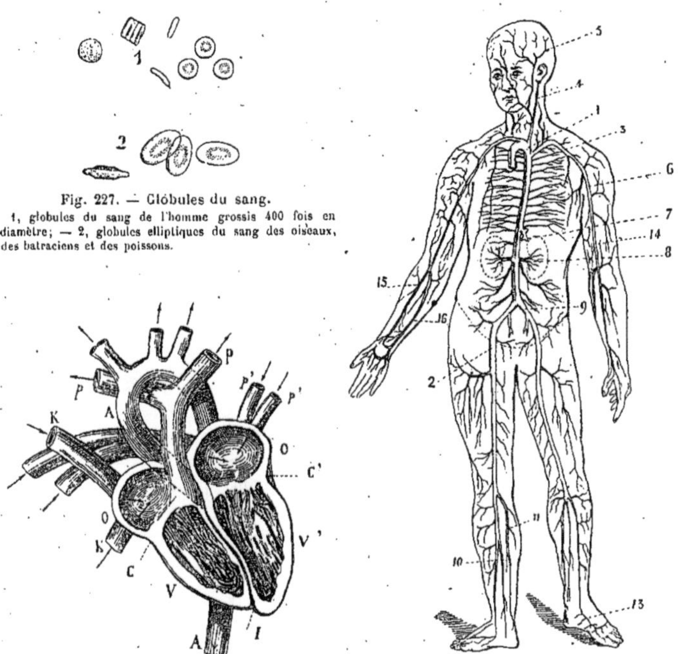

Fig. 227. — Globules du sang.

1, globules du sang de l'homme grossis 400 fois en diamètre; — 2, globules elliptiques du sang des oiseaux, des batraciens et des poissons.

Fig. 228. — Coupe verticale du cœur.

V, ventricule droit; — V', ventricule gauche; — O, oreillette droite; — O', oreillette gauche; — A, artère aorte; P'P, artère pulmonaire; — P'P'', veines pulmonaires; — K, veine cave inférieure; — K', veine cave supérieure.

Fig. 229. — Système artériel de l'homme.

1, aorte; — 2, artère fémorale; — 3, artère sous-clavière; — 4, artère carotide; — 5, vaisseaux artériels de la peau et du cuir chevelu; — 6, artères intercostales; — 7, artère cœliaque; — 8, artère rénale; — 9, artère iliaque; — 10, artère tibiale antérieure; — 11, artère tibiale postérieure; — 13, artère pédieuse; — 14, artère humérale; — 15, artère radiale; — 16, artère cubitale.

il est jaune chez le ver à soie, orangé chez la chenille du saule, brunâtre chez la plupart des coléoptères, etc.

1549. — *Qu'est-ce qui donne au sang humain sa couleur rouge ?* — Des corpuscules ou globules tenus en suspension dans un fluide incolore appelé sérum. Ces globules sont les véhicules qui portent l'oxygène dans toutes les parties de l'organisme.

1550. — *Que sont les globules du sang?* — Les globules rouges du sang sont des disques circulaires aplatis d'un diamètre de 6 à 7 millièmes de millimètre et dont l'épaisseur est le quart de ce chiffre. Ils sont environ au nombre de 25 milliards ; mis bout à bout, on obtiendrait un développement de 175 kilomètres. Ils sont mous et flexibles, dépourvus d'enveloppe et de noyau. Le globule se compose du stroma ou masse globulaire et d'une matière colorante appelée hémoglobine très riche en fer ; le sang renferme aussi des globules blancs. Le nombre et la coloration intense des globules rouges font la richesse du sang et la santé. L'appauvrissement en globules colorés constitue les maladies très communes aujourd'hui, que l'on désigne du nom de chlorose ou pâles couleurs, d'anémie, etc.

1551. — *Lorsque le sang a été extrait des vaisseaux vivants, et qu'on le laisse en repos, quel changement subit-il?* — Il se sépare en un liquide limpide, jaune verdâtre, formé de sérum, et en une masse ou caillot solide rougeâtre, formée des globules et de la fibrine du sang.

1552. — *Qu'est-ce que la chair des animaux, connue sous le nom de viande?* — Les muscles, qui sont placés immédiatement au-dessous de la peau et qui recouvrent les os.

1553. — *Quelles substances composent les muscles, ou la chair des animaux?* — Les muscles ont pour base la fibrine, associée à de petites quantités d'albumine, de tissu cellulaire, de graisse, de matières sapides, et de différents sels, notamment des phosphates et du sel marin.

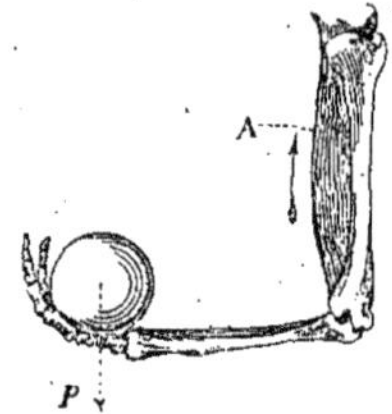

Fig. 230. — Muscle.

A, muscle biceps dans l'état de contraction pour soutenir l'avant-bras et le poids P.

La fibrine est la substance qui constitue la fibre musculaire.

1554. — *Pourquoi la viande est-elle plus facile à cuire, si on la place dans de l'eau froide dont on élève peu à peu la température, que si on l'avait plongée tout à coup dans de l'eau bouillante ou très chaude?* — Parce que : 1° au contact de l'eau très chaude, l'albumine de la viande se coagule ou devient solide ; 2° l'albumine coagulée conduit mal la chaleur ; 3° la viande, par conséquent, cuit moins bien ou plus lentement lorsqu'elle a été saisie par la chaleur. Lorsqu'au contraire on a mis d'abord la viande dans l'eau froide, elle cède à l'eau une partie de son albumine, il n'y a plus coagulation à la surface, et la cuisson se fait mieux, mais la viande aussi est plus épuisée de ses sucs, plus réduite à l'état de fibrine.

1555. — *Pourquoi la viande qui a bouilli trop longtemps est-elle toujours dure et insipide?* — Parce qu'une cuisson prolongée enlève à la chair la plus grande partie de son albumine et des principes, créatine, graisse, sels ou autres, qui lui donnaient sa sapidité ; réduite presque à l'état de fibrine, elle n'a plus de goût.

1556. — *A quel état les viandes sont-elles surtout sapides et saines ?* — A l'état de viandes rôties à la broche, en présence d'un feu vif. L'albumine est ainsi coagulée à la surface ; l'intérieur cuit lentement, sans perdre ses sucs, sans se dessécher ni s'épuiser de ses principes sapides.

1557. — *Quelles sont les viandes les plus sapides et les plus saines, celles des jeunes animaux, agneaux ou veaux, ou celles des animaux adultes, moutons ou bœufs ?* — Incontestablement les chairs des animaux adultes. Les chairs de l'agneau et du veau sont presque de l'albumine et de la fibrine pures, sans graisse ou sels intérieurs ; elles ont moins de goût et sont moins facilement assimilables.

1558. — *Pourquoi la chair des vieux animaux est-elle toujours dure et moins sapide ?* — Parce qu'elle renferme moins d'albumine, de graisse, de suif, et plus de sels, carbonates et phosphates de chaux ou autres. A mesure qu'un animal vieillit, la quantité de carbone et de sels terreux contenus dans ses organes devient plus grande.

1559. — *Comment expliquez-vous la propriété qu'a le sel de conserver les viandes ?* — Le sel est un antiseptique ; la plupart des microbes se développent difficilement au milieu d'une solution salée. Le sel, très hygrométrique, absorbe l'eau de la viande et tend à la dessécher ; la solution salée sert d'enduit protecteur. On emploie beaucoup aujourd'hui, pour empêcher la viande de se corrompre, le biborate de soude. Le Dr Jacquez (de Lure) a proposé, dès 1853, l'emploi des borates et des biborates alcalins solubles pour la conservation des viandes et des cadavres.

XV

1560. — *Quel rôle joue la respiration ?* — 1° Elle donne au sang l'oxygène dont il a besoin ; 2° elle lui enlève l'acide carbonique dont il est chargé.

1561. — *Comment la respiration donne-t-elle de l'oxygène au sang ?* — Par l'inspiration, l'air pénètre dans les poumons, arrive en contact avec le sang très divisé qui les traverse ; l'oxygène se fixe sur les globules, est transporté ainsi dans toutes les parties de l'organisme où il va provoquer les oxydations nécessaires à la vie.

1562. — *En quoi consiste cette action de l'oxygène sur le sang et qu'en résulte-t-il ?* — La surface respiratoire des poumons est constituée par les vésicules pulmonaires au nombre d'environ 1,800 millions ; elle est de 200 mètres carrés environ, et l'on admet que l'oxygène peut se mettre en contact avec le sang sur une surface de 150 mètres carrés. L'oxygène pénètre dans le sang, et il se fixe en majeure partie sur les globules qui lui servent de véhicule dans tout l'organisme. L'oxygène entre en combinaison peu stable avec la matière colorante des globules, l'hémoglobine, de telle sorte qu'il peut être entraîné et fixé ultérieurement sur les tissus. Quand le sang revient au poumon, il a fait son œuvre d'oxydation, il est chargé notamment d'acide carbonique et de vapeur d'eau qui se dégagent par les voies aériennes. C'est l'acte d'expiration. A chaque inspiration d'un demi-litre d'air, environ 100 centimètres cubes d'oxygène pénètrent dans le sang. Cette diffusion se fait assez vite pour que 34 centimètres cubes ou un tiers seulement de l'oxygène introduit soient éliminés dehors avec l'air expiré. 2/3 ou 66 centimètres cubes restent dans les poumons, et une fois entré dans les vésicules pulmonaires, cet oxygène se trouve en contact avec les capillaires sanguins. Nous absorbons ainsi en 24 heures environ 750 grammes d'oxygène.

La profondeur de la respiration est très variable. Si l'on augmente l'amplitude à fréquence égale, la quantité d'acide carbonique exhalé augmente. Le nombre de respirations par minute peut varier de 12 à 96 ; en moyenne, il oscille entre 15 et 18. L'exercice augmente le nombre des inspirations et le volume d'acide carbonique dégagé. La quantité de vapeur d'eau qui s'échappe avec l'acide carbonique est d'environ 340 grammes par jour.

1563. — *Quelle est la cause de la chaleur animale ?* — La chaleur animale résulte de la combustion de l'hydrogène, du carbone, et des diverses combinaisons chimiques qui se font dans l'organisme. Le siège des oxydations n'a pas lieu dans le poumon, comme on l'a cru longtemps, mais dans tous les tissus, partout où le sang pénètre. Le sang s'échauffe dans toutes les parties du corps; il peut être assimilé dans son mouvement à une circulation d'eau chaude qui échaufferait toutes les parties d'un édifice. Le chauffage du corps, s'il est permis de s'exprimer ainsi, est sous la dépendance du système nerveux. La température du corps est invariable dans l'état de santé; elle est de 38°. Les plus hautes températures extérieures, les exercices violents, ne font pas monter la température de plus de un degré. On n'a relevé des variations supérieures à 3 ou 4 degrés que dans la fièvre. Le thermomètre peut s'élever à 42° dans les accès de la fièvre typhoïde. La température du corps est réglée par le système nerveux au moyen d'un artifice très simple. S'il fait chaud extérieurement et qu'il faille diminuer la chaleur du corps, le système nerveux fait ouvrir en grand les vaisseaux superficiels de la peau. Le sang y afflue; avec lui l'eau arrive à la surface, s'échauffe et se vaporise; nous transpirons. Toute vaporisation produit du froid; le sang se refroidit. Inversement s'il fait froid dehors, les artérioles se ferment, le sang reste dans les parties profondes et s'échauffe. Ce mode de réglage de la température est si parfait qu'encore une fois la température du corps reste toujours constante, alors même qu'il est plongé dans de l'air sec à plus de 100°. Si l'on empêchait la transpiration, en couvrant le corps de collodion, le sang ne pouvant plus se refroidir, la température s'élèverait et la mort surviendrait.

1564. — *Qu'entend-on par vaisseaux capillaires ?* — Des vaisseaux extrêmement petits, qui se ramifient dans toutes les parties du corps. Il y en a d'imperceptibles : d'où leur nom. *Capillaire* veut dire, en latin, ressemblant à un cheveu.

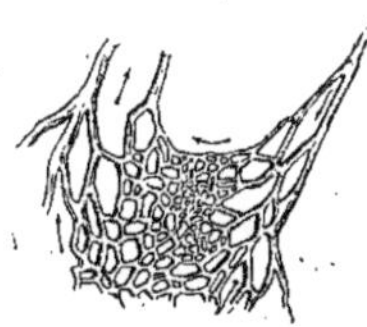

Fig. 231. — Vaisseaux capillaires.

1565. — *La chaleur animale est-elle identique à la chaleur d'un feu ordinaire ?* — Oui, l'une et l'autre résultent principalement de la combustion de l'hydrogène et du carbone par l'oxygène de l'air. Notre corps est comparable à une locomobile à laquelle le combustible serait fourni par l'alimentation et la digestion ; le comburant ou l'oxygène serait fourni par la respiration, dans laquelle la chaleur, née de la combustion, transformée en force mécanique, produit le mouvement des organes et l'assimilation. On tend aujourd'hui à admettre plutôt que les combustions et les combinaisons qui produisent la chaleur animale sont de même ordre que celles que provoquent les fermentations.

1566. — *Si le corps est le siège d'une véritable combustion, comment n'est-il pas brûlé ?* — La combustion dans l'organisme des êtres vivants se fait à une température relativement basse ; mais il n'en est pas moins brûlé peu à peu. Chaque organe perd incessamment de sa substance, et cède à chaque instant des molécules infiniment petites, lesquelles, converties en gaz ou en cendres, s'échappent par l'expiration, la transpiration et les sécrétions diverses. Cette déperdition toutefois n'est pas sensible, parce qu'elle est réparée à chaque instant par l'alimentation et l'assimilation d'éléments nouveaux apportés par le sang. Il arrive un terme cependant où les artères et les veines perdent leur élasticité, où les tissus plus ou moins engorgés finiront par ne plus avoir leur vitalité propre, les cellules ne fonctionnent que difficilement ; la respiration et la circulation se font mal, la combustion se ralentit, l'assimilation est de plus en plus imparfaite ; la vie s'éteint peu à peu.

1567. — *Pourquoi s'échauffe-t-on en courant ?* — Pour courir il faut dépenser un surcroît de force mécanique ou musculaire ; le sang circule plus vite, la combustion est accélérée, et par suite il y a production de chaleur. On transpire précisément à cause de cet excès de chaleur, et c'est la transpiration qui empêche la température du corps de s'élever outre mesure.

1568. — *Quels sont les animaux à sang chaud ?* — Ceux chez lesquels la respiration et par conséquent la combustion est très active : les oiseaux sont dans ce cas. La température des oiseaux est de 42 degrés.

1569. — *Quels sont les animaux à sang froid?* — Ceux chez lesquels la respiration est très lente et très peu intense. Les animaux qui, comme les poissons et les grenouilles, vivent dans l'eau, laquelle ne contient qu'une très petite quantité d'air et d'oxygène, sont des animaux à sang froid. Il en est de même des reptiles en général, des lézards, etc., etc. Chez les animaux à sang froid la chaleur animale est en outre variable ; elle change avec le milieu et la saison.

1570. — *Les animaux hibernants comme les ours, les marmottes, les loirs, les hérissons, les chauves-souris, etc., sont-ils plus froids pendant leur état de torpeur ?* — Sans doute, parce que leur respiration et la circulation de leur sang cessent presque entièrement.

Pendant l'été, leur température est à peu près la même que celle des animaux à sang chaud ; mais pendant la saison froide, ou pendant leur sommeil, elle n'est guère que de 12 à 15 degrés au-dessus de la température du milieu ambiant.

1571. — *Pourquoi un corps mort est-il froid ?* — Parce que les sources de la chaleur animale, la respiration et la combustion, sont taries.

1572. — *Pourquoi a-t-on besoin d'être plus couvert pendant la nuit que pendant le jour ?* — Parce que : 1° la nuit est en général plus froide que le jour ; 2° on respire plus lentement en dormant, la combustion dans les poumons et les vaisseaux capillaires est languissante, et le corps tend à se refroidir.

1573. — *Qu'appelle-t-on aliments ?* — Les aliments sont des substances qui, introduites dans l'appareil digestif, doivent fournir les éléments nécessaires à l'entretien, à la réparation des tissus vivants et à la production de la chaleur animale. On les distingue : 1° en aliments plastiques propres à former les organes et les tissus, par exemple l'albumine, le gluten, la fibrine, la musculine, la caséine, la gélatine ; 2° en aliments gras ; 3° en aliments amyloïdes, par exemple, l'amidon, le sucre, la gomme, etc. ; 4° en aliments minéraux constitutifs de la charpente osseuse. Les graisses et les sucres sont surtout les producteurs de chaleur et de force. On voit qu'aucune substance déterminée ne peut servir d'aliment permanent ; il faut avoir recours simultanément aux aliments azotés, amylacés et gras.

1574. — *Comment se transforme l'aliment dans le corps ?* — Les aliments introduits dans la bouche sont d'abord mâchés ou broyés et imprégnés de salive pour faciliter la déglutition. Dans la bouche, sous l'influence du suc salivaire, les aliments féculents subissent déjà une première modification. Ils trouvent dans l'estomac le suc gastrique qui attaque les viandes et digère l'albumine, la fibrine, etc. Les graisses et les fécules sont principalement digérées dans l'intestin sous l'influence de la bile et du suc pancréatique. Le résultat de la digestion appelé chyle, liquide blanc et laiteux, est absorbé par les vaisseaux de l'intestin grêle et finit par pénétrer dans le sang après un circuit à travers les lymphatiques du mésentère et le canal thoracique. Le sang charrie les matériaux qui lui sont ainsi apportés dans tous les tissus. L'albumine, la fibrine vont, après certaines modifications, aux muscles; la graisse à la graisse, etc. ; il se fait une sorte d'appel électif, et chaque substance trouve sa place pendant l'acte de nutrition général. En même temps l'oxygène du sang brûle les matériaux usés qui ne s'en vont pas par le torrent circulatoire, sous forme d'acide carbonique, d'eau, d'urée, d'acide urique.

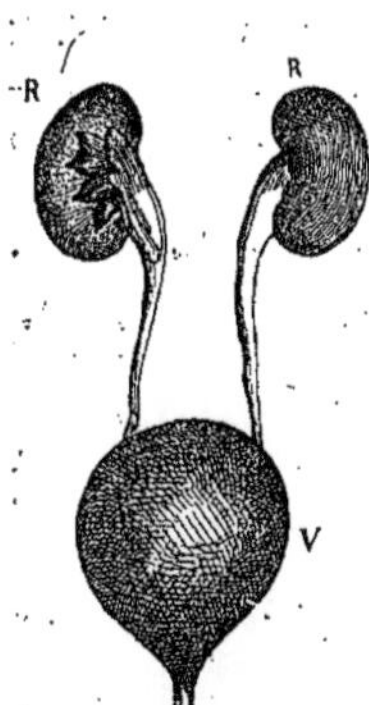

Fig. 232. — Appareil de la sécrétion urinaire.
R, R, reins reliés à la vessie V, par les uretères.

Enfin les matières qui ont résisté aux diverses réactions dans l'estomac passent dans le gros intestin pour être rejetées à l'état de fèces ou d'excréments ; celles qui dans la circulation n'ont pas reçu d'emploi, avec celles dont les organes se sont déchargés, sont abandonnées par le sang dans les reins et réunies dans la vessie à l'état d'urine.

1575. — *Pourquoi le même individu a-t-il besoin d'une nourriture plus abondante dans les climats froids que dans les climats chauds ?* — Parce que, dans les pays froids : 1° le corps a besoin de plus de matière combustible pour conserver sa température normale ; 2° l'air est plus riche en oxygène, la respiration plus active, la digestion plus rapide, et par conséquent le besoin d'alimentation se fait plus tôt sentir.

1576. — *Pourquoi, dans les climats chauds, ou pendant la chaleur de l'été, l'appétit est-il en général moins vif, le besoin d'alimentation moins senti, la tendance à l'oisiveté ou au repos plus grande ?* — Parce que, quand il fait chaud : 1° à volume égal l'air renferme moins d'oxygène, la respiration est moins active, la digestion plus lente ; 2° le mouvement aurait pour effet une augmentation pénible de chaleur intérieure.

1577. — *Pourquoi les Lapons, les Esquimaux et les autres peuples qui habitent sous un climat très froid, aiment-ils instinctivement les aliments gras, les huiles, les graisses, etc. ?* — Parce que les huiles et les graisses sont les aliments qui, à poids égal, fournissent à l'organisme le plus de carbone, et qui contribuent plus efficacement à l'entretien de la chaleur animale.

1578. — *Pourquoi, même dans les climats tempérés, les aliments gras et les viandes sont-ils plus recherchés en hiver, les légumes en été ?* — C'est toujours par la même raison. On sent naturellement, en hiver, le besoin d'aliments plus substantiels, riches en azote, en carbone et en hydrogène, qui nourrissent mieux et entretiennent plus efficacement la chaleur intérieure du corps. Les légumes, qui contiennent moins d'azote, de carbone, d'hydrogène et plus d'eau, sont relativement des aliments rafraîchissants. La nature a en quelque sorte pourvu à ce besoin. Les pays chauds produisent une grande quantité de légumes ou de fruits pleins de jus, comme les melons, les pastèques, les oranges, etc., etc.

1579. — *Comment les animaux hibernants, les hérissons, les chauves-souris, les tortues, les loirs, etc., peuvent-ils vivre cinq ou six mois sans nourriture ?* — Parce qu'ils respirent à peine. La combustion intérieure est excessivement lente; les pertes que fait le sang par cette combustion si

Fig. 233. — Habitants des régions glaciaires.

lente sont tout à fait inappréciables; il n'y a pas de dépense, il n'est donc pas besoin d'entretien. Il est certain que des crapauds ont vécu des années, au sein de pierres très dures et qui fermaient tout accès apparent à l'air; sans être éteintes, les fonctions vitales étaient presque suspendues; on comprend dès lors que ces animaux n'aient pas eu besoin d'alimentation.

1580. — *Pourquoi les gens occupés à des travaux rudes ont-ils, en géné-ral, un bon appétit ?* — Parce que, dans leur travail, il y a dépense plus grande et assimilation plus rapide.

1581. — *Pourquoi l'appétit est-il moins excité pendant la nuit que pendant le jour ?* — Parce que, pendant le sommeil, la respiration, et par conséquent la dépense d'éléments combustibles, est beaucoup moins grande : qui dort dîne.

1582. — *Quels sont les êtres qui périssent le plus promptement par le défaut de nourriture ?* — Les animaux à sang chaud, chez lesquels la respiration est très active, comme les oiseaux et la plupart des mammifères. Les herbivores succombent plus tôt que les carnivores, et les jeunes animaux plus tôt que les adultes. On sait que l'homme qui ne boit pas meurt d'inanition en quelques jours. L'homme qui peut boire peut supporter l'inanition pendant des semaines. L'eau facilite les réactions intérieures et permet à l'individu de vivre un certain temps sur sa propre substance ; d'ailleurs l'eau joue aussi un rôle mécanique ; elle permet à la circulation de se faire ; autrement le sang épaissi et en quantité trop petite ne pourrait plus emplir les vaisseaux et circuler dans toutes les parties de l'organisme.

1583. — *Pourquoi maigrit-on lorsque l'on est souvent ou longtemps condamné à la faim ?* — Parce que, en l'absence d'aliments, la combustion intérieure se fait, aux dépens de l'organisme lui-même ; il perd sans cesse et ses pertes ne sont pas réparées. Pendant la diète prolongée, ce sont les graisses qui sont d'abord consommées par les muscles. La mort vient fatalement quand la combustion interne attaque les organes essentiels.

1584. — *Qu'est-ce que l'urine, l'urée et l'acide urique ?* — L'urine est un liquide ordinairement transparent, d'un jaune clair ou foncé, d'une saveur salée, un peu âcre, d'une odeur particulière, fortement acide au moment de l'émission, alcaline en se putréfiant. Chimiquement, elle est formée en grande partie d'eau tenant en suspension de l'urée, des sels à base de chaux et d'ammoniaque, des acides urique, phosphorique, lactique, et accidentellement, de l'albumine, du sucre fermentescible, des matières colorantes, des matières bilieuses, des substances grasses, caséeuses et quelquefois purulentes. La grande quantité d'azote et de phosphore contenue dans l'urine en fait un engrais précieux, surtout quand on a soin de fixer, par l'acide sulfurique ou le plâtre, le carbonate d'ammoniaque volatil, qui se produit dans la fermentation.

L'urée est une substance trouvée dans l'urine, solide, sous forme de lames nacrées, transparentes, sans odeur, d'une saveur fraîche et piquante ; composée d'oxygène, d'hydrogène, de carbone et d'azote. L'acide urique est un corps blanc, insipide, inodore ; il s'unit à toutes les bases solubles et forme avec elles des sels insolubles. On l'extrait surtout des excréments des reptiles, qui ne sont presque que de l'urate d'ammoniaque. C'est l'acide urique et les urates de soude qui constituent le dépôt jaune rougeâtre laissé par les urines des personnes atteintes de gravelle. Les graviers ou gravelle, les pierres ou calculs qui se déposent dans les reins ou la vessie sont formés d'acide urique, d'urate, de phosphate, quelquefois d'oxalate de chaux. On attribue aussi les douleurs de la goutte à l'interposition dans les tissus des concrétions d'acide urique.

1585. — *Qu'entend-on par nerfs?* — Le tissu nerveux contient deux éléments : les fibres nerveuses et les corpuscules ganglionnaires. Les fibres nerveuses ordinaires qui forment les éléments essentiels de tous les corps (sauf des olfactifs) sont des filaments à peu près cylindriques, d'un aspect clair et légèrement visqueux. Les filaments placés côte à côte dans le cordon nerveux sont réunis par un tissu connectif délicat renfermé dans une enveloppe de même substance appelée le névrilème. Les corpuscules ganglionnaires se trouvent surtout dans l'axe cérébro-spinal, dans les ganglions des racines postérieures des nerfs et dans ceux du grand sympathique.

1586. — *Que sont les os, les écailles, les dents, les poils?* — Les os, qui constituent comme la charpente des animaux, sont formés de matières minérales, phosphate et carbonate de chaux, et d'une matière organique, l'osséine, qui renferme les sucs et les vaisseaux sanguins ; ils sont recouverts d'une membrane mince, appelée périoste. Traités par l'acide chlorhydrique, les os abandonnent l'osséine ; brûlés à l'air, ils laissent pour résidu la matière minérale, os blanchis, dont on retire le phosphore ; calcinés en vase clos, ils fournissent le noir animal, formé des sels minéraux et du carbone de l'osséine.

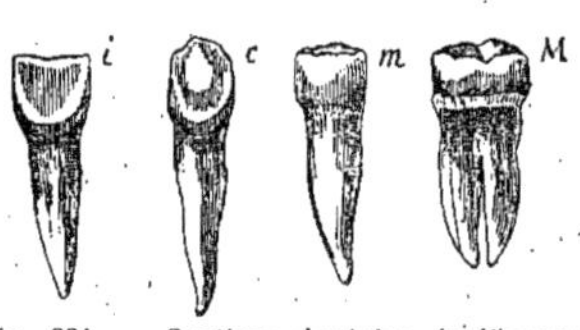

Fig. 234. — Système dentaire de l'homme: *i*, incisive ; — *c*, canine ; — *m*, petite molaire ; M, grosse molaire.

Les dents participent de la nature des os, elles sont composées d'une véritable matière osseuse qui porte le nom de *cément*, mais leurs matières constituantes principales sont deux tissus qui portent le nom de *dentine* (ivoire) et d'*émail*. Dans l'intérieur de la dent se trouve une cavité qui communique avec l'extérieur par des canaux qui traversent les racines et s'ouvrent à leur extrémité. Cette cavité s'appelle *cavité du bulbe ;* elle renferme une substance très riche en vaisseaux et en nerfs : le *bulbe dentaire ;* elle se prolonge en bas à travers les ouvertures des racines avec la membrane muqueuse des gencives. La dentine est une substance calcaire très dense, différant des os en ce qu'elle ne possède ni lacunes ni canalicules propres. L'émail consiste en très petites fibres à six faces rapprochées côte à côte, à angle droit avec la surface de la dentine et recouvrant la couronne de la dent jusqu'au collet. L'émail est le tissu le plus dur de l'économie ; il ne contient que 2 p. 100 de matière organique. Le développement de la dent commence longtemps avant la naissance.

Les poils sont des productions épidermiques qui recouvrent tout ou partie du corps de l'homme et des mammifères. On distingue dans le poil

la tige extra-cutanée, la racine implantée dans la peau, et terminée par le
bulbe offrant à sa base une excavation où pénètre le germe ou papille du
poil. La tige est creusée, à l'intérieur de l'épiderme, d'un
canal, et imbibée d'une matière grasse qui donne au poil sa
couleur, dont l'absence cause l'albinisme et qui, disparais-
sant dans la vieillesse, amène les poils ou cheveux blancs.
Suivant leur consistance, les poils prennent le nom de jarre
(poil grossier), de laine, de crin, de piquants (hérisson), de
soies (porc), etc. Beaucoup sont utilisés dans l'industrie. Par
la seule action du feutrage ou simple foulage, sans filage ni
tissage, on prépare avec les poils de divers animaux une
espèce d'étoffe ou feutre, dont on fait des chapeaux, des tapis,
des semelles de chaussures, des étoffes imperméables.

Fig. 235.

Poil *p*, avec son bulbe *p'*.

1587. — *Qu'est-ce que la peau ?* — La peau est la membrane appliquée sur la surface du corps d'un grand nombre
d'animaux. Elle est formée en général de trois couches distinctes : 1° l'épiderme, tissu sec, écailleux ou pileux ; 2° le tissu papillaire, constitué par
les vaisseaux et les extrémités des nerfs, très mou, très sensible ; 3° le
derme ou la peau proprement dite, formée par des fibres entre-croisées. Ces
dépouilles des animaux ont divers emplois dans l'industrie : les unes à
cause de la beauté de leurs poils sont destinées à la fourrure ; les autres,
débarrassées de leur poil, et convenablement préparées ou tannées, sous
forme de cuir, servent aux usages les plus variés.

1588. — *En quoi consiste le tannage des peaux ?* — Le tannage consiste
à combiner avec le tanin la peau des animaux composée en grande partie
de gélatine. Les peaux bien lavées sont mises à macérer dans un lait de
chaux ; elles se gonflent, et les poils se détachent facilement quand on les
racle avec des couteaux obtus. Épilées, les peaux sont plongées dans une
solution de tanin aigri par le contact de l'air, puis introduites dans des
fosses en couches alternatives avec du tan (écorce de chêne pilée) : on
arrose le tout, et on l'abandonne pendant environ dix mois, en ayant soin
de renouveler plusieurs fois le tan. Quand la combinaison de l'acide tannique avec la peau est bien faite, on enlève le tan dont on fait les mottes
utilisées comme combustible. Les cuirs sont ensuite desséchés, martelés
ou passés au laminoir, puis livrés au corroyeur, qui leur donne le brillant,
le lustre et la souplesse nécessaires ; les cuirs mous sont préparés avec des
peaux de vache, de veau ou de cheval ; les cuirs durs, avec des peaux de
bœuf ; le maroquin, avec des peaux de mouton et de chèvre. Le cuir verni
est une industrie relativement récente.

1589. — *Que sont les plumes ?* — Des productions épidermiques qui sont
pour les oiseaux ce que les poils sont pour les mammifères, mais d'une
structure plus compliquée, qui comprend : le tube ou tuyau creux, corné,

implanté dans la peau ; la tige, remplie d'une matière blanche et spongieuse ; les barbes, petites lames élastiques placées de chaque côté de la tige. Les plumes de la queue et des ailes s'appellent pennes ; les premières, rectrices, servent de gouvernail ; les secondes, rémiges, servent à voler.

XVI

1590. — *Qu'est-ce que la putréfaction ?* — C'est une décomposition spontanée que subissent les matières d'origine animale ou végétale exposées à l'air lorsque la vie les a quittées. Les microbes sont les agents actifs de la putréfaction. Pas de microbes, pas de putréfaction. A 0° ou à 100°, les microbes spéciaux de la putréfaction ne vivent pas et la putréfaction n'a pas lieu. Les micro-organismes de la putréfaction sont *aérobies*, selon l'expression de M. Pasteur ; ils vivent dans l'air et ont besoin d'air. La fermentation, qui est aussi une décomposition, est produite par des micro-organismes en général *anaérobies*, c'est-à-dire qui ne vivent pas dans l'air. Ces microbes prennent l'oxygène dont ils ont besoin, pour se développer, directement à la matière organique ; et par suite ils la décomposent. Les organismes aérobies se transforment souvent en anaérobies quand on les prive d'air, et alors ils deviennent des ferments. En résumé, la putréfaction se produit à l'air libre ; la fermentation survient au milieu des matières dans lesquelles les micro-organismes cessent d'absorber l'oxygène de l'air et le prennent à même la matière elle-même.

1591. — *Quels produits fournit la putréfaction ?* — La matière se décompose et produit de l'acide carbonique, de l'hydrogène carboné, de l'azote en abondance, de l'hydrogène sulfuré, de l'hydrogène phosphoré, de l'ammoniaque simple, des ammoniaques composés, des sels volatiles, acide acétique, acides volatiles de la série formique et de l'eau. Ces gaz et ces matières constituent ce que l'on appelle des émanations putrides, mais n'ont aucun rapport avec les germes ou les alcaloïdes toxiques qui peuvent dans certains cas leur être associés.

1592. — *Que nomme-t-on alcaloïdes cadavériques ou ptomaïnes ?* — Dans la putréfaction des matières animales peuvent se produire des composés complexes analogues aux alcaloïdes végétaux et qui sont doués d'une grande toxicité. On leur donne le nom générique de *ptomaïnes*. On les trouve dans l'intestin et dans les organes des animaux en putréfaction. Inoculés sous la peau des lapins, chiens, etc., ils les tuent très rapidement.

1593. — *Quel est le résidu ultérieur de la putréfaction ?* — Après beaucoup de transformations, la matière animale ou végétale se réduit en une sorte de terreau (humus, ulmine) susceptible de se résoudre finalement en eau, acide carbonique et ammoniaque.

1594. — *Quelle est la cause de l'odeur repoussante des fosses d'aisances ?* — L'exhalaison d'ammoniaque, d'hydrogène sulfuré, d'hydrogène phosphoré, etc., produits de la fermentation putride des matières animales.

1595. — *Quelle est la cause de l'odeur désagréable des œufs qui ne sont pas frais ?* — La présence d'hydrogène sulfuré, et peut-être aussi d'hydrogène phosphoré, né de la combinaison avec l'hydrogène des petites quantités de soufre et de phosphore qui entrent dans la composition de l'œuf.

1596. — *Pourquoi les viandes se putréfient-elles plus promptement lorsque le temps est chaud et humide ?* — Parce que la chaleur et l'humidité aident l'action des micro-organismes.

1597. — *Comment met-on les substances d'origine animale ou végétale à l'abri de la putréfaction ?* — En tuant les micro-organismes qu'elles renferment par la chaleur ou le froid, et en les mettant à l'abri de l'invasion nouvelle des microbes. Tel est le principe des conserves de toute nature. On conserve les bois en injectant dans les vaisseaux des liquides antiseptiques : sulfate de fer, sulfate de cuivre, créosote, goudron, etc. On empêche la décomposition des cadavres en saturant les vaisseaux et les tissus des liquides salins antiseptiques, sels de zinc, de mercure, etc.

1598. — *Qu'est-ce que la combustion spontanée ?* — Une combustion produite sans l'application de la flamme. Par exemple, du charbon de terre entassé à fond de cale dans un vaisseau s'enflamme quelquefois par sa propre chaleur; comme aussi des marchandises rangées dans un magasin, surtout des balles de coton, de lin, de chanvre, ou de grands amas de café, de riz, etc.

1599. — *Pourquoi le charbon de terre entassé à fond de cale dans un vaisseau prend-il feu quelquefois spontanément ?* — Parce qu'il contient du fer sulfuré nommé pyrite sulfureuse ; sous l'action de l'humidité, le soufre et le fer se combinent avec l'oxygène et produisent du sulfate de fer ; or la chaleur dégagée par cette réaction est quelquefois assez grande pour mettre le feu aux charbons.

1600. — *Dans quelles circonstances des objets tels que des balles de coton, de soie, de lin, de chanvre, etc., prennent-ils feu quelquefois spontanément ?* — Lorsqu'ils étaient encore humides ou gras, quand on les a entassés ou quand on les a accumulés dans un lieu humide. La masse alors fermente dans des proportions considérables, et la fermentation peut, dans ces circonstances exceptionnelles, dégager assez de chaleur pour que la combustion, ordinairement lente, devienne une combustion active avec flamme. Déjà, au sein d'une masse de fumier, la température est quelquefois très élevée et peut atteindre 140°. Nous devons ajouter, pour être complet, que la combustion spontanée du coton, etc., a été mise en doute.

1601. — *Pourquoi les cotons gras ou les laines grasses prennent-ils feu très facilement d'eux-mêmes ?* — Parce que l'huile absorbe beaucoup d'oxygène, lequel, venant à agir sur les fibres très divisées, peut les oxyder, au point de les enflammer.

1602. — *La combustion humaine est-elle une fable ou une réalité ?* — On a prétendu que certains ivrognes, à force de boire de l'alcool, s'enflammaient spontanément. C'est un préjugé. Il est arrivé quelquefois chez des ivrognes fumeurs que l'allumette en mettant le feu au tabac ait enflammé l'haleine chargée d'alcool, il y a brûlure de la bouche, mais la flamme s'éteint immédiatement faute d'aliment. Il arrive aussi que, dans certaines maladies de l'estomac, le corps dégage des gaz combustibles ; en allumant sa pipe un ouvrier a mis le feu à ces gaz, et il eut la moustache brûlée. Ce fait est survenu plusieurs fois. Mais ce n'est pas là de la combustion spontanée. Elle n'existe pas chez les animaux.

XVII

1603. — *Qu'est-ce qu'un poison ?* — Le mot poison s'entend de beaucoup de substances. C'est un nom générique. La définition convient à toute matière qui, absorbée, détermine dans le corps des accidents graves et même mortels. Il y a des substances qui désorganisent les tissus ; ce sont des corrosifs plutôt que des poisons ; il en est qui, absorbées, produisent des sels qui sont toxiques ; d'autres exercent une influence sur le système nerveux, retentissent sur le cœur et arrêtent ses mouvements, etc.

1604. — *Quelle différence existe-t-il entre les poisons, les venins et les virus ?* — Les substances toxiques agissent proportionnellement à la dose. Ainsi la strychnine ingérée à la dose de 10 centigrammes constitue un poison redoutable pour l'homme, tandis que, pure, à la dose de quelques milligrammes, elle ne détermine que des effets légers que l'on utilise en thérapeutique. Les venins sont des substances qui agissent proportionnellement à la dose, mais qui sont des produits de sécrétion. Les virus enfin n'agissent pas proportionnellement à la dose ; ce sont des liquides animés renfermant des micro-organismes, qui vivent et se multiplient rapidement ; aussi suffit-il d'une quantité inappréciable d'un virus pour que le corps soit ensuite envahi par des milliers d'organismes. C'est un poison vivant qui se multiplie de lui-même.

1605. — *Qu'appelle-t-on antidotes ?* — Une substance qui neutralise chimiquement l'action d'un poison. L'antidote s'entend uniquement d'un poison neutralisant un autre poison.

1606. — *Que nomme-t-on inoculations préventives, vaccinations ?* —

Les virus ne sont généralement pas atteints par les antidotes. Il n'y a pas en d'autres termes d'antidote des virus. Mais les travaux de M. Pasteur ont montré que l'on pouvait par oxydation ou autrement diminuer la virulence des virus. Ces virus atténués peuvent être inoculés sans danger, et l'expérience a montré qu'ils mettaient l'animal et l'homme à l'abri de l'action subséquente d'un virus virulent. Les virus atténués sont des vaccins qui préservent de l'action généralement mortelle des virus très actifs. M. Pasteur a même constaté qu'un animal qui avait reçu un virus mortel pouvait être sauvé par postvaccination, c'est-à-dire par injection postérieure d'un virus atténué. C'est sur cette méthode qu'est fondé le traitement de la rage à l'Institut Pasteur. Un individu mordu et qui par suite a reçu du virus rabique peut être sauvé par une inoculation de virus rabique atténué. Le traitement consiste à inoculer à travers les tissus, chaque jour pendant plus d'une semaine, du virus atténué d'abord et de plus en plus virulent ensuite; jusqu'à ce qu'on atteigne la virulence du virus du chien enragé. La statistique a montré toute l'efficacité de la méthode des inoculations préventives.

La cause de l'immunité conférée par les inoculations de virus atténué est encore assez obscure. On tend à penser cependant que les microbes sécrètent une substance toxique, et ils ne pourraient se développer dans un milieu où cette substance préexiste. Ils s'empoisonneraient eux-mêmes par les produits de leur existence comme l'homme meurt quand il est obligé de vivre dans le même air.

Les substances sécrétées par les microbes sont des substances chimiques bien déterminées. Il semble donc que l'on puisse parvenir, en les introduisant dans l'organisme, à empêcher les microbes de se développer. On espère que l'on pourra bientôt utiliser, pour se mettre à l'abri des maladies microbiennes, de véritables vaccins chimiques.

1607. — *Quels sont les principaux antidotes?* — L'acide chlorhydrique, l'acide sulfurique, etc., le sel d'oseille. Quand, par mégarde ou autrement, on a bu des acides concentrés, il faut aussitôt absorber de l'eau contenant de la magnésie calcinée, de l'eau de savon, du blanc d'Espagne en suspension dans de l'eau, puis du lait, de l'huile, des boissons mucilagineuses, etc.

1608. — *Quel est l'antidote de l'acide prussique et des cyanures?* — Il faut mettre sous le nez du malade de l'eau chlorée, de l'eau ammoniacale, lui administrer des vomitifs. Douches, glace sur la tête, sinapismes, saignées, sangsues.

Alcalis concentrés. — Eau vinaigrée. Limonades acides, huiles, boissons émollientes.

Alcalis végétaux et émétiques. — Tanin et préparations astringentes.

Alcaloïdes. — Opium et préparations. Vomitifs, décoction de noix de galle, tanin, café noir, thé, décoction de quinquina gris et d'écorces astringentes, solution d'iodures de potassium ioduré.

Alcool, éther, chloroforme, eau, ammoniaque, arsenic et préparations arse-nicales. — Vomitifs, hydrate de magnésie gélatineux, hydrate de fer gélatineux. A défaut de ces substances, eau de chaux, eau sulfureuse, lait, huile.

Préparations antimoniales. — Vomitifs, tanin, noix de galle, quinquina, café vert, magnésie, opium contre les vomissements.

Cantharides. — Camphre, boissons laiteuses ; lavements huileux.

Champignons. — Vomitifs, purgatifs, potions éthérées, bains, sinapismes.

Chlore, eau de javelle. — Eau en quantité ; eau ammoniacale.

Sels de cuivre. — Vomitifs. Eau albumineuse. Eau sulfurée. Fer réduit. Persulfure de fer hydraté.

Solution d'iode et de brôme. — Amidon (empois), lait, blanc d'œuf.

Préparations mercurielles. — Vomitifs. Eau albumineuse (4 à 6 blancs, d'œufs par litre d'eau). Eaux minérales hydrosulfurées. Eau, magnésie, mélange de soufre et de miel.

Phosphore. — Boissons albumineuses et mucilagineuses avec compresses préparées avec de l'eau bouillie, essence de térébenthine.

Préparations du plomb. — Sulfate de soude. Eau albumineuse. Eaux sulfureuses. Limonade sulfurique ou tartrique.

1609. — *Qu'est-ce qu'un antidote multiple ?* — Ce sont des antidotes efficaces dans plusieurs empoisonnements. Par exemple, l'*antidote à l'hydrate ferrique,* que l'on peut avoir d'avance et qui réagit contre les empoisonnements par les acides, les préparations arsenicales, les sels métalliques à acides minéraux, l'iode, le brome, les alcaloïdes et leurs sels.

On le prépare ainsi : Dans 100 parties d'une solution de sulfate ferrique à 45° Baumé, on introduit un mélange de 80 parties de magnésie calcinée et 40 parties de charbon en suspension dans 800 parties d'eau commune (Jeannel). On administre de 50 à 100 grammes de ce mélange qui reste inefficace contre les alcalis minéraux, le phosphore, les hyperchlorites, l'acide prussique, les cyanures et l'émétique.

Par exemple, l'*antidote au sulfure de fer* obtenu en versant dans une solution de 139 parties de sulfure de fer cristallisé pour 700 d'eau distillée un mélange de 110 parties de sulfhydrate de soude cristallisé et de 29 de magnésie calcinée pour 600 d'eau distillée. Ce contrepoison est inefficace contre les préparations arsenicales, les sels alcaloïques et l'émétique.

1610. — *Quel est le meilleur remède contre l'ivresse ?* — Bouchardat recommande de faire respirer aux ivrognes de l'alcali volatil et même de faire boire de l'eau additionnée de quelques gouttes d'ammoniaque, 10 à 15 gouttes par verre d'eau.

1611. — *Quels remèdes peut-on employer contre les brûlures ?* — On distingue les brûlures en superficielles et profondes. Les brûlures du 1er degré n'intéressent que l'épiderme ; dans celles du 2e degré l'épiderme est

désorganisé : il y a production de phlyctènes remplies de liquides ; au
3° degré il y a production d'eschares ; au 4° degré il y a destruction du
derme. Les brûlures profondes exigent l'intervention du médecin et du
chirurgien. Quant aux brûlures légères et superficielles, on les traitera
par les irrigations à l'eau froide, par les pansements à la gelée de coings,
de groseille, d'huile et de ouate. Ce qu'il faut, c'est mettre la brûlure
à l'abri de l'air et bien se garder d'ouvrir et de vider les phlyctènes, comme
on le recommande quelquefois. On se trouve bien aussi, pour diminuer
la douleur, de projeter sur la brûlure le jet d'un siphon d'eau de Seltz.
L'acide carbonique est un anesthésique dans certaines circonstances.

1612. — *Que doit-on faire pour combattre les attaques de nerfs, convulsions, etc. ?* — Déshabiller le malade, le coucher horizontalement la tête
plus haute que les pieds. Boisson de tilleul aromatisée avec du sirop
d'éther ou, à défaut, de l'eau de fleurs d'oranger. Quelques sinapismes aux
pieds si la tête était congestionnée.

1613. — *Qu'y a-t-il à faire pour une personne qui tombe en syncope ?* —
Coucher le malade horizontalement ; dénouer ses vêtements, lui asperger
la figure d'eau froide, l'exposer au grand air, lui faire respirer des sels ou
du vinaigre ; sinapismes aux extrémités.

1614. — *Comment doit-on combattre l'apoplexie·?* — On peut être
frappé d'apoplexie par congestion cérébrale, par ramollissement, par hémorrhagie. Le traitement varie selon les cas ; si l'on saignait, par exemple,
un homme frappé d'apoplexie par suite d'hémorrhagie cérébrale, on le
tuerait. Le médecin doit seul intervenir. En attendant son arrivée, il faut
se contenter de desserrer les liens du cou, du ventre, placer le malade sur
le lit, la tête soulevée et promener des sinapismes sur les pieds.

1615. — *Quels secours doit-on porter à un noyé ?* — A Paris, dans les
pavillons de secours de la ville, on débarrasse le noyé de ses vêtements, on
l'enveloppe dans une chemise de flanelle, on l'étend sur un matelas chauffé
par un caléfacteur et on le frictionne avec des liquides excitants. Si la peau
reste froide et marbrée, on le porte dans un bain d'eau chauffé à 32°, mais
seulement quand il a commencé à respirer. Une éponge mouillée d'eau
tiède est appliquée sur la tête pour prévenir les congestions. D'une manière
générale, on peut recommander partout le traitement suivant :

Coupez les vêtements pour l'en débarrasser au plus vite ; couchez le noyé
le dos légèrement incliné sur le côté droit ; entr'ouvrez la bouche et débarrassez-la des mucosités qui l'obstruent avec les barbes d'une plume, favorisez l'issue des mucosités filantes qui, souvent, sont contenues dans
l'arrière-gorge ; ne craignez pas, avec les barbes d'une plume, d'exciter la
luette : ces manœuvres faites avec une certaine délicatesse sont utiles. Réchauffez au plus tôt le noyé, couvrez son corps de flanelles, de briques, de
fers chauds, frictionnez-le. En même temps que vous cherchez à faire

renaître la chaleur, commencez la respiration artificielle, en remuant alternativement ses bras en haut pour obtenir la dilatation de la poitrine et pressant ensuite sur le ventre pour remplacer le mouvement de sortie de l'air. Sans perdre courage, collez votre bouche contre celle du noyé et insufflez-lui doucement de l'air dans la poitrine. Après des efforts continus de plusieurs heures, quelquefois on est parvenu à ressusciter des noyés. Des noyés ont été ramemés à la vie après une demi-heure et même une heure de submersion. Ne jamais pendre un noyé par les pieds, comme on le conseille dans certains pays. On le tuerait.

1616. — *Comment doit-on soigner une personne asphyxiée par le froid?* — La placer sur le lit, la tête haute ; frictions à l'eau froide, chauffée progressivement jusqu'à 20° ; frictions sèches et chaudes. On a vu ramener à la vie des asphyxiés par le froid au bout de plusieurs heures de soins assidus.

Les asphyxiés par strangulation peuvent être traités de même ; mais, en général, ils reviennent rarement à la vie ; le cœur a été arrêté par inhibition et la mort survient rapidement.

1617. — *Quels sont les secours à donner à une personne asphyxiée par le gaz provenant du vin ou de la bière en fermentation, de la combustion du charbon, des mines, des lieux habités par un trop grand nombre d'hommes, etc. ?* — Il faut : 1° la transporter promptement hors du lieu méphitisé et l'exposer au grand air ; 2° lui ôter ses vêtements et lui faire sur le corps des aspersions d'eau froide ; 3° lui faire avaler de l'eau légèrement acidulée ; 4° lui mettre sous le nez un flacon d'alcali volatil ou lui chatouiller le dedans des narines avec les barbes d'une plume ; 5° lui souffler très lentement de l'air dans les poumons à l'aide d'un tube introduit dans une narine, en lui comprimant l'autre avec les doigts ; 6° là où l'on peut, lui faire respirer de l'oxygène, et le soumettre à l'action du courant d'induction électrique, avec secousses

1618. — *Comment fait-on revenir une personne asphyxiée par les fleurs ?* — En l'exposant à l'air ; applications froides sur la tête ; inspirations de vinaigre. Eau sucrée avec une cuillerée à café d'éther par verre.

1619. — *Comment traite-t-on un asphyxié par le gaz des fosses d'aisances ?* — Tête haute, grand air, applications et lotions d'eau chlorurée. Provoquer les vomissements.

1620. — *Quels sont les secours à donner à une personne blessée ?* — Il faut : 1° en cas de plaie, découvrir doucement la partie blessée et la laver avec une éponge ou du linge imbibé d'eau fraîche ; 2° s'il n'y a qu'une simple coupure, et que le sang soit arrêté, rapprocher les bords de la plaie et les maintenir en cet état, en la couvrant d'un morceau de taffetas gommé, dit taffetas d'Angleterre, ou de bandelettes de sparadrap chauffé ; avoir soin qu'il ne reste aucune poussière ou corps étranger dans la plaie ;

3° s'il y a contusion ou bosse, appliquer et maintenir humides, des compresses imbibées d'eau salée, ou mieux d'eau additionnée d'extrait de saturne, 15 à 20 gouttes d'extrait de saturne pour un verre d'eau; 4° s'il y a perte de sang abondante, appliquer, soit des morceaux d'amadou, soit des gâteaux de charpie, contenus au moyen de la main, d'un mouchoir ou de tout autre bandage, qui comprime suffisamment et sans exagération ; s'il y a coupure d'artère, si le sang s'échappe en un jet rouge, écarlate, saccadé, exercer de suite avec les doigts une forte compression sur l'endroit d'où part le sang et serrer avec un lien solide le membre au-dessus de la blessure; 5° si le blessé crache ou vomit du sang, le placer sur le dos ou sur le côté correspondant à la blessure, la tête et la poitrine soulevées et doucement soutenues, et lui faire prendre par petites gorgées de l'eau fraîche, appliquer sur la poitrine ou sur le creux de l'estomac des compresses mouillées; 6° s'il y a foulure ou entorse, plonger, s'il est possible, la partie blessée dans un vase rempli d'eau fraîche et l'y maintenir pendant très longtemps, en renouvelant l'eau à mesure qu'elle s'échauffe ; si la partie ne peut être plongée dans l'eau, la couvrir ou l'envelopper de compresses imbibées d'eau, que l'on entretiendra fraîches au moyen d'un arrosement continuel; 7° s'il y a luxation ou déboîtement, éviter de faire exécuter au membre malade aucun mouvement brusque et étendu, placer et soutenir ce membre dans la position qui occasionne le moins de douleur au blessé; 8° s'il y a fracture, éviter d'imprimer au membre fracturé aucun mouvement inutile ; pendant le transport du blessé, le porter ou le soutenir avec la plus grande précaution ; s'il s'agit du bras, de l'avant-bras ou de la main, rapprocher doucement le membre du corps et le soutenir avec une écharpe dans la position la moins pénible pour le blessé ; s'il s'agit de la cuisse ou de la jambe, après avoir placé doucement le blessé sur le brancard ou sur un lit, étendre avec précaution le membre fracturé sur un oreiller et l'y maintenir à l'aide de deux ou trois rubans, suffisamment serrés par-dessus l'oreiller; ou rapprocher le membre blessé du membre sain, et les unir ensemble dans toute leur longueur sans trop serrer ; soutenir le pied pour l'empêcher de tourner, soit en dedans, soit en dehors.

N. B. — Tous ces différents secours doivent être donnés le plus rapidement possible, en attendant l'arrivée du médecin, ou du chirurgien, qu'il faut, dans presque tous les cas, envoyer chercher sur-le-champ.

FIN

INDEX ALPHABÉTIQUE

Les chiffres renvoient aux numéros des questions ; le signe — tient lieu du mot
qui fait le sujet de l'article.

A

Absorption de la chaleur complémentaire de
la réflexion, 585 ; — dépend des corps bons
conducteurs, 595 ; — et rayonnement, 583 ;—
du fer, 602 ; — des vêtements noirs, 601 ; —
des diverses couleurs foncées et claires,
605.

Accord parfait, 233.

Accumulateurs, 869.

Acide, acétique, sa composition, 1491 ; —
arsénieux, 1388, 1608 ; — engendré par la
foudre, 828 ; — borique, 1384 ; — butyrique, 1496 ; — carbonique, produit de la
combustion, 277 ; — ce que c'est, 1296 ; —
ses sources principales, 1297 ; — résulte de
la combinaison du carbone avec l'oxygène,
1298 ; — ses effets sur les animaux, 1299 ;
— endort, 1301 ; — vicie l'air des appartements, 1302 ; — cause le mal de tête, 1300 ;
— des évanouissements, 1303 ; — remplit
certaines grottes, 1304, 1306 ; — les fourrés
épais, 1307 ; — les puits et les mines, 1308 ;
— les cuves des vignerons, 1310 ;— les cuves
des brasseurs, 1309 ; — les égouts, 1313 ;
— son emploi en médecine, 1312 ; — comment on constate la présence de l'acide
carbonique, 1316 ; — absorbé par l'eau de
chaux, 1318 ; — absorbé par l'eau pure,
1320 ; — vicie l'air des grandes villes, 1321 ;
— constitue les eaux gazeuses, 1334 ; —
fait pétiller et mousser les boissons fermen-
tescibles, 1334 ; — fait sauter les bouchons,
1335 ; — produit l'acidité agréable des liquides mousseux, 1338 ; — produit de la
respiration, 1562 ; — chlorhydrique, 1380,
1608 ; — citrique, des citrons et des oranges,
1496 ; — cyanhydrique, 1354 ; — fluorhydrique, 1383 ; — lactique, 1490 ; — gallique, 1496 ;
— malique des fruits, 1496 ; — margarique,
1505 ; — nitrique. *Voyez* Azotique ; — oléique, 1503 ; — oxalique, de l'oseille, 1493 ;
— phénique, agent de conservation, 1526 ;
— phosphorescent, 1357 ; — phosphorique,
1357 ; — picrique, 1527 ; — prussique, 1608 ; —
stéarique, 1506 ; — sulfureux, 1378 ; — sulfu-

rique, 1378 ; — tannique, 1494 ; — tartrique,
des raisins, 1492 ; — urique, 1584.

Acides, leurs caractères, 1181 ; — comment
on les désigne, 1182.

Acier, ce qu'il est, ses propriétés, 1151.

Acoustique, 62 et suivants.

Action mécanique, source de la chaleur, 381.

Ader, transmetteur microphonique de —, 893.

Aérobies, 1590.

Aérolithes, que sont-ils, leur nature, leur
composition, 185, 187.

Aérostats, cause de leur ascension, 82.

Aérostation, ballon flottant dans l'air, 82.

Agate, 1385.

Agents explosifs autres que la poudre, 420
et suivants.

Aigrette électrique, 777.

Aiguille aimantée, sa déclinaison, 750 ; — variable dans un même lieu, et d'un lieu à
l'autre, 751 ; — son utilité pratique, 752 ;—
son inclinaison variable, 753.

Aimant naturel, oxyde de fer, 743.

Aimantation, comment elle s'opère, 745, 746.

Aimants engendrés par les courants électriques, 873 ; — comment les produire, 874.

Aimants, leurs propriétés principales, leurs
pôles de noms contraires, 744 ; — leur explication, 745 ; — diverses espèces : naturels,
artificiels, 744 ; — leurs formes, 748 ; — influencés par le magnétisme terrestre, 749 ;
— en quoi diffèrent des substances pure-
ment magnétiques, 747.

Air, ses éléments, 1260 ; — mauvais conducteur de calorique, 549 ; — ne dispense pas
des vêtements, 550 ; — plus froid quand le
vent souffle, 551 ; — plus froid à l'ombre
des arbres, 561 ; — pas échauffé par les
rayons du soleil qui le traversent, 574 ; —
pourquoi le sol et les couches inférieures
de l'air plus froides que les couches supérieures après le coucher du soleil, 591 ; —
humide ou saturé de vapeur par l'élévation
de température, 926 ; — échangé entre l'é-
quateur et les pôles par les vents alizés,
941 ; — des appartements toujours en mouvement, 965 ; — preuve physique de cette
affirmation, 966 ; — des appartements,

G

H

I

S

TABLE DES MATIÈRES

MÉTÉOROLOGIE

CHIMIE

FIN DE LA TABLE DES MATIÈRES

ÉVREUX, IMPRIMERIE DE CHARLES HÉRISSEY

9 782016 121214